高职高专“十二五”规划教材

冶金炉热工基础

杜效侠　主编

北京
冶　金　工　业　出　版　社
2022

内容提要

本书以情境引领、任务驱动的编写模式，分别介绍了冶金炉热工理论、热工设备、冶金炉常用耐火材料和新能源的合理利用。为了便于学生自主学习，书中每个任务后均有任务实施、任务总结、思考与练习题，充分将理论与实践两方面的内容进行了有机的结合，便于教学中实现融“教、学、做”于一体的教学模式。

本教材可作为高职院校冶金技术、材料成型和冶金设备等专业的教学用书，也可作为冶金企业技术工人的培训教材。

图书在版编目(CIP)数据

冶金炉热工基础／杜效侠主编．—北京：冶金工业出版社，2012.5(2022.4重印)

高职高专“十二五”规划教材

ISBN 978-7-5024-5803-4

Ⅰ.①冶… Ⅱ.①杜… Ⅲ.①冶金炉—热工学—高等职业教育—教材 Ⅳ.①TF061.2

中国版本图书馆CIP数据核字(2012)第060934号

冶金炉热工基础

出版发行 冶金工业出版社　**电　　话** (010)64027926

地　　址 北京市东城区嵩祝院北巷39号　**邮　　编** 100009

网　　址 www.mip1953.com　**电子信箱** service@mip1953.com

责任编辑 王雪涛 郭冬艳　美术编辑 彭子赫　版式设计 葛新霞

责任校对 王贺兰　责任印制 禹 蕊

北京虎彩文化传播有限公司印刷

2012年5月第1版，2022年4月第3次印刷

787mm×1092mm 1/16；17.5印张；418千字；272页

定价37.00元

投稿电话 (010)64027932　投稿信箱 tougao@cnmip.com.cn

营销中心电话 (010)64044283

冶金工业出版社天猫旗舰店 yjgycbs.tmall.com

(本书如有印装质量问题，本社营销中心负责退换)

前言

进入新世纪以来，随着国内外冶金行业科技水平的不断提高，以及我国第十二个五年发展规划的实施，我国经济建设又迎来了一个新的发展期。高等职业教育起着培养高等技能、应用型人才的作用。近年来，我国冶金行业飞速发展，极大地推动了冶金行业技术的进步，同时也对冶金行业专业人才的培养提出了新的要求。作为培养冶金行业人才的高等职业教育院校，应不断地服务于行业经济发展的需要。特别是在全球经济化发展的今天，我们更应着眼于为冶金企业培养岗位一线优秀实用型人才，使他们既具有较强的专业知识，又具有一定的操作技能，有利于帮助企业参与国际竞争，并获得可持续的发展。有鉴于此，我们根据技术领域和职业岗位(群)的任职要求，参照相关的职业资格标准，编写了以情境引领、任务驱动为模式的《冶金炉热工基础》一书。

冶金生产的绝大部分工序是在高温下进行的，炉子是冶金生产不可缺少的热工设备。冶金炉依据被加热物质在炉内的物态和有无化学反应分为加热炉和熔炼炉两大类。本书介绍了冶金炉热工理论、热工设备、冶金炉常用耐火材料和新能源的合理利用等内容。为了便于学生自主学习，书中每个任务后均有任务实施、任务总结、思考与练习题，将理论与实践两方面的内容进行了有机的结合，便于教学中实现融“教、学、做”于一体的教学模式。

本书既可作为冶金技术和冶金设备等专业的教学用书，又可作为冶金企业技术工人的培训教材。

本书由天津冶金职业技术学院杜效侠主编，林磊担任副主编，由天津大学邢金成担任主审，编写过程中得到了天铁轧二制钢有限公司杨文良和天津冶金职业技术学院冶金系的大力支持，在此表示由衷的感谢！

由于编写时间短促，以及编者水平所限，书中不妥之处在所难免，恳请广大读者批评指正。

编　者

2011 年 12 月

目　录

目 录

情境一

热工理论

情境描述

冶金炉是一种热工设备，常用的燃料包括固体燃料、液体燃料和气体燃料。燃料燃烧需要供给炉内大量空气，并在炉内产生大量的炉气，高温炉气是热量传递的介质，任何炉子都离不开热量传递现象。在大多数情况下，传热的强弱和炉内气体的运动，对炉子的产量、产品质量、生产成本、炉子寿命、安全操作等方面都有直接的影响，决定着炉子生产率的高低。

任务一　流体力学基础

任务描述

凡是用煤气、重油、煤等燃料作为热源的冶金炉，都离不开流体流动。例如，冶金炉的燃料供给、供风、排烟、炉压和炉温的控制调节都和流体力学原理密切相关。因此科学、合理地解决好上述与冶金炉相关的流体流动问题，对冶金炉节约能源、提高产量、保证质量、减少环境污染有重大影响，同时也为分析炉子构造是否合理提供依据。

冶金炉内流体流动规律符合流体力学的基本原理，其主要研究加热炉内气体平衡和运动规律。加热炉内气体具有温度高、温度和密度变化大、气体流动过程中伴随着物质和热量交换等特点。本任务主要介绍气体及气体流动的基本理论知识以及相关的理论在冶金炉上的应用。

能力目标

（1）掌握流体的主要物理性质；
（2）运用气体的连续性方程、伯努利方程解决工程实际问题。

知识目标

（1）掌握流体的主要物理性质；
（2）掌握气体静力平衡方程式；
（3）掌握流体的连续性方程；
（4）掌握伯努利方程的应用。

相关资讯

一、流体的流动

流体是一种在任何微小剪切力作用下都能持续变形的一种物质。液体和气体统称为流体。物质之所以有固态、液态和气态的区别，在于其分子间平均距离的不同。固体分子间的平均距离最小，因此固体分子间的吸引力很强，使固体具有了刚性。液体分子间的平均距离较大，气体则更大。因此，液体分子间的吸引力较弱，气体的则更小，因而液体的分子能较自由地运动，气体的分子则更能自由地运动。这就是流体具有很大流动性的原因。液体和气体的平衡和运动规律有很多相同之处，但由于液体可看做不可压缩流体，即它不受温度、压力等因素的影响，而气体属于可压缩介质，其密度因温度、压力的变化而变化，气体压力的不同是促使气体密度变化最主要的原因。如果在流动过程中气体压力变化小于0.05Pa，可把气体作为不可压缩流体处理。加热炉内气体压力一般为微正压，相对变化很小，为了便于分析、研究，把加热炉内气体看做不可压缩气体。

（一）流体的基本状态参数

1. 体积

从分子运动学观点看，气体的体积是指分子无规则运动所能达到的空间。气体的体积与盛放它的容器有关。在密闭容器内的气体，容器的体积就是气体的体积，用 V 来表示，单位为立方米（m^3）。

2. 密度

密度是单位体积内所含物质的质量，用 ρ 来表示，单位为 kg/m^3。若 m 千克物质占有 V 立方米的体积，则其密度 ρ 为

$$\rho = \frac{m}{V} \tag{1.1.1}$$

3. 比容

比容是单位质量的物质所具有的体积，用 ν 表示，单位为 m^3/kg。若 m 千克物质具有 V 立方米体积，则比容 ν 为

$$\nu = \frac{V}{m} \tag{1.1.2}$$

不难看出，比容和密度互为倒数，即

$$\nu = \frac{1}{\rho} \tag{1.1.3}$$

4. 重度

重度是单位体积内所含物质的重量，用 γ 表示，单位为 N/m^3。若某物质重量为 G（单位为 N），体积为 V（单位为 m^3），则重度 γ 为

$$\gamma = \frac{G}{V} \tag{1.1.4}$$

根据牛顿第二定律不难导出 γ 与 ρ 的关系为

$$\gamma = \rho g \tag{1.1.5}$$

式中　g——重力加速度。标准重力加速度取 $g = 9.81 m/s^2$。

5. 压力

气体在单位面积上所受到的压力称为气体压强。在力学中，压力和压强是两个不同的概念，在气体力学中常习惯把气体压强称为压力，即所说的气体压力数值实际上是指压强的大小。若压力所作用的面积为 S，在其上所受的压力为 F，则气体的压强 P 为

$$P = \frac{F}{S} \tag{1.1.6}$$

压力的单位。在国际单位制中，力的单位为牛顿（N），面积的单位为平方米（m^2），压力的单位为 N/m^2，称为帕斯卡（Pa）。在实际应用中常用的压力单位还有标准大气压（atm）、工程大气压（at）、毫米汞柱（mmHg）、毫米水柱（mmH_2O）等。它们之间的换算关系见表 1.1.1。

表 1.1.1　压力单位换算表

单位	Pa	mmHg	mmH_2O	at	atm
Pa	1	0.7501×10^{-2}	0.10197	1.0197×10^{-5}	0.9869×10^{-5}
mmHg	1.333×10^{2}	1	13.5955	1.3595×10^{-3}	1.3158×10^{-3}
mmH_2O	1.0133×10^{5}	0.7356×10^{-1}	1	1.0000×10^{-4}	9.6781×10^{-5}
at	0.9807×10^{5}	0.7356×10^{3}	1.0000×10^{4}	1	0.9678
atm	1.0133×10^{5}	760	1.0333×10^{4}	1.0333	1

在测量气体的压力时，选取的参照压力不同，测量的结果也不同。实际上是以两种压力为基准，即绝对压力和相对压力。气体的压力如果以绝对真空作为测量的基准，所得到的压力值为绝对压力，用 P 表示，使用气体压力计测定。如果以当地大气压力作为测量基准，所测得的压力为相对压力，用 P_b 表示，使用压力表测量，测量的压力亦称表压。若当地大气压力为 P_a，则相对压力和绝对压力的关系为

$$P_b = P - P_a \tag{1.1.7}$$

如果气体中某处的绝对压力小于其周围大气压力时，视该处为真空状态，大气压力与绝对压力的差值称为真空度，用 P_v 表示，则

$$P_v = P_a - P \tag{1.1.8}$$

6. 温度

温度是物质内部分子热运动状态的反应，是分子平均动能的量度。物质分子平均动能越大，物质的温度越高，反之物质的温度越低。

为了准确测量物质的温度，规定了统一的标准即温标。常用的温标有摄氏温度（℃）和热力学温度（K）。两种温标之间的换算关系如下

$$T = t + 273 \tag{1.1.9}$$

式中　T——热力学温度，K；

　　　t——摄氏温度，℃。

（二）基本定律

理想气体状态方程。自然界中存在的气体都是具有一定的黏性，并称为"实际气体"，

为方便分析和推导气体力学中的公式、规律，往往假定气体的黏度为零，即气体分子是一些弹性的、不占体积的质点，分子相互之间没有作用力。这种假定条件下的气体称为“理想气体”。实验结果表明，一定质量的理想气体，其压力、比容和温度之间的关系为

$$\frac{Pv}{T}=R \tag{1.1.10}$$

式中 P——气体的绝对压力，Pa；

v——气体的比容，m^3/kg；

T——气体的绝对温度，K；

R——气体常数，J/(kg·K)。

R 为气体常数，随气体的不同而不同，各种气体都有一定的 R 值，见表 1.1.2。

表 1.1.2 常用气体的密度和气体常数

气 体	分子式	密度/$kg \cdot m^{-3}$	气体常数/$J \cdot (kg \cdot K)^{-1}$
空气		1.293	287.1
氨	NH_3	0.772	488.2
氮	N_2	1.25	296.8
氢	H_2	0.09	4124.0
氧	O_2	1.429	259.5
乙炔	C_2H_2	1.171	319.5
甲烷	CH_4	0.717	518.3
水蒸气	H_2O	0.804	461.5
二氧化碳	CO_2	1.977	188.9

二、气体静力学基础

在生产实际中炉内气体、管道内气体是流动的，加之受各种因素的影响，研究其规律难度较大。但由于气体静止时没有相对运动黏性力不起作用，因此静力学所得的结论，对理想气体和生产实际中的气体均适用，所以研究气体静力学的目的是研究气体相对平衡时的规律及在生产实际中的应用。

（一）作用在气体上的力

作用在气体上的力分为两类：体积力和表面力。

体积力包括重力、离心力、带电流体上作用的电磁力等。体积力与气体的体积成正比，因此与气体的质量成正比，故也将体积力称为质量力。

表面力包括压力、内摩擦力等。对于气体表面力一般可认为是由于气体分子热运动、微观的动量输运现象产生的，宏观上是由于与气体相接触的其他物体的作用产生的。表面力的大小与表面积的大小成正比。

（二）气体静力平衡方程

气体静力平衡方程是研究静止气体压力变化的平衡方程式。实际存在的气体不会处在

绝对静止状态，它总是在不停地运动。当研究实际气体的规律，如加热炉内气体运动、气体压力分布等规律时，因其在正常生产中炉内气体各物理参数基本不变或变化很小，此时的气体视为相对静止状态，并针对这种相对静止气体的压力变化规律进行研究分析。气体绝对压力变化规律的气体平衡方程如下：

$$P_1 = P_2 + H\gamma \tag{1.1.11}$$

式中　P_1——气体下部的绝对压力；

P_2——气体上部的绝对压力；

H——P_1 面和 P_2 面间的高度差；

γ——气体的重度。

三、流体动力学基础

气体具有四个基本特性：气体的连续性、流动性、可压缩性和黏性。

1. 气体的连续性

气体一般由单一气体分子或多种气体分子组合而成。分子之间存在着空隙，而且分子之间的空隙比分子本身的体积还要大，分子在空隙间运动是不规则的。因此气体内部结构是不连续的，但是大量分子组成的气体微团却是紧紧挤在一起连成一体的，所以从宏观角度看，气体是连续介质。

2. 气体的流动性

气体与液体相比，其分子间的距离要大得多，因此分子之间的引力比较小，所以与其他流体相比更易流动。气体在流动过程中，任意点上气体的各个物理参数，如流速、流量、压力等不随时间改变，这种流动称为稳定流动。

在生产实际中，气体流动一般是不稳定的。但在一定工作时间内各物理参数在工作条件不变情况下，气体流动是相对稳定的。为了分析研究其运动规律，可视其为稳定流动。

（1）流速：单位时间内气体流过的距离称为气体的流速，用 w 表示，单位为 m/s。由于气体在管道中沿径向的流速是变化的，故流速一般均指截面平均流速。流速表征气体流动的快慢。

（2）流量：单位时间内气体流过某截面的数量称为气体的流量。若流过气体的数量以重量计则称为重量流量，用 G 表示；若以质量计则称为质量流量，用 m 表示；若以体积计则称为体积流量，用 V 表示。气体稳定流动中其标准状态下体积流量 V_0 为

$$V_0 = w_0 \times A \tag{1.1.12}$$

式中　A——气体所流过的截面积，m^2；

w_0——标准状态下气体流速，m/s；

V_0——标准状态下体积流量，m^3/s。

3. 气体的可压缩性

流体是可压缩的，气体比液体的可压缩性大得多，如往轮胎内充气，就是在有限的空间内，将大量气体压缩到较小空间。但在气体流速较小时，其压缩不太明显。前面已讲到，加热炉由于炉内压力变化很小，因此加热炉内气体可视作不可压缩气体。

4. 气体的黏性

首先来观察图 1.1.1 所示的现象，两块相互平行的平板间充满流体，下板固定不动，

上板以匀速 u 平行下板运动时，两板间的流体便处于不同速度的运动状态。由于分子附着力作用的结果，使得靠近板壁的分子层的气流速度为零，离平板越远，因附着力减少，其流速则越快。当一层气体对另一层气体相对移动时，由于流体分子热运动而使一部分较快的气流层掺混到较慢的气流层中，流动快的流层拉着流动慢的流层向前移动，流动慢的流层阻止流动快的流层前进表现为：从附着在动板下面的流体层具有与动板等速的 u 开始，越往下速度越小，直到附着在定板上的流体层的速度为零。

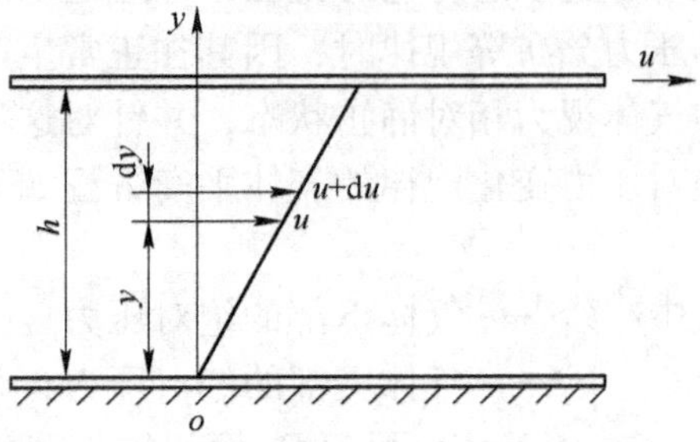

图 1.1.1 流体流过两平板时的速度分布

流体分子的热运动和吸引力是使两流层之间产生内摩擦力的根源。气体做相对运动时产生内摩擦力的这种性质称为气体的黏性，由黏性产生的作用力称作黏性力或内摩擦力。

牛顿内摩擦定律表明：

（1）黏性切应力与速度梯度成正比；

（2）比例系数称为动力黏度，简称黏度 μ，单位为 Pa·s(kg/(m·s))。

内摩擦力

$$F \propto A\frac{du}{dy} \quad (1.1.13)$$

引用比例系数 μ，令 $F=\tau A$ 为黏性剪切应力

$$\tau=\mu\frac{du}{dy} \quad (1.1.14)$$

$$F=\tau A \quad (1.1.15)$$

式中 μ——比例系数（动力黏度）；

A——两个流体层接触面的面积；

$\frac{du}{dy}$——速度梯度。

运动黏度与动力黏度的关系

$$\nu=\frac{\mu}{\rho} \quad (m^2/s) \quad (1.1.16)$$

5. 连续性方程

气体在稳定流动下，其连续性方程式是质量守恒定律在气体力学中的具体应用。当气体在变径管道中连续稳定流动时，气体流过各个截面的质量流量 m 必然相等。气体在流管内由 1—1 截面向 2—2 截面作连续稳定流动时，两个截面上的质量相等（图 1.1.2），即

$$m_1=m_2 \quad (1.1.17)$$

所以

$$\rho_1V_1=\rho_2V_2 \quad (1.1.18)$$

$$w_1\rho_1A_1=w_2\rho_2A_2 \quad (1.1.19)$$

式(1.1.19)即为气体稳定连续流动时的连续性方程，它可应用于连续稳定流动的任意状态下的所有流体。

对于气体流动过程中温度和压力变化不大的，此时的气体可视为不可压缩性气体，流过任意截面时气体的密度视为不变，则连续稳定流动的气体连续性方程式可写成

$$w_1A_1=w_2A_2 \quad (1.1.20)$$

式(1.1.20)既可用来计算气体在管内的流速，也可用来计算管子的直径，所以在实际中得到广泛应用。

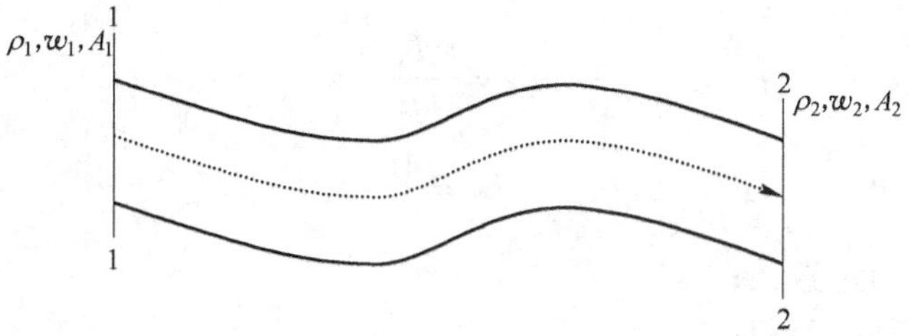

图1.1.2　流体在管道中连续稳定地流动

6. 流体流动的两种状态

流体的流动类型，首先由雷诺（Reynolds）用实验进行了观察。在雷诺实验装置中，有一入口为喇叭状的玻璃管浸没在透明的水槽内，管出口有调节水流量用的阀门，水槽上方的小瓶内充有有色液体。实验时，有色液体从瓶中流出，经喇叭口中心处的针状细管流入管内。从有色流体的流动情况可以观察到管内水流中质点的运动情况。

流速小时，管中心的有色流体在管内沿轴线方向成一条轮廓清晰的直线，平稳地流过整根玻璃管，与旁侧的水丝毫不相混合，如图1.1.3所示。此实验现象表明，水的质点在管内都是沿着与轴线平行的方向做直线运动。当开大阀门使水流速逐渐增大到一定数值时，呈直线流动的有色细流便开始出现波动而成波浪形细线，并且不规则地波动；速度再增大，细线的波动加剧，然后被冲断而向四周散开，最后可使整个玻璃管中的水呈现均匀的颜色。显然，此时流体的流动状况已发生了显著的变化。

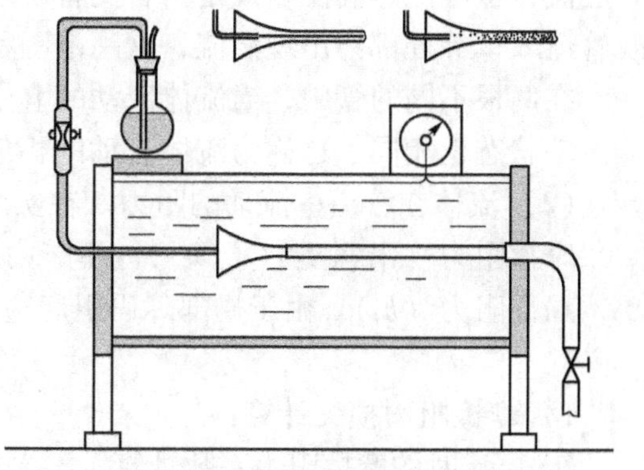

图1.1.3　雷诺实验装置

上述实验表明：流体在管道中的流动状态可分为两种类型。

当流体在管中以很小的流速流动时，若其质点始终沿着与轴线平行的方向做直线运动，流体分层流动，质点之间互不混合。因此，充满整个管的流体就如一层一层的同心圆筒在平行地流动，这种流动状态称为层流（laminar flow）或滞流（viscous flow）。逐渐增加流速，流体的流线开始出现波浪状的摆动，摆动的频率及振幅随流速的增加而增加，此种流况称为过渡流；当流速增加到很大，流体在管道中流动时，若有色液体与水迅速混合，流线不再清晰可辨，则表明流体质点除了沿着管道向前流动外，各质点的运动速度在大小和方向上都发生变化，流场中有许多小旋涡，于是质点间彼此碰撞并互相混合，这种流动状态称为湍流（turbulent flow）或紊流。

（1）雷诺数。根据不同的流体和不同的管径所获得的实验结果表明，影响液体类型的因素，除了流体的流速 w 外，还有管径 d，流体密度 ρ 和流体的黏度 μ。w、d、ρ 越大，

μ越小，越容易从层流转变为湍流。雷诺得出结论：上述四个因素组成的复合数群$wd\rho/\mu$，是判断流体流动类型的准则。这数群称为雷诺数或雷诺准数（Reynolds number），用Re表示。

$$Re = \frac{wd_{当}\rho}{\mu} \tag{1.1.21}$$

$$d_{当} = \frac{4f}{s} \tag{1.1.22}$$

式中　$d_{当}$——管道当量直径；

f——管道截面面积；

s——管道截面周长。

例如：正方形截面管道边长为a，则

$$d_{当} = \frac{4f}{s} = \frac{4a^2}{4a} = a \tag{1.1.23}$$

Re数是一个无因次数群。不论采用何种单位制，只要Re中各物理量用同一单位制的单位，则所求出的Re数值相同。根据大量的实验得知$Re \leqslant 2320$时，流动类型为层流；当$Re \geqslant 10000$时，流动类型为湍流；而在$2320 < Re < 10000$范围内，流动类型不稳定，可能是层流，也可能是湍流，或是两者交替出现（与外界干扰情况有关）。例如，周围有振动及管道入口等处都易出现湍流，这一范围称为过渡区（transition region）。

在两根不同的管中，当流体流动的Re数相同时，只要流体边界几何条件相似，则流体流动状态也相同。这称为流体流动的相似原理。

（2）流体在管道中流动的阻力。在实际流体的流动过程中存在的阻力包括两部分：

摩擦阻力（沿程阻力）（h_m）。由于内摩擦力而产生的能量损失；

局部阻力（h_f）。由于局部障碍引起边界层分离而造成的能量损失。

$$h_{失} = h_m + h_f \tag{1.1.24}$$

1）摩擦阻力损失计算：

① 层流时的摩擦阻力系数计算：

层流下圆管的摩擦系数为：

$$\xi = \frac{64}{Re} \tag{1.1.25}$$

② 紊流时的摩擦阻力系数计算：

$$\xi = \frac{A}{Re^n} \tag{1.1.26}$$

当已知雷诺数Re，按表1.1.3查出系数A、n时，可计算出摩擦阻力系数。

表1.1.3　不同情况下的A、n和ξ值

名　称	光滑的金属管道	粗糙的金属管道	砖砌烟道
A	0.22	0.129	0.175
n	0.25	0.12	0.12
ξ	0.025	0.045	0.05

在工程计算中常采用经验值：

金属管道：$\xi=0.025$；砖砌管道：$\xi=0.05$；热轧钢板管道：$\xi=0.02\sim0.03$。

故
$$h_m=\xi\times\frac{L}{d}\times\frac{1}{2}\rho w^2 \tag{1.1.27}$$

或
$$h_m=\xi\times\frac{L}{d}\times\frac{1}{2}\rho_0 w_0^2(1+\beta t) \tag{1.1.28}$$

式中　ξ——紊流下圆管的摩擦系数；

w_0——0℃时流体的流速；

β——体积膨胀系数，$\beta=\frac{1}{273}$。

2）局部阻力损失计算。

$$h_j=K\frac{1}{2}\rho w^2 \tag{1.1.29}$$

式中　K——局部阻力系数。

工程上局部阻力系数种类很多，可由《钢铁厂工业炉设计参考资料》局部阻力系数表查取。

四、伯努利方程

（一）气体的压头

考察气体的运动就需要计算气体所具有的能量。由于地面上任何地方都要受到大气层的作用力，因此把作为考察对象的气体（炉气或输送气体）的能量减去周围大气因大气压力所具有的能量，并用剩下的相对能量作为炉气或输送气体本身的实际能量。单位体积气体所具有的这种相对能量称为气体的压头。

在气体力学中往往把单位体积气体所具有相对位能、相对压力能和相对动能称为位压头、静压头和动压头。

1. 位压头

自然界的物体都具有位能，气体也具有位能。当气体的质量、密度和距基准面的高度分别为 m、ρ 和 H 时，则此气体具有的位能为

$$位能=mgH=\rho VgH \tag{1.1.30}$$

单位体积气体具有的位能称为位压，因此位压 $=\rho gH$。

当气体的密度 ρ 一定时，气体各处的位压仅随该处距基准面的高度而变，若基准面取在下面，愈向上，气体位压愈大；愈向下，气体的位压愈小。

管内气体位压与管外同高度上大气的位压的差值，称为管内气体的相对位压或简称位压头，用符号 $h_位$ 表示，单位 Pa。显然，当管内气体的位压为 ρgH，管外同高度上大气的位压为 $\rho' gH$ 时（ρ'为大气的密度），则管内气体的位压头为

$$h_位=Hg(\rho-\rho') \tag{1.1.31}$$

式(1.1.31)，所研究截面在基准面的上面，H 取正值；反之，H 取负值。当气体的密度 ρ 小于大气密度 ρ'，即浮力大于气体本身的重力时，由上式可知：这时位压头为负值，即位压头是一种促使气体上升的能量。为了使位压头为正值，常将基准面取在气体的上

面，因为基准面以下的高度为负值，当$\rho-\rho'$一定时，$h_{位}$ 随 H 变化而变化，高处 $h_{位}$ 小，反之亦然。一般来说，位压头只能计算，不能测量。

2. 静压头

压力是一种能量，一定量流体的压力在静止状态下可以抵抗外界的压力而保持平衡。在流动的流体中所具有的压力和外界大气压力之差可以使流动加速或减速。这本身就表明流体的压力就是它所具有的一种机械内能。从气体压力的单位也表明它是单位体积气体所具有的对外界做功的一种能力。已经知道压力的国际单位是 $1N/m^2=1N\cdot m/m^3=1J/m^3$，也就是 $1m^3$ 气体对外界具有做 $1N\cdot m=1J$ 功的本领。单位体积气体本身所具有的这种对外界做功的能力称为压力能或叫静压能。静压能和静压力两者之间的概念是不同的。静压力是指气体垂直作用在单位面积上的力。但两者在数值上相等，单位相同，都是 N/m^2。我们把输送气体的静压能 p 与同一基准面高度上大气的静压能 p'之差称为输送气体的静压头（简称静头），并以 $h_{静}$表示。尽管静压头和表压力两者的概念是不同的，但它们在数值上相等且单位相同。因为表压力可以直接用压力表测量，故静压头也可直接用压力表测量。

$$h_{静}=p-p'=p_b \tag{1.1.32}$$

3. 动压头

动压头是输送气体的相对压力能，即输送气体实际对外界做功的能力。它的单位和静压能、表压力的单位相同。尽管静压头和表压力两者的概念是不同的，但它们在数值上相等且单位相同。因为表压力可以直接用压力表测量，故静压头也可直接用压力表测量。

$$h_{动}=\frac{W^2}{2g}\gamma \tag{1.1.33}$$

式中　W——气体的流速，m/s；

　　　γ——气体的重度，kg/m^3。

（二）伯努利方程

伯努利方程是气体流动时的机械能守恒定律。它说明气体在流动中各种能量间的相互关系。伯努利方程在理论和实践上都是十分重要的基本方程式。

1. 理想气体的伯努利方程式

对于理想流体，黏度系数$\mu=0$，流动过程中没有摩擦力，因而在流动过程中无能量损失。在无外加能量和没有机械能与热能或化学能之间的相互转变的条件下，单位体积气体在流动过程中必然保持机械能守恒，如图 1.1.4 所示。对于非压缩性气体在稳定流动时，单位体积输送气体本身的机械能（输送气体的静压能、位压能和动压能）守恒。三者在流动过程中可以相互转变，但其机械能即三者的总和将保持不变，即理想气体的伯努利方程式为

$$p_1+\rho gH_1+\frac{\rho W_1^2}{2}=p_2+\rho gH_2+\frac{\rho W_2^2}{2}=常数 \tag{1.1.34}$$

式中　p_1，W_1，H_1——截面 1 处气体的静压、流速和距基准面的高度；

　　　p_2，W_2，H_2——截面 2 处气体的静压、流速和距基准面的高度。

式(1.1.34)为输送气体密度ρ不变时，稳定流动理想气体的伯努利方程式。对于密度变化不大的稳定流动过程也可用上式进行计算。对于气体密度变化较大的稳定流动过程

不能用上式进行计算。该式表明：密度不变的理想流体在稳定流动时，各个截面上的静压、位压和动压之和都相等，即单位体积气体的总能量保持常数不变。

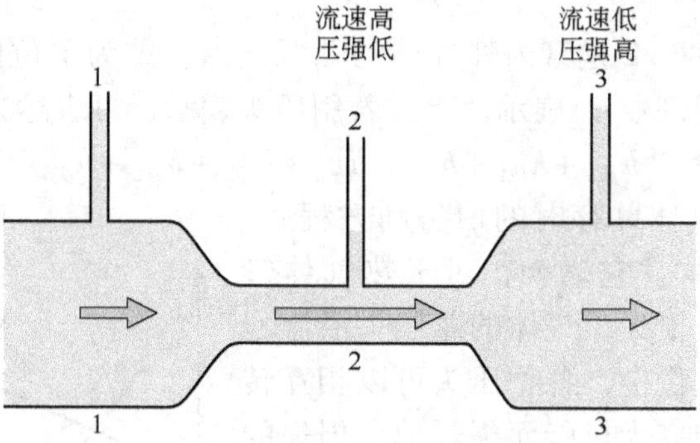

图 1.1.4 伯努利管
（每秒流经管内各处横截面的流体体积相等）

2. 实际流体的伯努利方程式

式(1.1.34)没有考虑黏性力的作用，而实际气体是有黏性的，这就需要对理想气体的伯努利方程式进行修正。

由于黏性力表现为流动中的摩擦阻力，气体为了克服这些阻力，就会有部分机械能变为热能，成为不可恢复的能量损失。令 $h_{失}$ 表示实际气体由任意截面 1 处流到任意截面 2 处其间的能量损失。按照能量守恒定律，截面 1 处气体的总能量应当恒等于截面 2 处的总能量加上 1 ~2 截面间的能量间的能量损失 $h_{失}$ 之和。实际气体在流动过程中很难保持密度不变，但是当压力变化不大时，一般可认为气体的密度 ρ 只随温度而变化，于是对式(1.1.34)中的密度 ρ 采用两面间的平均温度下的密度代替，同时相应地将式中的流速 W 也以平均流速代替。按式(1.1.34)可写出实际气体的伯努利方程式为

$$p_1 + \rho g H_1 + \frac{\rho W_1^2}{2} = p_2 + \rho g H_2 + \frac{\rho W_2^2}{2} + h_{失} \tag{1.1.35}$$

式中 p_1，p_2——截面 1 和截面 2 处的静压，N/m^2；

H_1，H_2——截面 1 和截面 2 距基准面的高度，m；

ρ——气体在截面 1 和截面 2 间平均温度下的密度，kg/m^3；

$h_{失}$——两截面间的能量损失，Pa。

式(1.1.35)就是实际气体流动的伯努利方程式，它也适用于液体流动的分析与计算。计算时式(1.1.35)高度的基准面通常取在系统的下面。

以上分析是一种气体在流动过程中各种能量的关系，对于炉子系统，由于炉外大气对炉内气体的作用，因此还要分析炉内气体在大气影响下各种相对能量间的关系。

设图 1.1.5 中管道内流过的是密度为 ρ 的热气体，外面是密度为 ρ' 的静止气体。

Ⅰ—Ⅰ、Ⅱ—Ⅱ 截面的伯努利方程式如下：

$$p_1 + \rho g H_1 + \frac{\rho W_1^2}{2} = p_2 + \rho g H_2 + \frac{\rho W_2^2}{2} + h_{失}$$

因为管道外大气是静止的，故 $W'_1 = W'_2 = 0$，则

$$p' + \rho' g H_1 = p'_2 + \rho' g H_2 \tag{1.1.36}$$

两式相减，因 $p_g=p-p'$，或令 $\Delta p=p-p'$，可得

$$p_{g1}+(\rho-\rho')gH_1+\frac{\rho W_1^2}{2}=p_{g2}+(\rho-\rho')gH_2+\frac{\rho W_2^2}{2}+h_{失} \tag{1.1.37}$$

式(1.1.37)中的 $\rho W^2/2$ 是管内外气体的动压之差，即为单位体积热气所具有的相对动能，称为动压头，用符号 $h_{动}$ 表示。上式若用压头表示，可表达为

$$h_{静1}+h_{位1}+h_{动1}=h_{静2}+h_{位2}+h_{动2}+h_{失} \tag{1.1.38}$$

这就是冷热两种气体并存时的伯努利方程式，又称气体的压头方程式。它表明，对于热气体管流，由于流动产生压头损失，气体的总压头沿流程会不断减少。在流动过程中，各种压头可以相互转换，但压头损失只能转变为热能而损耗掉，损失的动压头则由静压头或位压头来补偿。

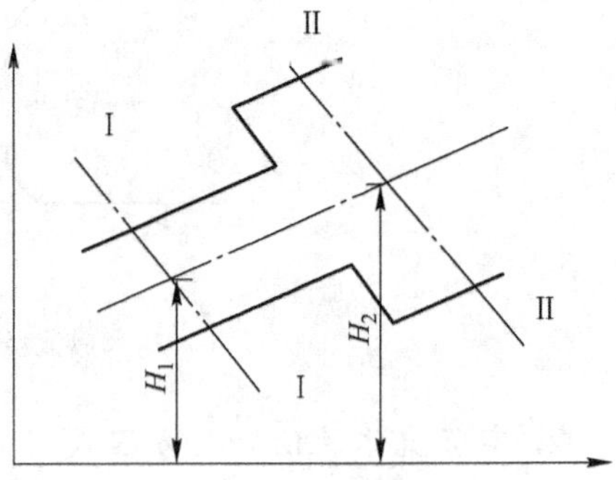

图 1.1.5　管道Ⅰ—Ⅰ、Ⅱ—Ⅱ截面示意图

式(1.1.38)常用于工业炉烟道、烟囱、热风管以及煤气管的分析与计算。由于实际气体在管道截面上的速度分布是不均匀的，为了简化计算，工程上通常用平均流速来计算动压头，即

$$W=q_v/F$$

式中，q_v 为气体的体积流量；F 为管道的流通截面积。

3. 伯努利方程和连续性方程的实际应用

伯努利方程和连续性方程通过联立求解可以解决生产中的许多实际问题。它们在炉子热工操作和炉子系统的设计中有着非常广泛的应用，比如管路中对流体压头损失的间接测量与计算，流量的测量，炉膛孔洞的逸气和炉门逸气量的计算，烧嘴的设计计算，供气系统及烟道、烟囱等的设计计算都离不开这两个基本方程式。下面通过几个实例来加以说明，这两个基本方程式是本任务学习中必须掌握的重点，它的深入讨论在后面的知识中还将涉及。

五、烟囱的工作原理

从加热炉排烟系统图 1.1.6 中可以看出：要使高温烟气从炉内排出，则必须克服排烟系统的一系列阻力。烟囱之所以能克服这些阻力，是由于烟囱能借助烟气与空气的密度差在其底部形成负压，如果令炉膛尾部的表压力为零压，则炉尾压力必大于烟囱底部的压力(负压)，于是在静压差的推动下，热气体就可以经过排烟道流至烟囱底部，最后由烟囱排至大气中。

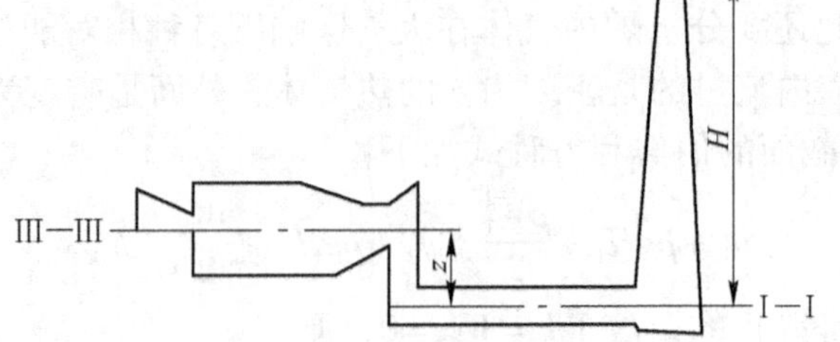

图 1.1.6　加热炉排烟系统示意图

烟囱底部需要形成多大的负压，主要取决于排烟系统阻力损失的大小。应用伯努利方程式可列出炉尾（Ⅲ—Ⅲ面）至烟囱底部（Ⅰ—Ⅰ面）的能量平衡方程。如取Ⅲ—Ⅲ面为基准面，并考虑该处与大气相通，则可得到

$$0+0+\frac{W_3^2\rho_3}{2}=z(\rho'-\rho)g+p_{g1}+\frac{W_1^2\rho_1}{2}+h_{局}+h_{摩} \tag{1.1.39}$$

于是得

$$p_{g1}=-\left[z(\rho'-\rho)g+\left(\frac{W_1^2\rho_1}{2}-\frac{W_3^2\rho_3}{2}\right)+h_{局}+h_{摩}\right] \tag{1.1.40}$$

式(1.1.40)说明烟气在烟囱底部的静压头为负值，这是由于烟气从零压的炉尾流出后，一部分静压头消耗于排烟管道内的阻力；另一部分静压头转变为位压头增量（热气体自上而下流动时，位压头增大，也相当于一种阻力）；还有一部分则转变为动压头增量。可见，用烟囱排烟时，就必须在烟囱底部形成一个与 p_{g1} 相同的负压，才能使炉尾处的烟气克服压头损失与压头转变中所消耗的能量而顺利流向烟囱底部。再次对从烟囱底部（Ⅰ—Ⅰ面）至烟囱顶部的出口（Ⅱ—Ⅱ 面）列出伯努利方程式，以Ⅱ—Ⅱ 面为基准面，烟囱顶的出口处与大气相通，故 $p_{g2}=0$，则得

$$p'_{g1}+H(\rho'-\rho)g+\frac{W_1^2\rho_1}{2}=0+0+\frac{W_2^2\rho_2}{2}+h_{摩囱} \tag{1.1.41}$$

于是得

$$p'_{g1}=-\left[H(\rho'-\rho)g-\left(\frac{W_2^2\rho_2}{2}-\frac{W_1^2\rho_1}{2}\right)-h_{摩囱}\right] \tag{1.1.42}$$

$$|p'_{g1}|=H(\rho'-\rho)g-\left(\frac{\rho_2W_2^2}{2}-\frac{\rho_1W_1^2}{2}\right)-h_{摩囱} \tag{1.1.43}$$

式中，p'_{g1}为烟囱底部的静压头，是一个负值（即负压），由于炉子内部炉底平面Ⅲ—Ⅲ静压头一般保持零压左右，即炉内压力大于烟囱底部的压力，所以炉内烟气能流向烟囱底部，并经烟囱排入大气。p'_{g1}的绝对值就是烟囱对烟气的抽力（$h_{抽}$）。

$H(\rho'-\rho)g$ 为烟囱底部烟气的位压头，抽力就是来自这一项的能量，抽力的大小主要取决于烟囱的高度 H 和空气密度 ρ' 与烟气平均密度 ρ 之差。

$\rho_1W_1^2/2$ 及 $\rho_2W_2^2/2$ 分别代表烟囱底部及顶部烟气的动压头，ρ_1 及 ρ_2 代表烟气在烟囱底部和顶部不同温度下的密度。外面空气的速度可以视为零。由于烟囱断面常为下大上小(即 $W_2>W_1$)，括号内的这一项表示速度增加产生的动压头增量。

可见，当烟囱底部形成的负压 p'_{g1} 大小等于排烟管道在烟囱底部所要求的负压 p_{g1} 时，即 $p_{g1}=p'_{g1}$，烟囱就能够顺利地将烟气从炉膛内排出到烟囱底部，并把烟气排到大气中。

烟囱的高度除了考虑有足够的抽力之外，还要考虑对周围环境的污染问题。一般应比附近最高建筑物高 5m 以上，所以多数炉子的烟囱高度都有富余。由于计算中是以假定炉底水平面的相对静压为零作为前提的，烟囱的抽力又富余，就一定会在炉膛内造成负压，这样将会有大量冷空气被吸入，这是我们所不希望的。为了调节炉内的静压，通常在烟道

内设置闸门。当闸门插下时，烟道通道的局部阻力加大，烟囱对炉子的实际抽力则减小。有的工厂还采取人为地让冷空气吸入烟道的办法来调节抽力，冷空气吸入后烟气量增大，烟气温度降低，这两个因素都使实际抽力减小。依靠人工调节的闸门往往难以及时调整，因此在现代化的炉子上，闸门的控制是通过压力参数输入自动调节系统进行调节的。

✵ 任务实施

一、实训内容

雷诺数测定。

二、实训目的

（1）观察流体在管道中的流动状态；

（2）测定几种状态下的雷诺数；

（3）了解流态与雷诺数的关系。

三、实训相关知识

1. 实验装置

在流体力学综合实验台中，雷诺实验涉及的部分有高位水箱、雷诺数实验管、阀门、伯努利方程实验管道、颜料水（蓝墨水）盒及其控制阀门、上水阀、出水阀、水泵和计量水箱等，秒表及温度计自备。

2. 实验准备

（1）将实验台的各个阀门置于关闭状态。开启水泵，全开上水阀门，把水箱注满水，再调节上水阀门，使水箱的水有少量溢流，并保持水位不变。

（2）用温度计测量水温。

流体力学综合实验台如图 1.1.7 所示。

3. 实验方法

（1）观察状态。打开颜料水控制阀，使颜料水从注入针流出，颜料水和雷诺实验管中的水迅速混合成均匀的淡颜色水，此时雷诺实验管中的流动状态为紊流；随着出水阀门不断关小，颜料水与雷诺实验管中的水掺混程度逐渐减弱，直至颜料水在雷诺实验管中形成一条清晰的线流，此时雷诺实验管中的流动为层流。

（2）测定几种状态下的雷诺系数。全开出水阀门，然后再逐渐关闭出水阀门，直至能开始保持雷诺实验管内的颜料水流动状态为层流状态。按照从小流量到大流量的顺序进行实验，在每一个状态下测量体积流量和水温，并求出相应的雷诺数。

（3）测定下临界雷诺数。调整出水阀门，使雷诺实验管中的流动处于紊流状态，然后缓慢地逐渐关小出水阀门，观察管内颜色水流的变动情况。当关小到某一程度时，管内的颜料水开始成为一条线流，即从紊流转变为层流的下临界状态。记录下此时相应的数据，求出下临界雷诺数。

（4）观察层流状态下的速度分布。关闭出水阀门，用手挤压颜料水开关的胶管 2 ~ 3

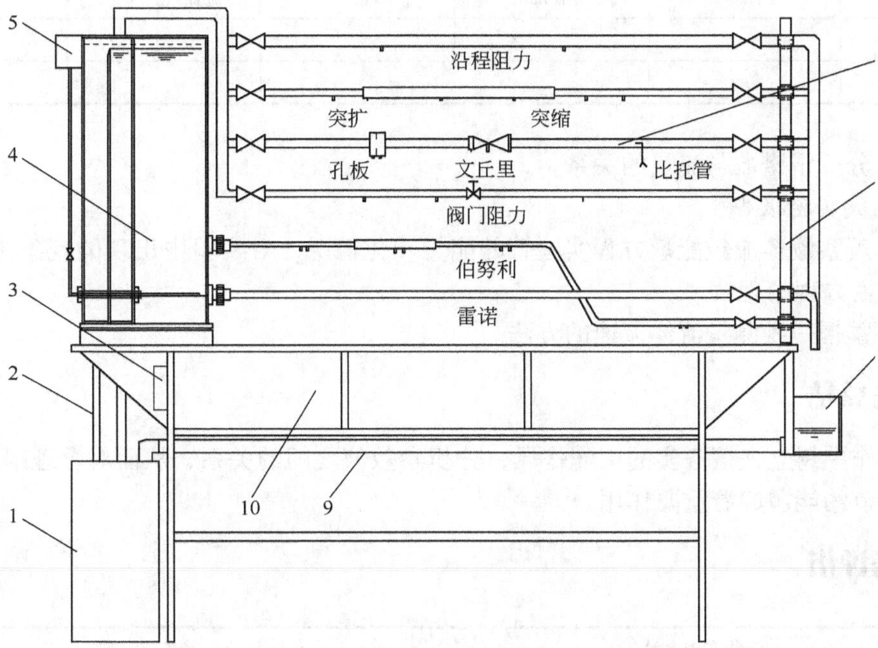

图 1.1.7　流体力学综合实验台结构示意图

1—储水箱；2—上水管；3—电源插座；4—恒压水箱；5—墨水盒；
6—实验管段组；7—支架；8—计量水箱；9—回水管；10—实验台

下，使颜料水在一小段管内扩散到整个断面。然后微微打开出水阀门，使管内呈层流流动状态，这时即可观察到水在层流流动时呈抛物状，演示出管内水流流速分布。

注：每调节阀门一次，均需等待稳定几分钟。关小阀门过程中，只许渐小，不许速闭。随着出水流量减小，应当调小上水阀门，以减少溢流流量引发的振动。

4. 实验原理

设某一工况下，体积流量 $V=3.467\times10^{-5}\text{m}^3/\text{s}$，雷诺实验管内径 $d=0.014\text{m}$，实验水温 $t=5℃$，查水的运动黏度与水温曲线，可知 $\nu=1.519\times10^{-6}\text{m}^2/\text{s}$。

流速：

$$W=\frac{V}{A}=\frac{3.467\times10^{-5}}{\frac{\pi}{4}\times0.014^2}=0.255\text{m/s}$$

雷诺数：

$$Re=Wd/\nu=0.014\times0.225/1.519\times10^{-6}=2075$$

根据实验数据和计算结果，可绘制出雷诺数与流量的关系曲线，如图 1.1.8 所示。不同温度下，对应的曲线斜率不同。

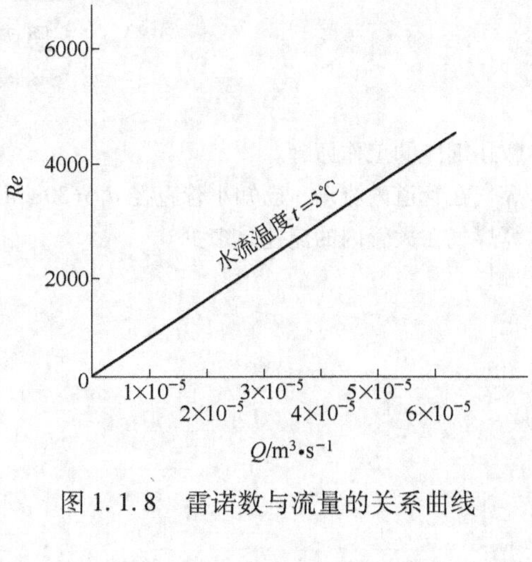

图 1.1.8　雷诺数与流量的关系曲线

5. 数据分析及讨论

（1）根据数据绘出雷诺数与流量的关系曲线，列出下表。

次序	时间/s	Δh/mm	流量/$m^3 \cdot s^{-1}$	流速/$m \cdot s^{-1}$	*Re*

（2）分析雷诺数与流量的关系。

6. 完成实验报告

（1）观察流体流经能量方程实验管的能量转化情况，对实验中出现的现象进行分析，加深对能量方程的理解。

（2）掌握一种测量流体流速的方法。

任务总结

在工作中树立谨慎务实的工作作风，分析参数值之间的关系，从而对合理组织炉内气体流动、节约能源起着重要作用。

任务评价

<table>
<tr><td colspan="4">任务实施名称</td><td colspan="4">雷诺数测定</td></tr>
<tr><td rowspan="2">开始时间</td><td rowspan="2"></td><td rowspan="2">结束时间</td><td rowspan="2"></td><td>学生签字</td><td colspan="3"></td></tr>
<tr><td>教师签字</td><td colspan="3"></td></tr>
<tr><td colspan="2">项　目</td><td colspan="4">技 术 要 求</td><td>分值</td><td>得分</td></tr>
<tr><td colspan="2">操　作</td><td colspan="4">（1）方法得当
（2）操作规范
（3）正确使用工具与设备
（4）团队合作</td><td></td><td></td></tr>
<tr><td colspan="2">任务实施报告单</td><td colspan="4">（1）书写规范整齐，内容翔实具体
（2）实训结果和数据记录准确、全面，并能正确分析
（3）回答问题正确、完整
（4）团队精神考核</td><td></td><td></td></tr>
</table>

思考与练习题

1. 叙述烟囱的工作原理。
2. 煤气在管道内流动，已知小管直径 $d_1 = 30$mm，大管直径 $d_2 = 60$mm，小管内煤气流速 $W_1 = 6$m/s，计算煤气在大管内的流速是多少？

任务二　燃料及其燃烧

任务描述

燃料的燃烧过程是一个复杂的物理和化学过程的综合。要实现良好的燃烧，就必须了解燃烧过程的机理。凡燃烧时能放出大量的热，此热量能经济而有效地用于现代化工业或日常生活的所有的物质统称燃料。现代的工业炉大多以燃料作为热能的来源。冶金工业是燃料高消耗的行业，在国民经济各部门中，冶金工业所消耗的燃料比例仅次于交通运输业。燃料的优劣直接影响着冶金工业的发展。

目前，冶金工业所用的燃料都是碳质燃料。碳质燃料可以根据其物态，分为固体燃料、液体燃料和气体燃料，根据来源又可以分为天然燃料和加工燃料。天然燃料（如煤炭和石油）直接燃烧在经济上不合算，在技术上也不合理，应当开展综合利用，把天然燃料首先作为化工原料，提取一系列重要产品。现代冶金联合企业主要是使用各类加工的燃料。

能力目标

（1）掌握燃料的性质，会正确选择燃料；
（2）会正确计算燃料的发热量；
（3）掌握气体、液体燃料的燃烧理论，合理控制燃料燃烧过程；
（4）会计算空气需要量和燃烧产物量；
（5）会计算燃烧产物成分和密度。

知识目标

（1）掌握常用燃料的基本概念；
（2）了解固体、液体、气体燃料的常用性能；
（3）掌握燃料的化学组成、发热量、燃料的表示方法；
（4）掌握气体、液体燃料的燃烧过程；
（5）掌握空气需要量、燃烧产物量、燃烧产物成分和密度的计算。

相关资讯

现代的工业炉大多以燃料作为热能的来源。冶金工业是燃料巨大消耗的行业，在国民经济各部门中，冶金工业所消耗的燃料比例仅次于交通运输业。一些主要碳质燃料的分类见表 1.2.1。

炉子选用燃料受很多因素影响，一般要考虑产品质量要求、炉子结构特点、经济上的合理性、燃料的供应条件（生产、运输、合理利用资源等）、操作条件（劳动条件、调节性能、自动化水平、安全）等因素，因此，燃料的合理选用不单纯是技术和经济问题，而且要符合国家政策和做到资源的充分合理利用。

表 1.2.1　燃料的一般分类

燃料的物态	燃料的来源	
	天然燃料	加工燃料
气体燃料	天然气	高炉煤气、焦炉煤气、发生炉煤气、水煤气、石油裂化气、转炉煤气
固体燃料	木柴、泥煤、褐煤、烟煤、无烟煤	木炭、焦炭、粉煤
液体燃料	石　油	汽油、煤油、柴油、重油、焦油

一、燃料的种类

（一）固体燃料

木材、木炭、煤、焦炭、粉煤等都是固体燃料，其中冶金生产中有实用意义的是煤、焦炭、粉煤，其优点是：燃烧设备简单，安全可靠；投资少，生产费用低；运输储存简单方便。缺点是：加热质量差；操作条件差，劳动强度大，环境污染大；燃烧过程不易调节；炉子结构受燃烧条件的限制较大。

1. 煤的分类

各种煤都是古代的植物经过在地下长期炭化形成的。世界煤储量估计为 5×10^{12}t，是丰富的能源。根据炭化程度的不同，煤又分为泥煤、褐煤、烟煤、无烟煤。炭化程度越高，煤中的水分、挥发分就越少，固定碳越多。

（1）泥煤是最年轻的煤，其中还保留了一部分植物残体，含水量很高，工业上价值不大。

（2）褐煤是泥煤进一步炭化的产物。褐煤的外观呈褐色或黑褐色，挥发分很高，一般可达 45% ~55%。褐煤的发热量较低，化学反应性强，在空气中可以氧化或自燃，风化后容易碎裂，在炉内受热破碎严重。褐煤可以作为气化原料和化工原料，冶金厂有时用来烧锅炉或低温炉子。

（3）烟煤是工业用煤中最主要的一种。烟煤比褐煤炭化更完全，水分和挥发分进一步减少，固定碳增加。低发热量一般在 23000 ~29300kJ/kg（5500 ~7000kcal/kg）。

（4）无烟煤是炭化程度最完全的煤。无烟煤化学反应性较差，其中挥发分很少，热稳定性差，受热以后很容易爆裂。无烟煤由于挥发分少，燃烧时火焰很短，不适合直接作为工业燃料。

2. 煤的工业分析

煤是很复杂的有机化合物，要进行元素分析，比较困难，故工业上普遍采用工业分析法，即将煤分成四个组成物：挥发物、固定碳、灰分及水分。实践证明，这种分析方法不仅简单方便，且能很好地说明煤的使用特性。

（1）挥发分。煤是复杂的有机化合物，加热到一定温度，就会分解放出气体，这些加热分解出来的气体，通常称为挥发分或挥发物。根据煤的工业分析国家标准，煤在隔绝空气的条件下，加热到 850℃时，分解出来的气体量，作为挥发分含量。通常用字母 V 表示挥发分。

挥发分的化学成分仍然是复杂的，主要是 H_2 以及 CH_4、C_2H_4…各种碳氢化合物气体的混合物。这些气体都是可燃的，而且发热能力高。挥发分高的煤燃烧时速度快，温度高，火焰长。

（2）固定碳。固定碳是煤分解出挥发分以后，残留下来的固体可燃物质（不包括灰分）。固定碳的主要成分是 C，但不是纯 C，还残留有少量其他元素如 H、O、N 等。它在煤里的含量一般超过挥发分的含量，所以它是煤中的重要发热成分，也是衡量煤使用特性的指标之一。通常用字母 F 表示固定碳。固定碳% = 100% －（水分 + 灰分 + 挥发分）%。

（3）灰分。煤完全燃烧以后，残留下来的固体矿物灰渣，称为灰分，用字母 A 表示灰分（见后面燃料的化学组成）。

（4）水分。用字母 W 表示水分（见后面燃料的化学组成）。

综上所述，工业分析成分对煤的选择使用，很有实际意义，故在工业上一般只给出煤的工业分析结果。

（二）液体燃料

原油不宜直接作为炉子燃料，现在加热炉上所用的液体燃料主要是重油。重油是石油加工的产品。原油经过加工，提炼了汽油、煤油、柴油、润滑油等轻质产品以后，剩下的相对分子质量较大的油就是重油，也称渣油。根据原油加工过程的不同，所得到的重油还有常压重油、减压重油和裂化重油之分。

液体燃料的优点是：发热量高，热量利用率高，炉温高，燃烧波动小，调节范围大，有条件实现自动控制；储存运输方便，灰分小，损耗小；燃烧装置可以安装在炉子各个部位，易实现不同工艺的要求。缺点是：需要增加一套燃料储备、预热、输送系统，动力消耗较大；炉子热工参数调节较复杂；设备维护工作量大。

各地重油的元素分析值差别不大，其可燃成分的平均值范围大致如下：

$$C^{燃}\ 85\% \sim 88\%,\ H^{燃}\ 10\% \sim 13\%,\ N^{燃} + O^{燃}\ 0.5\% \sim 1\%,\ S^{燃}\ 0.2\% \sim 1\%$$

重油的发热量较高，因为其中主要是碳氢化合物，杂质很少。一般重油的低发热量为 40000～42000kJ/kg（9500～10000kcal/kg）。

重油作为工业炉燃料，有下列几种重要特性：

（1）黏度。黏度的大小对重油的运输和雾化有很大影响，所以对重油的黏度有一定的要求。

我国工业上表示重油黏度通用的是恩氏黏度（°E），它是用恩格拉黏度计测得的数据。我国商品重油共分 4 个牌号，即 20 号、60 号、100 号、200 号重油。重油的分类标准见表 1.2.2。重油的牌号是指在 50℃时，该重油黏度的°E 值，例如 60 号重油是指该重油在 50℃时的恩氏黏度为 60°E。

为了保证重油的雾化质量，在喷嘴前重油的黏度一般应为 5～12°E。黏度过高时，油从油罐输向喷嘴困难，雾化不良，点火困难，造成燃烧不好；黏度过低时，也会因喷油量过大而冒黑烟，造成燃料的浪费。

升高重油的温度可以显著地降低它的黏度，所以要保持重油的黏度适宜，必须对重油进行预热，预热的温度随重油的牌号和油烧嘴的形式而异，可根据实验来确定。

表 1.2.2　重油的分类标准（SYB 1091—60）

指　　标		牌　　号			
		20	60	100	200
恩氏黏度/°E	80℃时（不大于）	5.0	11.0	15.5	
	100℃时（不大于）				5.5~9.5
闪点（开口）（不小于）/℃		80	100	120	130
凝固点（不大于）/℃		15	20	25	36
灰分/%		0.3	0.3	0.3	0.3
水分/%		1.0	1.5	2.0	2.0
硫分/%		1.0	1.5	2.0	3.0
机械杂质/%		1.5	2.0	2.5	2.5

（2）闪点、燃点和着火点。重油加热时表面会产生油蒸气，随着温度的升高，油蒸气越来越多，并和空气混合，当达到一定温度时，火种一接触油气混合物便发生闪火现象。这一引起闪火的最低温度称为重油的闪点。再继续加热，产生油蒸气的速度更快，此时不仅闪火而且可以连续燃烧，这时的温度叫燃点，燃点一般比闪点高 7~10℃。继续提高重油温度，即使不接近火种，油蒸气也会发生自燃。这一温度称为重油的着火点，通常在 500~600℃之间。如炉内温度低于着火点，则燃烧不好。

闪点是用闪点测定仪测定的。由于闪点测定仪有“开口”与“闭口”之分，所以闪点的数值也有“开口”与“闭口”之分。一般重油的开口闪点在 80~130℃。

闪点、燃点和着火点关系到用油的安全。闪点以下油没有着火的危险，所以储油罐的加热温度必须控制在闪点以下。

（3）残炭率。使重油在隔绝空气的条件下加热，将蒸发出来的油蒸气烧掉，剩下的残炭以质量百分比表示就称为残炭率。我国重油的残炭率一般在 10% 左右。

残炭率高，可以提高火焰的黑度，有利于增强火焰的辐射能力，这是有利的一面；但残炭多时会在油烧嘴口上积炭结焦，造成雾化不良，影响油的正常燃烧。

（4）水分。重油含水分过高着火不良，降低燃烧温度，火焰不稳定，所以重油的水分限制在 2% 以下。但为加温往往采用蒸汽直接加热，因而使重油水含量大大增加。一般应在储油罐中用沉淀的方法使油水分离而脱去。

（三）气体燃料

气体燃料与固体、液体燃料相比，其优点是：过剩空气系数低，燃烧完全，容积热负荷高，燃烧过程容易调节，易于实现自动化控制；对工艺适应性好，可满足从低温到高温，从长火焰到短火焰的各种要求；燃烧后无黑烟、无积灰，环境干净。其缺点是：长距离输送和储存困难，使用范围受限制；除钢铁厂有高炉、焦炉煤气或附近有天然气之外，采用人造气体燃料（如发生炉煤气、水煤气、城市煤气等），价格较高；某些煤气成分波动较大，对自动控制不利；一般在同样预热空气的条件下，热效率比油低；按一定比例与空气混合后有爆炸危险，应注意安全操作，并防止煤气中毒。

1. 天然气

天然气是直接由地下开采出来的可燃气体，是一种工业经济价值很高的气体燃料。它的主要成分是甲烷（CH_4），含量一般在 80% ~98%，还有少量重碳氢化合物及 H_2、CO 等可燃气体，所以发热量很高，大多都在 33500 ~ 46000kJ/m^3（标态）(8000 ~ 11000kcal/m^3（标态））。

天然气是一种无色、稍带腐烂臭味的气体，密度约 0.73 ~ 0.80kg/m^3（标态），比空气轻。天然气容易着火，着火温度范围在 640 ~ 850℃之间，遇到明火会立即着火燃烧。天然气燃烧时火焰明亮，辐射能力强，因为燃烧时甲烷及其他碳氢化合物分解析出大量固体炭粒。

由于天然气含惰性气体很少，发热量高，可以长距离输送，是优良的冶金炉燃料，同时又是优良的民用燃料和重要的化工原料，因此要根据天然气产区的能源平衡作统筹考虑，使国家的能源得到最合理的分配与使用。

2. 高炉煤气

高炉煤气是高炉炼铁的副产品。高炉每消耗 1t 焦炭可以得到 3800 ~ 4000m^3 的高炉煤气，数量是很大的。高炉煤气的特点是含有大量的 N_2 和 CO_2，所以发热值比较低，通常只有 3350 ~ 4200kJ/m^3（标态）（800 ~ 1000kcal/m^3（标态））。高炉煤气由于发热值低，燃烧温度也较低，火焰的辐射能力弱，在加热炉上单独使用困难，往往是与焦炉煤气混合使用，或在燃烧前将煤气与空气预热。尽管如此，因为高炉煤气是钢铁联合企业内数量很大的副产品，所以被作为一项重要的燃料。

高炉煤气的成分（干成分）大致如下：

CO	H_2	CH_4	CO_2	N_2
22% ~31%	2% ~3%	0.3% ~0.5%	10% ~19%	57% ~58%

3. 焦炉煤气

焦炉煤气是炼焦的副产品。每炼制 1t 焦炭可得 400 ~ 450m^3 的焦炉煤气。焦炉煤气的主要可燃成分是 H_2、CH_4、CO、C_2H_4 等。

焦炉煤气的成分（干成分）大致如下：

H_2	CH_4	C_nH_m	CO	CO_2	O_2	N_2
55% ~60%	24% ~28%	2% ~4%	6% ~8%	2% ~4%	0.4% ~0.8%	4% ~7%

由于焦炉煤气内的主要可燃成分是高发热量的 H_2 和 CH_4，并且含有焦油物质，所以焦炉煤气的发热量为 16000 ~ 18800kJ/m^3（标态）（3800 ~ 4500kcal/m^3（标态））。焦炉煤气由于含 H_2 高，所以黑度小，较难预热。同时密度只有 0.4 ~ 0.5kg/m^3（标态）比其他煤气轻，火焰的刚性差，往上飘。

4. 高炉 - 焦炉混合煤气

在钢铁联合企业里，可以同时得到大量高炉煤气和焦炉煤气。高炉煤气与焦炉煤气产量的比值大约为 1 : 10。从企业总的能量分配来看，单独使用焦炉煤气是不合理的，所以，在钢铁联合企业里可以利用不同比例的高炉煤气和焦炉煤气配成各种发热量的混合煤气，其发热量为 5900 ~ 9200kJ/m^3（标态）（1400 ~ 2200kcal/m^3（标态）），供企业内各种冶金炉作为燃料。

高炉煤气与焦炉煤气的发热量分别为 $Q_{高}$ 和 $Q_{焦}$，要配成发热量为 $Q_{混}$ 的混合煤气，

其配比可用下式计算。设焦炉煤气在混合煤气中占的百分比为 x，则高炉煤气占的百分比为 $(1-x)$，得

$$Q_{混} = xQ_{焦} + (1-x)Q_{高} \tag{1.2.1}$$

整理上式，得

$$x = \frac{Q_{混} - Q_{高}}{Q_{焦} - Q_{高}} \tag{1.2.2}$$

5. 发生炉煤气

发生炉煤气是以固体燃料为原料，在煤气发生炉中制得的煤气，这个热化学过程就是煤的气化。其主要成分是CO，含量不到三分之一，其次是 H_2，含量可达10%，不可燃成分主要有 N_2，含量可超过50%，发热量较低，一般在5020～6280kJ/m^3（标态）。各类常见气体燃料成分及热值见表1.2.3。

表1.2.3 各种煤气的成分

煤气名称	（干）成分/%							$Q_{低}$/kJ·m^{-3}
	CO	H_2	CH_4	C_nH_m	CO_2	O_2	N_2	
天然气	—	0～2	85～97	0.1～4.0	0.1～2.0	—	0.2～4.0	3350～46000
高炉煤气	22～31	2～3	0.3～0.5	—	10～19	—	55～58	3350～4200
焦炉煤气	6～8	55～60	24～28	2～4	2～4	0.4～0.8	4～7	1600～18800
发生炉煤气	24～30	12～15	0.5～3	0.2～0.4	5～7	0.1～0.3	46～55	5020～5230

二、燃料的化学组成

（一）固体燃料、液体燃料

自然界中的固体燃料和液体燃料，都是由有机物和无机物两部分组成。有机物是由碳、氢、氧及少量的氮、硫等构成。燃料的无机物主要是由水分和矿物质——灰分构成。

固体燃料和液体燃料的元素组成用质量分数表示，如 $w(C)$、$w(H)$、$w(O)$、$w(N)$、$w(S)$ 等。燃料中的水分和灰分分别以符号 W 及 A 表示。

1. 碳

碳是固体燃料和液体燃料中最主要的热能来源。碳在燃烧时与空气中的氧化合生成 CO_2，同时放出大量的热。

$$C + O_2 = CO_2 \quad \Delta_r H_m^{\ominus} = 33915\text{kJ/kg} \quad (8100\text{kcal/kg})$$

燃料不完全燃烧时，碳与氧生成CO。

$$C + \frac{1}{2}O_2 = CO \quad \Delta_r H_m^{\ominus} = 10258\text{kJ/kg} \quad (2450\text{kcal/kg})$$

2. 氢

氢也是燃料中重要的可燃成分。氢燃烧时生成水蒸气，同时放出大量的热。

$$H_2 + \frac{1}{2}O_2 = H_2O\text{（汽）} \quad \Delta_r H_m^{\ominus} = 119915\text{kJ/kg} \quad (28640\text{kcal/kg})$$

3. 氧

氧是燃料中有害的组成部分，因为在固体燃料及液体燃料中，它与碳、氢等可燃成分

结合呈化合物状态存在，所以作为燃料使用时，它不仅不参与燃烧，反而约束了一部分可燃成分。

4. 氮

氮是惰性物质，燃烧时一般不参加反应而进入废气中。在温度高和氮含量高的情况下，将产生较多的 NO_x，造成大气污染。

5. 硫

硫是燃料中有害的杂质。燃料中的有机硫和黄铁矿硫在空气中燃烧都能生成二氧化硫。呈硫酸盐状态存在的硫不能燃烧，燃烧时进入灰分。

有机硫及黄铁矿硫燃烧时虽然能够产生一定热量（10468kJ/kg 或 2500kcal/kg），但 SO_2 腐蚀金属设备，会使钢材表面烧损增加，严重影响钢的加热质量，并且污染环境造成公害。所以冶金燃料中的硫含量一般均有限制。我国东北、华北产煤区大部分煤的硫含量不高，但南方一些地区煤的硫含量较高，有的高达2%～6%，在选用时必须加以考虑。

6. 水分

燃料中的水分是有害的成分。它的存在降低了可燃成分的比例，在燃烧时要吸收大量热而蒸发，而且对燃料的运输和加工都不利。

煤中水分的含量波动范围很大，不同炭化程度的煤，水分含量相差也很大，有内部结晶水分和表面吸附的外部水分，前者在高温下去除，后者在空气中风干即可。

重油含水分不高，但在运输和储存过程中往往用蒸汽直接加温，而使重油水分含量大大增加。

7. 灰分

灰分是煤中的有害组成部分。煤中的灰分高，相对可燃成分的比例就降低了，而燃烧时灰分本身的加热和分解还要吸收热量；灰分高的煤往往容易夹杂烧不透的可燃物，造成燃料的损失；清灰也是很繁重的劳动。所以灰分的多少是衡量燃料经济价值的重要指标。

（二）气体燃料

气体燃料由 CO、H_2、CH_4、C_2H_4、C_nH_m、CO_2、N_2、O_2、H_2S、H_2O 等简单的化合物或单质混合组成，其中主要的可燃成分是 CO、H_2、CH_4、C_2H_4、C_nH_m、H_2S 等，CO_2、N_2、O_2、H_2O 等是不可燃成分。

三、燃料的表示方法

（一）固体燃料与液体燃料

固体燃料和液体燃料的分析结果表示成各组成的质量分数，但由于燃料中水分和灰分含量波动很大，往往受季节、运输和储存条件的影响而变动。同一种煤由于取样时条件不同，甚至同一实验条件如采用的分析基准不同，表示的结果也不相同。冶金燃料基于不同的分析基准常用的成分表达方式有三种：应用成分、干燥成分和可燃成分。

1. 应用成分

应用成分反映了燃料在实际应用时的组成，包括全部 C、H、O、N、S 和灰分（A）、水分（W），上述组成的总和为100%，即

$$w^{用}(C)+w^{用}(H)+w^{用}(O)+w^{用}(N)+w^{用}(S)+w^{用}(A)+w^{用}(W)=100\% \quad (1.2.3)$$

式中 $w^{用}(C)+w^{用}(H)+w^{用}(O)$——分别代表C、H、O…这些组成在应用成分中的质量分数。

2. 干燥成分

燃料中的水分受外界条件影响很大，因此应用成分常常不能正确反映燃料的本性。为了便于比较，水分不计在内，这样各成分所占的质量分数称为燃料的干燥成分，即

$$w^{干}(C)+w^{干}(H)+w^{干}(O)+w^{干}(N)+w^{干}(S)+w^{干}(A)=100\% \quad (1.2.4)$$

3. 可燃成分

燃料中的灰分也往往受到运输和储存条件的影响而波动。为了更确切地反映燃料的性质，有时还采用无水无灰的基准，以这种方式表达的质量分数，称为燃料的可燃成分，即

$$w^{燃}(C)+w^{燃}(H)+w^{燃}(O)+w^{燃}(N)+w^{燃}(S)=100\% \quad (1.2.5)$$

燃料中各成分和基准的关系如图1.2.1所示。

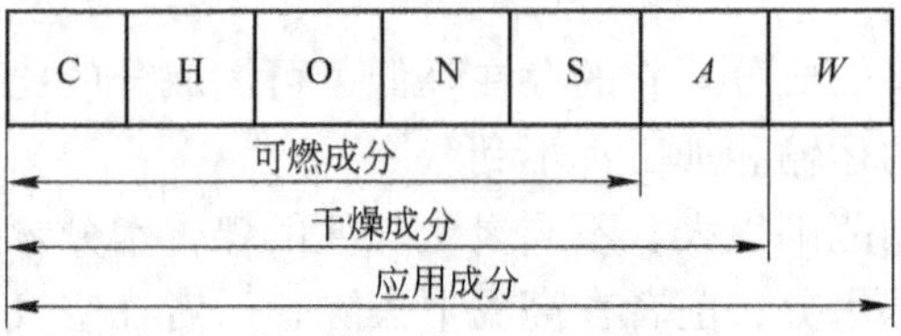

图1.2.1 燃料中各成分与基准的关系

上述几种元素分析值的表示方式之间可以相互换算。各成分进行换算的系数如表1.2.4所示。

表1.2.4 固体燃料及液体燃料成分的换算系数

已知成分	换算的成分		
	可燃成分	干燥成分	应用成分
可燃成分	1	$\frac{100-A^{干}}{100}$	$\frac{100-(A^{用}+W^{用})}{100}$
干燥成分	$\frac{100}{100-A^{干}}$	1	$\frac{100-W^{用}}{100}$
应用成分	$\frac{100}{100-(A^{用}+W^{用})}$	$\frac{100}{100-W^{用}}$	1

注：$A^{干}=w^{干}(A)$；$A^{用}=w^{用}(A)$；$W^{用}=w^{用}(W)$。

【例1】 已知煤的下列成分，将其换算为应用成分：$w^{燃}(C)=83.38\%$，$w^{燃}(H)=4.92\%$，$w^{燃}(O)=9.87\%$，$w^{燃}(N)=1.12\%$，$w^{燃}(S)=0.71\%$；$w^{干}(A)=11.23\%$，$w^{用}(W)=7.65\%$。

解： 由表1.2.4可求出灰分的应用成分为

$$w^{用}(A)=\frac{100-W^{用}}{100}\times w^{干}(A)=\frac{100-7.65}{100}\times 11.23\%=10.37\%$$

再根据 $w^{用}(W)$ 和 $w^{用}(A)$ 和表1.2.4的换算系数求其他元素的成分。

$$w^{用}(C)=\frac{100-(A^{用}+W^{用})}{100}\times w^{燃}(C)=\frac{100-(7.65+10.37)}{100}\times 83.38\%$$
$$=0.8198\times 83.38\%=68.35\%$$

同理可得：$w^{用}(H)=0.8198\times 4.92\%=4.03\%$

$w^{用}(O)=0.8198\times 9.87\%=8.10\%$

$w^{用}(N)=0.8198\times 1.12\%=0.92\%$

$w^{用}(S)=0.8198\times 0.71\%=0.58\%$

（二）气体燃料

气体燃料化学组成的表示方法是用各种单一气体的体积分数表示，包含水分的成分称为湿成分，不包含水分的成分称为干成分，即

$$\varphi^{湿}(CO)+\varphi^{湿}(H_2)+\varphi^{湿}(CH_4)+\cdots+\varphi^{湿}(N_2)+\varphi^{湿}(CO_2)+\varphi^{湿}(H_2O)=100\% \quad (1.2.6)$$

$$\varphi^{干}(CO)+\varphi^{干}(H_2)+\varphi^{干}(CH_4)+\cdots+\varphi^{干}(N_2)+\varphi^{干}(CO_2)=100\% \quad (1.2.7)$$

湿成分是实际应用时的成分，在计算时常常需要进行干湿成分的换算，如

$$\varphi^{湿}(CO)=\varphi^{干}(CO)\times\frac{100-\varphi^{湿}(H_2O)}{100} \quad (1.2.8)$$

式中　$\varphi^{湿}(H_2O)$ ——水蒸气的体积分数。其余成分均照此类推。

用上式换算时需要知道某温度下水分含量 $\varphi^{湿}(H_2O)$，可根据 $1m^3$ 干气体在某温度所能吸收的饱和水蒸气的质量，即 $g^{干}_{H_2O}(g/m^3)$，在进行干、湿成分的换算时，需要先把 $g^{干}_{H_2O}$ 换算成该温度下的 $\varphi^{湿}(H_2O)$，其换算关系如下

$$\varphi^{湿}(H_2O)=\frac{0.00124g_{H_2O}}{1+0.00124g_{H_2O}}\times 100\% \quad (1.2.9)$$

式中　0.00124——标准状态下每克水蒸气的体积。$g^{干}_{H_2O}$ 的数据见表1.2.5。

表1.2.5　不同温度下 $1m^3$ 干气体的饱和水蒸气量

温度/℃	饱和蒸汽分压力/Pa	每立方米干气体含水量 $g^{干}_{H_2O}$/g	温度/℃	饱和蒸汽分压力/Pa	每立方米干气体含水量 $g^{干}_{H_2O}$/g
20	2335	19.0	39	6991	59.6
21	2522	20.2	40	7378	63.1
22	2642	21.5	41	—	—
23	2815	22.9	42	8205	70.8
24	2989	24.4	44	9112	79.3
25	3175	26.0	46	10100	88.8
26	3362	27.6	48	11169	99.5
27	3562	29.3	50	12341	111
28	3776	31.1	52	13622	125
29	4003	33.1	54	15009	140
30	4243	35.1	56	16517	156
31	4496	37.3	58	18158	175
32	4763	39.6	60	19932	197
33	5030	42.0	62	21854	221
34	5323	44.5	64	23922	248
35	5897	47.3	66	26163	280
36	5950	50.1	68	28578	315
37	6284	53.1	70	31179	357
38	6631	56.2	72	33968	405

【例 2】 某天然气的干燥成分为 $\varphi^{干}(CH_4)=90.80\%$，$\varphi^{干}(C_2H_6)=5.78\%$，$\varphi^{干}(C_3H_8)=1.59\%$，$\varphi^{干}(CO_2)=0.40\%$，$\varphi^{干}(N_2)=1.43\%$，求25℃时的湿成分。

解：由表查出25℃时的饱和水蒸气量 $g^{干}_{H_2O}=26.0g/m^3$。根据式得：

$$\varphi^{湿}(H_2O)=\frac{0.00124g^{干}_{H_2O}}{1+0.00124g^{干}_{H_2O}}\times100\%=\frac{0.00124\times26.0}{1+0.00124\times26.0}\times100\%=3.12\%$$

$$\varphi^{湿}(CH_4)=\varphi^{干}(CH_4)\times\frac{1-\varphi^{湿}(H_2O)}{1}=90.80\%\times\frac{1-3.12\%}{1}=90.80\%\times0.9687=87.96\%$$

同理：$\varphi^{湿}(C_2H_6)=5.78\%\times0.9687=5.60\%$

$\varphi^{湿}(C_3H_6)=1.59\%\times0.9687=1.54\%$

$\varphi^{湿}(CO_2)=0.40\%\times0.9687=0.39\%$

$\varphi^{湿}(N_2)=1.43\%\times0.9687=1.39\%$

$\varphi^{湿}(CH_4)+\varphi^{湿}(C_2H_6)+\varphi^{湿}(C_3H_6)+\varphi^{湿}(CO_2)+\varphi^{湿}(N_2)+\varphi^{湿}(H_2O)$

$=87.96\%+5.60\%+1.54\%+0.39\%+1.39\%+3.12\%=100\%$

四、燃料的发热量

（一）发热量概念

单位质量或体积（对气体燃料而言）的燃料完全燃烧后所放出的热量称为燃料的发热量。燃料的发热量是评价燃料质量的一项重要指标。燃料的发热量越高，经济价值也越大。

固体燃料和液体燃料发热量的单位是 kJ/kg 或 kcal/kg；气体燃料发热量的单位是 kJ/m^3（标态）或 $kcal/m^3$（标态）。

由于燃烧产物中必定有水存在。水以气态或液态存在时，发热量的值也有所不同。当燃烧产物的温度冷却到使其中的水蒸气冷凝成为0℃的水时，所放出的热量称为燃料的高发热量，用 $Q_{高}$ 表示。当燃烧产物中的水分不是呈液态，而是呈20℃的水蒸气存在时，由于扣除了水分的汽化热而使发热量降低，这时得到的热量称为燃料的低发热量，用 $Q_{低}$ 表示。

（二）发热量计算

在实际燃烧过程中，低发热量比较有意义，计算采用得较多，高发热量只是在实验室条件下衡量燃料质量的一个指标。

高发热量与低发热量之间的换算关系如下：

$$\begin{aligned}Q_{低}&=Q_{高}-25.12[9w^{用}(H)+w^{用}(W)](kJ/kg)\\&=Q_{高}-6[9w^{用}(H)+w^{用}(W)](kcal/kg)\end{aligned}\tag{1.2.10}$$

燃料的发热量可以用热量计直接测定，也可以根据燃料的元素分析值或工业分析值用计算法来确定。一般来说，利用燃料的元素分析值计算发热量比利用工业分析值所得的结果要准确些。常用的利用元素分析值计算发热量的公式，有门捷列夫公式

$$\begin{aligned}Q_{低}=&339.1w^{用}(C)+1256w^{用}(H)-108.9[w^{用}(O)-w^{用}(S)]\\&-25.12[9w^{用}(H)+w^{用}(W)](kJ/kg)\end{aligned}\tag{1.2.11}$$

$$Q_{低}=81w^{用}(C)+300w^{用}(H)-26[w^{用}(O)-w^{用}(S)]-$$

$$6[9w^{用}(H)+w^{用}(W)](kcal/kg) \tag{1.2.12}$$

式中　$w^{用}(C)$，$w^{用}(H)$，…——100kg 燃料中各成分的质量，kg。

气体燃料是由一些独立存在的可燃成分所组成，每种可燃成分的发热量可以精确测定。所以只需把各可燃成分的发热量加起来即可，其计算公式为

$$Q_{低}=127.7\varphi^{湿}(CO)+107.6\varphi^{湿}(H_2)+358.8\varphi^{湿}(CH_4)+599.6\varphi^{湿}(C_2H_4)(kJ/m^3(标态)) \tag{1.2.13}$$

$$Q_{低}=30.35\varphi^{湿}(CO)+25.7\varphi^{湿}(H_2)+85.7\varphi^{湿}(CH_4)+143.2\varphi^{湿}(C_2H_4)+\cdots(kcal/m^3(标态)) \tag{1.2.14}$$

式中　$\varphi^{湿}(CO)$，$\varphi^{湿}(H_2)$ ——100m^3 气体燃料中各成分的体积，m^3。

标准燃料。各种燃料的发热量差别很大，如果要比较各炉子的能耗，单讲质量是不确切的。为了便于比较，人为地规定了一个"标准燃料"的概念。每一千克标准燃料的发热量定为 29310kJ（7000kcal），这样就可以把各种燃料折算为标准燃料。例如 1kg 发热量为 6020kcal 的烟煤，相当于 6020/7000 = 0.86kg 标准燃料。

【例 3】 已知高炉煤气的湿成分为：$\varphi^{湿}(CO)=25.96$，$\varphi^{湿}(H_2)=6.12$，$\varphi^{湿}(CH_4)=0.29$，$\varphi^{湿}(CO_2)=10.55$，$\varphi^{湿}(N_2)=53.0$，$\varphi^{湿}(H_2O)=4.18$，求低发热量是多少？

解：将各湿成分的体积带入公式(1.2.13)即得

$$\begin{aligned}Q_{低}&=127.7\varphi^{湿}(CO)+107.6\varphi^{湿}(H_2)+358.8\varphi^{湿}(CH_4)+599.6\varphi^{湿}(C_2H_4)+\cdots\\&=127.7\times25.96+107.6\times6.12+358.8\times0.29+599.6\times0\\&=4080(kJ/m^3(标态))\end{aligned}$$

五、燃料的燃烧过程

（一）气体燃料的燃烧过程和燃烧方法

气体燃料的燃烧是一个复杂的物理过程与化学过程的综合。整个燃烧过程可以视为混合、着火、反应三个彼此不同又有密切联系的阶段，它们是在极短时间内连续完成的。

1. 煤气与空气的混合

要实现煤气中可燃成分的氧化反应，必须使可燃物质的分子能和空气中氧分子接触，亦即使煤气与空气均匀混合。这是一种物理扩散现象，这个过程比燃烧反应过程本身慢得多。要强化燃烧过程必须改善混合的条件，提高混合的速度。

改善混合条件的途径有：

（1）使煤气与空气流形成一定的交角，这是改善混合最有效的方法之一。由于两股气流相交，它不仅是扩散，而是机械的搅拌占了主导地位。一般来说，两股气流的交角愈大，混合愈快。显然，在煤气与空气流动速度很慢，并成为平行的层流流动时，其相互的扩散很慢，混合所经历的路径很长，火焰也拉得很长。在燃烧高发热量煤气，如天然气时，所需的空气量大，均匀混合更困难一些，这时在烧嘴上安设旋流导向装置，造成气流强烈地旋转，有利于混合。

（2）改变气流的速度。一般认为，在层流情况下，混合完全靠扩散作用，与绝对速度的大小无关。在紊流状态下，气流的扩散大大加强，混合速度也增大。实验证明，在流量不变的情况下，采用较大的流速比采用较小的流速，可以使混合改善。此外，改变两股

气流的相对速度，使两股气流速度的比值增大，也有利于混合的改善。

（3）缩小气流的直径。气流流股的直径越大，混合越困难。如果把气流分成许多细股，可以增大煤气与空气的接触面积，周围质点容易达到流股中心，有利于加快混合速度。许多烧嘴的结构都是基于这一点，把气流分割为若干细股，或采用扁平流股，使煤气与空气的混合条件改善。

2. 煤气与空气混合物的着火

煤气与空气的混合物达到一定浓度时，在低温条件下还不能着火，只有加热到一定温度时才能着火燃烧。反应物质开始正常燃烧所必需的最低温度称为着火温度。各种气体燃料与空气混合物的着火温度如下：

焦炉煤气	550 ~ 650℃
高炉煤气	700 ~ 800℃
发生炉煤气	700 ~ 800℃
天然气	750 ~ 850℃

当可燃混合物中燃料浓度太大或太小时，即使达到了正常的着火温度，也不能着火或不能保持稳定的燃烧。要保持稳定的燃烧，必须使煤气处于一定的浓度极限范围。在点火时如果出现点不着或不能稳定继续燃烧的情况，就要调节煤气与空气的比例。着火浓度极限与煤气的成分有关，也和气体的预热温度有关，如果煤气与空气预热到较高温度，则浓度极限范围将加宽，即可燃混合物容易着火。在正常燃烧时炉膛内温度很高，远超过燃料的着火温度，可以保证燃烧稳定地进行，可燃气体几乎在任何比例下都能燃烧。

3. 空气中的氧与煤气中的可燃物完成化学反应

燃烧反应本身是一个化学过程，属于连锁反应。和混合速度与加热相比，燃烧反应本身的速度是很快的，实际上是在一瞬间完成的。在上述三个阶段中，对整个燃烧进程起最直接影响的，是煤气与空气的混合过程。要提高燃烧强度，必须很好地控制混合过程。所以混合充分与否是整个燃烧过程的关键，创造使二者充分混合的条件就成为煤气燃烧技术中的主要问题。

4. 燃烧方法

根据煤气与空气在燃烧时混合情况的不同，气体燃料的燃烧方法（包括燃烧装置）分为两大类，即有焰燃烧法和无焰燃烧法。

（1）有焰燃烧。有焰燃烧主要的特点是煤气与空气预先不经混合，各以单独的流股进入炉膛，边混合边燃烧，混合与燃烧两个过程是在炉内同时进行的。

有焰燃烧法的主要矛盾是煤气与空气的混合，混合得愈完善，则火焰愈短，燃烧在较小的火焰区域内进行，火焰的温度比较高。当煤气与空气的混合不好，则火焰拉长，火焰温度较低，但沿炉长的温度分布比较均匀。人们可以通过调节火焰来控制炉内的温度分布。

由于煤气和空气流股是分别进入烧嘴和炉膛的，因此可以把煤气与空气预热到较高的温度，而不受着火温度的限制，预热温度越高，着火越容易。但是，由于是边混合边燃烧，混合条件不好时容易造成化学不完全燃烧。为了达到完全燃烧，需要有较大的燃烧空间和较多的过剩空气，所以有焰燃烧法的空气消耗系数比无焰燃烧高。

在燃烧装置不变的条件下，调节火焰长度主要依靠改变煤气与空气的流量，流量的改变又引起气流速度的改变和过剩空气量的改变。在层流情况下，随着气流速度的增加，火焰逐渐被拉长，当流速继续加大进入紊流状态后，火焰长度不再随气流速度改变。

在燃烧过程中，火焰好像一层层地向前推移，火焰锋面连续向前移动，这种现象称为火焰的传播。火焰前沿向前推移的速度称为火焰的传播速度，它是由实验测定的，在各种常见可燃气体中，氢的火焰传播速度最快，一氧化碳、乙烯次之，甲烷最小。这一概念对烧嘴设计及使用是很重要的，要保持火焰的稳定，必须使空、煤气的喷出速度与火焰的传播速度相适应，否则喷出速度超出火焰传播速度，会发生“脱火”现象，反之出现“回火”现象，只有二者平衡，火焰才能保持稳定。

（2）无焰燃烧。如果将煤气与空气在进行燃烧以前预先混合再进入炉内，燃烧过程要快得多。由于较快地进行燃烧，碳氢化合物来不及分解，火焰中没有或很少有游离的炭粒，看不到明亮的火焰，或者火焰很短。这种燃烧方法称为无焰燃烧。无焰燃烧器的原理如图 1.2.2 所示。

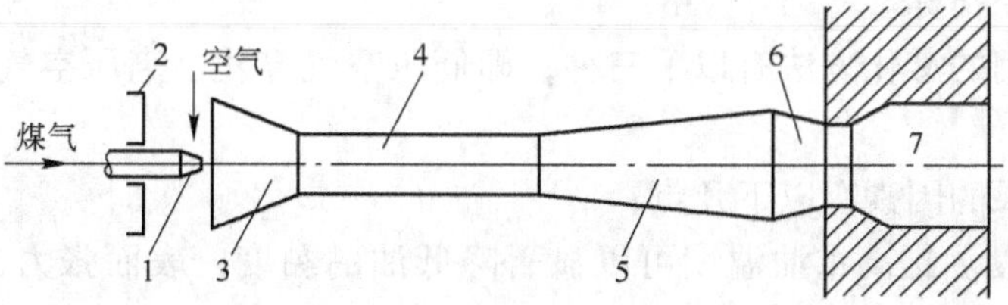

图 1.2.2　无焰燃烧烧嘴示意图

1—煤气喷口；2—空气调节阀；3—空气吸入口；4—混合管；5—扩张管；6—喷头；7—燃烧坑道

煤气以高速由喷口 1 喷出，空气由吸入口 3 被煤气流吸入，因为煤气喷口的尺寸已定，煤气量加大时，煤气流速增大，吸入的空气量也按比例自动增加。空气调节阀 2 可以沿烧嘴轴线方向移动，用来改变空气吸入量，以便根据需要调节过剩空气量。煤气与空气在混合管 4 内进行混合，然后进入一段扩张管 5，它的作用是使混合气体的静压加大，以便提高喷射效率。混合气体由扩张管出来进入喷头 6，喷头是收缩形，以保持较大的喷出速度，防止回火现象。最后混合气体被喷入燃烧坑道 7，坑道的耐火材料壁面保持很高的温度，混合气体在这里迅速被加热到着火温度而燃烧。燃烧生成热又反过来加热了坑道壁，使壁面始终保持高温，对可燃混合气体起加热和点火的作用。

无焰燃烧的主要特点是：

1）只需较少的过剩空气（$n=1.03\sim1.05$），就能保证完全燃烧。

2）由于过剩空气量少，燃烧温度比有焰燃烧高，高温区集中。

3）没有“可见的火焰”，火焰辐射能力不及同温度下有焰燃烧。

4）由于煤气与空气要预先混合，所以不能预热到过高的温度，否则要发生回火现象，一般限制在混合后温度不超过 400 ~ 500℃。

5）煤气与空气的混合需要消耗动力，喷射式无焰烧嘴的空气是靠煤气的喷射作用吸入的，煤气则要较高的压力，一般都在 1000mmHg 以上，必须有煤气加压设备，费用也较高。

6）无焰烧嘴的燃烧强度大，燃烧空间热强度可达（42～167）$\times 10^6$kJ/(m^3·h)（（10～40）$\times 10^6$kcal/(m^3·h)）。

同时，由于可以自动按比例地吸入燃烧需要的空气，因而省略了庞大的供风系统，使炉子结构紧凑、简单。

（二）液体燃料的燃烧

重油的燃烧过程依次是雾化、加热蒸发、热解裂化、油雾与空气的混合、着火燃烧。

1. 重油的雾化

和煤气一样，燃烧必须具备使液体燃料质点能和空气中的氧接触的条件。为此，重油燃烧前必须先进行雾化，以增大其和空气接触的面积。重油雾化是借某种外力的作用，克服油本身的表面张力和黏性力，使油破碎成很细的雾滴。这些雾滴颗粒的直径大小不等，在10～200μm左右，为了保证良好的燃烧条件，小于50μm的油雾颗粒应占85%以上。颗粒太大，燃烧时产生大量黑烟，燃烧不完全，温度不能提高。油雾颗粒的平均直径是评价雾化质量的主要指标。

工业炉上常用的雾化方法有以下三种，即低压空气雾化、高压空气（或蒸汽）雾化、油压雾化。

影响雾化效果的因素有以下几点：

（1）重油温度。提高重油温度可以显著降低油的黏度，表面张力也有所减少，可以改善油的雾化质量。要保证重油在油烧嘴前的黏度不高于5～12°E。

（2）雾化剂的压力和流量。低压油烧嘴和高压油烧嘴都是用气体作雾化剂的。雾化剂以较大的速度和质量喷出，依靠气流对油表面的冲击和摩擦作用进行雾化。

雾化剂的相对速度（即雾化剂流速与重油流速之差）和雾化剂的单位消耗量（每千克油用多少千克或立方米雾化剂）对雾化质量的影响比较明显。实践证明，雾化剂的相对速度与油颗粒直径成反比，即速度愈大，颗粒愈小。当油烧嘴出口断面一定时，增大雾化剂压力，意味着雾化剂的流量增加，流速加大，使雾化质量得到改善。但单位油量耗用的雾化剂究竟以多少为宜要作具体分析，当雾化剂用量达到一定量后，再增加流量对雾化质量的作用就不大了。如果用高压气体（空气或蒸汽）作雾化剂，成本较高，耗量过多更没有必要。

油水混烧是国内外近年发展起来的一种烧油新方法。实践中发现含水10%～15%的重油，对燃烧效率没有什么影响，而当油和水充分搅拌形成油水乳化液后，反而有利于改善油的雾化质量。因为均匀稳定的油水乳化液中，油颗粒表面上附着一些小于4μm的水颗粒，在高温下这些水变成蒸汽，蒸汽压力将油颗粒击碎成更细的油雾，即第二次雾化。由于雾化的改善，用较小的空气消耗系数便能得到完全燃烧。国内经验表明，采用油水混烧后，化学性不完全燃烧可以降低1.5%～2.2%，火焰温度不仅没有下降，反而提高了20℃左右。由于过剩空气量的减少，使燃烧废气中的NO_x含量降低，减少了大气污染。

（3）油压。采用气体雾化剂，油压不宜过高。因为油压过高，油的流速太大，雾化剂来不及对油流股起作用使之雾化。低压油烧嘴的油压可低到0.1MPa以下，高压油烧嘴可高到0.5MPa左右。

但有的机械雾化油烧嘴是靠油本身以高速喷出，造成油流股的强烈脉动而雾化的。油的喷出速度越大，雾化越好，所以要求有较高的油压，约在1～2MPa（10～20kg/cm^2）之间，油压越高，雾化质量越好。

（4）油烧嘴结构。常采用适当增大雾化剂和油流股的交角，缩小雾化剂和油的出口断面（使断面成为可调的），使雾化剂造成流股的旋转流动等措施，来改善重油的雾化质量。

2. 加热与蒸发

重油的沸点只有200～300℃，而着火温度在600℃以上，因此油在燃烧前先变为油蒸气，蒸气比液滴容易着火。重油的碳氢化合物中，有的可以气化，有的则不能，蒸发的结果会留下一些固体残渣。

3. 热解和裂化

如果在高温下油和油蒸气没有与氧接触，组成重油的复杂的碳氢化合物就会发生受热分解现象，生成炭粒。重油燃烧不好时，往往见到冒出大量黑烟，或在油烧嘴中发生结焦现象就是因为重油热分解，在火焰中含有大量固体炭粒的结果。

为了避免这种现象的发生，应当尽力提高雾化质量，改善油雾与空气的混合，使重油在达到着火温度时能立即燃烧。

4. 油雾与空气的混合

与气体燃料相同，油雾与空气的混合也是决定燃烧速度与质量的重要条件。在实际生产中，控制重油的燃烧过程，是通过调节雾化与改善混合条件来实现的。因为影响混合的关键还是雾化质量。

5. 着火燃烧

油蒸气及热解、裂化产生的气态碳氢化合物，与氧接触并达到着火温度时，便激烈地完成燃烧反应。这种气态产物的燃烧属于均相反应，是主要的；固态的炭粒、石油焦在这种条件也开始燃烧，属于非均相反应，是次要的。

由于重油燃烧时不可避免地热解与裂化，火焰中游离着大量炭粒，使火焰呈橙色或黄色，这种火焰比不发光的火焰辐射能力强。为了提高火焰的亮度和辐射能力，可以向不含碳氢化合物的燃料中加入重油作为人工增碳剂，这种方法称为火焰增碳。

综上所述，重油的燃烧是雾化、蒸发气化、混合、着火等过程的综合，图1.2.3是重油火焰的示意图。

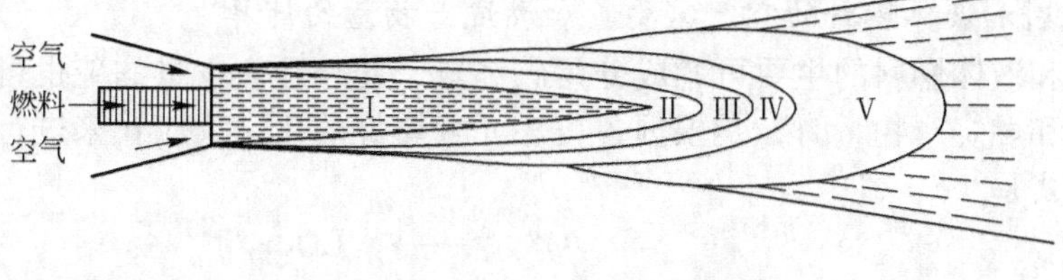

图1.2.3　重油火焰示意图

Ⅰ—混合带；Ⅱ—加热与蒸发带；Ⅲ—油蒸气着火；Ⅳ—残炭加热与着火；Ⅴ—固体残炭燃烧

燃烧的各环节是相互联系又相互制约的，一个过程不完善，重油就不能顺利燃烧，一个过程不能实现，火焰就会熄灭。

六、燃烧计算

（一）概述

燃烧过程是很复杂的，但是为了使计算简化而又能满足工程计算的要求，在燃烧计算中作如下几项假定：气体的体积都按标准状态（0℃和760mmHg）计算，一切气体在标准状态下每千克分子的体积都是22.4m^3（标态）；在计算中不考虑热分解的产物；空气的组成只考虑O_2和N_2，$\varphi(O_2)=21\%$，$\varphi(N_2)=79\%$。

在进行燃烧计算时，常常要用以下基本概念。

（1）完全燃烧。燃料中的可燃物质和氧进行了充分的燃烧反应，亦即在生成的燃烧产物中已不存在可燃物质，这种燃烧称为完全燃烧。例如燃料中的碳全部氧化生成CO_2，而不存在CO。

（2）不完全燃烧。燃料经燃烧后在燃烧产物中存在着可燃成分，这种燃烧称为不完全燃烧，如CO等。

不完全燃烧又有两种情况：

1）化学不完全燃烧。燃料中的可燃成分由于空气不足或燃料与空气的混合不好，而没能得到充分反应的燃烧，称为化学不完全燃烧。

2）机械不完全燃烧。燃料中的部分可燃成分没有参加或进行燃烧反应就损失了的燃烧过程，称为机械不完全燃烧，如管道系统漏掉的重油或煤气。

（3）空气消耗系数。由于空气供给不足或空气的混合不好，会造成不完全燃烧。因此，为了保证燃料的完全燃烧，所供给的空气量实际上都大于理论的空气需要量。令L_n代表实际供给空气量，L_0代表理论空气需要量，则二者的比值就称为空气消耗系数并用n表示，即

$$n=\frac{L_n}{L_0} \tag{1.2.15}$$

空气消耗系数的大小与燃料种类、燃烧方法、燃烧装置的结构及其工作状态好坏都有关。各类燃料空气消耗系数的经验数据如下：

固体燃料	$n=1.20\sim1.50$
液体燃料	$n=1.15\sim1.25$
气体燃料	$n=1.05\sim1.15$

（二）空气需要量和燃烧产物量的计算

1. 固体燃料和液体燃料的空气需要量和燃烧产物量的计算

固体燃料和液体燃料的主要可燃成分是碳和氢，此外还有少量的硫也可以燃烧。在计算空气需要量和燃烧产物量时，是根据各可燃元素燃烧的化学反应式来进行的。例如碳的完全燃烧反应式是

$$\begin{array}{ccccc} C & + & O_2 & \longrightarrow & CO_2 \\ 12g & & 32g & & 44g \\ 1mol & & 1mol & & 1mol \end{array}$$

计算时是按摩尔数计，即1mol 碳（12g）与1mol 氧（32g）化合，生成1mol 二氧化碳（44g）。所以在运算中，往往先把质量换算为摩尔数再进行计算，即$\frac{w^{用}(C)}{12}$；$\frac{w^{用}(H)}{2}$；$\frac{w^{用}(O)}{32}$；$\frac{w^{用}(N)}{28}$；$\frac{w^{用}(S)}{32}$；$\frac{w^{用}(W)}{18}$。

根据前述方法，可得出100g 燃料燃烧时所需的氧摩尔数为$\frac{w^{用}(C)}{12}+\frac{1}{2}\times\frac{w^{用}(H)}{2}+\frac{w^{用}(S)}{32}-\frac{w^{用}(O)}{32}$。

100g 燃料燃烧所需的理论空气量为$4.762\times\left[\frac{w^{用}(C)}{12}+\frac{1}{2}\times\frac{w^{用}(H)}{2}+\frac{w^{用}(S)}{32}-\frac{w^{用}(O)}{32}\right]$。

将上式以摩尔数表示的理论空气量换算成体积，即1g 燃料燃烧的理论空气量为

$$L_0=\frac{22.4}{100}\times4.762\left[\frac{w^{用}(C)}{12}+\frac{1}{2}\times\frac{w^{用}(H)}{2}+\frac{w^{用}(S)}{32}-\frac{w^{用}(O)}{32}\right] \qquad (1.2.16)$$

燃烧产物由燃料燃烧后所生成的气体与空气中的氮组成，所以100g 燃料燃烧的理论燃烧量的摩尔数为$\left[\frac{w^{用}(C)}{12}+\frac{w^{用}(H)}{2}+\frac{w^{用}(S)}{32}+\frac{w^{用}(N)}{28}+\frac{w^{用}(W)}{18}\right]+3.762\left[\frac{w^{用}(C)}{12}+\frac{w^{用}(H)}{4}+\frac{w^{用}(S)}{32}-\frac{w^{用}(O)}{32}\right]$。

加号之前括号内的数值是燃烧后所生成的气体产物，加号以后的数值为空气中的氮。将上式以摩尔数表示的理论燃烧产物量换算成体积，则1g 燃料燃烧的理论燃烧产物量为

$$V_0=\frac{22.4}{100}\left[\left(\frac{w^{用}(C)}{12}+\frac{w^{用}(H)}{2}+\frac{w^{用}(S)}{32}+\frac{w^{用}(N)}{28}+\frac{w^{用}(W)}{18}\right)+3.762\left(\frac{w^{用}(C)}{12}+\frac{w^{用}(H)}{4}+\frac{w^{用}(S)}{32}-\frac{w^{用}(O)}{32}\right)\right] \qquad (1.2.17)$$

【例4】 已知烟煤的可燃成分含量如下：

成分	$w^{用}(C)$	$w^{用}(H)$	$w^{用}(O)$	$w^{用}(N)$	$w^{用}(S)$	$w^{干}(A)$	$w^{用}(W)$
$\varphi^{燃}/\%$	80.67	4.85	13.10	0.80	0.58	10.93	3.20

求理论空气需要量及理论燃烧产物量。

解：首先根据表将已知的烟煤成分换算为应用成分。

$$\varphi^{用}(A)=\varphi^{干}(A)\frac{100-W^{用}}{100}=10.93\%\times\frac{100-3.2}{100}=10.58\%$$

$$\varphi^{用}(C)=\varphi^{燃}(C)\frac{100-(A^{用}+W^{用})}{100}=80.67\%\times\frac{100-(10.58+3.2)}{100}$$

$$=80.67\%\times0.862=69.55\%$$

同理 $\varphi^{用}(H)=\varphi^{燃}(H)\times0.862=4.85\%\times0.862=4.18\%$

$\varphi^{用}(O)=\varphi^{燃}(O)\times0.862=13.10\%\times0.862=11.30\%$

$\varphi^{用}(N)=\varphi^{燃}(N)\times0.862=0.80\%\times0.862=0.69\%$

$\varphi^{用}(S)=\varphi^{燃}(S)\times0.862=0.58\%\times0.862=0.50\%$

将上述各应用成分带入公式：

$$L_0 = \frac{22.4}{100} \times 4.762\left[\frac{w^{用}(C)}{12} + \frac{1}{2} \times \frac{w^{用}(H)}{2} + \frac{w^{用}(S)}{32} - \frac{w^{用}(O)}{32}\right]$$

$$= \frac{22.4}{100} \times 4.762\left(\frac{69.55}{12} + \frac{4.18}{4} + \frac{0.50}{32} - \frac{11.30}{32}\right) = 6.94\ (m^3/kg)$$

$$V_0 = \frac{22.4}{100}\left[\left(\frac{w^{用}(C)}{12} + \frac{w^{用}(H)}{2} + \frac{w^{用}(S)}{32} + \frac{w^{用}(N)}{28} + \frac{w^{用}(W)}{18}\right)\right.$$

$$\left. + 3.762\left(\frac{w^{用}(C)}{12} + \frac{w^{用}(H)}{4} + \frac{w^{用}(S)}{32} - \frac{w^{用}(O)}{32}\right)\right]$$

$$= \frac{22.4}{100}\left[\left(\frac{69.55}{12} + \frac{4.18}{2} + \frac{0.50}{32} + \frac{0.69}{28} + \frac{3.2}{18}\right) + \right.$$

$$\left. 3.762\left(\frac{69.55}{12} + \frac{4.18}{4} + \frac{0.50}{32} - \frac{11.30}{32}\right)\right]$$

$$= 7.15(m^3/kg)$$

2. 气体燃料的空气需要量和燃烧产物量的计算

因为已假定计算中任何气体每1mol的体积为22.4m^3（标态），所以参加燃烧反应的各气体与燃烧生成物之间的摩尔数之比，就是其体积之比。例如 $CO + \frac{1}{2}O_2 = CO_2$，可以视为1mol的一氧化碳与0.5mol的氧化合，生成1mol的二氧化碳；也可以说成是1m^3的一氧化碳与0.5m^3的氧化合，生成1m^3的二氧化碳。因此，气体燃料的燃烧计算可以直接根据体积比进行计算。

各种可燃气体的燃烧反应式如表1.2.6所示。

表1.2.6　各种可燃气体的燃烧反应式

气　体	分子式	燃烧反应式
氢	H_2	$2H_2 + O_2 = 2H_2O$ 2　1　2
一氧化碳	CO	$2CO + O_2 = 2CO_2$ 2　1　2
甲烷	CH_4	$CH_4 + 2O_2 = CO_2 + 2H_2O$ 1　2　1　2
乙烷	C_2H_6	$2C_2H_6 + 7O_2 = 4CO_2 + 6H_2O$ 2　7　4　6
乙烯	C_2H_4	$C_2H_4 + 3O_2 = 2CO_2 + 2H_2O$ 1　3　2　2
乙炔	C_2H_2	$2C_2H_2 + 5O_2 = 4CO_2 + 2H_2O$ 2　5　4　2
一般碳氢化合物	C_nH_m	$C_nH_m + \left(n+\frac{m}{4}\right)O_2 = nCO_2 + \frac{m}{2}H_2O$ 1　$\left(n+\frac{m}{4}\right)$　n　$\frac{m}{2}$
硫化氢	H_2S	$2H_2S + 3O_2 = 2SO_2 + 2H_2O$ 2　3　2　2

理论空气需要量 $L_0^{干}$（m^3/m^3（标态））：

$$L_0^{干} = \frac{4.762}{100}[0.5V_{H_2} + 0.5V_{CO} + 2V_{CH_4} + (m+0.25n)V_{C_nH_m} + \cdots + 1.5V_{H_2S} - V_{O_2}] \tag{1.2.18}$$

理论燃烧产物量 $V_0^{干}$（m^3/m^3（标态））：

$$V_0^{干} = \frac{1}{100}[V_{H_2} + V_{CO} + 3V_{CH_4} + (m+0.5n)V_{C_nH_m} + 2V_{H_2S} + V_{CO_2} + V_{N_2} + V_{H_2O}] + 0.79L_0^{干} \tag{1.2.19}$$

式中 V_{CO}，V_{H_2}，V_{CH_4}——100m^3 煤气中各成分的体积，m^3。

【例 5】 已知发生炉煤气的湿成分为

成分	H_2	CO	CH_4	C_2H_4	CO_2	N_2	O_2	H_2O
$\varphi^{湿}/\%$	15.0	29.0	3.0	0.6	7.5	42.0	0.2	2.7

求：理论空气需要量和燃烧产物量。

解：根据式(1.2.18)、式(1.2.19)得

$$\begin{aligned} L_0^{干} &= \frac{4.76}{100}(0.5\times15.0 + 0.5\times29.0 + 2\times3.0 + 3\times0.6 - 0.2) \\ &= \frac{4.76}{100}(7.5 + 14.5 + 6.0 + 1.8 - 0.2) \\ &= 1.41m^3/m^3(标态) \end{aligned}$$

$$\begin{aligned} V_0^{干} &= \frac{1}{100}(15.0 + 29.0 + 3\times3.0 + 4\times0.6 + 7.5 + 42.0 + 2.7) + 0.79\times1.41 \\ &= \frac{1}{100}(15.0 + 29.0 + 9.0 + 2.4 + 7.5 + 42.0 + 2.7) + 1.114 \\ &= 2.19m^3/m^3(标态) \end{aligned}$$

以上是按干空气计算，如果考虑空气中的水分，则公式应为：

$$L_0^{湿} = L_0^{干}(1 + 0.00124g_{H_2O}^{干})(m^3/m^3(标态)) \tag{1.2.20}$$

$$V_0^{湿} = V_0^{干} + 0.00124g_{H_2O}^{干}L_0^{干}(m^3/m^3(标态)) \tag{1.2.21}$$

如前所述，计算所得都是在没有过剩空气的条件下，即空气消耗系数 $n=1$ 时理论空气需要量和燃烧产物量之值。然而在实际生产中，为了保证完全燃烧，必须供给过量的空气，即 $n>1$，因此，需求出实际空气需要量。

实际燃烧产物量 V_n 可以按下式算出：

$$V_n = V_0 + (L_n - L_0) = V_0 + (n-1)L_0 \tag{1.2.22}$$

（三）燃烧产物成分和密度的计算

1. 燃烧产物成分计算

（1）固体与液体燃料的产物成分计算。根据燃烧的反应方程式及产物成分定义可得

$$\varphi'(CO_2) = \frac{燃烧产物中\ CO\ 的体积}{燃烧产物的总体积}\times100\% = \frac{\frac{w^{用}(C)}{12}\times\frac{22.4}{100}}{V_n}\times100\% \tag{1.2.23}$$

同理
$$\varphi'(H_2O)=\frac{\left(\frac{w^{用}(H)}{2}+\frac{w^{用}(W)}{18}\right)\frac{22.4}{100}}{V_n}\times100\% \tag{1.2.24}$$

$$\varphi'(SO_2)=\frac{\frac{w^{用}(S)}{32}\times\frac{22.4}{100}}{V_n}\times100\% \tag{1.2.25}$$

$$\varphi'(N_2)=\frac{\frac{w^{用}(N)}{28}\times\frac{22.4}{100}+0.79L_n}{V_n}\times100\% \tag{1.2.26}$$

$$\varphi'(O_2)=\frac{0.21(n-1)L_n}{V_n}\times100\% \tag{1.2.27}$$

（2）气体燃料产物成分计算。根据气体燃料的燃烧反应方程式和燃烧产物成分的定义，可得

$$\varphi'(CO_2)=\frac{(V_{CO}+V_{CH_4}+nV_{C_nH_m}+V_{CO_2})\times\frac{1}{100}}{V_n}\times100\% \tag{1.2.28}$$

$$\varphi'(H_2O)=\frac{(V_{H_2}+2V_{CH_4}+\frac{n}{2}V_{C_nH_m}+V_{H_2S}+V_{H_2O})\times\frac{1}{100}}{V_n}\times100\% \tag{1.2.29}$$

$$\varphi'(SO_2)=\frac{V_{H_2S}\times\frac{1}{100}}{V_n}\times100\% \tag{1.2.30}$$

$$\varphi'(N_2)=\frac{\frac{N_2}{100}+0.79L_n}{V_n}\times100\% \tag{1.2.31}$$

$$\varphi'(O_2)=\frac{0.21(n-1)L_0}{V_n}\times100\% \tag{1.2.32}$$

2. 燃烧产物密度的计算

（1）当已知燃烧产物的成分时，燃烧产物的密度 γ（kg/m^3（标态））可以按下式求出：

$$\gamma=\frac{44\varphi'(CO_2)+18\varphi'(H_2O)+64\varphi'(SO_2)+28\varphi'(N_2)+32\varphi'(O_2)}{22.4\times100} \tag{1.2.33}$$

式中　$\varphi'(CO_2)$，$\varphi'(H_2O)$，…——$100m^3$ 燃烧产物中各成分的体积，m^3。

（2）如不知燃烧产物的成分时，也可以用下式计算燃烧产物的密度。

1）固体燃料和液体燃料

$$\gamma=\frac{(1-A)+1.293\times L_n}{V_n} \tag{1.2.34}$$

2）气体燃料

$$\gamma=\Big[(28\varphi^{湿}(CO)+2\varphi^{湿}(H_2)+16\varphi^{湿}(CH_4)+28\varphi^{湿}(C_2H_4)+\cdots+44\varphi^{湿}(CO_2)+28\varphi^{湿}(N_2)+18\varphi^{湿}(H_2O))\times\frac{1}{22.4\times100}+1.293\times L_n/V_n\Big] \tag{1.2.35}$$

式中　　　　　1.293——空气的密度，kg/m^3（标态）；

A——1kg 燃料中灰分的质量，kg；

$\varphi^{湿}(CO)$，$\varphi^{湿}(H_2)$，…——$100m^3$ 燃料中各成分的体积，m^3。

（四）燃烧温度的计算

燃烧时燃烧产物所能达到的温度称为燃料的燃烧温度。燃烧产物所含的热量，可以由燃烧过程的热平衡求出。根据能量守恒，燃料燃烧时燃烧产物的热量收入和热量支出应当相等。由燃烧产物的热量收支关系可以建立热平衡方程式，根据热平衡方程式即可求出燃烧温度。

1. 热收入项

热收入项有：

（1）燃料燃烧的化学热，即燃烧的低发热量 $Q_{低}$。

（2）燃料带入的物理热

$$Q_{燃} = c_{燃} t_{燃} \tag{1.2.36}$$

式中　$c_{燃}$——$t_{燃}$ 温度下燃料的平均比热容，$kJ/(m^3 \cdot ℃)$，可由附表 4 查得；

$t_{燃}$——燃料的实际温度，℃。

（3）空气带入的物理热

$$Q_{空} = L_n c_{空} t_{空} \tag{1.2.37}$$

式中　$c_{空}$——温度为 $t_{空}$ 时空气的平均比热容，$kJ/(m^3 \cdot ℃)$，可由附表 4 查得；

$t_{空}$——空气的预热温度，℃；

L_n——实际空气需要量，m^3/m^3 或 m^3/kg。

2. 热支出项

热支出项有：

（1）燃烧产物所含的热量

$$Q_{产} = V_n c_{产} t_{产} \tag{1.2.38}$$

式中　$c_{产}$——燃烧产物在 $t_{产}$ 温度下的平均比热容，$kJ/(m^3 \cdot ℃)$，可由附表 4 查得；

$t_{产}$——燃烧产物的温度，℃；

V_n——实际燃烧产物量，m^3/m^3 或 m^3/kg。

（2）由燃烧产物向周围介质的散热损失以 $Q_{介}$ 表示，它包括炉墙的全部热损失，加热金属和炉子构件等的散热损失。

（3）燃料不完全燃烧损失的热量以 $Q_{不}$ 表示，它包括化学不完全燃烧损失和机械不完全燃烧损失两项。

（4）高温下燃烧产物热分解损失的热量以 $Q_{解}$ 表示，因为热分解是吸热反应，故要损失部分热量。

燃烧过程的热平衡方程式如下

$$Q_{低} + Q_{燃} + Q_{空} = t_{产} V_n c_{产} + Q_{解} + Q_{介} + Q_{不} \tag{1.2.39}$$

$$t_{产} = \frac{Q_{低} + Q_{燃} + Q_{空} - Q_{解} - Q_{不} - Q_{介}}{V_n c_{产}} \tag{1.2.40}$$

式中，$t_{产}$ 为实际燃烧温度，计算起来较复杂，假设燃料在绝热系统中完全燃烧，故引入

理论燃烧温度 $t_{理}$

$$t_{理}=\frac{Q_{低}+Q_{燃}+Q_{空}-Q_{解}}{V_n c_{产}} \tag{1.2.41}$$

因为热损失，所以不可能进行实际燃烧温度的理论计算，但理论燃烧温度是燃烧过程的一个重要指标，它表明某一成分燃料在某一燃烧条件下所能达到的最高温度。通过对各类炉子长期实践，总结出炉子的理论燃烧温度与实际燃烧温度的比值大体波动在一个范围内，即

$$t_{实}=\eta t_{理} \tag{1.2.42}$$

式中的系数 η 称为炉温系数。加热炉和热处理炉的炉温系数经验数据如表 1.2.7 所示。

表 1.2.7　η 的经验数值

炉　型	炉温系数 η
室状加热炉	0.75~0.80
连续加热炉	0.70~0.75
炉底强度 200~300kg/(m² · h)	0.75~0.80
炉底强度 500~600kg/(m² · h)	0.70~0.75
均热炉	0.68~0.73
热处理炉	0.65~0.70

理论燃烧温度的计算方法比较简便，普遍的是利用 $i-t$ 图。此法精确性差一些，即先求出燃烧产物的总热含量 i，再从图表上查出理论燃烧温度。

由式(1.2.41)可得

$$ct_{理}=\frac{Q_{低}}{V_n}+\frac{Q_{燃}}{V_n}+\frac{Q_{空}}{V_n}-\frac{Q_{解}}{V_n} \tag{1.2.43}$$

式中，$ct_{理}=i$，指 $1m^3$ 燃烧产物的热含量，它包括

$$i_{化}=\frac{Q_{低}}{V_n} \tag{1.2.44}$$

$$i_{燃}=\frac{Q_{低}}{V_n}=\frac{c_{燃}\ t_{燃}}{V_n} \tag{1.2.45}$$

$$i_{空}=\frac{Q_{空}}{V_n}=\frac{L_n c_{空} t_{空}}{V_n} \tag{1.2.46}$$

式中　$i_{化}$，$i_{燃}$，$i_{空}$——分别代表 $1m^3$ 燃烧产物中由于燃料化学热、燃料物理热、空气物理热所带入的热量；

$c_{燃}$，$c_{空}$，$t_{燃}$，$t_{空}$——分别代表燃料与空气的平均比热容和温度。

燃烧产物在高温下热分解所造成的热损失与燃烧温度有关，而燃烧温度是未知数，因此 $Q_{解}$ 的计算很困难。使用 $i-t$ 图表时，一般可不进行这一计算，所以

$$i=i_{化}+i_{燃}+i_{空} \tag{1.2.47}$$

燃烧温度还与燃烧产物中的过剩空气量有关，在利用 $i-t$ 图时，必须求出燃烧产物中过剩空气的百分含量 V_L，即

$$V_L=\frac{L_n-L_0}{V_n}\times 100\% \tag{1.2.48}$$

根据 i 值和 V_L 值，从 $i-t$ 图的横坐标上查到所求的理论燃烧温度值（图 1.2.4），然

后还可根据公式确定实际燃烧温度。

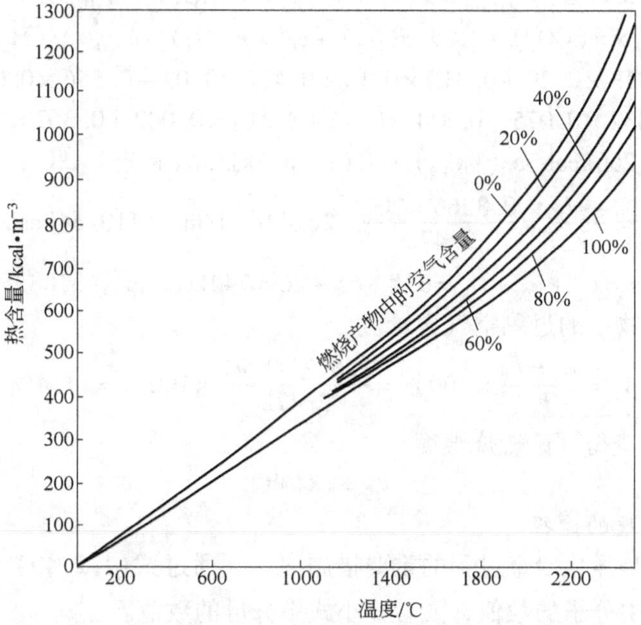

图 1.2.4　求理论燃烧温度的 $i-t$ 图（1cal = 4.18J）

【例 6】　求在例 5 条件下，空气消耗系数 $n=1.2$，空气预热到 300℃，煤气预热到 200℃时的理论燃烧温度。

解： 由例已知

$$L_0^{干}=1.41\text{m}^3/\text{m}^3\ （标态），\ V_0^{干}=2.19\text{m}^3/\text{m}^3\ （标态）$$

$$L_\text{n}=nL_0=1.2\times1.41=1.692\text{m}^3/\text{m}^3\ （标态）$$

$$V_\text{n}=V_0+(n-1)L_0=2.19+(1.2-1)\times1.41=2.472\text{m}^3/\text{m}^3\ （标态）$$

（1）求煤气的低发热量。由式(1.2.14)得：

$$\begin{aligned}Q_{低}&=30.35\varphi^{湿}(\text{CO})+25.7\varphi^{湿}(\text{H}_2)+85.7\varphi^{湿}(\text{CH}_4)+143.2\varphi^{湿}(\text{C}_2\text{H}_4)+\cdots\\&=30.35\times29.0+25.7\times15.0+85.7\times3.0+143.2\times0.6\\&=1609\text{kcal/m}^3\ （标态）（6737\text{kJ/m}^3\ （标态））\end{aligned}$$

（2）求燃烧产物热含量。

$$i_{化}=\frac{Q_{低}}{V_\text{n}}=\frac{1609}{2.472}=651\text{kcal/m}^3\ （2726\text{kJ/m}^3）$$

根据附表 4，查得 300℃时空气的平均比热容为 0.3140kcal/(kg·K)(1.3147kJ/(kg·K))。

$$i_{空}=\frac{Q_{空}}{V_\text{n}}=\frac{L_\text{n}c_{空}t_{空}}{V_\text{n}}=\frac{1.692\times0.3140\times300}{2.472}=65\text{kcal/m}^3\ （272\text{kJ/m}^3）$$

根据附表 4，查得 200℃时煤气各成分的平均比热容为：

比热容	c_{CO}	c_{H_2}	c_{CH_4}	$c_{C_2H_4}$	c_{CO_2}	c_{N_2}	c_{O_2}	c_{H_2O}
kcal/(kg·K)	0.313	0.310	0.422	0.556	0.432	0.311	0.319	0.362
kJ/(kg·K)	1.3063	1.2979	1.7585	2.2818	1.7878	1.3021	1.3356	1.5240

由煤气各成分的百分含量，可以算出煤气的平均比热容：

$$\begin{aligned}c_{燃} &= c_{CO}\times w(CO)+c_{H_2}\times w(H_2)+c_{CH_4}\times w(CH_4)+c_{C_2H_4}\times w(C_2H_4)+\\&\quad c_{CO_2}\times w(CO_2)+c_{N_2}\times w(N_2)+c_{O_2}\times w(O_2)+c_{H_2O}\times w(H_2O)\\&=0.313\times0.29+0.310\times0.15+0.422\times0.03+0.556\times0.006+\\&\quad 0.432\times0.075+0.311\times0.42+0.319\times0.002+0.362\times0.027\\&=0.3266\text{kcal/m}^3(\text{标态})\cdot℃(1.3675\text{kJ/m}^3(\text{标态})\cdot℃)\end{aligned}$$

$$i_{燃}=\frac{Q_{低}}{V_n}=\frac{c_{燃}t_{燃}}{V_n}=\frac{0.3266\times200}{2.472}=26.42\text{kcal/m}^3\quad(110.64\text{kcal/m}^3)$$

总热含量 $i=i_{化}+i_{燃}+i_{空}=651+65+26=742\text{kcal/m}^3\ (3108.51\text{kJ/m}^3)$。

（3）求燃烧产物中的过剩空气含量

$$V_L=\frac{L_n-L_0}{V_n}\times100\%=\frac{1.692-1.41}{2.472}\times100\%=11.4\%$$

（4）由 $i-t$ 图查得理论燃烧温度

$$t_{理}=1840℃$$

3. 提高燃烧温度的途径

提高燃烧温度是强化冶金过程的重要措施之一。通过式(1.2.40)可知，要提高 $t_{实}$ 的数值，必须增大式中分子的数值，或者减小式中分母的数值。

（1）增大式中分子的数值可以从下面几点考虑：

1）提高燃料的发热量。燃料发热量高低，取决于燃料内部的化学组成，在燃料已选定的情况下，发热量也就定了。一般随发热量增加，燃烧产物的量也增加，所以对提高炉温所起的作用不是很显著。在符合经济原则的前提下，可选用优质燃料。

2）实现燃料的完全燃烧。采用合理的燃烧技术，实现燃料的完全燃烧，加快燃烧速度，是提高燃烧温度的基本措施。

3）降低炉体热损失。冶金炉炉体散热损失数值较大，冶金工作者应引起足够的重视，要做到冶金炉绝热好，保温好，气密性好，把炉体散热损失降至最低。

4）预热燃料和空气。预热燃料和空气是提高燃烧温度的有效途径，因为这部分物理热不会引起燃烧产物体积增加。燃烧固体燃料一般不预热，但燃烧气体燃料则可预热至较高温度。

（2）减少式中分母的数值可从下面两点考虑：

1）降低空气消耗系数。在保证燃料完全燃烧的前提下，采用最小的空气消耗系数，以减少分母中 V_n 的数值，从而有利于提高燃烧温度。

2）富氧鼓风和氧气助燃。富氧鼓风就是增加空气中氧的浓度，相对降低氮的含量，V_n 的数值亦随之减小，有利于提高燃烧温度。增加空气中氧的浓度，一般低于28%～30%效果显著。空气中氧的浓度增加，燃烧产物的热分解亦增加，燃烧温度提高有限。使用纯氧助燃，对提高燃烧温度是非常有利的，但成本高，目前除钢铁冶金使用外，有色冶金炉上使用的还不多。究竟采用哪种方法，应根据加热炉具体情况作具体分析。

任务实施

一、实训内容

挥发分测定。

二、实训目的

学会测定固体燃料的挥发分，从而会正确比较和选择固体燃料，以利于充分利用固体燃料的发热量，提高企业的经济效益。

三、实训相关知识

（1）固体燃料的基本组成：C、H、O、N、S、*A*、*W*。

（2）固体燃料的挥发分。

国际方法提要：称取一定量的空气干燥煤样，放在带盖的瓷坩埚中，在（900±10)℃温度下，隔绝空气加热7min，以减少的质量占煤样质量的百分数，减去该煤样的水分含量作为煤样的挥发分。

四、实训设备

智能一体化马弗炉、热电偶、挥发分坩埚、坩埚架、石棉板、天平等。

五、实验步骤

（1）预先于900℃温度下灼烧带盖瓷坩埚至质量恒定，称取粒度小于0.2mm的空气干燥煤样（1±0.01）g（称准至0.0002g），然后轻轻振动坩埚，使煤样摊平，盖上盖，放在坩埚架上。褐煤和长焰煤应预先压饼，并切成约3mm的小块。

（2）开机、复位时，先按“确认”键进入功能选择界面，然后按“+”或“-”键选择“挥发分”功能，再按“确认”键启动实训。

（3）自动进入“进程0”：升温至920℃，音响提示。

（4）自动进入“进程1”：保持920℃炉温，等待实训。

（5）开始实训：顺时针旋转烟囱开关手柄到底，隔绝空气。然后打开炉门，迅速将放有坩埚的架子送入恒温区，炉温低于890℃立即关上炉门，按“+”键，进入“进程2”：在3min内，炉温恢复到（900±10)℃，3min时间到，音响提示（如果在3min内，炉温没有恢复到（900±10)℃，此实训作废）。

（6）自动进入“进程3”，保持炉温（900±10)℃，从按键起准确加热7min，加热时间包括温度恢复时间，实训完成，音响提示。

（7）打开炉门，从炉中取出坩埚架，放在空气中冷却5min左右，移入干燥器中冷却至室温（约20min）后称量。

（8）分析结果的计算。

空气干燥煤样的挥发分计算：

$$V_{ab}=\frac{m-m_1}{m}\times 100-M_{ad}$$

式中　V_{ab}——空气干燥煤样的挥发分率，%；

m——空气干燥煤样的质量，g；

m_1——煤样加热后减少的质量，g；

M_{ad}——空气干燥煤样的水分，%。

挥发分测定的重复性和再现性如表1.2.8规定。

表 1.2.8　挥发分测定的重复性和再现性

挥发分/%	重复性/%	再现性临界差/%
<20.00	0.30	0.50
20.00～40.00	0.50	1.00
>40.00	0.80	1.50

任务总结

通过实训使学生学会利用马弗炉测定固体燃料挥发分的基本技能，为使将来学生走向工作岗位熟练操作马弗炉设备打下坚实的基础。

思考与练习题

1. 什么是燃料，如何分类？
2. 什么是重油的闪点、燃点、着火点，它们的用途是什么？
3. 高发热量与低发热量的区别？
4. 试述液体燃料的基本组成。
5. 射流扩散火焰与预混火焰有哪些主要区别？
6. 什么叫空气消耗系数，其值大小对燃烧过程有何影响？
7. 用热电偶测量火焰温度有何利弊？
8. 煤气的燃烧过程是什么，哪个阶段最重要？
9. 重油的燃烧过程是什么，哪个阶段最重要？
10. 说明有焰燃烧的特点并画出有焰烧嘴结构简图。
11. 说明无焰燃烧的特点并画出无焰烧嘴结构简图。
12. 重油为什么要雾化，有哪些方法？
13. 什么叫燃烧温度，实际燃烧温度与理论燃烧温度有何区别，如何提高燃烧温度？
14. 某燃料含碳72%，含氢8%，问100克该种燃料中碳和氢各有多少摩尔？
15. $10m^3$ CO燃烧，需要多少氧，生成多少CO_2？
16. 氢燃烧需空气$53.3m^3$，问有多少千克氢燃烧？
17. 某煤成分为：

成分	C	H	N	S	O	*A*	*W*
$w^{用}/\%$	69.28	4.16	0.69	0.5	11.25	10.92	3.2

求该煤的理论空气需要量、理论燃烧产物量、$n=1.2$时的实际空气需要量和实际燃烧产物量。

18. 已知某发生炉煤气干成分如下：

成分	CO	H_2	CH_4	C_2H_4	O_2	N_2
$\varphi^{干}/\%$	30	16	4	1	0.2	48.8

并已知$g^{干}_{H_2O}=26g/m^3$。求该煤气燃烧时所需的理论空气量和理论燃烧产物量。

19. 已知煤的发热量为28470kJ/kg，$V_0=7.7m^3/kg$，$L_0=7.35m^3/kg$。求$n=1.2$时的L_n与V_n，并用图表法求理论燃烧温度。

任务三　传热学基础

✵ 任务描述

传热过程是自然界普遍存在同时也是一种复杂的物理现象，为了便于研究，按照其物理本质的不同，将传热分为三种基本方式：传导、对流和辐射。在实际工程中所遇到的传热现象，往往不是以某种单一的传热形式进行，而常常是三种方式同时存在，如以轧钢加热炉为例，火焰对钢料表面传热就包括对流和辐射、钢料表面对其内部传热是传导传热。又如炉墙的传热，如图1.3.1所示。由于传热问题的复杂性，因此研究它的方法是，先独立地分别研究一种传热方式，掌握其传热规律、计算方法，然后再研究复杂的具有多种传热方式的综合传热过程，掌握综合传热的规律，以解决实际工程中所遇到的各种传热问题。

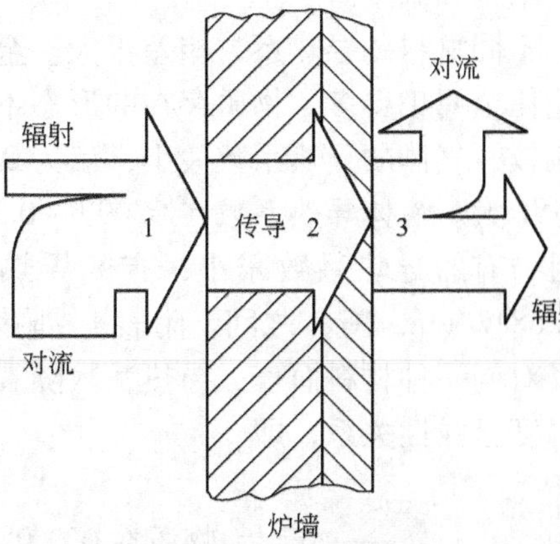

图1.3.1　炉墙的散热

研究实际工程中传热的目的有两个：

（1）充分利用能源增强传热过程提高热效率，如换热设备中的热量交换等。

（2）减少热量损失，减弱传热过程以提高能源利用率，如在加热炉炉体上采取多种保温措施，利用新的高效耐火保温隔热材料，减少炉体散热损失，提高炉子的热效率。

✵ 能力目标

掌握三种基本的传热方式，解决工程实际中加强或减弱传热的具体问题。

✵ 知识目标

（1）掌握传导传热、对流传热、辐射传热、综合传热的概念；

（2）掌握三种传热方式传热量的方法。

✵ 相关资讯

传热过程的定义：两流体间通过固体壁面进行的换热。

传热过程包含的传热方式：传导、对流、热辐射。

一、传导传热

在物体内部，温度不同部分或相接触不同温度的两物体之间热量的传递是通过两相邻质点的分子热振动，由高温部分向低温部分传递的现象称传导传热。传热过程中物体本身没有相对移动，它是物体本身相邻部分的热量传递，如炉墙内侧向外侧、被加热钢料表面向内部都是传导传热。传导传热主要在固体中进行，并且其热量传递由温度高的地方传向温度低的地方。

（一）导热系数 λ

导热系数 λ 的单位为 W/(m · ℃)，它表示当厚度为 1m，传热面积为 $1m^2$，温度差为 1℃，单位时间内所传递的热量。它是标明各种不同材料导热能力大小的物理参数。各种材料的导热系数值由试验来测定，它受到许多因素的影响，主要因素有材料的种类、成分、结构和温度。

不同材料的导热系数相差很大。金属材料导热性最好，而耐火材料等非金属材料导热性能比金属小得多。物质存在的形态不同，其导热能力也不相同。固体、液体、气体三者相比较，气体的导热系数最小，仅为 0.0058W/(m·℃)，同时随着温度的提高，气体导热系数增大。液体导热系数在 0.093～0.698W/(m·℃) 之间，与气体不同的是液体温度增高时，有的导热系数减小，有的导热系数增大。固体的导热系数比较大，在 2.326～418.68W/(m · ℃) 之间。附表 1～附表 3 为一些常见物质的导热系数。

对同一种材料而言，导热系数随着温度的变化而改变。一般情况下，材料的导热系数与温度呈线性关系，即

$$\lambda_t = \lambda_0 + bt \tag{1.3.1}$$

式中　λ_0，λ_t——分别为物质在 0℃ 和 t℃ 时的导热系数，W/(m · ℃)；

b——导热系数的温度系数，W/(m · ℃)。

在加热炉热工计算中，常用的气体、一些液体、耐火材料的 λ 和 b 值见附表 1～附表 3。

（二）传导传热基本公式

传导传热基本公式也称为傅里叶导热定律，是传导传热的基本定律，它的表达式为

$$Q = -\lambda \frac{dt}{dx} F \tag{1.3.2}$$

式中　Q——单位时间内传导传热传递的热量大小，W；

λ——导热系数，W/(m · ℃)；

$\frac{dt}{dx}$——传热方向上的温度梯度，℃/ m；

F——传热面积，m^2。

（三）平壁传导传热

一般加热炉炉墙多为平壁，如果不考虑墙壁周边的影响，可以认为壁内温度沿平面均匀分布，即温度只沿与壁垂直的方向变化。

1. 单层平壁导热（图 1.3.2）

应用傅里叶公式所给的条件，可以计算经过平壁的导热量。一炉墙热量由 A 面传向 B 面，传热面

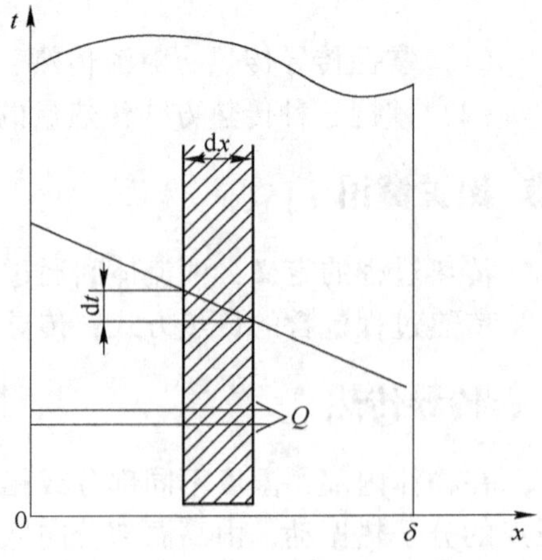

图 1.3.2　单层平壁导热

积为 F，导热系数为 λ，AB 面温度分别为 t_1 和 t_2，AB 面之间炉墙厚度为 s，则单层平壁导热计算公式为：

$$q=-\lambda\frac{dt}{dx}=\text{常数}$$

将上式分离变量 $q dx=-\lambda dt$，在 $0\sim s$ 区间作定积分，有

$$q\int_0^s dx=-\lambda\int_{t_1}^{t_2}dt$$

$$q=\lambda\frac{t_1-t_2}{s}$$

$\lambda=\lambda_0(1+bt)\neq$常数的情况：

依据傅里叶定律有

$$q=-\lambda_0(1+bt)\frac{dt}{dx}=\text{常数}$$

分离变量，并在 $0\sim s$ 区间作定积分得：

$$q\int_0^s dx=-\lambda_0\int_{t_1}^{t_2}(1+bt)dt$$

$$q=-\frac{\lambda_0}{s}\left[(t_2-t_1)+\frac{b}{2}(t_2^2-t_1^2)\right]=-\lambda_0\frac{t_2-t_1}{s}\left(1+b\frac{t_2+t_1}{2}\right)$$

因为

$$t_m=\frac{t_1+t_2}{2}$$

若定义 $\lambda_m=\lambda_0\left(1+b\frac{t_1+t_2}{2}\right)=\lambda_0(1+bt_m)$ 为平板平均温度下的平均导热系数，则有

$$q=\lambda_m\frac{t_1-t_2}{s}\tag{1.3.3}$$

$$Q=\frac{\lambda}{s}(t_1-t_2)F\tag{1.3.4}$$

式中　t_1，t_2——发生传导的平壁两侧的温度，℃；

λ——导热系数，W/(m·℃)；

s——平壁的厚度，m；

F——传热面积，m^2。

2. 多层平壁导热

实际加热炉炉墙多是由两层或更多层材料构成，各层材料的导热系数不同，厚度不同。三层平壁，各层的导热系数和厚度分别为 λ_1、λ_2、λ_3 和 s_1、s_2、s_3，可以由单层平壁的公式导出多层平壁导热的计算公式。

$$Q=\frac{t_1-t_4}{\frac{s_1}{\lambda_1}+\frac{s_2}{\lambda_2}+\frac{s_3}{\lambda_3}}F\tag{1.3.5}$$

式中　t_1，t_4——平壁端面的温度，℃；

λ_1，λ_2，λ_3——各平壁层材料导热系数，W/(m·℃)；

F——传热面积，m^2。

为了分析更加方便，将 s 与 λ 的比值设为 R，即 $R=\dfrac{s}{\lambda}$，称为热阻。可以看出，平壁厚度越大，材料的导热系数越小，说明平壁的热阻越大。由多层平壁导热公式可以看出，平壁层数越多，则热阻越大。热阻可减少炉内热量通过炉墙向周围散失的热量，提高热效率，因此采用热阻更大的隔热保温材料，同时在加热工艺要求范围内，缩短钢料在炉内的时间可提高加热温度和加热速度。

3. 圆筒壁稳态导热

如同无限大平板的导热问题一样，如果圆筒长度与其直径之比 $\dfrac{L}{d}>10$ 时，则沿轴向的导热可以忽略不计。在厚度均匀、材质均匀条件下，沿圆周方向亦无导热热流，这种情况在柱坐标系中，通过选取合适的坐标，可简化为一维稳态导热问题，即 $t=f(r)$。

（1）第一类边界条件下单层筒壁导热。圆筒壁导热问题中最简单的情况是第一类边界条件，即 $\lambda=$ 常数、无内热源的单层筒壁导热问题。如图 1.3.3 所示，将圆筒置于柱面坐标系中，轴心为 z 轴，径向为 r 向。柱面坐标系下的固体导热微分方程为：

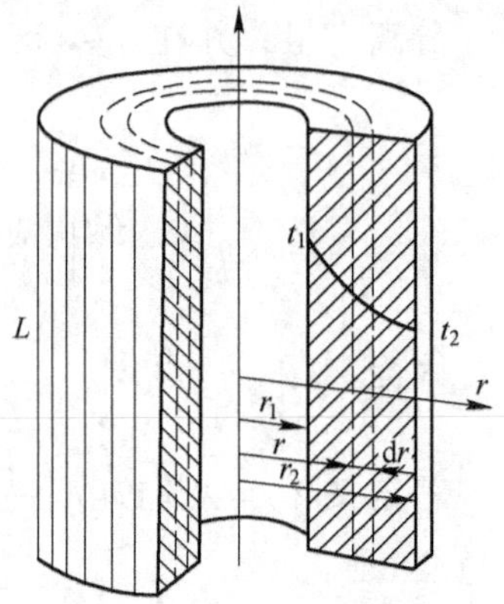

图 1.3.3　单层圆筒壁稳态导热的热流量和温度分布

$$\frac{d^2t}{dr^2}+\frac{1}{r}\frac{dt}{dr}=0$$

化简得：$t=C_1\ln r+C_2$

将边界条件 $\begin{cases} r=r_1，\ t=t_1 \\ r=r_2，\ t=t_2 \end{cases}$ 代入上式，得

$$C_1=\frac{t_2-t_1}{\ln\dfrac{r_2}{r_1}},\quad C_2=\frac{t_1\ln r_2-t_2\ln r_1}{\ln\dfrac{r_2}{r_1}}$$

于是，求得圆筒壁内温度分布为

$$t=t_1+\frac{t_2-t_1}{\ln r_2-\ln r_1}(\ln r-\ln r_1)$$

由上式可知，即使 $\lambda=$ 常数，圆筒壁内的温度分布也不再像是平板那样的线性规律，而是按对数规律分布。

由 $r\dfrac{dt}{dr}=C_1$ 可知，$\dfrac{dt}{dr}=\dfrac{C_1}{r}\neq$ 常数

$$q=-\lambda\frac{dt}{dr}=-\lambda\frac{C_1}{r}$$

即

$$q=\lambda\frac{t_1-t_2}{\ln r_2-\ln r_1}\times\frac{1}{r} \tag{1.3.6}$$

热流密度在径向不是恒定不变的，而是随 r 的变化而不同，r 越大，q 越小，因为若要保持稳态温度场，就要保证通过每个等温面的热流量不变，r 越大，导热面积越大，热流密度相应下降。

每个等温面的面积为 $F=2\pi rL$，相应地，通过每个等温面的热流量为

$$Q = qF = \lambda \frac{t_1 - t_2}{\ln r_2 - \ln r_1} \times \frac{1}{r} \times 2\pi rL = 2\pi\lambda L \frac{t_1 - t_2}{\ln r_2 - \ln r_1} \tag{1.3.7}$$

上式还可写作

$$Q = \frac{t_1 - t_2}{\frac{1}{2\pi L\lambda}\ln\frac{r_2}{r_1}} = \frac{t_1 - t_2}{\frac{1}{2\pi L\lambda}\ln\frac{d_2}{d_1}} \tag{1.3.8}$$

热阻 R 为

$$R = \frac{1}{2\pi L\lambda}\ln\frac{r_2}{r_1} = \frac{1}{2\pi L\lambda}\ln\frac{d_2}{d_1} \tag{1.3.9}$$

单位长度上的热流量为

$$q_{\mathrm{L}} = \frac{t_1 - t_2}{\frac{1}{2\pi\lambda}\ln\frac{r_2}{r_1}} = \frac{t_1 - t_2}{\frac{1}{2\pi\lambda}\ln\frac{d_2}{d_1}} \tag{1.3.10}$$

（2）第一类边界条件下多层筒壁导热。根据串联热阻原则，可计算出多层圆筒壁稳态导热的热流量和温度分布。

热流量为

$$Q = \frac{t_1 - t_{n+1}}{R_\Sigma} = \frac{t_1 - t_{n+1}}{\frac{1}{2\pi L}\sum_{i=1}^{n}\frac{1}{\lambda_i}\ln\frac{d_{i+1}}{d_i}} \tag{1.3.11}$$

多层圆筒壁中间界面上的温度为

$$t_{i+1} = t_1 - Q\sum_i R_i = t_1 - \frac{Q}{2\pi L}\sum_{j=1}^{i}\frac{1}{\lambda_j}\ln\frac{d_{j+1}}{d_j} \tag{1.3.12}$$

（3）第三类边界条件下的圆筒壁稳态导热。最简单的第三类边界条件是周围介质温度、对流换热系数均为常数的情况；最简单的圆筒是无限长、单层、无内热源。

假定有这么一个单层圆筒，长为 L，内外半径分别为 r_1 和 r_2，轴径比较大；高温（t_{f1}）流体在筒内流动，与内筒壁的对流换热系数为 h_1，低温（t_{f2}）流体在筒外流动，与外筒壁的对流换热系数为 h_2。

圆筒内导热，由于是稳态导热，导热微分方程可简化为

$$\frac{\mathrm{d}}{\mathrm{d}r}\left(r\frac{\mathrm{d}t}{\mathrm{d}r}\right) = 0 \tag{1.3.13}$$

设圆筒内壁温度为 t_1，外壁温度为 t_2，分析第三类边界条件，可知

$$\begin{cases} r = r_1 \text{ 时，} & -\lambda\left.\frac{\mathrm{d}t}{\mathrm{d}r}\right|_{r=r_1} = h_1(t_{f1} - t_1) \\ r = r_2 \text{ 时，} & -\lambda\left.\frac{\mathrm{d}t}{\mathrm{d}r}\right|_{r=r_2} = h_1(t_2 - t_{f2}) \end{cases}$$

同求解无限大平板稳态导热问题一样，求解这个问题同样也有两种方法，一是将边界条件代入导热微分方程求解；二是利用稳态导热问题通过圆筒壁热流量相等的原则，通过串联热阻求解导热量，进而求得边界上的温度。

由边界条件求解微分方程

由于
$$\frac{\mathrm{d}}{\mathrm{d}r}\left(r\frac{\mathrm{d}t}{\mathrm{d}r}\right)=0$$
则
$$r\frac{\mathrm{d}t}{\mathrm{d}r}=C_1\quad 即\quad \frac{\mathrm{d}t}{\mathrm{d}r}=\frac{C_1}{r}$$
分离变量得
$$t=C_1\ln r+C_2$$
$$\begin{cases} r=r_1,\ t_1=C_1\ln r_1+C_2 \\ r=r_2,\ t_2=C_1\ln r_2+C_2 \end{cases}$$
同时有
$$\left.\frac{\mathrm{d}t}{\mathrm{d}r}\right|_{r=r_1}=\frac{C_1}{r_1},\ \left.\frac{\mathrm{d}t}{\mathrm{d}r}\right|_{r=r_2}=\frac{C_1}{r_2}$$
于是有
$$-\lambda\frac{C_1}{r_1}=h_1(t_{f1}-C_1\ln r_1-C_2)$$
$$-\lambda\frac{C_1}{r_2}=h_2(C_1\ln r_1+C_2-t_{f2})$$
求得 C_1，C_2，即可求得
$$t=f(r),\ q,\ Q=qF \tag{1.3.14}$$
（4）临界绝热层直径 d_c。

为减少管道的热损失，人们经常在管道外包裹一层保温层，或绝热层。值得注意的是，这种方法不是万能的，也就是说，在管道外包裹一层东西，不一定就能起到隔热作用，在有的条件下，可能还会起到反作用。比方说，钢制的暖气管道，要想保温，加厚管壁厚度可以吗？

那么，这个正反作用取决于什么因素呢？下面我们就来探讨一下。

材质导热系数为 λ_1 的管道内外径分别为 d_1 和 d_2；外敷一层导热系数为 λ_x、外层直径为 x 的绝热层，则管道总热阻为
$$\begin{aligned} R_\Sigma &= R_1+R_2+R_3+R_4 \\ &= \frac{1}{\pi d_1Lh_1}+\frac{1}{2\pi L\lambda_1}\ln\frac{d_2}{d_1}+\frac{1}{2\pi L\lambda_x}\ln\frac{x}{d_2}+\frac{1}{\pi xLh_2} \\ &= C+\frac{1}{2\pi L\lambda_x}\ln\frac{x}{d_2}+\frac{1}{\pi xLh_2} \end{aligned} \tag{1.3.15}$$
这样的函数 $R_\Sigma=f(x)$ 一般都有极值点，即临界点，在极值点两边，函数的增减趋势是有变化的。将函数对 x 求导，则有
$$\frac{\mathrm{d}R_\Sigma}{\mathrm{d}x}=\frac{1}{2\pi L\lambda_x}\times\frac{1}{x}-\frac{1}{\pi Lh_2}\times\frac{1}{x^2}$$
$$\frac{1}{\pi Lx}\left(\frac{1}{2\lambda_x}-\frac{1}{h_2}\times\frac{1}{x}\right)$$
令 $\frac{\mathrm{d}R_\Sigma}{\mathrm{d}x}=0$，则可求得极值点为
$$x\Big|_{\frac{\mathrm{d}R_\Sigma}{\mathrm{d}x}=0}=d_c=\frac{2\lambda_x}{h_2} \tag{1.3.16}$$
极值点为极大值还是极小值呢？将函数 $R_\Sigma=f(x)$ 在 $x=d_c$ 处对 x 二次求导，则有

$$\left.\frac{d^2R_\Sigma}{dx^2}\right|_{x=d_c}=\left.\frac{-1}{2\pi L\lambda_x}\times\frac{1}{x^2}+\frac{2}{\pi Lh_2}\times\frac{1}{x^3}\right|_{x=d_c}=\frac{1}{\pi L}\left(\frac{2h_2^3}{8h_2\lambda_x^3}-\frac{h_2^2}{2\lambda\times4\lambda^2}\right)$$

$$=\frac{1}{\pi L}\left(\frac{2h_2^2}{8\lambda_x^3}-\frac{h_2^2}{8\lambda^3}\right)=\frac{h_2^2}{8\pi L\lambda_x^3}>0 \qquad (1.3.17)$$

说明在极值点 $x=d_0$ 处，R_Σ 存在极小值，即 $Q=\frac{t_{f1}-t_{f2}}{R_\Sigma}$ 存在极大值。

分析：

图1.3.4(a)示出了总热阻 R 和构成 R 的各项热阻随绝缘层外径 x 的变化。很清楚地看到，总热阻 R 随着 x 的增大，先是逐渐减小，然后是逐渐增大，具有一极小值。对应于这一变化，通过管道和绝热层传热过程的传热量 Q 随着 x 的增大，先是逐渐增大，然后是逐渐减小，具有一极大值，如图1.3.4(b)所示。对应于总热阻 R 为极小值时的绝热层外径称为临界绝热直径 d_c，因此，在管道外侧包裹绝热层时，必须注意，如果管道外径 d_2 小于 d_c，如图1.3.4(b)所示，绝热层外径 x 在 d_2 和 d_3 范围内，管道的传热量 Q 反而比没有绝热层时更大，直到绝热层直径大于 d_3 时，才开始起到绝热层减少热损失的作用。由此可见，只有当管道外径 d_2 大于临界绝热直径时，包裹绝热层才肯定有效地起到减少热损失的作用。从式(1.3.16)得出 d_c 与 λ_x 有关，所以，当选用不同的绝热层材料 d_c 值不同。在工程中，需要覆盖绝热层的管道直径大多数是大于 d_c 的，只有在管道直径较小，而绝热材料的导热系数较大时，才要注意临界绝热直径的问题。

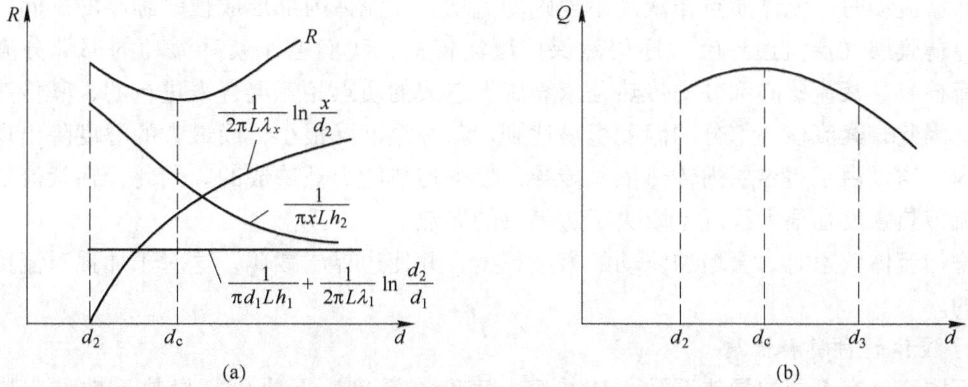

图1.3.4　临界绝热层直径

4. 影响传导传热快慢的因素

根据以上公式可知，传导传热的快慢主要与下列因素有关：

（1）材料的性质。物体导热能力的大小用导热系数来表示。各种材料的导热系数都由实验测定。气体、液体和固体三者比较来看，气体的导热系数最小，而随着温度的升高，气体的导热系数也随着增大。固体的导热系数比较大，其中金属的导热系数最大，在2.326~418.68W/(m·℃）之间；铁的导热系数约为52.34W/(m·℃)；钢随化学成分、热处理和组织状态的不同，导热系数有很大差别。

（2）温度差。温差越大，传导传热也越强烈。

二、对流传热

（一）对流传热过程基本特点

对流传热是指流动的流体和固体表面直接接触时所发生的传热过程。

流体在流动时，由于流体质点在其内部的相对位移、相互混合以及流体质点与固体表面的直接接触，当流体与固体表面的温度不同时，就会在流体与固体表面之间进行热交换，这时，导热与对流同时起作用，热量从高温流体传给低温物体，这一传热称为对流传热。显然，实现对流传热的条件是必须有流动的流体和固体同时存在，且二者之间存在温度差。

钢铁生产中存在着许多对流传热现象，如加热炉炉膛中气流与被加热物之间的传热，换热器和蓄热室中的换热，各种热管道内气体或液体与管壁间的传热等，都包含着不同程度的对流传热热量。

对流传热过程是十分复杂的，它受多种因素的影响。以下对诸影响因素做一定性的分析。

1. 流体运动状态

对流传热既然发生在流体和固体接触面上，那么，热量的传递就自然与流体流动性质密切相关。流体流动存在两种性质，即层流和紊流。

层流流动时，流体各质点平行于壁面流动，没有垂直壁面方向的流动，因此流体和壁面间的传热是依靠流体内部的导热，而气体和液体的导热性都很差，所以层流情况下发生的对面传热是很微弱的，并且，对流传热量与流体流速无关。

紊流流动时，流体质点作紊乱不规则的流动，在流体内部形成很多细小的旋涡。但是在边界薄膜层（层流边界层）还仍然保持层流特征，我们把作紊乱流动的那部分流体称为紊流核心。紊流核心部分的传热是依靠旋涡造成的质点相互混合来进行的，其传热能力较强，因此，紊流核心部分的温度容易达到均匀，温度降很小，而最大的温度降出现在边界层内，这是由于边界层内传热依靠传导，使得传热能力低造成的。因此，在紊流情况下的对流传热强度在很大程度上取决于边界层的导热。

增加流体流速时，会增加流动的紊乱程度，并使边界层减薄，这对于加强对流传热是有利的。

2. 流体的种类和性质

不同流体有不同的导热系数、比热容、密度（重度）及黏度。导热系数、比热容及重度越大，对传热越有利，而流体黏度大时，边界层将变厚，流体内部的扰动及混合运动也较困难，因而对传热不利。

3. 流动发生的原因

凡因流体流动各部分温度不同，因而产生密度差所引起的扰动混合运动，称为自然对流。这时运动的速度不是一个独立的参数，其扰动及混合强度主要取决于流体各部分的温度差、流动种类、流体空间形状及大小等，这种传热称为自然对流传热。与此相对应，凡受外力作用产生的流动称为强制流动，这时的传热过程称为强制对流传热。流体流动流速越大，其内部的扰动与混合越强烈，边界层也随之减薄，传热过程则越强。

一般情况下，强制运动时也会伴生自然对流。但当强制流动速度相当大时，自然对流的影响变得很小，往往可被忽略。

4. 换热面的形状、大小及传热方向

换热面的形状对自然对流与强制对流的影响各不相同。形状复杂的表面，不利于自然对流的发展；但对于强制对流，形状越复杂，表面越粗糙，反而增强流体的扰动和混合运动。换热面的位置和传热方向也要影响自然对流的发展；如果热面向上对冷流体传热，自然对流最强烈；若热面向下，则因受热气体上浮，紧贴于换热面，更增厚了边界层，将降低传热效果。

综上分析，可见对流传热强度在很大程度上受流动边界层状态的制约，而边界层中的导热能力则取决于边界层厚度和流体的导热系数。其中，边界层的厚度则与管径、流速、流体的温度和物理性质（黏度、重度、热容量等）有关。从固体表面方面看，流体与之导热则主要与固体表面形状有关。

（二）对流传热的基本方程式——牛顿公式

对流传热热流的大小与固体表面和流体之间的温度差 $t_w - t_f$ 有关。如果把这种关系假定为正比关系，Q(kcal/h) 即可表示为

$$Q = \alpha_{对}(t_w - t_f)F \tag{1.3.18}$$

此式称为牛顿公式。可以认为，$\alpha_{对}$这一系数中包括了所有复杂因素对于对流传热过程的影响，称为对流传热系数，其单位为：kcal/(m^2·h·℃)。当 $t_w - t_f = 1$℃，$F = 1\mathrm{m}^2$ 的情况下，$Q = \alpha_{对}$。可见，对流传热系数的物理意义是：当流体与固体表面之间温度差为1℃时，单位面积上、单位时间内的对流传热量。$\alpha_{对}$ 的取值，多以经验公式计算来确定，人们在分析类比方法得到的特征数式时发现，对流给热的问题，实际上就是一个特征数方程。后来导出了相似 π 定理。相似 π 定理指出，描述相似现象的方程组的解，可用该方程组导出的特征数函数式（特征数方程）表示，即

$$F = (Re, Gr, Pr, Nu, Fo) = 0 \tag{1.3.19}$$

1. 对流换热所用的相似特征数

相似 π 定理指出，描述相似现象的方程组的解，可以用该方程组导出的相似特征数方程来表示。那么，从描述对流给热的微分方程中可以导出哪些特征数呢？

略去推导过程，描述对流的特征数有：Re、Gr、Fo、Pr、Nu，这五个特征数的物理意义分别为：

Re 表示无量纲速度，$Re = \dfrac{vL}{\nu} = \dfrac{\rho vL}{\nu} = \dfrac{\rho v^2}{\mu v/L}$，即表示流体流动的惯性力与黏滞力的比值，用于描述流体流动的状态。

$$Gr = \frac{gl^3}{\nu^2}\beta\Delta t = \frac{gl^2}{\nu^2}\left(\frac{\rho - \rho_0}{\rho}\right) = Ar\left(\beta = \frac{1}{T}\right) \tag{1.3.20}$$

表示由于流体密度差引起的浮力与黏滞力的比值，对于气体，密度差取决于温度差 Δt，β 表示气体膨胀系数，则$\dfrac{\rho - \rho_0}{\rho} = \beta\Delta t$，即 Gr 表示气体上升浮力与黏滞力的比值，用于描述流体自然对流的强烈程度。

Fo 傅里叶数：表示无量纲时间，即表示不稳态条件下传热进行的时间与体系达到平衡时所需时间之比，用于描述不稳态趋于稳态的程度。

Pr 普朗特数：$Pr=\dfrac{\nu}{\alpha}$表示流体动量扩散能力与热量扩散能力的比值，用于描述流体物性参数对对流给热的影响。

$$Pe=\frac{vL}{\alpha}=\frac{c_p\rho v}{\lambda/L}=\frac{\text{流体靠宏观物质迁移传递热量的能力}}{\text{流体靠导热传递热量的能力}} \tag{1.3.21}$$

而 $Pe=Pr\times Re$（贝克列数），$Nu=\dfrac{hL}{\lambda}$努塞尔数，表示流体本身的对流给热能力与导热能力的比值。用于描述对流给热的强度。注意与 Bi 的区别：$Bi=\dfrac{hs}{\lambda}$表示导热物体周围对流给热能力与物体本身导热能力之比值，用于描述物体内部温度分布的均匀程度，判断物体是否是集总参数体系。

2. 对流换热特征数方程的形式

相似 π 定理指出，$F(Re, Gr, Fo, Pr, Nu)=0$，其中 Nu 包含要求的参数 h，为解决定性特征数，或叫未知特征数，$Nu=f(Re, Gr, Fo, Pr)$，对于稳态对流传热，Fo 无意义，于是有 $Nu=f(Re, Gr, Pr)$。

$$\text{稳态}\begin{cases}\text{强制对流}: Nu=f(Re, Pr)\\ \text{自然对流}: Nu=f(Gr, Pr)\end{cases} \tag{1.3.22}$$

$$\text{实验数据表明，稳态}\begin{cases}\text{强制对流}: Nu=C(Re^n, Pr^m)\\ \text{自然对流}: Nu=C(Gr, Pr)^n\end{cases} \tag{1.3.23}$$

式中，C，m，n 由实验确定，即由经验公式（回归公式）确定。

3. 定性参数的选择

$$\text{定性温度}\begin{cases}t_{\rm f}\\ t_{\rm w}\\ t_{\rm m}=\dfrac{t_{\rm f}+t_{\rm w}}{2}\end{cases}$$

$$\text{定性尺寸}\begin{cases}\text{流体沿平壁流动：平壁长度 } L\\ \text{管内流动：圆管内径 } d\\ \text{管外流动：圆管外径 } D\\ \text{非规则形状：当量直径 } d_{\text{当}}=\dfrac{4f}{S}\end{cases}$$

4. 强制对流换热特征数方程

（1）管内强制对流。

1）管内强制对流——湍流：

$$Nu_{\rm f}=0.023Re_{\rm f}^{0.8}Pr_{\rm f}^{m}\begin{cases}\text{流体被加热时，} m=0.4\\ \text{流体被冷却时，} m=0.3\end{cases}$$

适用范围：$Re_{\rm f}=10^4\sim1.2\times10^5$

$Pr_{\rm f}=0.7\sim1.2$

$L/d\geqslant60$

$$t_{\rm f}-t_{\rm w}\leqslant\begin{cases}50℃\text{气体}\\ 20℃\to30℃\text{水}\\ 10℃\text{油类}\end{cases}$$

定性温度：t_f

定性尺寸：d 或 $d_{当}$

$$修正：\begin{cases}管道长度修正：\varepsilon_L \\ 螺旋管修正：\varepsilon_R \\ 温度修正：\varepsilon_T\end{cases}$$

即
$$Nu_f = 0.023Re_f^{0.8}Pr_f^{0.4}\varepsilon_L\varepsilon_R\varepsilon_T \tag{1.3.24}$$

2）管内强烈对流——层流。

$$Nu_f = 1.86Re_f^{1/3}Pr_f^{1/3}\left(\frac{d}{L}\right)^{1/3}\left(\frac{\mu_f}{\mu_m}\right)^{0.14}$$

适用范围：
$$\left(Re_f \times Pr_f \times \frac{d}{L}\right) > 10 \tag{1.3.25}$$

3）管内强制对流——过渡区。

$Re = 2320 \sim 10^4$ 范围内，流动状态为过渡区。

$$Nu_f = 0.116(Re_f^{2/3} - 125)Pr_f^{1/3}\left[1 + \left(\frac{d}{L}\right)^{2/3}\right]\left(\frac{\mu_f}{\mu_m}\right)^{0.14} \tag{1.3.26}$$

4）管内为液态金属时——湍流。

$$Nu_f = 7 + 0.025Pe_f^{0.8}，适用范围\ Pe_f > 100 \tag{1.3.27}$$

$$Nu_f = 5 + 0.016Pe_f^{0.8}，适用范围\ Pe_f = 200 \sim 10000 \tag{1.3.28}$$

关于粗糙管道：$St_fPr_f^{2/3} = \frac{f}{8}$，柯尔朋修正类比求解，$f$ 可由莫迪图求得，但据此式求得的 $h > h_{实际}$。

（2）管外强制流动。

1）绕流球体：

$$Nu_m = 2.0 + 0.6Re_m^{1/2}Pr_m^{1/3} \tag{1.3.29}$$

适用范围：$Re_m = 17 \sim 70000$

$Pr = 0.6 \sim 400$

定性温度：t_m

定性尺寸：$d_{球径}$

2）绕流圆柱体：

气体：
$$Nu_m = C_1Re_m^n \tag{1.3.30}$$

式中，C_1，n 可查表求得。

3）其他液体：

$$Nu_m = C_2Re_m^n \times 1.1Pr_m^{1/3} \quad 或 \quad Nu_m = C_2Re_m^nPr_m^{1/3} \tag{1.3.31}$$

定性温度：t_m

定性尺寸：$d_{柱外直径}$

5. 自然对流

（1）单个球体：

$$Nu = 2 + 0.060Gr^{1/4}Pr^{1/3} \tag{1.3.32}$$

适用范围：$Gr^{1/4}Pr^{1/3} < 200$

（2）自然对流给热特征数方程：

$$Nu_m = C(Gr, Pr)_m^n \quad (1.3.33)$$

式中，C，n 可由表求得。

定性温度：t_m

定性尺寸：依情况而定

三、辐射传热

加热炉传热中热辐射占有重要地位，高温下辐射是主要的传热方式，它与导热和对流有着本质的区别。

（一）热辐射的本质和基本概念

1. 辐射传热基本概念

物体的热能变为电磁波（辐射能）向四周传播，当辐射能落到其他物体上被吸收后又变为热能，这一过程称为辐射传热。

2. 辐射传热的本质

（1）热辐射是一切物体固有的属性，任何物体只要温度高于绝对零度，由于其内部电子的振动将产生变化的电场，这种变化的电场产生电磁场，磁场又产生电场，如此交替下去就产生了电磁波，传递能量，同时又在不断地吸收周围物体辐射出来的热量。

（2）辐射传热不需要任何介质，在真空中同样可以传播。例如太阳的辐射热通过极厚的真空带而射到地球，同时在热量的传递过程中伴随有能量形式的转变（热能—辐射能—热能）。

不同物体对于辐射能具有不同的吸收能力。我们来研究某一物体，假设有 Q(kcal/h) 的辐射能投射到该物体上，它吸收了 Q_A，反射了 Q_R，透过了 Q_D，于是

$$Q = Q_A + Q_R + Q_D \quad (1.3.34)$$

两边同除以 Q，上式变为

$$Q_A/Q + Q_R/Q + Q_D/Q = 1 \quad (1.3.35)$$

Q_A/Q 表示投射于该物体的辐射能被吸收的部分，称为吸收率，以 A 表示；

Q_R/Q 是该物体的反射率，以 R 表示；

Q_D/Q 是该物体的透过率，以 D 表示，即

$$A + R + D = 1 \quad (1.3.36)$$

若 $A=1$，$R=0$，$D=0$，即落在物体上的热辐射都被该物体吸收，没有反射和透过，这种物体称为绝对黑体，简称黑体。

若 $R=1$，$A=0$，$D=0$，即落在物体上的全部辐射能完全被该物体反射出去，这种物体称为绝对白体，简称白体。

若 $D=1$，$A=0$，$R=0$，即投射到物体上的辐射能全部透过该物体，这种物体称为透过体。

例如，固体与液体一般认为是不透过的，即 $A+R=1$；气体认为是不反射的，即 $A+D=1$，这些物体统称为灰体。

（二）物体的辐射热量计算公式

（1）绝对黑体的辐射能力为：

$$E_0 = C_0(T/100)^4 \tag{1.3.37}$$

式中　E_0——绝对黑体的辐射能力，W/m^2；

C_0——绝对黑体的辐射系数，$C_0 = 5.67W/(m^2 \cdot K^4)$；

T——黑体的绝对温度，K。

（2）灰体的辐射热量计算公式：

$$E = \varepsilon E_0 = \varepsilon C_0(T/100)^4 = C(T/100)^4 \tag{1.3.38}$$

式中　E——灰体的辐射能力，W/m^2；

ε——灰体的黑度（发射率），$\varepsilon = E/E_0$，是灰体的辐射能力与同温度下黑体辐射能力的比值；

C——灰体的辐射系数：

$$C = \varepsilon C_0 \tag{1.3.39}$$

（3）克希荷夫定律：说明物体黑度和吸收率的关系：

$$\begin{cases} A = \varepsilon \\ \dfrac{E}{A} = E_b = f(T) \end{cases} \tag{1.3.40}$$

1）物体的辐射能力（ε）与其吸收能力（A）是一致的，能辐射的波也能被该物体吸收。

2）吸收率越大，辐射率越大。

3）反射能力大的物体，因其吸收能力（A）小，故辐射能力（ε）必定小。

4）绝对黑体的吸收率等于1，为最大。同一温度下，绝对黑体的辐射能力也最大，因为它的 $\varepsilon = 1$，或者说，任何实际物体的辐射系数（C）都小于$4.9kcal/(m^2 \cdot h \cdot K^4)$。

（4）实际物体发射率的特点：

1）影响因素有温度、材料种类、表面特性。

2）同种材料：氧化、粗糙表面高于非氧化、光滑表面。

3）金属较低（0.1～0.2），非金属较高（0.8～0.9）。

4）金属：$\varepsilon = 1.2\varepsilon_N$；非金属：$\varepsilon = (0.95 \sim 0.98)\varepsilon_N$。文献手册给定的一般是 ε_N。

近似处理：一般金属和非金属表面均可当漫射表面处理。在与壁面法向成60°角的范围内，大多数金属和非金属的定向发射率均为常数，而表面的辐射能量绝大部分亦位于这一区域，因此，可以将工程中的大多数材料看成是发射率与方向无关的漫射体，见图1.3.5。

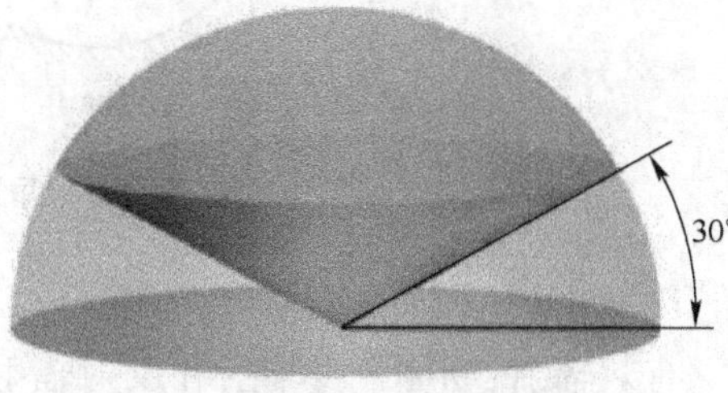

图1.3.5　漫射体

（5）角系数。

1）定义：由表面1投射到表面2的辐射能量 $Q_{1\to2}$ 占离开表面1的总辐射能量 Q_1 的份数称为表面1对表面2的角系数，用符号 φ_{12} 表示，即

$$\varphi_{12} = \frac{Q_{1\to2}}{Q_1} \tag{1.3.41}$$

表面的几何因素对辐射换热的影响可用角系数来表示，它不仅可用于黑体，也可用于其他符合漫辐射及漫反射的物体。角系数是一个几何参数，它只取决于两表面在空间的相对位置，而与表面的黑度和温度无关。用数学分析法求两物体间的角系数比较复杂，我们可从简单的几何关系导出一些基本定理，利用这些定理，来求角系数，这些基本定理是：

① 任何平面和凸面自身辐射出去的射线，不能落入自身。故对自身的角系数为零，$\varphi_{11}=0$。

② 相对定理：$\varphi_{12}F_1=\varphi_{21}F_2$，$\varphi_{ij}F_i=\varphi_{ji}F_j$

③ 完整定理：对 n 个等温面组成的封闭空间，$\sum_{j=1}^{n}\varphi_{1j}=\varphi_{11}+\varphi_{12}+\cdots+\varphi_{1n}=1$

④ 平分定理：如果 $F_{(1+2)}=F_1+F_2$，那么

$$F_3\cdot\varphi_{3(1+2)}=F_3\cdot\varphi_{31}+F_3\cdot\varphi_{32}$$

$$F_{(1+2)}\cdot\varphi_{(1+2)3}=F_1\cdot\varphi_{13}+F_2\cdot\varphi_{23}$$

2）常见封闭体系及其之间的角系数。

① 两个很靠近的无限大平面，如图 1.3.6(a)所示。$\varphi_{11}+\varphi_{12}=1$，$\varphi_{11}=0$，故 $\varphi_{12}=1$，$\varphi_{21}=1$。

② 一个大曲面包围一个小曲面的封闭体系，如图 1.3.6(b)所示，或一个凸面和一个凹面组成的封闭体系，如图 1.3.6(c)所示。$\varphi_{11}=0$，$\varphi_{12}=1$，故 $\varphi_{21}=\dfrac{F_1}{F_2}$，$\varphi_{22}=1-\varphi_{21}=\dfrac{F_2-F_1}{F_2}$。

③ 一个平面和一个曲面组成的封闭体系，如图 1.3.6(d)所示。$\varphi_{11}+\varphi_{12}=1$，$\varphi_{11}=0$，$\varphi_{12}=1$。

④ 两个曲面组成的封闭体系，如图 1.3.6(e)所示。$\varphi_{12}=\varphi_{13}=\dfrac{F_3}{F_1}$，$\varphi_{21}=\dfrac{F_3}{F_2}$。

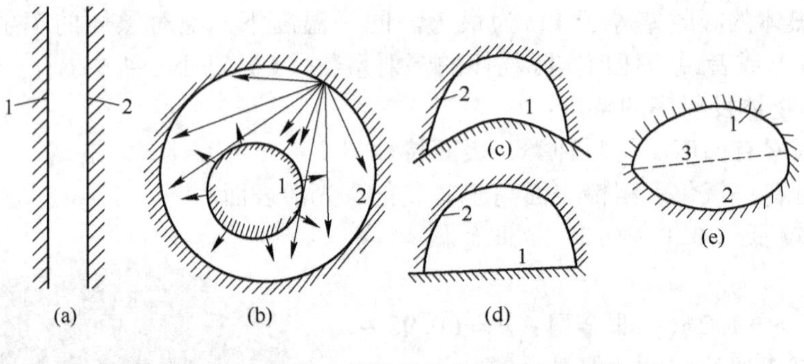

图 1.3.6　两个物体组成的辐射换热系统

（6）有效辐射及辐射换热通量。

有效辐射：物体自身辐射和反射辐射之和称为物体的有效辐射，用 J 表示。

有效辐射可表示为

$$J=E+RG=\varepsilon E_b+(1-A)G \tag{1.3.42}$$

（7）两表面的辐射换热。

1）有效辐射：

① 自身辐射。

② 对另一表面辐射的反射。

③ 对自身辐射的反射。

2）封闭腔模型：

① 为什么要用封闭腔模型？因为要研究表面向外发出的所有能量及空间各方向投射到该表面的辐射能。

② 封闭腔表面可以是真实的，也可以是虚构的。

③ 封闭腔模型既适用于黑体，也适用于灰体。

对黑体：

$$Q_{12} = E_{b1}F_1\varphi_{12} - E_{b2}F_2\varphi_{21} = C_0\left[\left(\frac{T_1}{100}\right)^4 - \left(\frac{T_2}{100}\right)^4\right]\cdot\varphi_{12}\cdot F \tag{1.3.43}$$

对灰体，则有

$$Q_{12} = \varepsilon_{12}\cdot C_0\left[\left(\frac{T_1}{100}\right)^4 - \left(\frac{T_2}{100}\right)^4\right]\cdot\varphi_{12}\cdot F_1 \tag{1.3.44}$$

式中，$\varepsilon_{12} = \dfrac{1}{\varphi_{12}\left(\dfrac{1}{\varepsilon_1}-1\right)+1+\varphi_{21}\left(\dfrac{1}{\varepsilon_2}-1\right)}$，称为辐射给热系统的系统发射率。

几种特例：

$F_1/F_2\to 1$，且 $\varphi_{12}=1$（两块靠得很近的无限大平行平板）：

$$Q_{12} = \frac{F_1(E_{b1}-E_{b2})}{\dfrac{1}{\varepsilon_1}+\dfrac{1}{\varepsilon_2}-1} \tag{1.3.45}$$

$F_1/F_2\to 0$，且 $\varphi_{12}=1$（如大房间中小物体，物体与环境间的散热）：

$$Q_{12} = \varepsilon_1 F_1(E_{b1}-E_{b2}) \tag{1.3.46}$$

$\varphi_{12}=1$（表面 1 为平面或凸平面），$Q_{12} = \dfrac{F_1(E_{b1}-E_{b2})}{\dfrac{1}{\varepsilon_1}+\dfrac{F_1}{F_2}\left(\dfrac{1}{\varepsilon_2}-1\right)}$　　(1.3.47)

（8）辐射换热的强化与削弱。

1）物体表面辐射换热的控制（强化与削弱）。

① 控制表面热阻：$\dfrac{1-\varepsilon}{\varepsilon F}$

以强化换热为例：$\varepsilon\uparrow$，$F\uparrow\Rightarrow$热阻$\downarrow\Rightarrow$ 换热$\uparrow$

② 控制空间热阻：$\dfrac{1}{F\varphi}$

遮热板即为综合运用改变表面热阻和空间热阻的典型例子，每增加一块遮热板即增加了一个表面热阻和两个空间热阻，因而大大削弱了换热。

2）辐射表面传热系数及复合表面换热系数。

辐射表面换热系数 h_r：

$$Q_r = Fh_r\Delta t \tag{1.3.48}$$

复合表面换热系数 h_t：

$$Q_t = h_c F\Delta t + h_r F\Delta t = h_t F\Delta t \tag{1.3.49}$$

（9）气体的辐射和吸收特点：

1）不同气体，其辐射和吸收辐射能的能力不同。

2）在气体中，能量的吸收和辐射是在整个气体容积内进行的。

四、综合传热

在加热炉的炉膛内，热的交换过程是相当复杂的，往往是辐射、对流和传导同时存在。把两种以上传热方式同时存在的传热过程，称为综合传热。

在炉内加热钢料时，钢料依靠各种方式得到热量，与炉底接触或钢料相互间接触由传导方式得到热量；与炉气接触，由对流方式得到热量；高温炉墙和炉气通过辐射方式将热量传给钢料。

当温度在800℃以下时，热量的传递主要依靠对流作用和传导作用。

当温度在800～1000℃之间时，热量的传递主要以对流及辐射同时进行。

当温度高于1000℃时，这时辐射传热是加热钢坯的主要方式，虽然这时同时存在辐射和传导的综合作用，但炉内被加热钢坯所吸收的热量约有90%是来自辐射方式的。

无内热源单层无限大平板在第三类边界条件下 λ 为常数时的稳态导热问题讨论如下。

已知条件如图1.3.7所示，其中 t_1、t_2、q 未知。平板左右两侧的对流给热系数分别为 h_1 和 h_2，流体温度分别为 t_{f1} 和 t_{f2}。

无内热源 λ = 常数的无限大平板稳态固体导热的微分方程为：$\dfrac{d^2t}{dx^2}=0$。

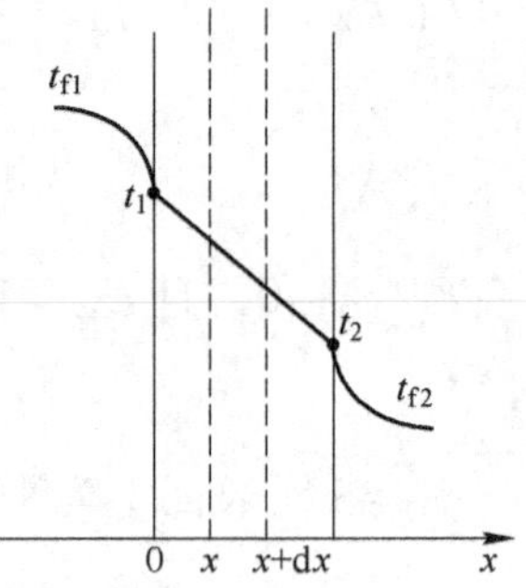

图1.3.7　无内热源单层无限大平板综合传热

边界条件为：
$$\begin{cases} x=0, & -\lambda\dfrac{dt}{dx}=h_1(t_{f1}-t_1) \\ x=s, & -\lambda\dfrac{dt}{dx}=h_2(t_2-t_{f2}) \end{cases}$$

解微分方程：

$$t=C_1x+C_2=\frac{t_{f2}-t_{f1}}{\lambda\left(\dfrac{1}{h_1}+\dfrac{s}{\lambda}+\dfrac{1}{h_2}\right)}x+t_{f1}+\frac{t_{f2}-t_{f1}}{h_1\left(\dfrac{1}{h_1}+\dfrac{s}{\lambda}+\dfrac{1}{h_2}\right)}$$

$$t=t_{f1}+\left(\frac{x}{\lambda}+\frac{1}{h_1}\right)\cdot\frac{t_{f2}-t_{f1}}{\dfrac{1}{h_1}+\dfrac{s}{\lambda}+\dfrac{1}{h_2}}=t_{f1}-\left(\frac{x}{\lambda}+\frac{1}{h}\right)\cdot q=t_{f1}-(\gamma_1+\gamma_2)q$$

$$q=-\lambda\cdot C_1=\frac{t_{f1}-t_{f2}}{\dfrac{1}{h_1}+\dfrac{s}{\lambda}+\dfrac{1}{h_2}}$$

这便是第三类边界条件下、无内热源、稳态导热时无限大平板内的温度分布和通过平板的热流密度公式。

在工程上，经常将无限大平板两侧为第三类边界条件的传热问题称为综合传热过程，这种综合传热过程的传热表达式为

$$q=K(t_{f1}-t_{f2}) \tag{1.3.50}$$

式中，$K=\dfrac{1}{r_\Sigma}=\dfrac{1}{\dfrac{1}{h_1}+\dfrac{s}{\lambda}+\dfrac{1}{h_2}}$，$K$ 称为综合传热系数。

五、冶金炉炉膛内的传热概述

炉膛内钢料的加热可以分为外部加热和内部加热两个组成部分。首先，借助于外部传热使钢料表面获得所需的热量；其次，靠钢料内部传热把热量由外表传给内部，以达到钢料均匀加热的目的。这里，钢料的外部传热是决定炉子生产率的关键所在。

（一）高温炉气的热量分配

供入炉内的总热量全部包含在燃烧产物——高温炉气内，而后通过不同方式把它传递分配出去，主要有三个方面：

（1）高温炉气以辐射和对流方式传给钢料。

（2）高温炉气以辐射和对流方式传给炉墙和炉顶。

（3）烟气带走一部分热量。

（二）炉墙、炉顶获得的热量分配

炉墙和炉顶获得的热量分配如下：

（1）以辐射方式给钢料的热量。

（2）炉墙炉顶散失的热量。

钢坯最终得到的热量为：高温炉气以辐射和对流方式传给钢料的热量和炉墙、炉顶以辐射方式传给钢料的热量之和。

通过分析，可以得到以下结论：

（1）炉内的温度以炉气最高，钢坯最低，炉墙居中。炉气通过外部传热将热量传给钢坯，使钢坯温度升高，而炉气失去了热量。所以炉气必须不断由燃料燃烧来补充，同时不断将低温炉气排出炉外。

（2）炉墙本身不是一个热源体，它具有高温是因为它吸收了炉气的热量。当炉墙温度稳定后，它吸收的热量除一小部分经过炉墙传导散失于四周外，大部分都给了钢坯。因此，炉墙在整个传热过程中只起到了一个传递热量的介质作用。炉墙面积（总面积）与金属受热面积之比，称为炉围展开度，用 ω 表示，即

$$\omega = F_{炉墙}/F_{金属} \tag{1.3.51}$$

（3）炉气和钢坯的黑度对热交换有很大影响，两者黑度越大，热交换越强。

✵ 任务实施

导热系数的测定。

一、主要材料、工具及设备

序　号	名　称	型号与规格	单　位	数　量
1	导热系数测试仪	YBF－2 型	个	1
2	测试样品	硬铝	台	1
3	杜瓦瓶	自备	个	1
4	游标卡尺	自备	个	1

二、导热系数的测定

（一）手工测量

（1）用游标卡尺测量样品、下铜盘的几何尺寸，多次测量取平均值。

（2）先放置好待测样品及下铜盘（散热盘），调节下圆盘托架上的三个微调螺丝，使待测样品与上、下铜盘接触良好。安置圆筒、圆盘时须使放置热电偶的洞孔与杜瓦瓶在同一侧。热电偶插入铜盘上的小孔时，要抹些硅脂，并插到洞孔底部，使热电偶测温端与铜盘接触良好，热电偶冷端插在杜瓦瓶中的冰水混合物中。

（3）根据稳态法，必须得到稳定的温度分布，这就要等待较长时间，为了提高效率，可先将电源电压打到“高”挡，几分钟后 $\theta_1=4.00\text{mV}$ 即可将开关拨到“低”挡，通过调节电热板电压“高”、“低”及“断”挡，使 θ_1 读数在 $\pm 0.03\text{mV}$ 范围内，同时每隔30s读 θ_2 的数值，如果在2min内样品下表面温度 θ_2 示值不变，即可认为已达到稳定状态。记录稳态时与 θ_1、θ_2 对应的 T_1、T_2 值。

需要强调的是，测金属（或陶瓷）的导热系数时，T_1、T_2 值为稳态时金属样品上下两个面的温度，此时散热盘的温度为 T_3。因此测量散热盘的冷却速率应为

$$\left.\frac{\Delta T}{\Delta t}\right|_{T=T_3} \tag{1.3.52}$$

测 T_3 值时要在 T_1、T_2 达到稳定时，将上面测 T_1 或 T_2 的热电偶移下来进行测量。

（4）移去样品，继续对下铜盘加热，当下铜盘温度比 T_2（对金属样品应为 T_3）高出10℃左右时，移去圆筒，让下铜盘所有表面均暴露于空气中，使下铜盘自然冷却，每隔30s读一次下铜盘的温度示值并记录，直到温度下降到 T_2（或 T_3）以下一定值。作铜盘的 $T-t$ 冷却速率曲线，选取邻近 T_2（或 T_3）的测量数据来求出冷却速率。

（5）根据公式计算样品的导热系数 λ。

$$\lambda = mc\frac{2h_p+R_p}{2h_p+2R_p}\cdot\frac{1}{\pi R^2}\cdot\frac{h}{T_1-T_2}\cdot\left.\frac{dT}{dt}\right|_{T=T_2} \tag{1.3.53}$$

或

$$\lambda = mc\frac{2R_p^2-R^2+2R_ph_p}{2R_p^2+2R_ph_p}\cdot\frac{1}{\pi R^2}\cdot\frac{h}{T_1-T_2}\cdot\left.\frac{dT}{dt}\right|_{T=T_2} \tag{1.3.54}$$

（二）自动测量

（1）参数测量与仪器安装，与手动测量中的步骤（1）、（2）相同。

（2）将电压选择开关打在（0）位置，设定好上铜盘的加热温度，对上铜盘进行加热。

（3）将信号选通开关打在（Ⅰ）位置，测量上铜盘的温度。当上铜盘加热到设定温度时，通过调节电热板电压“高”、“低”及“断”挡，使 θ_1 读数在 $\pm 0.03\text{mV}$ 范围内，同时每隔30s读 θ_2 的数值，如果在2min内样品下表面温度 θ_2 示值不变，即可认为已达到稳定状态，记录稳态时与 θ_1、θ_2 对应的 T_1、T_2 值。若样品为金属，还应测与 θ_3 对应

的 T_3 值。

（4）移去样品，继续对下铜盘加热，当下铜盘温度比 T_2（或 T_3）高出 10℃左右时，移去圆筒，让下铜盘所有表面均暴露于空气中，使下铜盘自然冷却。每隔 30s 读一次下铜盘的温度示值并记录，直至温度下降到 T_2（或 T_3）以下一定值。作铜盘的 $T-t$ 冷却速率曲线，选取邻近 T_2（或 T_3）的测量数据来求出冷却速率。

（5）根据公式计算样品的导热系数 λ。

（6）设定不同的加热温度，测量出不同温度下样品的导热系数 λ。在设定加热温度时，须高出室温 30℃。

【注意事项】

（1）使用前将加热盘与散热盘的表面擦干净，样品两端面擦净，可涂上少量硅油，以保证接触良好。

（2）加热盘侧面和散热盘侧面，都有供安插热电偶的小孔，安放加热盘和散热盘时，这两个小孔都应与杜瓦瓶在同一侧，以免线路错乱。热电偶插入小孔时，要抹上硅脂，并插到洞孔底部，以保证接触良好，热电偶冷端浸于冰水混合物中。

（3）实验过程中，如若移开加热盘，应先关闭电源，移开热圆筒时，手应拿住固定轴转动，以免烫伤手。

（4）不要划伤样品两端，以免影响实验的精度。

（5）数字电压表出现不稳定或加热时数值不变化，应先检查热电偶及各个环节的接触是否良好。

任务总结

通过所学，掌握金属导热系数的测试手段，能够在实际生产中，在轧制原料的成分发生变化时，合理地确定导热系数，为后续加热制度的确定提供依据。

任务评价

<table>
<tr><td colspan="4">学习领域名称</td><td colspan="4">导热系数的测定</td></tr>
<tr><td rowspan="2">开始时间</td><td rowspan="2"></td><td rowspan="2">结束时间</td><td rowspan="2"></td><td>学生签字</td><td colspan="3"></td></tr>
<tr><td>教师签字</td><td colspan="3"></td></tr>
<tr><td>项　目</td><td colspan="5">技 术 要 求</td><td>分值</td><td>得分</td></tr>
<tr><td>导热系数的手工测量</td><td colspan="5">（1）方法得当
（2）操作规范
（3）正确使用工具与设备
（4）团队合作</td><td></td><td></td></tr>
<tr><td>导热系数的自动测量</td><td colspan="5">（1）方法得当
（2）操作规范
（3）正确使用工具与设备
（4）团队合作</td><td></td><td></td></tr>
<tr><td>任务实施报告单</td><td colspan="5">（1）书写规范整齐，内容翔实具体
（2）实训结果和数据记录准确、全面，并能正确分析
（3）回答问题正确、完整
（4）团队精神考核</td><td></td><td></td></tr>
</table>

思考与练习题

1. 传导、对流和辐射传热的概念有哪些?
2. 影响对流换热的因素有哪些?
3. 简述热辐射的特点。
4. 简述冬季室内空气与室外空气通过墙壁的换热过程中，各个环节包含有哪些热量传递方式?
5. 一内径为300mm、厚为10mm的钢管表面包上一层厚为20mm的保温材料，钢材料及保温材料的导热系数分别为48W/(m·℃)和0.1W/(m·℃)，钢管内壁及保温层外壁温度分别为220℃及40℃，管长为10m。试求该管壁的散热量。
6. 用导热系数为20J/(s·m·℃)的材料（钢铁材料）制成暖气管道，暖气温度150℃，管内对流给热系数为20J/(s·m^2·℃)；管外流体温度为0℃，对流给热系数为9J/(s·m^2·℃)。隔热材料有石棉和矿渣棉两种，导热系数分别为0.14J/(s·m·℃)和0.058J/(s·m·℃)。问：两种隔热材料对管道的外径有什么尺寸要求？在管道内外径分别为20mm和25mm的条件下，石棉隔热材料需要多厚才能起到保温作用?

任务四　加热炉热平衡计算

任务描述

热平衡是热力学第一定律在炉子热工上的应用。所谓热平衡，不单纯是热量的收支平衡，而是整个企业各种能量的综合收支平衡，即能量消耗和有效利用、能量损失之间的平衡。因为在平衡时，往往将各种能量折算成“等价热量”进行计算，所以实际上习惯称为热平衡。

钢铁企业是能源消耗大户，我国钢铁企业近年来的能耗量约占国民总能耗的12%～13%，在工业中用于各种加热作为燃料消耗的能源，又占有相当大比重。例如，轧钢生产中加热炉的能耗占轧钢生产总能耗的70%左右，可见经热平衡计算找出降低能耗的方法，是节能的重要手段。本任务讨论钢铁企业重要能耗之一的加热炉的有关热平衡问题。这里的炉子热平衡是表示一定时间内炉子系统、燃烧室、换热器等设备的热量收入与支出情况。

能力目标

能正确计算炉子热平衡的各项参数，会编制热平衡表。

知识目标

掌握炉子热平衡的计算方法。

相关资讯

一、编制热平衡的目的

编制热平衡的目的在于：通过现场测试结果来编制热平衡表，分析炉子的热工作，判断热量利用合理与否，提出提高炉子热效率的途径。

在设计炉子时，通过热平衡计算确定炉子的燃料消耗量，有时也可以通过热平衡计算确定炉子的理论燃烧温度。

二、炉子热平衡计算的主要内容

设计新炉子时，通过炉子热平衡计算，可以确定炉子的燃料消耗量，进而确定燃烧装置的供应热能力。热平衡编制根据目的的不同，有不同种类的热平衡，它可以是单位时间内炉子的热平衡，一般适用于连续式加热炉；也可按一个工作周期建立热平衡，如间歇操作的炉子就是这样，也可以是对某一个热工设备局部做区域热平衡以观察热收支分配情况（图1.4.1），总之，它是

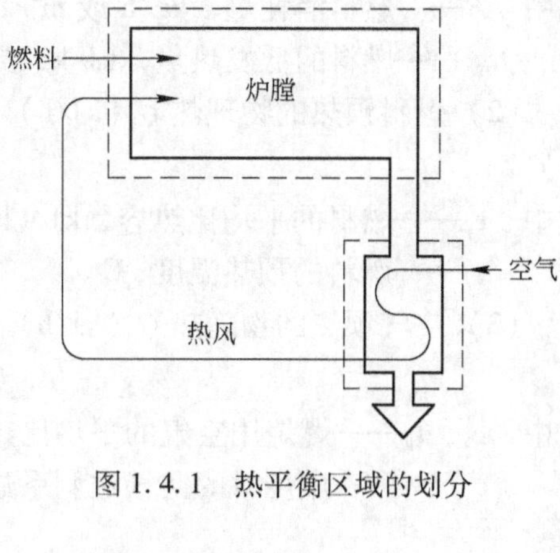

图1.4.1　热平衡区域的划分

研究炉子热工作的一个基本内容。

三、热平衡计算的项目

（一）热收入项

（1）燃料燃烧的化学热 Q_1；

（2）燃料预热的物理热 Q_2；

（3）空气预热的物理热 Q_3；

（4）钢坯氧化的化学热 Q_4；

（5）雾化用蒸汽带入的物理热 Q_5。

（二）热支出项

（1）加热钢坯所需的热量 Q'_1；

（2）烟气带走的物理热 Q'_2；

（3）化学不完全燃烧热损失 Q'_3；

（4）机械不完全燃烧热损失 Q'_4；

（5）炉衬散热损失 Q'_5；

（6）炉衬蓄热损失 Q'_6；

（7）通过炉门及小孔的辐射热损失 Q'_7；

（8）通过炉门及小孔的逸气热损失 Q'_8；

（9）冷却系统带走的热量 Q'_9；

（10）炉内台车、支架、链条、底盘等带走的热量 Q'_{10}；

（11）其他热损失 Q'_{11}。

四、热平衡各项的计算（基准温度为0℃，计算时间为1h）

（一）热收入项计算

（1）燃料燃烧的化学热 Q_1（kJ/h）。

$$Q_1 = BQ_{DW} \tag{1.4.1}$$

式中　B——燃料消耗量，kg/h 或 m³/h；

Q_{DW}——燃料的低发热量，kJ/kg 或 kJ/ m³。

（2）燃料预热的物理热 Q_2（kJ/h）。

$$Q_2 = Bc_r t_r \tag{1.4.2}$$

式中　c_r——燃料的平均比热容，kJ/(kg · ℃）或 kJ/(m³ · ℃)；

t_r——燃料的预热温度，℃。

（3）空气预热的物理热 Q_3（kJ/h）。

$$Q_3 = BnL_0 c_k t_k \tag{1.4.3}$$

式中　c_k，t_k——燃烧用空气的平均比热容（kJ/(m³ · ℃)）和预热温度（℃）；

n——燃烧时的空气过剩系数；

L_0——燃料燃烧时所需的理论空气量，m^3/m^3 或 m^3/kg。

（4）钢坯氧化的化学热 Q_4（kJ/h）。

$$Q_4 = 5646Ga \tag{1.4.4}$$

式中　G——炉子产量，kg/h；

a——钢的氧化烧损，kg/kg 钢。计算时可取 0.01 ~ 0.03kg/kg 钢；若小于 0.01kg/kg 钢则可不计。

（5）雾化用蒸汽带入的物理热 Q_5（kJ/h）。

$$Q_5 = BG_q(h_q - \gamma_q) \tag{1.4.5}$$

式中　G_q——每公斤燃料油雾化用蒸汽量，kg/kg；

h_q——蒸汽在使用条件下的热焓，kJ/kg；

γ_q——蒸汽在使用条件下的汽化潜热，kJ/kg。

（二）热支出项计算

（1）加热钢坯所需的热量 Q'_1（kJ/h）。

$$Q'_1 = G(i_1 - i_2) \tag{1.4.6}$$

式中　i_1，i_2——炉料装炉和出炉时的热焓量，kJ/kg。当炉料在加热过程中产生相变时，应加入相变所需的潜热。

（2）烟气带走的物理热 Q'_2（kJ/h）。

$$Q'_2 = (1 - K)BV_n c_Y t_Y \tag{1.4.7}$$

式中　K——机械不完全燃烧百分比，其值的选取应与机械不完全燃烧损失计算中的取值一致；

V_n——单位燃料燃烧时产生的烟气量，m^3/kg 或 m^3/m^3；

t_Y——烟气出炉温度，℃；

c_Y——出炉烟气的平均比热容，kJ/(m^3·℃)。

当有部分烟气量 V' 由炉门等处逸出时，烟气量 $(1-K)BV_n$ 中应扣除 V'。

（3）化学不完全燃烧损失 Q'_3（kJ/h）。

$$Q'_3 = (1 - K)BV_n[126.3\varphi(CO') + 108\varphi(H'_2) + 358.4\varphi(CH'_4) + \cdots] \tag{1.4.8}$$

式中　$\varphi(CO')$，$\varphi(H'_2)$，$\varphi(CH'_4)$——分别为烟气 CO、H_2、CH_4 的体积分数。

新设计炉子进行热平衡计算时，该项热损失只能根据经验估计。它和燃料种类、燃烧方法以及燃烧器结构等有关，如采用无焰燃烧器可以认为没有化学不完全燃烧；如采用有焰燃烧可以估计在烟气中有 0.5% ~3% 的 CO 和 H_2，而 CO 和 H_2 可以按 1∶0.5 或 1∶1 的体积比进行计算。

（4）机械不完全燃烧热损失 Q'_4（kJ/h）。

$$Q'_4 = KBQ_{DW} \tag{1.4.9}$$

式中　K——机械不完全燃烧百分比。对固体燃料，$K = 0.03 \sim 0.05$；对气体燃料，$K = 0.02 \sim 0.03$；对液体燃料，$K = 0.01$。

（5）炉衬散热损失。

炉衬的散热损失分为稳定态和不稳定态散热两种情况。下面只介绍炉衬稳定态散热的计算方法，关于炉衬不稳定态散热损失的计算，可参考其他有关文献。

1）通过炉墙、炉顶和架空炉底的散热损失。

按炉衬外表面向周围的传热计算 Q'_{5-1}（kJ/h）：

$$Q'_{5-1} = 3.6 \times \alpha_w (t_w - t_e) F_{wb} \tag{1.4.10}$$

式中 F_{wb}——炉衬的外表面积，m^2；

t_w——炉衬外表面温度，℃；

t_e——周围环境温度，℃；

α_w——炉衬外表面向周围环境散热的综合给热系数，W/（m^2 · ℃）。

α_w 可按如下公式计算：

$$\alpha_w = 5.67 \times \varepsilon \frac{(t_w + 273)^4 - (t_e + 273)^4}{t_w - t_e} + A(t_w - t_e)^{1/4} \tag{1.4.11}$$

式中 ε——炉衬外表面黑度；

A——与散热面积位置有关的系数，热面朝上时，$A = 3.26$；热面朝下时，$A = 1.74$；热面垂直时，$A = 2.56$。

2）根据炉衬的导热进行计算 Q'_{5-2}（kJ/h）：

$$Q'_{5-2} = 3.6 K \Delta t F \tag{1.4.12}$$

式中 F——散热面积，m^2；

Δt——温度差，℃；

K——传热系数，W/（m^2 · ℃）。

说明：① 炉墙散热面积 F，对炉墙弯曲程度较大的炉子可采用如下平均值：

$$F = \frac{F_w - F_n}{\ln \frac{F_n}{F_w}} \tag{1.4.13}$$

或

$$F = \sqrt{F_n \cdot F_w} \tag{1.4.14}$$

式中 F_n——炉墙的内表面积，m^2；

F_w——炉墙的外表面积，m^2。

②传热系数 K 的计算式与温差 Δt 的取值有关：

当 $\Delta t = t_g - t_e$ 时

$$K = \frac{1}{\frac{1}{\alpha_n} + \sum \frac{S_i}{\lambda_i} + \frac{1}{\alpha_w}} \tag{1.4.15}$$

当 $\Delta t = t_n - t_e$ 时

$$K = \frac{1}{\sum \frac{S_i}{\lambda_i} + \frac{1}{\alpha_w}} \tag{1.4.16}$$

当 $\Delta t = t_n - t_w$ 时

$$K = \frac{1}{\sum \frac{S_i}{\lambda_i}} \tag{1.4.17}$$

式中 t_g——炉气温度，℃；

t_n——炉衬内表面温度，℃；

α_n——炉气对炉衬内表面的综合给热系数，W/(m²·℃)；

S_i——第 i 层炉衬的厚度，m；

λ_i——第 i 层炉衬的平均导热系数，W/(m²·℃)。

3）实炉底的稳定态热损失。

当炉子直接砌在实心基础上，在基础及地下温度分布达到实际稳定后，通过实炉底的散热损失可按下式计算：

$$Q'_{5-3} = 3.6\psi\lambda F_D \frac{t_n - t_e}{D} \tag{1.4.18}$$

式中　F_D——炉底面积，m²；

λ——炉底材料的导热系数，W/(m²·℃)；

D——炉底直径或最小宽度，m；

ψ——形状系数：圆形炉底取4，正方形炉底取4.4，长条形或矩形炉底取3.73。

通过实炉底的热损失，也可按如下经验公式估算 Q'_{5-1}(kJ/h)：

$$Q'_{5-1} = (8364 \sim 12564) F_D \tag{1.4.19}$$

注意：一般炉子各部分的炉衬结构及温度并不相同，故炉衬散热损失应分别计算，如炉顶、炉墙、炉底、连续加热炉的低温区和高温区等都应分别计算，然后求各部分散热损失的总和。

（6）炉衬蓄热损失 Q'_6(kJ/h)。

$$Q'_6 = G_1(c_{12}t_{12} - c_{11}t_{11})/\tau \tag{1.4.20}$$

式中　G_1——炉子砌体重量，kg；

t_{11}，t_{12}——分别为炉子操作周期内，砌体的初始平均温度与终了平均温度,℃；

c_{11}，c_{12}——为砌体 $0 \sim t_{11}$ 或 $0 \sim t_{12}$ 的平均比热容，kJ/(kg·℃)；

τ——炉子的操作周期，h。

（7）通过炉门及小孔的辐射热损失 Q'_7(kJ/h)。

$$Q'_7 = 3.6 \times 5.67\left[\left(\frac{t_1 + 273}{100}\right)^4 - \left(\frac{t_e + 273}{100}\right)^4\right] F\Phi \frac{\Delta\tau}{60} \tag{1.4.21}$$

式中　F——炉门或小孔的面积，m²；

$\Delta\tau$——小时内炉门或小孔的开启时间，min；

t_1——炉门或小孔处的相应炉温,℃；

t_e——周围环境温度,℃；

Φ——遮蔽系数，可根据炉门或小孔形状及炉墙厚度由图1.4.2查得。

如果炉门或小孔用金属板（无内衬）遮挡，则辐射热损失为：

$$Q'_7 = 3.6 \times 5.67\left[\left(\frac{t_1 + 273}{100}\right)^4 - \left(\frac{t_e + 273}{100}\right)^4\right] \cdot F \cdot \frac{\Phi}{1 + \Phi} \cdot \frac{\Delta\tau}{60} \tag{1.4.22}$$

（8）通过炉门及小孔的逸气热损失 Q'_8(kJ/h)。

$$Q'_8 = V_0 \cdot c_g \cdot t_g \cdot \frac{\Delta\tau}{60} \tag{1.4.23}$$

式中　V_0——通过开启的炉门或小孔的逸气量，m³/h；

t_g——逸出炉气的温度,℃；

c_g——逸出炉气在 0 ~ t_g 温度内的平均比热容，kJ/(m³ · ℃)；

τ——小时内炉门或小孔的逸气时间，min。

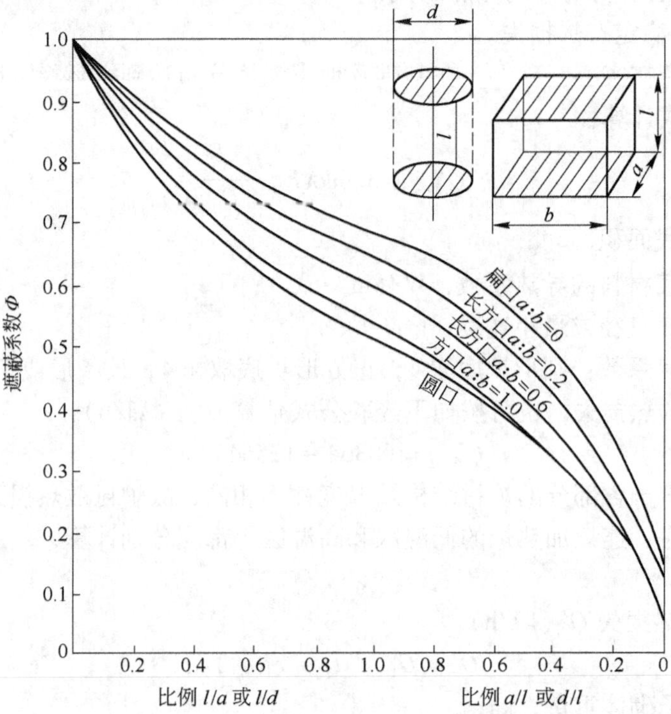

图 1.4.2　通过炉口辐射时的遮蔽系数 Φ

（图中 a 和 b 为炉门的窄边和宽边；l 为炉门开启处的炉墙厚度）

1）通过开启的炉门或垂直裂缝的逸气量计算：

当炉门或垂直裂缝底部的表压力为零时，可按下式计算逸气量 V_{0-1}(m³/h)：

$$V_{0-1} = \frac{2}{3} \cdot \mu \cdot H \cdot b \sqrt{\frac{2gH(\rho_k - \rho_t)}{\rho_t}} \times \frac{3600}{1 + \beta t_g} \tag{1.4.24}$$

式中　β——气体的温度膨胀系数，其值为$\frac{1}{273}$；

μ——流量系数，厚墙取 0.82，薄墙取 0.62；

H——炉门或裂缝高度，m；

b——炉门或裂缝宽度，m；

ρ_k——周围空气的密度，kg/m³；

ρ_t——逸出的炉气在 t_g 温度下的密度，kg/m³。

2）通过水平裂缝的逸气量 V_{0-1}(m³/h)：

$$V_{0-1} = \mu \cdot H \cdot b \sqrt{\frac{2gH(\rho_k - \rho_t)}{\rho_t}} \times \frac{3600}{1 + \beta t_g} \tag{1.4.25}$$

式中　H——水平裂缝高出零压面的距离，m。

（9）冷却系统带走的热量。

1）直接测量法。

对于正在运行的炉子，可以直接测量水冷系统的单位时间耗水量和冷却水的温升，然后按下式计算。

① 对于水冷却，冷却系统带走的热量 Q'_{9-1}(kJ/h)：

$$Q'_{9-1}=G_S(c_{S2}t_{S2}-c_{S1}t_{S1}) \tag{1.4.26}$$

式中　G_S——单位时间内冷却水的消耗量，kg/h；

t_{S1}，t_{S2}——分别为冷却水进口与出口处的温度，℃；

c_{S1}，c_{S2}——分别为冷却水在 $0\sim t_{S1}$ 与 $0\sim t_{S2}$ 下的平均比热容，kJ/(kg·℃)。

② 对于汽化冷却，冷却系统带走的热量 Q'_{9-2}(kJ/h)：

$$Q'_{9-2}=G'_q\left(h_q-c_{S1}t_S-\frac{\gamma_q\cdot W'}{100}\right) \tag{1.4.27}$$

式中　G'_q——单位时间内产生的蒸汽量，kg/h；

h_q——蒸汽的热焓量，kJ/kg；

γ_q——汽化潜热，kJ/kg；

W'——蒸汽的温度，℃。

2）用传热公式计算法。

在水冷构件中，金属壁的热阻很小，可以忽略不计。

$$Q'_{9-3}=qF \tag{1.4.28}$$

式中　q——传热热流，kJ/(m^2·h)；

F——传热面积，m^2。

当水冷构件表面有绝热层时，假定一个绝热层表面温度，先计算 q 为炉气对绝热面的传热热流；F 为绝热层的表面积的热量；再计算 q 为绝热层表面与金属壁之间的传导传热流，此时壁温等于水温；F 为绝热层表面与金属壁表面的平均面积时的另一个热量。当这两个热量相等或相差小于10%时，这个热量就是吸热量。如果两个热量相差很大，则要另外假定绝热层表面温度重新计算。

在计算连续加热炉纵水管的吸热损失时，由于炉温沿炉长方向变化，应分段进行计算。

3）连续加热炉炉底水管吸热量的经验计算：

① 未绝热的纵水管吸热量 Q'_{9-4}(kJ/h)：

$$Q'_{9-4}=14.64\left(\frac{T_L}{100}\right)^4\cdot F \tag{1.4.29}$$

② 未绝热的预热段横水管 Q'_{9-5}(kJ/h)：

$$Q'_{9-5}=64\left(\frac{T_L}{100}\right)^{3.54}\cdot F \tag{1.4.30}$$

③ 未绝热的加热段横水管 Q'_{9-6}(kJ/h)：

$$Q'_{9-6}=10\left(\frac{T_L}{100}\right)^4\cdot F \tag{1.4.31}$$

④ 环形砖绝热的纵水管 Q'_{9-7}(kJ/h)：

$$Q'_{9-7}=230(t_L-338) \tag{1.4.32}$$

⑤ 环形砖绝热的单根横水管 Q'_{9-8}(kJ/h)：

$$Q'_{9-8}=70t_L \tag{1.4.33}$$

⑥ 环形砖绝热双根横水管 Q'_{9-9}(kJ/h)：

$$Q'_{9-9}=56t_L \tag{1.4.34}$$

式(1.4.29)~式(1.4.34)中：

T_L——炉子相应部位的绝对温度，K；

t_L——炉子相应部位的摄氏温度，℃；

F——炉底相应部位的水管表面积，m^2。

对单根管按实际面积计算，对双根组合管按实际面积的0.8倍计算。

（10）炉内台车、支架、链条、底盘等带走的热量 Q'_{10}(kJ/h)。

$$Q'_{10}=G_1(c_{j2}t_{12}-c_{j1}t_{11}) \tag{1.4.35}$$

式中 G_1——单位时间内加热台车、支架、链条、底盘等的质量，kg/h；

t_{11}，t_{12}——分别为上述物体入炉和出炉时的温度，℃；

c_{j1}、c_{j2}——分别为上述物体在 $0\sim t_{S1}$ 与 $0\sim t_{S2}$ 内的平均比热容，kJ/(kg·℃)。

（11）其他热损失。

其他热损失为上述计算中未考虑进去的所有热支出。根据具体情况，其他热损失 Q'_{11} (kJ/h) 可按下式计算：

$$Q'_{11}=(0.05\sim0.10)BQ_{DW} \tag{1.4.36}$$

（三）求燃料消耗量 B

炉子的热平衡式为：

$$Q_1+Q_2+\cdots+Q_5=Q'_1+Q'_2+\cdots+Q'_{11} \tag{1.4.37}$$

在炉子热平衡方程式中，只有一个未知数，即燃料消耗量 B，故解此方程即得燃料消耗量。

（四）编制热平衡表

在求得燃料消耗量 B 之后，就可计算出各项热收入与热支出的具体数量，为了便于分析比较，应编制出热平衡表。热平衡表的形式如表1.4.1所示。

（五）计算主要指标

（1）单位实物燃耗 b (kg/t 或 m^3/t)

$$b=\frac{B}{G} \tag{1.4.38}$$

（2）单位标准燃耗 b' (kg/t)

$$b'=\frac{BQ_{DW}}{G\times29273} \tag{1.4.39}$$

（3）单位热耗 R (kg/t)

$$R=\frac{BQ_{DW}}{G} \tag{1.4.40}$$

表 1.4.1　某连续式加热炉热平衡表

热收入项			热支出项		
项目名称	热量 /kJ·h^{-1}	百分率 /%	项目名称	热量 /kJ·h^{-1}	百分率 /%
(1) 燃料燃烧的化学热	Q_1	70~100	(1) 加热钢坯所需热量	Q'_1	20~50
(2) 燃料预热的物理热	Q_2	0~25	(2) 烟气带走的物理热	Q'_2	30~80
(3) 空气预热的物理热	Q_3	0~15	(3) 化学不完全燃烧热损失	Q'_3	0.5~3
(4) 钢坯的氧化放热	Q_4	1~5	(4) 机械不完全燃烧热损失	Q'_4	0.2~5
(5) 雾化用蒸汽带入的热	Q_5	0~5	(5) 炉衬散热损失	Q'_5	2~10
			(6) 炉衬蓄热损失	Q'_6	0~4
			(7) 辐射热损失	Q'_7	0~5
			(8) 逸气热损失	Q'_8	0~9
			(9) 冷却系统带走的热	Q'_9	0~15
			(10) 炉内支架等带走的热	Q'_{10}	≤±4
			(11) 其他热损失	Q'_{11}	0~10
总　计		100	总　计		100

任务实施

炉子热平衡测定。

一、主要材料、工具及设备

冶金企业加热炉工段、热电偶、测量仪表、尺等。

二、对生产现场热平衡的测试结果进行计算

进行理论计算，并将计算结果编制成热平衡表。

任务总结

通过实测和计算，掌握轧钢企业加热炉热平衡的计算方法。能够分析影响加热炉燃耗及热耗的因素。

任务评价

<table>
<tr><td colspan="4">学习领域名称</td><td colspan="4">炉子热平衡测定</td></tr>
<tr><td rowspan="2">开始时间</td><td rowspan="2"></td><td rowspan="2">结束时间</td><td rowspan="2"></td><td>学生签字</td><td colspan="3"></td></tr>
<tr><td>教师签字</td><td colspan="3"></td></tr>
<tr><td colspan="2">项　目</td><td colspan="4">技　术　要　求</td><td>分值</td><td>得分</td></tr>
<tr><td colspan="2">计算炉子的热平衡</td><td colspan="4">(1) 方法得当
(2) 计算规范
(3) 正确使用公式
(4) 团队合作</td><td></td><td></td></tr>
<tr><td colspan="2">任务实施报告单</td><td colspan="4">(1) 书写规范整齐，内容翔实具体
(2) 计算结果和数据记录准确、全面，并能正确分析
(3) 回答问题正确、完整
(4) 团队精神考核</td><td></td><td></td></tr>
</table>

思考与练习题

1. 什么叫加热炉单位标准燃耗、单位热耗?
2. 什么是炉子热平衡，编制热平衡的目的是什么?
3. 热平衡收入项与支出项包括哪些方面?

情境二

热工设备

情境描述

冶金炉是一种热工设备，冶金炉的种类很多，炉内被加热物料没有发生物态变化的炉子称为加热炉，发生物态变化的炉子称为熔炼炉。各种炉体结构的设计组成、维护与检修对炉子的产量、产品质量、生产成本、炉子寿命、安全操作等方面都有直接影响，能决定炉子生产率的高低。

任务一　冶炼炉

任务描述

高炉炼铁是一种古老的冶炼方法，高生产率、低消耗、低成本是它的最大优势，由于不断地吸收新技术，高炉炼铁法仍然在继续发展。现代高炉技术已经达到了非常高的水平。现代巨型高炉的炉容积已达4000～5800m^3，年产生铁达250万～300万吨。高炉的寿命很多都达到了10～15年。

能力目标

(1) 掌握冶炼设备的结构组成；
(2) 掌握冶炼炉的功能。

知识目标

(1) 掌握炼铁炉的组成；
(2) 掌握炼钢炉的组成。

相关资讯

一、冶炼设备

(一) 高炉

炼铁一般是在高炉里连续进行的。高炉又称为鼓风炉，这是因为要把热空气吹入炉中使原料不断加热而得名的。这些原料是铁矿石、石灰石及焦炭。因为碳比铁的性质活泼，所以它能从铁矿石中把氧夺走，而把金属铁留下。

高炉由以下设备组成。

（1）高炉炉壳。现代化高炉广泛使用焊接的钢板炉壳，只有极少数最小容积的土高炉才用钢箍加固的砖壳。炉壳的作用是固定冷却设备，保证高炉砌体牢固，密封炉体，有的还承受炉顶载荷。炉壳除承受巨大的重力外，还要承受热应力和内部的煤气压力，有时要抵抗崩料、坐料甚至可能发生的煤气爆炸的突然冲击，因此要有足够的强度。炉壳外形尺寸应与高炉内型、炉体各部厚度、冷却设备结构形式相适应。

（2）高炉内型。高炉是一个两头小中间大的竖立圆筒形炉子，其内部由炉墙形成的工作空间几何形状称为高炉的炉型或内型。高炉设计时的炉子的内型称为设计炉型，而高炉投产后，炉墙表面受损所形成的炉型则称为操作炉型。现代高炉的内型从下往上一般由炉缸、炉腹、炉腰、炉身和炉喉五段组成，该容积总和为它的有效容积，反映高炉所具备的生产能力。五段式高炉的内型是经过长期生产实践总结出来的，完全适应冶炼工艺要求。它与炉料和煤气两大流体在炉内运动规律相适应，竖立的炉体使炉料可借重力而自动下降，在与上升的煤气流股接触中进行热交换和一系列的物理化学反应，既利于煤气的能量利用，又利于渣铁液的形成。两头小、中间粗，略带锥度的圆柱形空间，既保证了炉料下降过程受热膨胀、松动软熔和最后形成液态而体积收缩的需要，又符合煤气上升过程中冷却收缩和高温煤气上升不致烧坏炉腹砖衬的特点。

（3）炉喉。高炉本体的最上部分，呈圆筒形。炉喉既是炉料的加入口，也是煤气的导出口。它对炉料和煤气的上部分布起控制和调节作用。炉喉直径应和炉缸直径、炉腰直径及大钟直径比例适当。炉喉高度要允许装一批以上的料，以能起到控制炉料和煤气流分布为限。

（4）炉身。高炉铁矿石间接还原的主要区域，呈圆锥台形（简称圆台形），由上向下逐渐扩大，用以使炉料在遇热发生体积膨胀后不致形成料拱，并减小炉料下降阻力。炉身角的大小对炉料下降和煤气流分布有很大影响。

（5）炉腰。高炉直径最大的部位。它使炉身和炉腹得以合理过渡。由于在炉腰部位有炉渣形成，并且黏稠的初成渣会使炉料透气性恶化，为减小煤气流的阻力，在渣量大时可适当扩大炉腰直径，但仍要使它和其他部位尺寸保持合适的比例关系，比值以取上限为宜。炉腰高度对高炉冶炼过程影响不很显著，一般只在很小范围内变动。

（6）炉腹。高炉熔化和造渣的主要区段，呈倒锥台形。为适应炉料熔化后体积收缩的特点，其直径自上而下逐渐缩小，形成一定的炉腹角。炉腹的存在，使燃烧带处于合适位置，有利于气流均匀分布。炉腹高度随高炉容积大小而定，但不能过高或过低，一般为3.0～3.6m。炉腹角一般为79°～82°；角度过大，不利于煤气流分布；角度过小，则不利于炉料顺行。

（7）炉缸。高炉燃料燃烧、渣铁反应和贮存及排放区域，呈圆筒形。出铁口、渣口和风口都设在炉缸部位，因此它也是承受高温煤气及渣铁物理和化学侵蚀最剧烈的部位，对高炉煤气的初始分布、热制度、生铁质量和品种都有极重要的影响。

（8）炉底。高炉炉底砌体不仅要承受炉料、渣液及铁水的静压力，而且受到1400～4600℃的高温、机械和化学侵蚀，其侵蚀程度决定着高炉的一代寿命。只有砌体表面温度降到它所接触的渣铁凝固温度，并且表面生成渣皮（或铁壳），才能阻止其进一步受到侵蚀，所以必须对炉底进行冷却。通常采用风冷或水冷。目前我国大中型高炉大都采用全炭砖炉底或炭砖和高铝砖综合炉底，大大改善了炉底的散热能力。

（9）炉基。炉基的作用是将它集中承担的重量按照地层承载能力均匀地传给地层，因而其形状都是向下扩大的。高炉和炉基的总重量常为高炉容积的10～18倍（t）。炉基不许有不均匀的下沉，一般炉基的倾斜值不大于0.1%～0.5%。高炉炉基应有足够的强度和耐热能力，使其在各种应力作用下不会产生裂缝。炉基常做成圆形或多边形，以减少热应力的不均匀分布。

（10）炉衬。高炉炉衬组成高炉的冶炼空间及炉型，并起到减少高炉热损失、保护炉壳和其他金属结构免受冶炼过程中机械、热应力和化学侵蚀的作用。炉衬是用能够抵抗高温作用的耐火材料砌筑而成的。炉衬的损坏受多种因素的影响，各部位工作条件不同，受损坏的机理也不同，因此必须根据部位、冷却和高炉操作等因素，选用不同的耐火材料。

对高炉炉衬的质量要求：用于高炉的耐火材料，必须对炉内反应保持物理和化学上的稳定性，因此，在质量方面应达到以下要求：在高温下，应该不熔化、不软化、不挥发；在高温、高压条件下能保持炉体结构的强度；耐热冲击、耐磨蚀的性能强；具有对铁水、炉渣和炉内煤气等侵蚀的化学稳定性好；具有适当的热导率，同时又不影响冷却效果。这些特性，对高炉不同部位的耐火材料来说，其侧重点是不同的。

炉墙耐火砖。炉墙耐火砖的性质是影响高炉寿命的重要因素之一。设计时，各部位内衬工作条件和侵蚀机理不同，所选耐火材料性质也应不同。目前，高炉常用的耐火材料有陶瓷质耐火材料和碳质耐火材料两大类。

炉底耐火砖。20世纪50年代以前，炉底都是使用黏土耐火砖。后来由于出铁量增加，炉底侵蚀日益严重，不断发生炉底烧穿事故，成为制约高炉寿命的主要因素之一。因此自60年代开始采用导热性好的炭砖。在采用炭砖的初期阶段，一般是采用黏土砖和炭砖组合在一起的综合炉底。而目前，全炭砖炉底和陶瓷材料UDI技术在大中型高炉中已普遍采用。

炉腹、炉腰和炉身。下部是高炉内衬侵蚀最严重的部位，尤其是难以形成保护层的炉腰和炉身下部，目前已成为高炉内衬最薄弱的环节，这里不仅受到下降炉料和上升煤气流的机械磨损，还受到各种化学侵蚀，特别是因温度波动而引起的热冲击对炉腰及炉身下部破损危害更大。因此，炉腰到炉身下部的耐火材料应具有良好的耐磨性、抗热冲击性和化学侵蚀的能力。

此部位耐火砖现趋向于使用纯的氧化物（如纯氧化镁、纯刚玉、纯碳化硅砖）。较多使用碳化硅砖，是因为它具有导热性好、膨胀系数小、高温强度大和蠕变变形小等优点。高炉炉身上部温度较低，只有气体和固体存在，此部位耐火衬的磨损情况较严重，因此应使用气孔率低、强度高的黏土砖。

炉喉。主要受固体炉料的摩擦和夹带炉尘的高速煤气流冲刷作用，还受装入炉料时温度的急剧变化产生的影响，故一般在炉喉直接与炉料碰撞的部位，用耐磨和耐热铸钢制成的炉喉钢砖进行保护。钢砖下面部分常用黏土砖。

炉喉护板。炉喉在炉料频繁撞击和高温的煤气流冲刷下，工作条件十分恶劣，维护其圆筒形状不被破坏是高炉上部调节的先决条件。为此，在炉喉设置保护板（钢砖）。小高炉的炉喉保护板可以用铸铁做成开口的匣子形状；大高炉的炉喉护板则用100～150mm厚的铸钢做成。炉喉护板主要有块状、条状和变径几种形式。变径炉喉护板还起着调节炉料和煤气流分布的作用。

高炉冷却装置。按结构不同，高炉冷却设备大致可分为外部喷水冷却、风口渣口冷却、冷却壁和冷却水箱以及风冷（水冷）炉底等装置。高炉炉体的合理冷却，对保护砖衬和金属构件、维护合理的炉型有决定性作用，在很大程度上决定着高炉寿命的长短，并对高炉技术经济指标有重要影响。其主要作用表现在：降低炉衬温度，使砖衬保持一定的强度，维护炉型，延长寿命，形成保护性渣皮。

保护炉壳、支柱等金属结构，免受高温影响；有些冷却设备还可以起到制成部分砖衬的作用。

高炉系统的冷却一般有强迫冷却和自然冷却两种。强迫冷却具有冷却强度大的优点，但自然冷却（喷水）设备简单，故小高炉常用外部喷水冷却的方法。

高炉有以下冷却装置和专用冷却设备：

（1）喷水冷却装置。一般高炉炉身和炉腹部位设有喷水管，用于冷却炉皮。这种装置简单、易于检修，但冷却不能深入，只限于炉皮或炭质炉衬的冷却。

（2）冷却壁。冷却壁是内部铸有无缝钢管的铸铁板，装在砖衬和炉壳之间。冷却壁有光面和镶砖两种，光面冷却壁用于炉底和炉缸，镶砖冷却壁用于炉腹、炉腰和炉身下部。

（3）冷却水箱（冷却板）。冷却水箱是埋设在高炉砖衬中的冷却器。其材质以铸铁为主，也有用不锈钢和钢板焊接的。从外形上可分为扁平卧式和支梁式。

（4）风口装置。从热风炉来的热风先通过呈环状围绕着高炉的围管，再经风口装置进入高炉。风口装置由热风围管以下的送风支管、弯管、直吹管、风口水套等组成。对其要求是：接触严密不漏风，耐高温，隔热且热量损失少，耐用，拆卸方便，易于机械化。

（5）渣口装置。渣口装置是由四个水套及其压紧固定件组成。渣口是用青铜或紫铜铸成的空腔式水套，渣口二套也是青铜铸成的中空水套，渣口三套和大套是铸有螺旋形水管的铸铁水冷套。现代大型高炉已不设渣口，如宝钢4063m³ 高炉只设四个铁口。

渣口装置位于风口与铁口水平面之间，其高度及各套的尺寸主要根据高炉容积、炉顶压力、渣量及高炉冶炼强度等因素来确定。为了便于拆卸和安装，也因为各套的工作条件不同和便于加工制造，一般小型高炉的渣口装置均由4个套（大套、二套、三套和小套）组成，目前部分大型高炉已取消了渣口。如图 2.1.1 所示。

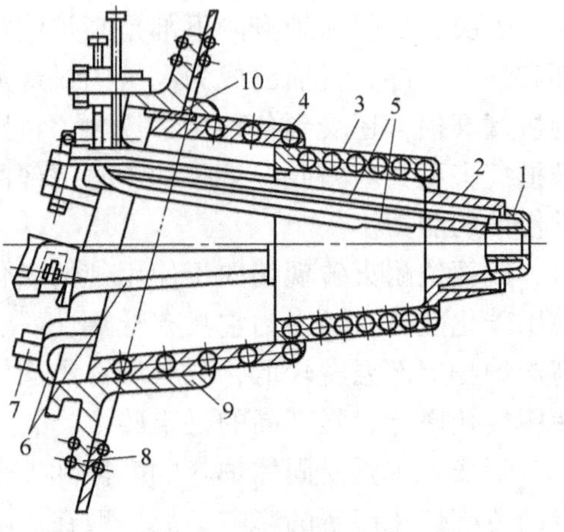

图 2.1.1　渣口装置

1—渣口小套；2—渣口三套；3—渣口二套；4—渣口大套；5—冷却水管；6—挡杆；7—固定楔；8—炉皮；9—大套法兰；10—石棉绳

（6）铁口装置。铁口是在炉缸耐火砖墙上砌筑的孔道内填以耐火泥浆做成的，每次出铁后要用堵口泥堵塞。铁口周围的炉壳，因频繁地受到出铁时的热力作用，很容易被破坏，这部分炉壳用无冷却的铸钢框架加固，框架与炉壳之间一般采用铆接，中小高炉也有用焊接的。现在国外高炉铁口炉皮也用喷水冷却。

铁口的整体构造如图 2.1.2 所示。铁口由铁口框架、冷却板、砖套、铁口孔道等组成。开炉烘炉前，需先在铁口区构筑泥套和泥包，在生产中起导入炮泥和保护砌体的作用。

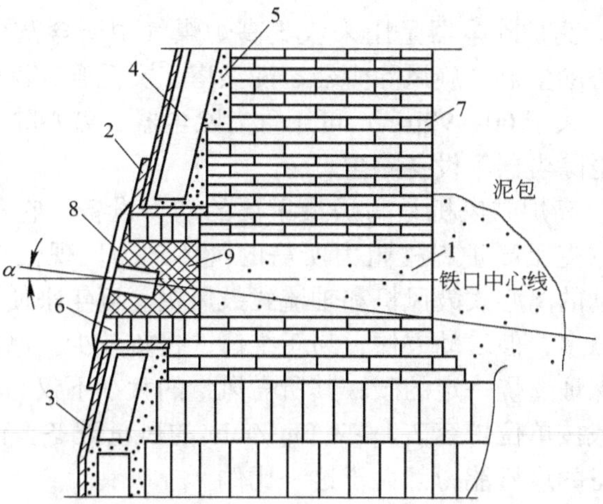

图 2.1.2　铁口整体结构剖面示意图

1—铁口孔道；2—铁口框架；3—炉皮；4—炉缸冷却壁；
5—填充料；6—砖套；7—砖墙；8—铁口保护板；9—泥套

高炉生产时，每昼夜必须从铁口放出大量的铁水和炉渣，铁口区受到高温、机械冲刷和化学侵蚀等一系列的破坏作用，工作条件十分恶劣。所以，高炉生产一段时间后，铁口区的炉底、炉墙都受到严重的侵蚀，仅靠出铁后堵泥形成的泥包和渣皮来维持，见图 2.1.3。

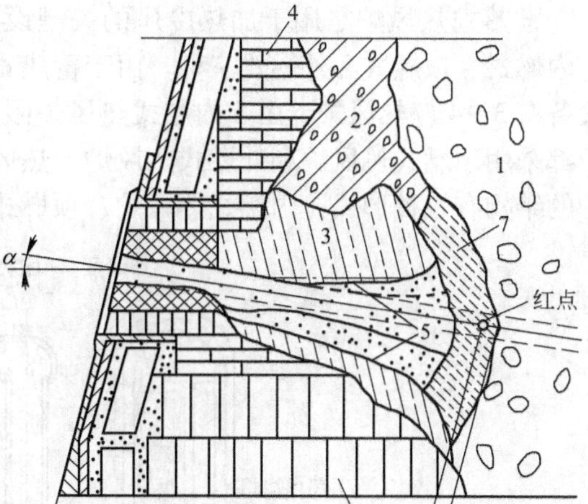

图 2.1.3　开炉后生产中铁口的状况

1—炉缸焦炭；2—炉墙渣皮；3—旧堵泥；4—残存的炉墙砖；5—出铁时泥包被渣铁侵蚀变化情况；6—残存的炉底砖；7—新堵泥

首先，高炉炉缸内的铁水和熔渣不仅本身具有静压力，还受到热风压力和炉料的有效重力作用，铁口一打开铁水就会以很高的流速从铁口流出来。由于受铁口孔道的限制，在炉内的高压作用下，大量处于运动状态的渣铁在铁口孔道前形成“涡流”，剧烈地冲刷着铁口的泥包，最后把铁口孔道的里端冲刷成喇叭口状。另外，铁口前的渣铁也会受到风口循环区的“搅动”，使黏结在炉墙上的铁口泥包产生冲蚀。因此，铁口上方两侧的风口直径、长度都会对这种“搅动”产生影响，为了利于铁口的维护，铁口上方两侧的风口宜用直径较小的长风口，有时甚至采取暂时堵住这两个风口来处理铁口过浅的问题。

（7）炉底冷却。随着高炉冶炼的进一步强化，炉底侵蚀严重，炉基经常出现过热现象。为延长炉底寿命，通常在炉底耐火砖下面进行强制冷却，在炉底砌体周围则用光面冷却壁冷却。

（8）高炉除尘器。高炉除尘器是用来收集高炉煤气中所含灰尘的设备。高炉用除尘器有重力除尘器、离心除尘器、旋风除尘器、洗涤塔、文氏管、洗气机、电除尘器、布袋除尘器等。粗粒灰尘（大于 60 ~ 90μm）可用重力除尘器、离心除尘器及旋风除尘器等除尘；细粒灰尘则需用电除尘器等设备除尘。

（9）高炉鼓风机。高炉鼓风机是高炉最重要的动力设备。它不但直接提供高炉冶炼所需的氧气，而且提供克服高炉料柱阻力所需的气体动力。现代大中型高炉所用的鼓风机，大多用汽轮机驱动的离心式鼓风机和轴流式鼓风机。近年来使用大容量同步电动鼓风机。这种鼓风机耗电虽多，但启动方便，易于维修，投资较少。高炉冶炼要求鼓风机能供给一定量的空气，以保证燃烧一定的碳；其所需风量的大小不仅与炉容成正比，而且与高炉强化程度有关，一般按单位炉容 2.1 ~ 2.5m^3/min 的风量配备。但实际上不少的高炉考虑到生产的发展，配备的风机能力都大于这一比例。

从高炉里放出来的铁水可以直接用来炼钢或铸成铁锭或铸件。炉渣可以作为水泥、渣砖等的原料。从高炉顶放出的一氧化碳、二氧化碳和氮气混合气体称为高炉煤气。高炉煤气里含有大量灰尘和有害气体，必须经过净化处理。

（二）热风炉

蓄热式热风炉是用于加热冷风的关键设备，它由蓄热室和燃烧室组成。蓄热式热风炉有内燃式、顶燃式和外燃式三种。由于蓄热式热风炉只能交替加热和送风，因此一座高炉一般备有 3 ~ 4 座热风炉。由于内燃式热风炉限制了风温的进一步提高，所以新建的大中型高炉都采用顶燃式热风炉和外燃式热风炉。热风炉由管道、阀门与燃烧器等组成。当前，热风炉的结构有三种形式：内燃式热风炉、顶燃式热风炉、外燃式热风炉，如图 2.1.4 所示。

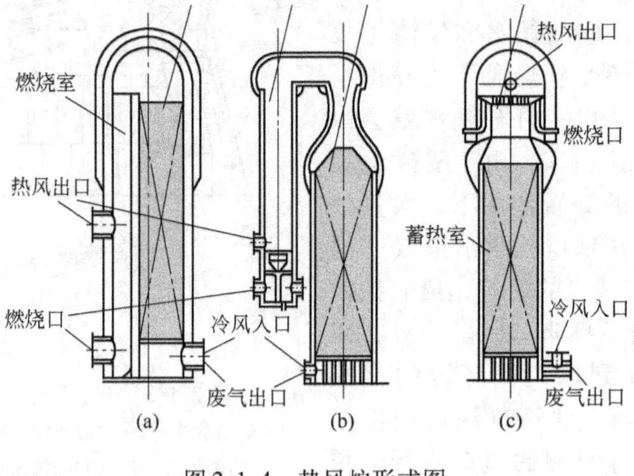

图 2.1.4　热风炉形式图

（a）内燃式；（b）外燃式；（c）顶燃式

热风炉是高温、高压装置，其燃料易燃、易爆且有毒。因此热风炉的管道与阀门必须工作可靠，能够承受高温及高压，所有的阀门必须具有良好的密封性；设备结构应尽量简单，便于维修，方便操作；阀门的启闭传动装置均应设有手动操作机构，启闭速度应能满足工艺操作的需要。新型热风炉已能向高炉提供1400℃高温的热风。

（三）转炉

贝塞麦于1856年发明了梨形可动式转炉，将熔化的生铁放入转炉内，吹进高压空气，使生铁中所含的硅、锰、碳、磷燃烧掉，只用10min就可将10~15t铁水炼成钢。

氧气转炉炼钢依靠铁水为原料，就是利用氧气将铁水中的碳、硅、锰、磷等元素快速氧化到吹炼终点，氧化反应放出的热量，将主炉铁水（1200~1300℃）加热到1560~1660℃。在吹氧的全部时间内（冶炼周期约20min），熔池中始终进行着强烈的氧化反应，吹氧结束后很短的脱氧和合金化时间里，熔池中的反应才是还原反应。氧气转炉吹氧冶炼产量高，获得了比电炉高的生产率和生产速率。

氧气顶吹转炉（图2.1.5）由炉体、托圈、耳轴和倾动机械等组成。炉体为钢板焊接体，可分为炉帽、炉身和炉底三个部分。炉帽一般和炉身焊成一体。炉底有的与炉身焊成一体，称为死炉底；有的可以拆卸，称为活炉底。绝大多数转炉都有支承炉身的托圈。以前也有把炉体直接固定在耳轴上的转炉。这种不带托圈的结构容易引起炉壳变形，造成耳轴上翘，影响倾动。通常，耳轴均通水冷却，也有连托圈一起冷却的。早期的转炉倾动设备为了自锁，采用蜗轮蜗杆机构传动，传动效率较低；近年来新建的转炉，一般均用齿轮传动系统。这种传动系统的类型很多，大致可分成全悬挂和半悬挂两种。倾动速度一般为0.8~1.5r/min。全悬挂系统的所有传动设备包括电动机在内，都放置在二次（末级）减速机箱壳上，并一起吊挂在耳轴上，具有布置紧凑、设备轻的优点。半悬挂传动系统的特点，主要在于电动机和一次（初级）减速机采取落地布置。两种形式均具有适应耳轴变形的优点。

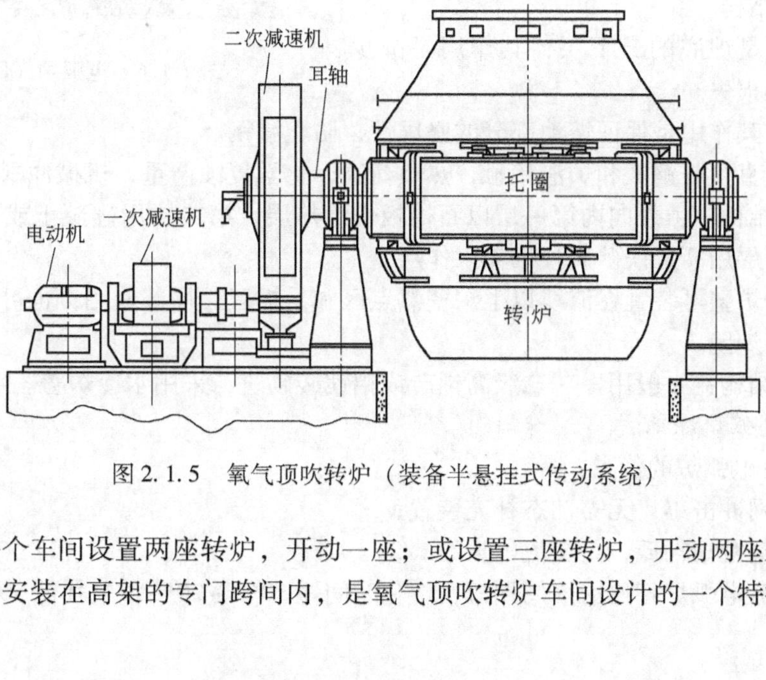

图2.1.5 氧气顶吹转炉（装备半悬挂式传动系统）

通常按一个车间设置两座转炉，开动一座；或设置三座转炉，开动两座来考虑车间的布置。把转炉安装在高架的专门跨间内，是氧气顶吹转炉车间设计的一个特征。沿跨间的高度方向设置多层平台，装设氧枪、副枪、供料和烟气净化等设备。一般是将此跨间设在装料跨与浇注跨之间。有的车间把此跨间设在装料跨外侧，这样出钢车就需穿过装料跨进入浇注跨。

转炉的冶炼时间短，出钢次数频繁，必须在布置上尽可能减少各操作工序间的相互干扰，因此组成跨间数目较多（一般为 3 ~ 4 个）。近年采用连续铸钢，使组成跨间有进一步增多的趋势。转炉兑铁水和加废钢操作，均在装料跨内进行。为了避免干扰，有关设备分别布置在装料跨的两端。铁水经混铁炉或混铁车倾入开口铁水包，并用吊车从一端运至转炉；废钢则从另一端装槽并吊运至转炉。根据转炉容量大小，设置一个或两个浇注跨。在浇注跨内布置铸锭列车线或连铸设备。脱模、整模操作或铸坯冷却、堆存，在相邻跨间内进行。

（四）电弧炉

20 世纪初赫劳特等发明了电弧炉（图 2.1.6）炼钢，主要用于熔炼高合金钢和特殊钢，由于速度慢、能耗低，在 20 世纪 60 年代后，首先采用吹氧代替矿石，使之可以利用废钢较低成本地生产线材、棒材用钢。目前世界上 95% 以上的电炉钢是电弧炉生产的，还有少量电炉钢是由感应炉、电渣炉等生产的。

图 2.1.6　电弧炉（EAF）

1. 电弧炉构造

（1）电弧炉炉体。电弧炉炉体由炉壳、炉门、出钢口与流钢槽、炉盖圈和电极密封圈组成。

（2）电弧炉炉衬。电弧炉炉衬由炉底、炉壁和炉盖三部分组成。

1）炉底结构。

绝热层：是炉底的最下层，其作用是减少通过炉底的热损失。

保护层：其作用是保证熔池部分的坚固性，防止漏钢。

工作层：直接与钢液和炉渣接触，热负荷高，化学侵蚀严重，机械冲刷激烈。

2）炉壁结构。由外向内第一层以石棉板作绝热层，第二层用硅藻土或黏土砖立砌作保温层，第三层用沥青镁砂砖环砌作工作层。

水冷挂渣炉壁可装置在渣线以上炉壁热点区和易损区，局部使用；也可在渣线以上做成全水冷挂渣炉壁。

3）炉盖结构：一般用一、二级高铝砖或铝镁砖砌筑，采用水冷炉盖。

2. 直流电弧炉炼钢法

（1）直流电弧炉的优点：

1）对电网冲击小，无需动态补充装置；

2）石墨电极消耗低，是交流电炉的 1/2；

3）与交流电弧炉相比冶炼周期短，熔化时间短 10% ~ 20%，电耗低 50%；

4）耐材与金属消耗低，环境污染小，投资回收周期短。

电弧炉炼钢至今有百年历史，最先使用的电弧炉为直流电弧炉，由于炉容的扩大，当时很难提供大功率整流电源，因此出现了三相交流电弧炉，并长期占据主导地位。

（2）交流电弧炉的缺点：

1）稳定性差、噪声大、功率因素低、引起电网闪烁；

2）三相负荷不均匀，形成热点，造成耐火材料损失严重。

因此，随着大功率闸管技术发展，目前重新开始对直流电弧炉的研究。

（五）炉外精炼炉

1. LF 炉的组成

LF 炉主要由以下部分组成：加热电力系统；钢包；吹气系统；测温取样系统；控制系统；合金料和合成渣料添加装置；适应一些初炼炉需要的扒渣工位；适应一些低硫及超低硫钢种需要的喷粉工位；为适应脱气钢种需要的真空工位；用于较大炉体的水冷系统。LF 炉的组成见图 2.1.7。

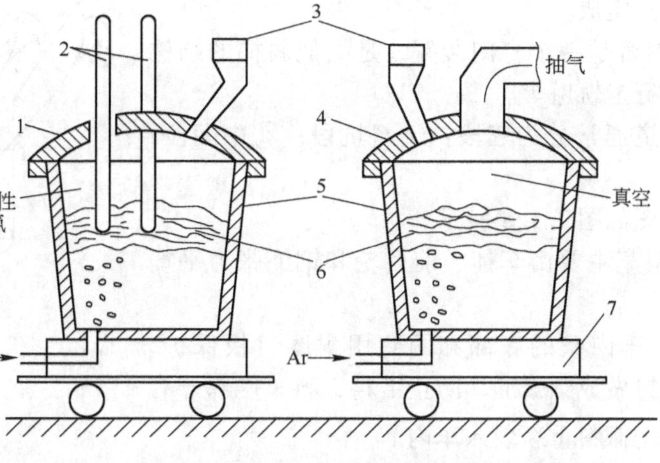

图 2.1.7　LF 炉的组成
1，4—炉盖；2—电极；3—装料口；5—炉体；6—物料；7—车

2. LF（V）炉的功能

LF 炉的加热同电弧炉一样，以石墨电极与钢水之间产生的电弧热为热源，分为交流钢包炉和直流钢包炉，目前国内基本上是用交流钢包炉。从 LF 炉的工作条件来说，要比电弧炉好一些，因为 LF 炉没有熔化过程，而且 LF 炉大部分加热时间都是在埋弧下进行的。由于 LF 炉熔化的都是渣料和合金固体料，因此应选用较高的二次电压。

任务实施

高炉上料系统工艺流程。

一、实训目的

掌握高炉上料系统工艺流程，实现合理上料和布料，为操作高炉奠定基础。

二、工艺流程及设备结构

（一）工艺流程（无钟炉顶工艺流程）

上料小车→受料斗→上密封阀→料罐→料流阀→下密封阀→中心喉管→布料溜槽→高炉

（二）主要设备

上料系统主要设备有料车上料机和炉顶装料装置。

1. 料车上料机

（1）作用和用途。料车上料机长期以来被认为是比较完善的高炉上料设备，并得到了广泛的应用，它是目前国内高炉上料的主要形式之一。其作用和用途是安全、及时、准确地把高炉冶炼的各种原燃料运送到炉顶，经布料装置，合理地分布于高炉内，实现高炉生产的最佳操作。

（2）主要结构和特点。料车上料机主要由斜桥、料车和卷扬机三部分组成。

1）斜桥。斜桥是一个专门装置，是类似斜梯的结构件，安装有料车行走轨道等。

料车行走轨道通常分为三段：①料坑段；②中间段；③曲轨段。

其工作示意图如图 2.1.8 所示。

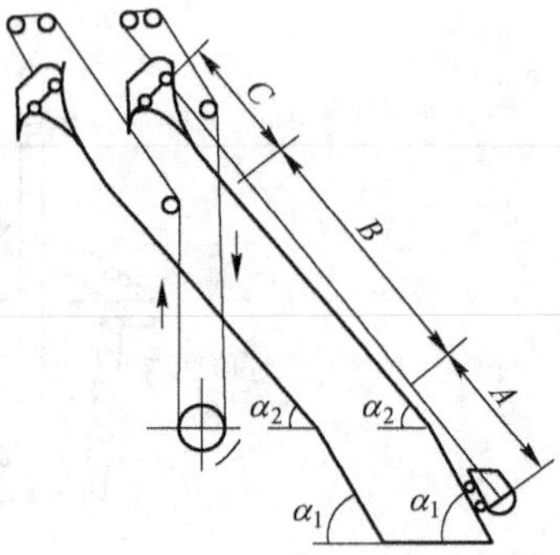

图 2.1.8　上料机工作原理图

2）料车。料车主要由车体、前后轮和钢绳张力平衡装置组成。

① 料车：料车内壁的底部和两侧用耐磨衬板保护。衬板所形成的交界做成圆弧形，防止卡料，料车尾部开有小孔，便于人工把撒料重新装入车内。

② 前后轮：前后轮的构造不同，前轮只有一个踏面，轮缘在斜板轨道内侧，沿主轨道和主曲轨道滚动；后轮有两个踏面，轮缘在两个踏面之间。料车在料坑段和中间段时，后轮内踏面与轨道接触；料车在曲轨道段时，后轮外踏面与辅助轨道接触，内踏面脱离主曲轨道，实现卸料。

③ 钢绳张力平衡装置：它是套杠杆机构，由三角杠杆、横栏杆和直接杆等组成。用所补偿钢绳不均衡拉长，实现两根钢绳张力的基本平衡。

3）卷扬机：是高炉生产的关键部件，由机座、驱动系统、卷筒和安全保护装置四部分组成。

① 机座：用来支撑料车卷扬机的各部件之间的相对位置和正常工作，并把外载负荷传给基础。

② 驱动系统：包括电动机、齿轮传动装置和工作制动器等部件。

③ 卷筒：卷筒的圆周表面车有双线左旋绳槽，供钢绳缠线用。钢绳用梳形板咬住，再用斜铁楔压紧，然后用螺栓紧固，防止钢绳抽出。

（3）操作与维护要点。

1）定期检查驱动钢绳润滑状况，并及时给油脂润滑。

2）定期检查轨道平行度，防止变形卡料车。

3）定期检查料坑内撒料，并及时清理装入料车。

4）定期检查卷扬机减速器润滑状况，并及时给油脂润滑。

5）按工艺要求及时准确将炉料送往炉顶。

6）按设备参数进行装料操作，防止装料过满等。

7）开启上料系统要平稳，防止出现钢绳过松或过紧。

2. 高炉无料钟炉顶装料装置

（1）作用及用途。同钟式炉顶的作用相同，也是把送到炉顶的炉料，按一定工艺要求装入炉内，同时能够防止炉顶煤气外逸。布料方式有单环、多环、扇形、定点和螺旋布料等方式。各布料方式特点如下：

1）单环布料：无钟布一批料，溜槽转动6～12圈，放料时间比大钟长5～10倍。炉料在缓慢流动中，粉末易在落点附近停留，形成炉料偏析。因此单环布料不适合无钟操作，它不仅失去了无钟的技术优势，而且发挥了它的短处，所以单环布料是扬短避长；大钟布料与无钟完全不同，大钟打开后，炉料迅速落到炉内，时间短，偏析少，但界面效应严重。

2）多环布料：按等面积原理，将炉喉截面分成若干个等面积圆环，每个圆环对应一个溜槽倾角 α 角。在布料过程中，将每一圈炉料分布到相同面积的圆环里，炉料在炉内的厚度互相接近或其厚度有成倍的差别，从而达到控制炉喉径向矿焦比变化，进而控制炉内煤气流分布的目的。

3）螺旋布料：与多环布料基本相同，其主要是解决多环布料过程中出现的“台阶”问题，以达到炉喉径向矿焦比变化更合理的目的。

4）扇形布料：顾名思义，可以实现将一批料落入到炉喉内某一扇形区域，从而达到控制炉喉内某一扇形区域矿焦比，进而控制炉内煤气流分布。

5）定点布料：可以实现将一批料落入到炉喉内某一区域，从而达到控制炉喉内某一区域矿焦比，进而堵塞或发展炉内某一区域煤气流。

（2）主要结构和特点。无钟炉顶按料罐布置方式分为串罐式和并罐式两种基本形式。串罐式又分为卢森堡式、SS 型和紧凑式三种。

并罐式无钟炉顶结构示意图如图 2.1.9 所示。

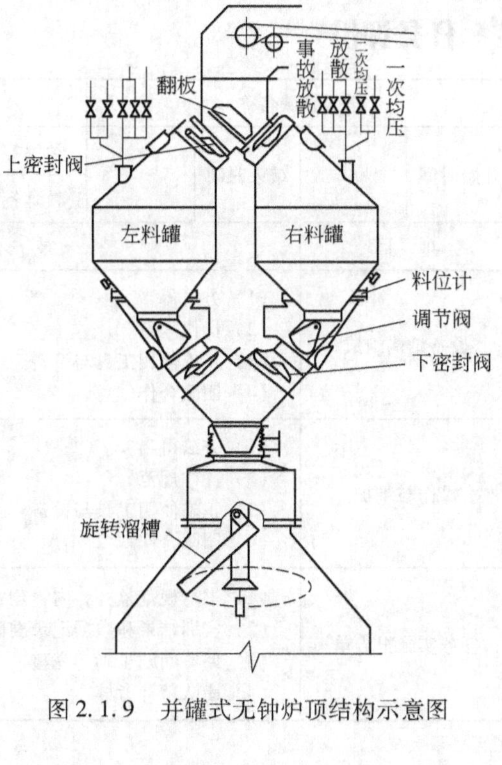

图2.1.9　并罐式无钟炉顶结构示意图

并罐式炉顶：主要由受料斗、料流闸阀、密封阀、密封称量料斗（料罐）、布料溜槽、均压装置、探料尺装置及控制系统等组成。

1）受料斗：形状与上料形式有关，分固定式和移动式两种。

2）料流闸阀：由两个半球面闸阀构成。每个半球带双爪，开口呈方形。

3）密封阀：安装在料流闸阀下面，密封称量斗入口和出口处。由阀柄和密封胶圈组成。

4）密封称量斗（料罐）：由罐体、称量传感器、γ射线料位计等组成。密封称量斗（料罐）采用悬挂方式，通过弹性较好的波纹管同高炉其他部位及均压管道相连接。

5）布料溜槽：包括溜槽和传动、倾动机构（气密箱）。

6）均压系统：包括管道、均压阀、放散阀。

7）探料尺装置：包括尺斗、链条及电动机、电控装置等。

（3）操作及维护要点。

1）定期校对探尺“零点”，防止“零点”漂移。

2）定期检查装料设备密封状况，发现泄漏及时处理。

3）按工艺要求进行装料作业。

4）定期检查受料斗下料口翻板，发现偏移卡料等及时处理。

5）定期检查装料设备润滑状况，并及时给油脂润滑。

6）密封阀操作要先松动后移动，关闭料流阀要先全开后关闭，防止卡料。

任务总结

通过所学，掌握高炉操作与维护要点，能够在实际生产中控制原料的装炉，正确执行操作规程，为后续加热制度的执行提供有效的保障。

任务评价

<table>
<tr><td colspan="4">学习领域名称</td><td colspan="3">高炉上料系统工艺流程</td></tr>
<tr><td rowspan="2">开始时间</td><td rowspan="2"></td><td rowspan="2">结束时间</td><td rowspan="2"></td><td>学生签字</td><td colspan="2"></td></tr>
<tr><td>教师签字</td><td colspan="2"></td></tr>
<tr><td colspan="2">项　目</td><td colspan="3">技 术 要 求</td><td>分值</td><td>得分</td></tr>
<tr><td colspan="2">设备结构组成</td><td colspan="3">（1）方法得当
（2）操作规范
（3）正确使用工具与设备
（4）团队合作</td><td></td><td></td></tr>
<tr><td colspan="2">操作与维护</td><td colspan="3">（1）方法得当
（2）操作规范
（3）正确使用工具与设备
（4）团队合作</td><td></td><td></td></tr>
<tr><td colspan="2">任务实施报告单</td><td colspan="3">（1）书写规范整齐，内容翔实具体
（2）实训结果和数据记录准确、全面，并能正确分析
（3）回答问题正确、完整
（4）团队精神考核</td><td></td><td></td></tr>
</table>

思考与练习题

1. 高炉的结构组成和功用有哪些？
2. 转炉的结构组成和功用有哪些？
3. 热风炉的作用有哪些？

任务二 均热炉

任务描述

均热炉是初轧厂中钢锭加热用的设备。炼钢厂的热钢锭脱模后即送到初轧厂开坯，轧制前钢锭再均热或加热到所要求的温度。有时炼钢与初轧不能完全衔接，均热炉也要加热冷钢锭。

能力目标

（1）掌握均热炉的用途及操作；
（2）掌握均热炉的构造特点。

知识目标

（1）均热炉的构造；
（2）均热炉的特点。

相关资讯

一、均热炉炉型构造

均热炉炉型有以下几种：蓄热式均热炉、中心烧嘴换热式均热炉、上部四角烧嘴换热式均热炉、上部单侧烧嘴换热式均热炉、上部双向烧嘴换热式均热炉。国内采用的是前四种，自 20 世纪 60 年代中期以来，新建的炉子都采用上部单侧烧嘴换热式。

（一）蓄热式均热炉

蓄热式均热炉的结构如图 2.2.1 所示。蓄热式均热炉每组炉子由四个长方形的炉膛（也称炉坑）组成，每个炉坑的尺寸为：长 3.1～7.9m，宽 1.64～2.27m，深 3～3.4m，每个炉坑可装 5～7t 重的钢锭 6～10 根。每个炉坑都有单独的揭盖机，炉盖可以前后移动，炉盖与炉坑间靠砂封密封，防止火焰外喷。钢锭用钳式吊车装入炉坑，一般是双排放置。

燃烧用的煤气和空气分别由炉膛两端的两对蓄热室进行预热，靠内侧的一对预热煤气，外侧的一对预热空气，预热温度可达 700～900℃。预热后的煤气与空气经过炉头喷火口进入炉膛，边混合，边燃烧，废气由对面一侧进入蓄热室，加热蓄热室格子砖，然后由下部烟道排入烟囱。每隔一定时间利用换向装置使气体走向对换一次。

由于钢的表面氧化铁皮不断剥落和烧熔，镇静钢钢锭保温帽内的杂质熔化，均热炉炉底会逐渐涨高，造成炉底高低不平，甚至会阻塞喷火口及排烟道，所以各种类型均热炉都必须定时出渣，出渣方式分为固体出渣（也叫干出渣）和液体出渣，蓄热式均热炉一般采用液体出渣方式。液体出渣是先提高炉温，使炉底结渣熔化成液态，再由排渣口流出。

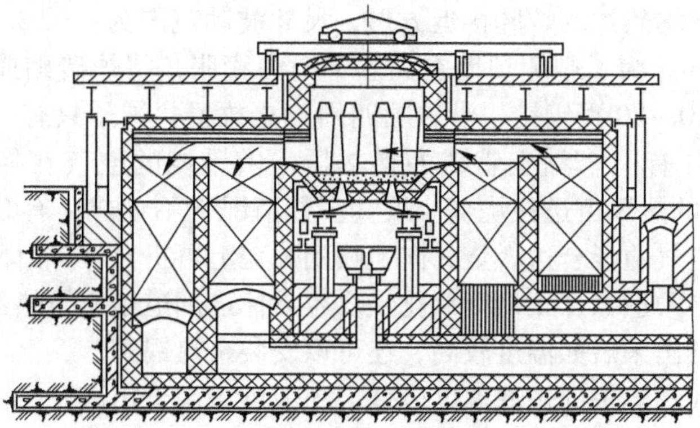

图 2.2.1　蓄热式均热炉

蓄热式均热炉由于喷火口接近炉底，所以炉底温度较高，有利于采用液体出渣。中间的炉坑在公用墙下面有渣道相通，便于液态渣流到外坑排出。如果渣的流动性好，可以连续出渣，如果流动性不好，则要定期空炉升温化渣。一般周期性化渣的多，因为连续出渣时不容易火封渣口。这种出渣方式操作比较简单，但化渣时，燃料消耗量高，炉子作业率低，炉子寿命短。

（二）中心烧嘴换热式均热炉

中心烧嘴换热式均热炉的结构如图 2.2.2 所示。

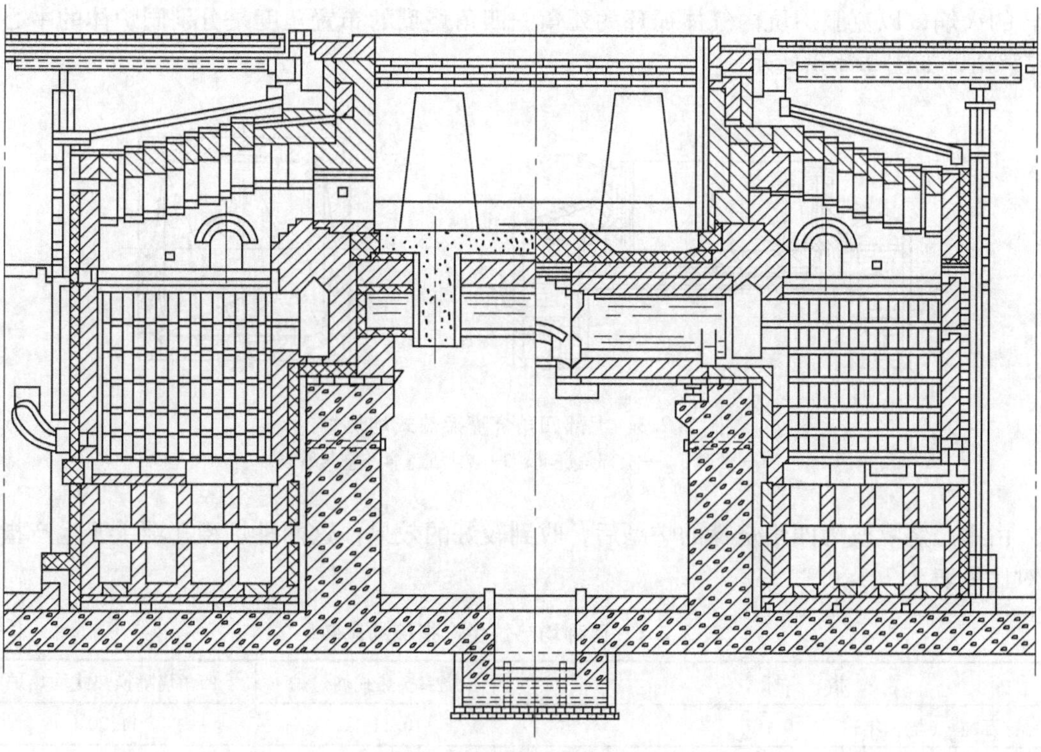

图 2.2.2　中心烧嘴换热式均热炉

中心烧嘴换热式均热炉的炉膛接近方形，尺寸波动范围为：长 3.7 ~ 5.7m，宽 3.7 ~ 4.8m，高 2.8 ~ 3.3m。为了避免炉墙在高温下向内膨胀，将炉砖砌成弧形。每组两个炉坑，每个炉坑可装 10 ~ 20 根钢锭，沿炉膛四周直立放置。炉子只有一个烧嘴，位于炉底的中心，炉膛两侧各有一个黏土管砖的换热器，供燃烧的空气在换热器预热到 700 ~ 800℃后，经炉底下的热风道送往烧嘴。煤气多数情况下不预热，有时也用另设的金属换热器预热。煤气与空气边混合边燃烧，向上喷到炉盖上再折向下，由两侧烟道口进入换热器。排烟口的位置必须适当，太低则氧化铁皮容易掉进烟道堵塞换热器，太高则炉底温度太低。废气从换热器出来后如温度较高，还可以安装余热锅炉。

中心烧嘴换热式均热炉的炉底温度较低，一般可采用干出渣。干出渣是在炉坑底上铺 200 ~ 300mm 厚的 5 ~ 20mm 大小的焦炭粉，国外有铺蛇纹石或镁橄榄石的，氧化铁皮及杂质基本上不熔化，部分熔化的被焦炭粉吸收，不致黏结在炉底上，这样就形成了干渣。每隔一定时间（一般一个月左右，好的可达数月之久），用钳式吊车进行刮渣。这种出渣方式的优点是出渣周期长，出渣时间短，提高了炉子的有效作业率，而且节约能源，延长炉子寿命，是比较合理的出渣方式。但不少炉子由于高温烧钢，渣量大，熔渣结成整块，有时也只能改为液体出渣，或者根本不出渣，待渣积到一定程度后，停炉人工打渣，这是不合理的作业方式。

（三）上部四角烧嘴换热式均热炉

这种炉型是我国一些初轧厂在原来中心烧嘴均热炉基础上改造的。炉子的基础和金属结构均未做大的改动，只是取消了中心烧嘴，在炉膛上部四个角安装四个烧嘴，为了产生旋转的火焰，以克服炉坑内气体循环的死角，四角烧嘴的布置角度是分别同炉体的中心线呈 25°角，如图 2.2.3 所示。

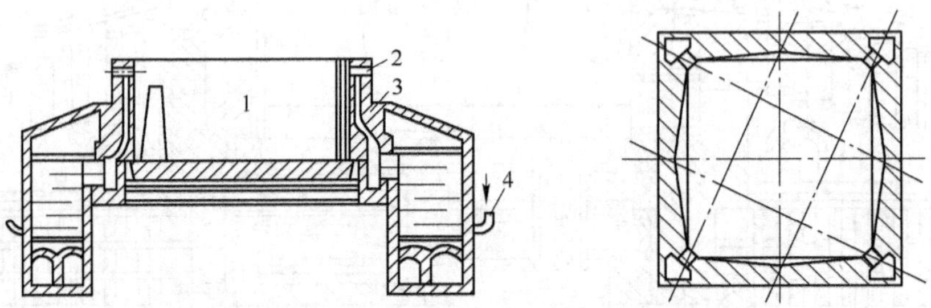

图 2.2.3　上部四角烧嘴换热式均热炉

1—炉膛；2—上部角烧嘴；3—热风道；4—空气管道

由中心烧嘴改为四角烧嘴的炉型后，收到较好的效果，这两种炉型几项主要生产指标的对比见表 2.2.1。

表 2.2.1　两种均热炉生产指标的比较

指　　标	中心烧嘴换热式均热炉	四角烧嘴换热式均热炉
产量/万吨·(坑·年)$^{-1}$	10.11	11.20
装炉量/t·坑$^{-1}$	93	94.5

续表 2.2.1

指　　标	中心烧嘴换热式均热炉	四角烧嘴换热式均热炉
平均年周转次数/次	1090	1190
炉子作业率$\left(\frac{100-修炉率}{100}\right)/\%$	89	92.62
炉子有效作业率$\left(\frac{日历时间-休止时间-空炉时间-待轧时间}{日历时间}\right)/\%$	66	73.8

（四）上部单侧烧嘴换热式均热炉

1930年就出现了上部单侧烧嘴均热炉，但直到60年代才有较大发展，目前被认为是各种均热炉中最有效和最可靠的一种，是应用最普遍的一种炉型，如图2.2.4所示。

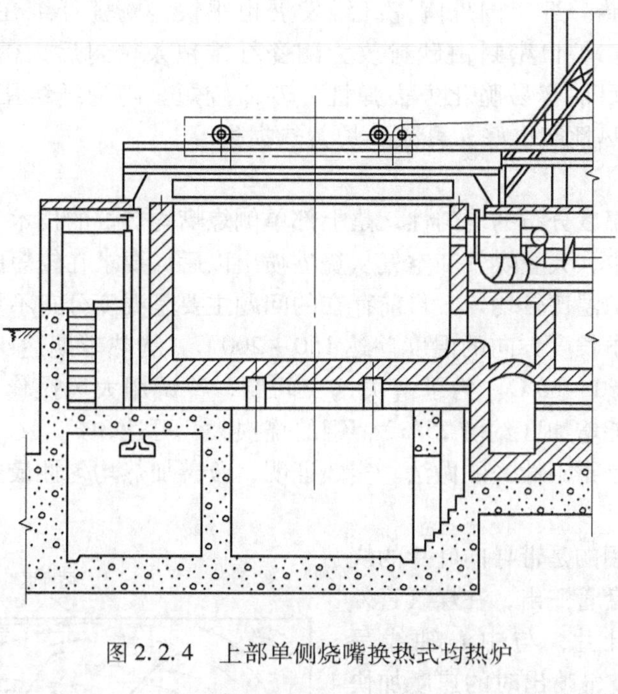

图2.2.4　上部单侧烧嘴换热式均热炉

这种炉型结构比较简单，一个烧嘴安装在炉膛一侧端墙的上部，废气排出口在同一端墙的下部。火焰从烧嘴喷出以后，直接加热钢锭，从炉膛上部冲到对面端墙上，再折回呈马蹄形流动，再经排烟口、沉渣室进入换热器。根据烟道抽力的大小，可以使部分气流在炉膛内再循环，因此借调节抽力可以改变炉内气流分布，控制炉内温度分布。

1. 炉坑和筑炉材料

为了减小炉坑间距以缩短车间长度，在炉坑数量较多的情况下，2~4个炉坑连成一组，中间可以采用共同墙或共同钢架，采用共同墙可以使布置紧凑，造价降低，但缺点是不能一个炉坑单独停炉检修。因此也可以将中间隔墙分开，而采用共同的钢架，既弥补了共同墙的缺点，也使炉坑间距尽可能缩小。

炉坑底部的钢锭覆盖面积是炉子生产率的一个指标，一般在35%～40%，太小影响生产率和热耗指标，太大会使加热时间延长，反而使总的经济效果降低。

以往这种均热炉全部采用砖砌，炉墙中部用硅砖，炉底及下部一段炉墙用高铝砖，因为考虑到氧化铁皮的侵蚀作用，也有炉底用镁砖的。炉口附近一段炉墙（约500mm）及炉盖用黏土砖，因为它的耐急冷急热性好。近十余年对于耐火混凝土、耐火可塑料和陶瓷纤维在均热炉上的应用，进行了大量试验研究，一些新型散状筑炉材料正在推广。过去炉坑的炉口部位由于该处温度变化剧烈，容易开裂剥落，机械的碰撞也经常造成损坏，所以以往每周要补一次炉口，劳动强度大。后来改用耐火混凝土捣打筑炉或用预制块，提高了筑炉效率，延长了使用寿命。耐火可塑料出现以后，在均热炉上已试用成功，不仅已用于炉口部位，国外有向全部采用可塑料发展的趋势。耐火可塑料的耐急冷急热性、耐磨性和耐冲击性能均超过黏土砖，如采用预制块则安装拆换很快，施工简便，维修工作量小，寿命比黏土砖长一倍以上。除炉口外，现在国内耐火可塑料还用于烧嘴砖。近年国外陶瓷纤维发展也很快，陶瓷纤维在均热炉上试用于炉口和作为炉盖材料。炉口密封由砂封改为陶瓷纤维毡条密封后，密封效果好，但材质质量还有待改进，目前容易脆化失去弹性，寿命较短。陶瓷纤维用于炉盖，重量比黏土砖大大减轻，绝热性能也好，可减少炉盖热损失。

2. 烧嘴

如何保证炉内温度分布的均匀性，是上部单侧烧嘴均热炉的技术关键问题。这种均热炉特点是烧嘴数目少，大量煤气和空气从烧嘴喷出以后，要求在较短的距离迅速燃烧，形成短而宽的火焰，炉温比较均匀。目前存在的问题主要是温度分布不均匀，温差较大，一般在加热末期，炉子长度方向的温度差达150～200℃，均热末期达40～50℃，炉子上下温差也很大，可达60～80℃。为了解决这个问题，曾试用大风操作，来缩小炉内温差，但废气量增大，热耗增加（约增25%），钢的烧损大，可达3%，又增加了出渣次数，降低了炉子作业率，是得不偿失的做法。实践证明，改善加热均匀性最主要的途径是改进烧嘴的结构和性能。

目前，多数采用的是带导向叶片的烧嘴，煤气流由中心套管流出，在煤气管外壁上有若干导向叶片，与中心轴线呈22°～30°角，这样空气喷出时的速度加快并产生旋转，整个火焰形成一个旋转前进的射流，使火焰温度沿炉长方向的分布较为均匀，如图2.2.5所示。

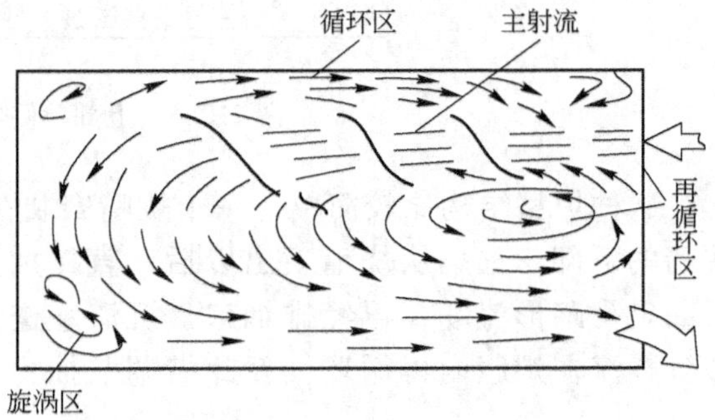

图2.2.5 火焰气流沿炉长方向的分布

由于受到排烟口吸力的作用，火焰离开喷口以后一段距离就向下倾斜，吸力越大则射流开始回转的距离越短。下部空间炉气的流速较高（6～8m/s），增强了对钢锭对流给热的作用，有利于使钢锭上下温差相对缩小。

为了解决温度均匀的问题，出现了一些火焰长度可调烧嘴，这类烧嘴分为调风型和调气型两种，即根据调整空气量或煤气量的不同来改变煤气和空气的混合条件，从而达到改变火焰长度的目的。图 2.2.6 是一种调风型的火焰可调烧嘴，通过改变中心轴向风和周围切向风的比例，可以调节火焰长度，增加中心轴向空气量时，火焰的长度将增加，这种烧嘴必须和自动调节系统配合起来，才能收到预期的效果。有一种前后端墙温度控制自动连锁的装置，在炉子前后端墙上各装有热电偶；热电偶的信号送往温差控制器上，可以判断炉子哪一端温度偏高。前端墙温度高，则缩短火焰长度，后端墙温度高，则增加火焰长度，这种装置可以使炉子的前后温差控制在 10℃左右。

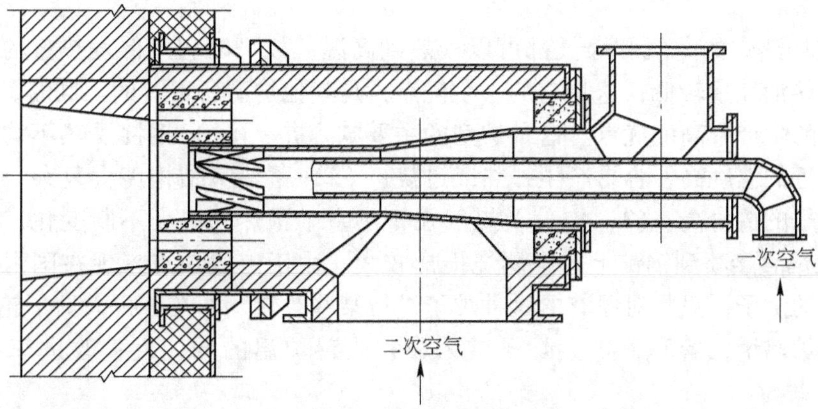

图 2.2.6　火焰长度可调烧嘴

3. 换热器

均热炉的换热器是采用黏土管砖型的，预热温度可达 850℃，但因接缝多，气密性差，漏风现象非常严重，常达到不能维持生产的水平。有些均热炉采用液体出渣，烟气温度更高，一些熔融状的渣粒也随烟气带入换热器，黏附在管砖壁上，可能造成严重的堵塞。为了解决漏风问题，有用长管代替短管以减少接缝，更主要的方法则是用喷射吸风代替鼓风，从而减少黏土管砖两侧气体的压力差，使漏风量减少。

一部分均热炉采用的是金属制的辐射换热器，它的优点是气密性好，空气压力高，可以保证烧嘴火焰控制和燃烧调节的需要。但预热温度只有 500℃，成本也较高。

目前趋势是发展黏土与金属换热器结合的形式，即废气先进黏土换热器，在这里部分空气被预热，然后废气再通过金属换热器，使剩下空气在这里被预热。这部分空气的压力高，可以作为喷射介质，借助安装在黏土换热器上部的喷射器产生抽力，使黏土换热器中的那部分热空气被带出来送往烧嘴。这种办法可以使总漏风量由 20% 降到 3%，而且废气通过金属换热器时温度已经大大降低，换热器的寿命也能延长数年。

4. 出渣方式

上部单侧烧嘴均热炉的出渣有液体出渣和干出渣两种方式。现在不少单侧烧嘴均热炉还采用液体出渣，这是由于热锭率低及热锭温度低，炉子产量满足不了轧机需要，因此采取加大热负荷高温烧钢的办法，在这种情况下，干出渣有困难，所以采用液体出渣。实际上这是不合理的，因为炉温比正常高约 100℃，影响炉子寿命和换热器寿命，一两年就要大修，耐火材料消耗比干出渣高许多倍，而且炉底不平，钢锭不能在炉内竖立，必须靠墙，又限制了炉坑装入量，给钳式吊车工作增加了困难。采用干出渣比较合理，炉温控制在1350℃上下，不让氧化铁皮熔化，出渣周期为1～6个月，炉子寿命长，炉子作业率高，维修方便。所以干出渣有时看来热负荷较低，产量受些影响，但可以从提高炉子作业率，减少修炉次数得到补偿。当然要采取干出渣，必须有与之相适应的加热制度。

二、均热炉的特点

(一) 蓄热式均热炉的特点

蓄热式均热炉的空气和煤气都可以预热到高温，故可以利用低发热量的煤气作为燃料，单位燃料消耗量较低，这是它的一个优点，是其他炉型所不及的。同时，还有加热速度快，炉子的生产率高的优点。这种炉型的主要缺点是：(1) 钢锭受热不均匀，靠近下部喷火口附近的温度高，容易产生过热或过烧；(2) 蓄热室结构庞大复杂，需要一套换向装置，炉子的造价高；(3) 空气及煤气在蓄热室中预热的温度不断变化，影响炉温波动；(4) 火焰直接喷到钢锭上，金属烧损比较大。由于上述缺点，现在国内外已不再新建这种炉型的炉子，只是对原有的这种炉子进行某些改造，如在不扩大炉子轮廓尺寸的情况下，减薄炉墙增大容积，扩大炉子装入量；改善炉温的均匀性；改进笨重的换向装置等。

(二) 中心烧嘴换热式均热炉的特点

中心烧嘴换热式均热炉的优点是：(1) 钢锭的受热比蓄热式均热炉均匀，火焰不直接喷在钢锭上，加热质量比较好。(2) 没有蓄热式均热炉那套复杂的换向装置，结构简单。(3) 温度比蓄热式均热炉稳定，易于实现自动控制。20世纪50年代这种炉型曾被认为是理想的炉型，并取代了大部分蓄热式均热炉。但这种炉型也存在许多缺点：(1) 炉底的利用率低，炉底中心烧嘴加上其周围的围墙，几乎占去炉底面积的四分之一，不能充分利用，使炉子的产量较低。(2) 温度仍不均匀，靠炉盖的上部温度高，而下部温度低，钢锭面向火焰的一面温度高，靠炉墙的一面温度低。(3) 换热器容易堵塞和漏气，寿命一般只有两年。经常需要掏风道，是繁重的体力劳动。换热器漏风严重时，能高达60%，以致换热器失去作用，使炉子供风量不足，而不得不减少煤气量，如此势必影响炉子产量。(4) 炉子寿命短，因为火焰直接喷到炉盖上，炉盖寿命短，中心烧嘴围墙容易被钢锭砸坏，围墙损坏变形后，又造成火焰偏斜不正，钢锭偏热，时常被迫停炉。由于修炉次数多，因此炉子的作业率低。60年代以后已不再新建这种形式的炉子，对原有炉子进行了一些改造，国内改造后的炉型中最有代表性的是上部四角烧嘴换热式均热炉。

(三) 上部四角烧嘴换热式均热炉的特点

上部四角烧嘴换热式均热炉与中心烧嘴换热式均热炉相比具有以下优点：

(1) 扩大了装入量，提高了炉子产量。改造后取消了中心烧嘴，使可利用的炉底有效面积增加了25%～30%，沸腾钢锭还可以放在炉坑的中部。

(2) 延长了炉子的寿命。中心烧嘴均热炉的火焰直冲炉盖，现在火焰与炉盖平行，延长了炉盖寿命；过去钢锭全部靠在炉墙上，由于碰撞和磨损，影响了炉墙寿命，现在部分钢锭可以直立炉内，减少了炉墙的损坏。炉墙的上部有时还砌有突出带，使钢锭在突出带上，以增大钢锭四周的空间，同时减轻炉墙的磨损。由于取消了中心烧嘴，就不再需要经常停炉来维修这一薄弱的部位。

（3）改善了加热质量。炉坑比过去加深，以免钢锭的头部容易烧坏，下部也有四个辅助烧嘴（热负荷只占全坑四分之一），以提高下部温度。炉子上下部的温差较前为小，因为上下部热负荷的分配容易调节，钢锭受热比较均匀，使加热质量提高。

（4）换热器堵塞的问题有所改进。去掉中心烧嘴后，炉底没有了热风道，有的炉子增加了沉渣室，即将换热器向看火道一侧外移，在原来热风道位置加了一个沉渣室。烟气由炉膛出来后，先转90°向下，经挡渣墙再返回向上进入换热器。由于烟气流向和流速的改变，使其中所携带的灰渣落入沉渣室，使换热器堵塞的现象减少，有效地保护了换热器，提高了管砖的使用寿命，同时也避免了由于换热器堵塞造成炉子热负荷衰减的现象。

这种形式的均热炉也存在若干缺点：

（1）由于烧嘴多，空气和煤气的管路复杂，操作与控制不便；

（2）换热器的漏风问题仍然存在；

（3）把热风道砌在侧墙内不占炉外空间，但检修时要经常扒掉重砌，如热风道的砌筑尺寸不精确，会影响四角热负荷的均匀分配。

这种炉型适合于普通钢厂和大扁锭多、沸腾钢比例大的情况，而以合金钢为主的特钢厂采用的少，有的厂将中心烧嘴均热炉改建为上部单侧烧嘴均热炉。

（四）上部单侧烧嘴换热式均热炉

上部单侧烧嘴换热式均热炉能发展成为主要的炉型，因为它具有以下一些优点：

（1）单位长度厂房的产量高，每米厂房装炉量可选20t，而中心烧嘴均热炉不及10t，蓄热式均热炉也只有13t。它把庞大的换热器移到了车间副跨或外面（如金属换热器），所以主要单位长度厂房可以放置较多的钢锭。在同样装炉条件下，这种均热炉占地面积最小。与此相应地运锭距离缩短了一半，减少了运锭时间，保证了钢锭的轧制温度。随着产量的加大，原有的一字形车间布置已不适应需要，因此单侧烧嘴均热炉车间的发展趋势采用了T字形布置。

（2）炉子的单坑装入量大，这种均热炉单坑装入量可达150t，个别接近300t。年产量150万吨的中心烧嘴均热炉车间改建为单侧烧嘴均热炉后，主厂房及钳式吊车不需更换，产量就可以扩大一倍。

（3）结构简单，投资较少，操作也比较简便。如果采用金属辐射换热器，还可以大大减少地下工程量，因此建设快，投资也较省。

（4）可以采用喷射引风的黏土换热器，大大改善了换热器的气密性，使热风温度及风量得到较好的保证，这在中心烧嘴和四角烧嘴换热式均热炉是难以做到的。这一点有利于减少燃料消耗，延长换热器的使用寿命。

这种炉型的缺点主要还是炉内温度分布不均匀，特别是随着炉子容量加大以后，沿炉长方向炉温不均匀。同时烧钢过程中热负荷是变化的，加热阶段供给的燃料多，空气量也大，火焰的动量大，高温区在烧嘴对面端墙；而均热阶段，燃料和空气量小，火焰冲不远，高温区缩向烧嘴这边端墙。曾经试验采取增加烧嘴数目和采取在相对两端墙用双烧嘴的办法，但炉子结构与调节变得太复杂。现在还是从改进燃烧装置方面努力，随着火焰长度可调烧嘴的使用，在一定程度上解决了这个问题。

任务实施

蓄热式烧嘴均热炉换向燃烧操作。

一、主要材料、工具及设备

相关企业均热炉工段的主要材料、工具及设备。

二、换向燃烧操作

蓄热式烧嘴均热炉，换向燃烧操作步骤如下：

（1）当均热段炉温升到800℃以上时，方可启动蓄热式燃烧系统换向操作。

（2）打开压缩空气用冷却水，启动空压机调整压力（管道送气直接调整压力），稳定工作在0.6～0.8MPa，打开换向阀操作箱门板，合上内部电源，系统即启动完毕。

（3）系统启动后，将手动、自动按钮旋至手动状态。

（4）启动引风机，延迟15s后，缓慢打开引风机前调节阀，使开启度为30%。

（5）将空气流量调节装置打到“自动”方式。

（6）参考热值仪数据，确定空燃比，调整燃烧状态为最佳。

（7）炉压控制为“自动”状态，控制引风机入口处废气调节阀使炉膛压力控制在5～10Pa。

（8）手动调节空气换向阀废气出口的调节阀，使其废气温度基本相同。

（9）当各段炉温稳定达到800℃以上时，换向方式改为“联动自动方式”。

（10）在生产过程中若出现气压低指示红灯亮、电铃报警且气动煤气切断阀关闭，说明压缩空气压力低于0.4MPa，这时应按下音响解除按钮，修理空压机，调整压缩空气压力至0.6～0.8MPa。

（11）在生产过程中若Ⅰ组、Ⅱ组阀板有误，则指示红灯亮，电铃报警，且气动煤气切断阀关闭。

（12）在生产过程中若出现Ⅰ组、Ⅱ组超温指示红灯亮、电铃报警且气动煤气切断阀关闭，说明排烟温度超过设定温度，这时应关闭气动煤气切断阀和引风机前蝶阀，检查测量排烟温度热电偶或温度表是否完好，重新确认温度设定。

任务总结

掌握均热炉操作规程和操作要点是关系到钢坯加热质量的重要环节，是保证获得良好的产品的基础，作为司炉人员，必须认真学习这一环节，以便在企业生产的过程中能够成为一名合格的均热炉司炉工。

任务评价

<table>
<tr><td colspan="4">学习领域名称</td><td colspan="3">蓄热式烧嘴均热炉换向燃烧操作</td></tr>
<tr><td rowspan="2">开始时间</td><td rowspan="2"></td><td rowspan="2">结束时间</td><td rowspan="2"></td><td>学生签字</td><td colspan="2"></td></tr>
<tr><td>教师签字</td><td colspan="2"></td></tr>
<tr><td colspan="2">项　目</td><td colspan="3">技　术　要　求</td><td>分值</td><td>得分</td></tr>
<tr><td colspan="2">换向燃烧操作</td><td colspan="3">（1）方法得当
（2）操作规范
（3）正确使用工具与设备
（4）团队合作</td><td></td><td></td></tr>
<tr><td colspan="2">任务实施报告单</td><td colspan="3">（1）书写规范整齐，内容翔实具体
（2）实训结果和数据记录准确、全面，并能正确分析
（3）回答问题正确、完整
（4）团队精神考核</td><td></td><td></td></tr>
</table>

思考与练习题

1. 试述蓄热式均热炉的工作原理。
2. 上部四角烧嘴换热式均热炉的优点是什么？
3. 试述蓄热式烧嘴均热炉换向燃烧操作要领。

任务三　加热炉

任务描述

加热炉是一个复杂的热工设备，它由以下几个基本部分构成：炉膛、燃料供应系统及燃烧装置、供风系统、排烟系统、余热利用设备、冷却系统、热工参数检测与自动控制系统等。

燃烧装置的基本作用是组织燃料在炉膛中的燃烧过程，形成良好的炉内气氛，从而保证炉内料坯达到加热工艺所要求的加热温度，同时达到节能、环保的要求。

本任务主要认识加热炉的基本组成，介绍有关加热炉燃料及空气供给系统建立原则及应注意的问题，并对加热炉的送油、送气操作原则及程序加以阐述。

在冶金生产过程中，我们总希望加热炉处于最佳的工作状态，仅靠人工来实现这一目标往往是不精确的。因此，一般都采用仪表将加热炉的工作参数显示出来并对其进行必要的检测，以此来指导人们的操作和实现自动调节，从而达到增加产量，提高质量，降低热耗的目的。所要监测及调节的热工参数主要有：温度、压力、流量等几个基本的物理量，以及燃烧产物量及成分等的分析。

一座现代化的加热炉，为了达到高产、优质、低耗的目的，一般都要安装大量的热工仪表，对加热过程有关的所有热工参数进行监测，而且进行自动调节。实现加热炉热工自动调节不仅节约人力资源，而且对保证炉子经常、稳定地处于最佳热工状态，对保证加热质量、节约能源都有重要意义。

能力目标

（1）掌握加热炉炉体的构造；

（2）掌握加热炉炉体各部分的作用；

（3）会正确选择、调节气体和液体燃料的燃烧装置；

（4）掌握加热炉冷却系统的结构，结合实际会选择冷却方式；

（5）认识加热炉燃料与空气供给系统的构造特点；

（6）具有调节气体、液体燃料燃烧装置的能力；

（7）具有操作热工测量系统的能力，从而为安全生产服务；

（8）具有对加热炉自动控制系统操作的能力，从而为节能做出贡献。

知识目标

（1）了解加热炉各部分的结构组成；

（2）掌握气体燃料和液体燃烧装置的种类；

（3）掌握加热炉炉底水冷却、汽化冷却的结构及作用；

（4）掌握燃料输送管道、空气供给系统；

（5）掌握气体、液体燃料燃烧装置的种类和结构；

（6）掌握温度、压力、流量测量仪表的基本结构、使用原理及操作方法；

（7）掌握冶金炉自动检测系统、自动控制系统的工作原理。

相关资讯

一、炉膛

炉膛是钢料被加热的地方，它要承受高温及高温下炉气、炉渣（主要是氧化铁皮）的侵蚀和冲刷。炉膛由耐火材料砌成（或整体浇灌而成）。炉膛耐火砌体由炉顶、炉墙、炉底构成并坐落在炉基上。为了保持炉子的气密性，减少漏气和热损失，常在砌体外围以5～10mm的钢板作为钢结构，承受砌体的负荷并在其上安装燃烧装置、炉门等附属设备。

（一）炉墙

炉膛四周的围墙称为炉墙，加热炉大多采用竖直炉墙。炉墙又分为端墙及侧墙。侧墙的厚度通常为1.5～2块砖（348～464mm），墙内层由1～1.5块黏土砖砌成，外层则砌以轻质绝热砖、耐火纤维或其他绝热材料，不绝热是不允许的。如果炉温较低则可内贴耐火纤维。

端墙的厚度视烧嘴砖道尺寸而定，一般为2～4块砖厚。

炉墙上开设炉门孔、窥视孔、烧嘴安装孔及测量元件安装孔等，为了防止砌体被破坏，炉墙应不承受任何附加载荷。

（二）炉顶

炉顶按其结构形式分为拱顶及吊挂顶两种。炉子跨度小于3～4m时一般采用拱顶。跨度较大时宜采用吊挂顶。

拱顶结构简单，参见图2.3.1。拱顶的主要参数是：内弧半径（R），拱顶跨度即炉子宽度（B），拱顶中心角（α），弓形高度（h）。

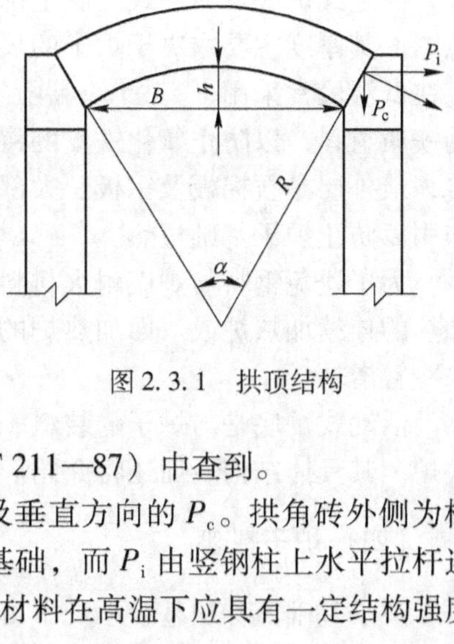

图2.3.1　拱顶结构

拱顶中心角有60°、90°、180°三种。180°为半圆拱，60°称为标准拱，使用最广。标准拱的R等于或略小于B，h的大小约为B的12%～18%。拱的两端支撑在特制的拱角砖上，拱的其他部位用楔形砖砌造，材料为黏土砖、高铝砖或硅砖。砌筑时要预留膨胀缝，每米长拱顶的膨胀缝厚度用黏土砖为5～6mm，硅砖为10～12mm。拱顶的详细砌筑方法及楔形砖的尺寸，可从《工业炉砌筑工程施工及验收规范》（GB/T 211—87）中查到。

拱顶的重量，通过拱角后分解为水平方向的力P_i及垂直方向的P_c。拱角砖外侧为槽钢或角钢，它与竖钢柱相接，因为P_c由钢柱传到炉子基础，而P_i由竖钢柱上水平拉杆连接夹紧，所以拱顶砖要受到压应力，这就是为什么耐火材料在高温下应具有一定结构强度的原因。

吊挂顶是由专门设计的异型砖和吊挂金属构件组成。按吊挂形式分可以是单独的或成组的吊挂砖吊在金属吊挂梁上。图 2.3.2 所示为吊挂型炉顶的结构，吊挂顶的吊挂砖上一般不敷设绝热层，否则会因吊挂砖外表温度过高造成金属吊挂件变形。

吊挂结构复杂，造价高，但它不受炉子跨度的影响且便于局部修理及更换。

采用预制大块炉顶，可以大大缩短砌炉时间。耐热混凝土可以制成预制件进行吊装。

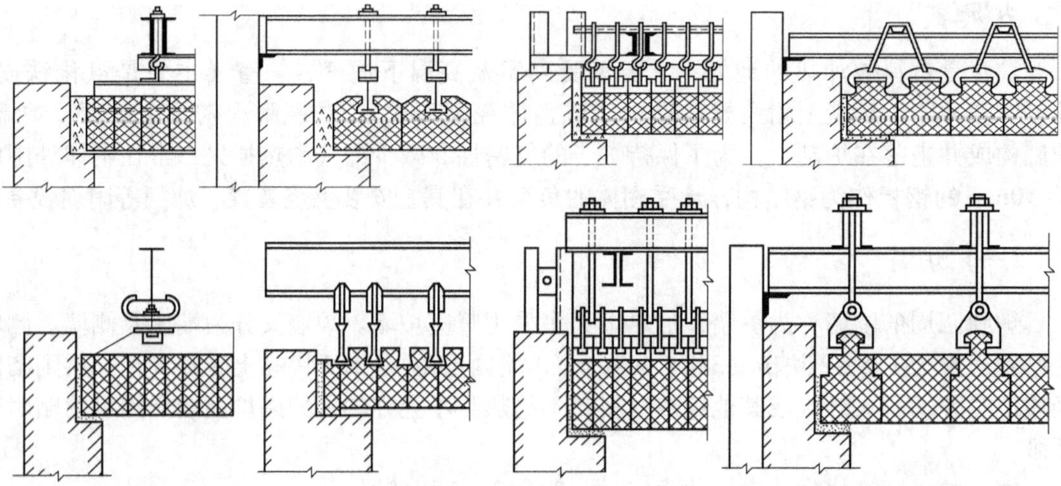

图 2.3.2 吊挂型炉顶结构

（三）炉底

炉底是加热炉炉膛底部砌砖部分。炉底要承受钢料的机械负载及碰撞摩擦等作用，在高温段还要受到氧化铁皮的侵蚀。加热炉炉底结构形式很多，总的来讲分为固定式及活动式两种，活动式中又有步进式、辊式、链式、环式等之分。

固定式炉底及活动式炉底上部都砌以不同材质的筑炉材料。图 2.3.3 为炉底的结构示意图，其厚度主要取决于炉子的尺寸及使用温度，波动在 200 ~ 700mm 范围内。固定式炉底在低温段常采用 1 ~ 1.5 块黏土砖及 1/4 ~ 1/2 块绝热砖。在高温段最上层为 1/2 块厚度的镁质材料，以防止氧化铁皮的侵蚀。第二层为 1/2 ~ 1 块黏土砖，其下是 1/2 ~ 1 块绝热砖，最外层是石棉板及钢板。大部分炉子的炉底用钢结构架空，利用空气的自然对流冷却作用以防止炉子基础过热。

为了避免钢料与炉底耐火材料的直接接触，减少推钢阻力和耐火材料的磨损，在单面加热的连续加热炉或双面加热炉的实底部分装有金属滑轨，双面加热的炉子架空部分采用水冷管滑轨。

活动式炉底是与炉子的装料、出料、钢料运输设备等连接在一起的，常称为机械化炉底炉，其具体结构后面还将介绍。

（四）炉子基础

炉子基础简称炉基，小炉子可以用红砖或块石做基础，大部分大中型炉子都采用混凝土炉基。设计炉基时应注意如下几个问题：

（1）混凝土任何部位的温度不允许超过 300℃，否则混凝土将开裂而失去机械强度。

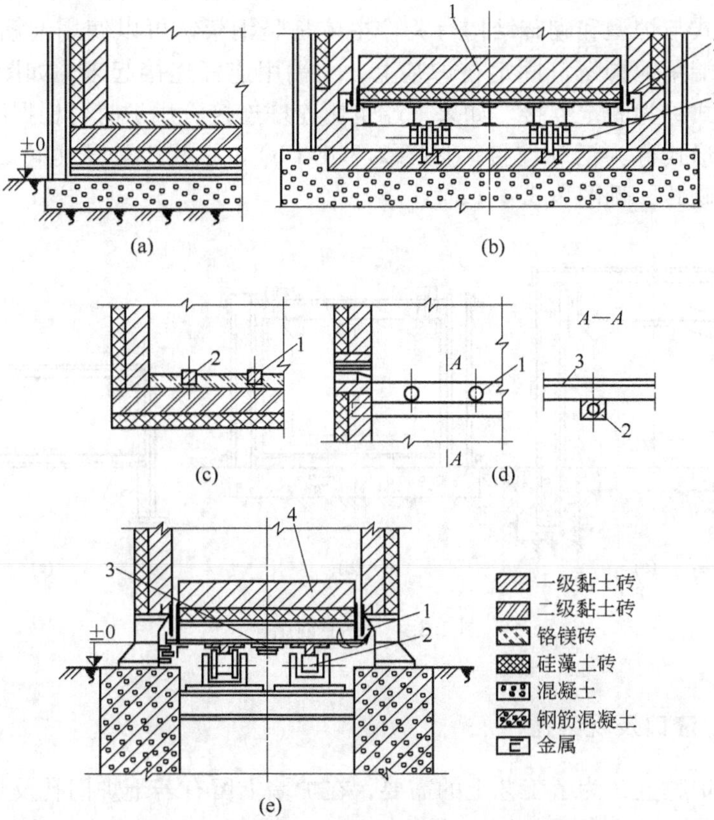

图 2.3.3　加热炉炉底结构示意图

（a）固定的室状炉炉底；

（b）车底式炉底：1—活动炉底；2—矿封；3—辊轮

（c）带滑轨的连续加热炉炉底：1，2—滑轨

（d）两面加热的连续加热炉炉底：1—水冷管；2—水冷管支撑；3—滑轮

（e）环形加热炉炉底：1—矿封；2—支撑辊；3—环形齿轮；4—炉底

（2）炉基必须是整块的，在施工时应保证它的整体性，不允许有断裂现象发生。炉基不能与其他任何基础重叠，即保证其独立性。

（3）炉基底部应在冰冻线以下，以免因天气变化造成炉基破坏。这点在寒冷地区尤为重要。

（4）炉基应尽量建在地下水平面以上，否则应采用防水措施。

（五）炉子的钢结构

为使炉子成为一个牢固的整体，在长期高温的工作条件下不致严重变形，炉膛砌体的形状及安装炉子的各种附属设备，必须在炉子上设置由竖钢架、水平梁、连接杆等组成的钢结构，也称金属构架。钢结构有下列功用：

（1）安装燃烧设备、炉门框、提升机构、冷却水管等设备。

（2）抵抗气体的高温膨胀，使炉子不发生变形。

(3) 加固炉子的砌体，承受拱顶的水平压力并将其重量传给炉基。

钢结构的形式与炉型和砌砖结构有关，主体是竖钢架，可以使用槽钢、角钢、钢轨、工字钢等，其下端用地脚螺钉固定在炉基上，上端用连杆连接起来，如图 2.3.4（a）所示，这种连接方式称为固定连接。如果下端也用连杆连接，烘炉时可根据膨胀情况调整拉杆的松紧，这种形式称为活动连接，见图 2.3.4（b）。一些小炉子也可以用钢板焊成钢壳，然后在内部砌砖，见图 2.3.4（c）。

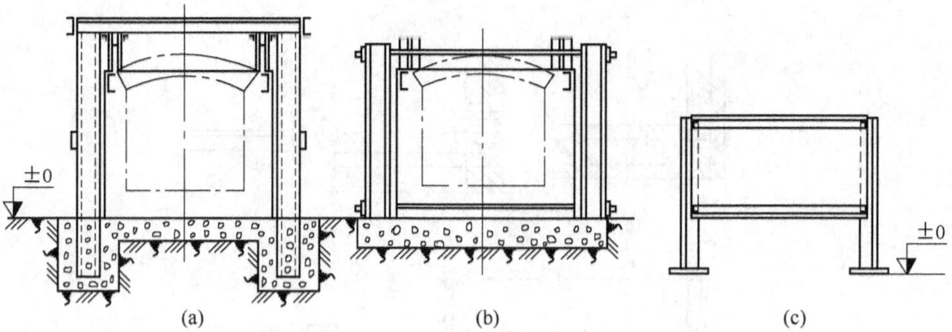

图 2.3.4　炉子钢结构

（六）炉门、渣口及观察孔

在加热炉的炉膛上，为了工艺上的需要，在炉墙上留有若干炉门孔及观察孔，其大小及形状视操作工具及操作是否方便而定。为了减少高温炉气外逸造成的热损失以及减少冷空气的吸入，从热效率观点出发，炉门观察孔的个数在保证操作方便的情况下，以尽可能减少为佳。如无必要不要经常开启炉门。渣口是为高温段而设置的，其设置原则与炉门相同。

炉门有侧开炉门及升降炉门两大类型，尺寸已标准化。

侧开炉门又分左右紧固的Ⅰ型及上下紧固的Ⅱ型，如图 2.3.5（a）、（b）所示。杠杆式升降炉门见图 2.3.6。

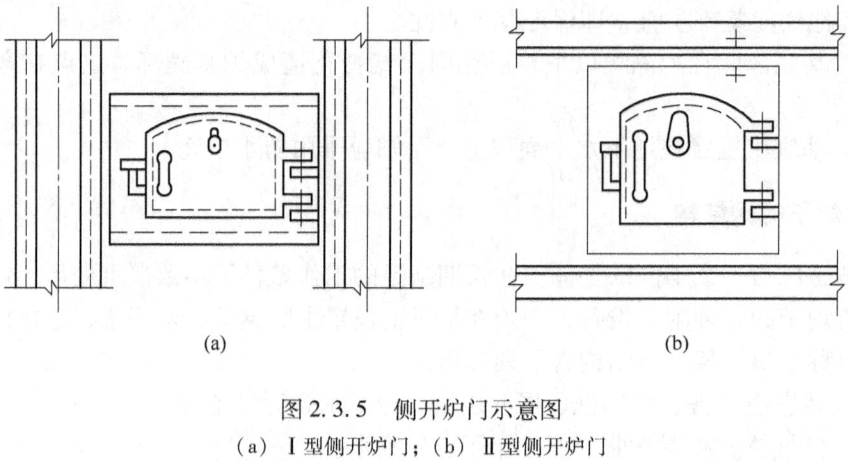

图 2.3.5　侧开炉门示意图

（a）Ⅰ型侧开炉门；（b）Ⅱ型侧开炉门

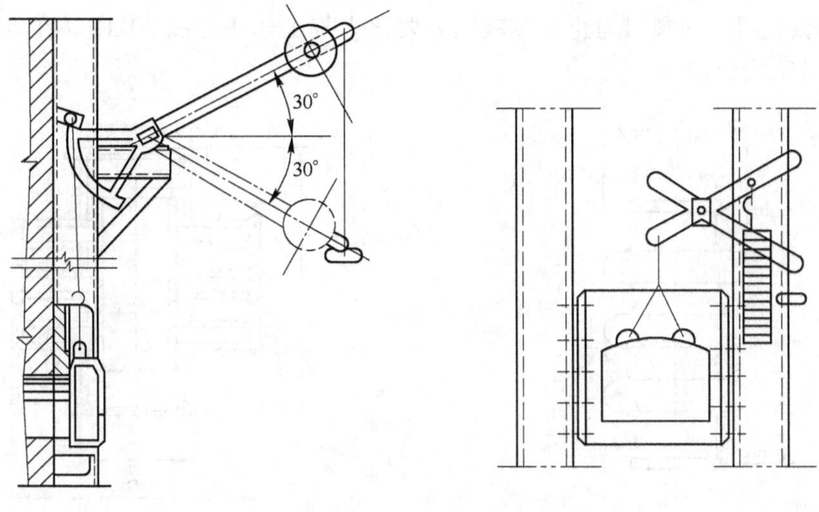

(a) (b)

图 2.3.6 杠杆式升降炉门

(a) Ⅰ型杠杆式升降炉门；(b) Ⅱ型杠杆式升降炉门

二、燃料供应系统及燃烧装置

(一) 炉前煤气管道

炉前煤气管道系统应便于生产操作，保证在工作压力下的严密性。每个炉子的管道系统都应能单独开闭和调节，且应注意尽量减少阻力损失。

煤气管道布置时应注意以下几点：

(1) 为了减少压头损失，管道的布置应选择最简单的路线。管道一般都架空敷设。如需敷设在地下时，应有地沟。管道应避开吊车的主要区域，并以不妨碍交通为原则。

(2) 煤气管道上应有两个主开闭器，或一个开闭器、一个眼镜阀。低压煤气管道上必须安装快速切断阀，以便在煤气压力下降至低限或鼓风机因故停止运转时，自动切断煤气通道。

在有自动控制设备的炉子上，在总管或集管上应设有流量孔及自动蝶阀调节流量。在多段连续加热炉上应满足炉子分段调节的要求。

(3) 每座炉子管道上应设置单独的放散系统。放散管的引出点至少应包括下列各点：炉前煤气总管两个主开闭器之间；各分配管末端；管道上的最高点。

吹刷用蒸汽引接点设在炉前煤气总管第二个主开闭器的后面。煤气管道直径小于50mm 时一般不设放散管；但体积不超过 0.3m^3 时，可设放散管且直接用煤气进行置换放散，而不用蒸汽吹刷；放散时，放散管一般应高出附近 10m 内建筑物通气口 4m，距地面高度不低于 10m，吹刷放散时间大炉子约需 30min ~ 1h，小炉子约需 15min。

(4) 炉前煤气管路上应设煤气爆发试验取样管。

(5) 在直径较大的热煤气、热空气管道上常设置膨胀圈。膨胀圈有波形及鼓形两种，如图 2.3.7 和图 2.3.8 所示。

（6）管道敷设后要试压，阀门在安装前应单独试压。炉前煤气管道试压范围从炉前第二闸阀至燃烧器前的阀门为止。试验压力要比煤气工作压力高 30kPa。在半小时内降压率以不超过 1% 为合格。

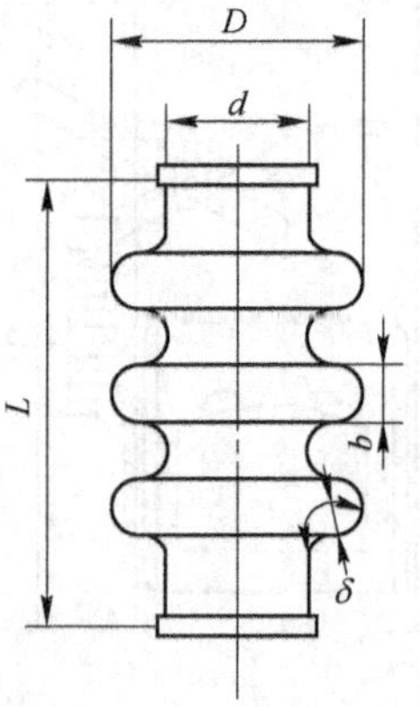

图 2.3.7　波形膨胀圈

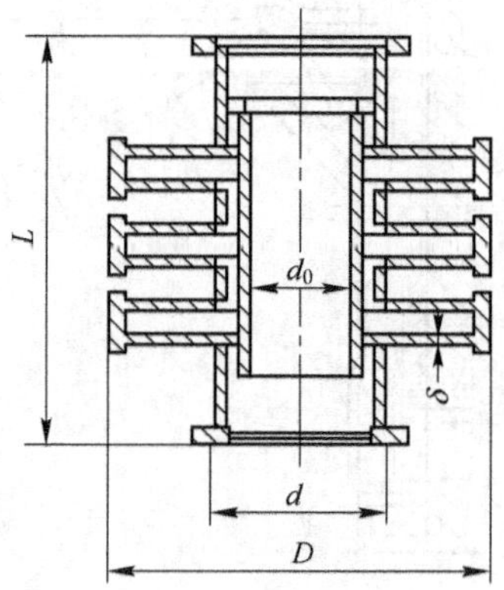

图 2.3.8　鼓形膨胀圈

（二）燃油输送管道

燃油输送法有自流油箱法、压缩空气输送法及油泵输送法。目前多采用油泵输送法。

（1）输油管道直径要根据油的流量、流速和阻力计算确定，但最小不小于 3/8in（1in = 25.4mm），管内油速一般取 0.2 ~ 1m/s。管径愈小流速应取得愈低。

（2）炉前油管可固定在钢结构上。支管一般由下向上与喷嘴相接，敷设管道时在油罐方向留有一定的坡度，最低处设排油口，最高点设放气阀。

（3）重油管路要有蒸汽喷吹系统，以便停炉时清扫管内残油。

（4）每个喷嘴前或分段支管上要装设工作可靠的油过滤器和油压稳定装置，以保证喷嘴前油质清洁，油压稳定。调节油量要采用具有良好调节性能的调节阀。

（5）油管弯头除局部范围内可采用带丝扣的管件弯头外，一般都用冷弯或热弯制作，以避免积渣堵塞。

（6）重油输送管道应以蒸汽管保温以确保其流动性。常用的保温方式有伴管和套管两种方式。

（三）燃烧装置

炉子燃烧装置的一般要求如下：

（1）在炉子所需要的热负荷条件下，在尽可能小的空气消耗系数下保证燃料的完全燃烧（对于工艺要求不完全燃烧的除外）；

（2）能根据炉温制度的变化要求，在规定的供热能力变化的范围内，保证稳定的燃烧过程；

（3）按照炉型和加热工艺的要求，保证火焰有一定的外形尺寸，以及必要的气体力学条件；

（4）注意改善劳动条件，保证安全生产，便于操作和管理炉子的燃烧装置，一般都有定型的产品规格，因此，除特殊情况需要外，一般不进行设计计算，而是根据燃料种类、工艺过程要求、炉子特点等直接选用。

以下仅对重油、煤气的几种典型定型燃烧装置的结构、性能特点等进行介绍。

1. 气体燃料的燃烧装置

气体燃料的燃烧装置统称为烧嘴。

按燃烧方法分大体可分为两种，即有焰燃烧与无焰燃烧，相应的燃烧装置也可分为两类，即有焰烧嘴和无焰烧嘴。

（1）有焰烧嘴。有焰烧嘴的种类很多，结构形式各不相同，主要根据煤气的种类、火焰的长度、燃烧强度的要求来决定。加热炉经常使用的烧嘴形式有套筒式烧嘴、涡流式烧嘴、扁缝涡流式烧嘴、环缝涡流式烧嘴、平焰烧嘴、火焰长度可调烧嘴、高速烧嘴等。

1）套筒式烧嘴。套筒式烧嘴的结构如图 2.3.9 所示。

烧嘴由两个同心的套管组成，煤气由内套管流出，空气自外套管流出。煤气与空气平行流动，所以混合较慢，是一种长火焰烧嘴。

它的优点是结构简单，气体流动的阻力小，因此所要求的煤气与空气压力比其他烧嘴都低，一般只要 784 ~ 1470Pa（80 ~ 150mm H_2O）。

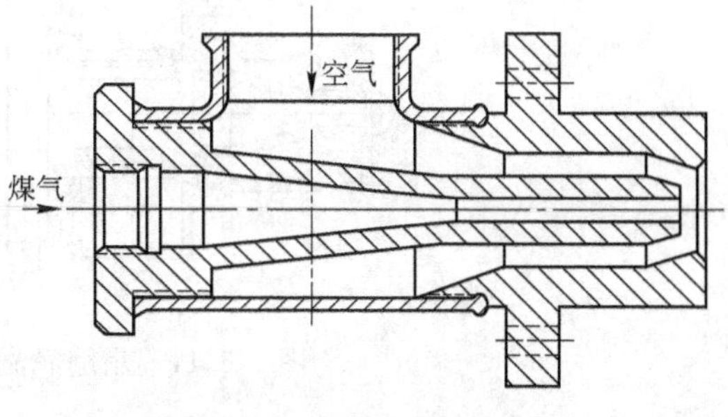

图 2.3.9　套筒式烧嘴

2）低压涡流式烧嘴（DW－Ⅰ型）。低压涡流式烧嘴的结构如图 2.3.10 所示。这种烧嘴的结构比较简单，它的特点是煤气与空气在烧嘴内部就开始混合，并在空气通道内安装涡流叶片，使空气发生旋转，所以混合条件较好，火焰较短。要求煤气的压力不高，但因为空气通道的涡流叶片增加了阻力，因此所需空气压力比套筒式烧嘴稍大一些，约为 1.96kPa（200mm H_2O）。当空气预热时，烧嘴的结构不变，但烧嘴的燃烧能力有所降低，欲使烧嘴保持原有的燃烧能力，必须相应提高预热气体的压力。

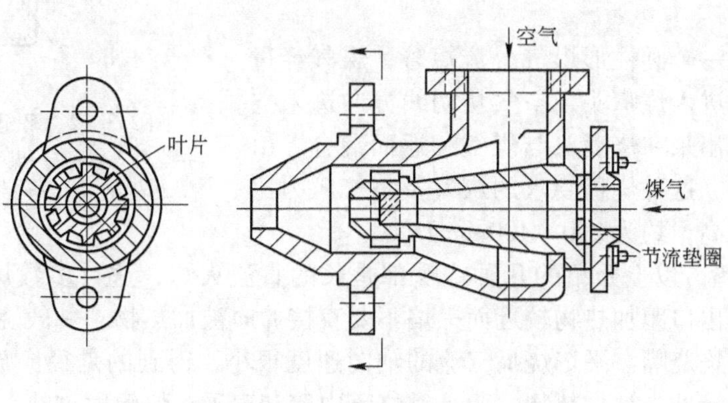

图 2.3.10　低压涡流式烧嘴（DW－Ⅰ型）

这种烧嘴用途比较广泛，可以烧净发生炉煤气、混合煤气、焦炉煤气，也可以烧天然气。烧天然气时只需在煤气喷口中加一涡流叶片或将喷口直径缩小，使煤气量与空气量相适应，并改善燃料与空气的混合。

3）扁缝涡流式烧嘴（DW－Ⅱ型）。扁缝涡流式烧嘴的结构如图 2.3.11 所示。这种烧嘴的特点是在煤气通道内安装一个锥形的煤气分流短管，空气则自煤气管壁上的若干扁缝沿切线方向进入混合管。空气与煤气在混合管内就开始混合，混合条件较好，火焰较短。它是有焰烧嘴中混合条件最好、火焰最短的一种，适用于发生炉煤气和混合煤气，扩大缝隙后，也可用于高炉煤气，这种烧嘴要求煤气与空气压力为 150～200mm H_2O（1mm H_2O =9.8Pa，下同）。

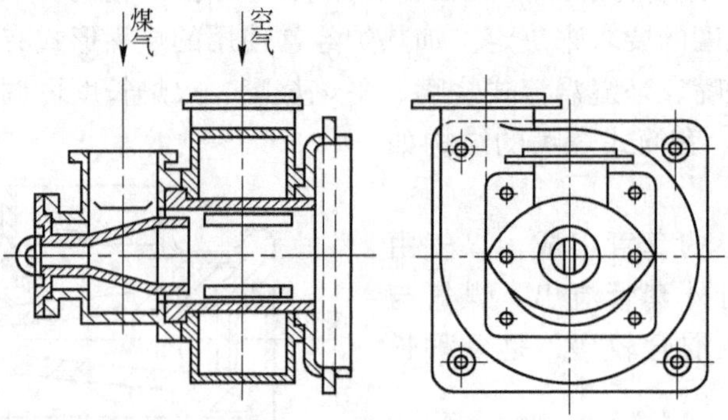

图 2.3.11 扁缝涡流式烧嘴（DW－Ⅱ型）

由于火焰较短，这种烧嘴主要用在要求短火焰的场合，如大型锻造室状炉及热处理炉。

4）环缝涡流式烧嘴。环缝涡流式烧嘴的结构如图 2.3.12 所示。

环缝涡流式烧嘴也是一种混合条件较好的有焰烧嘴，火焰也较短，但是煤气要求干净，否则容易堵塞喷口。这种烧嘴主要用来烧混合煤气和净发生炉煤气。当煤气喷口缩小后，也可以烧焦炉煤气和天然气。

这种烧嘴有一个圆柱形煤气分流短管，煤气经过喷口的环状缝隙进入烧嘴头，空气从切线方向进入空气室，经过环缝出来在烧嘴头与煤气相遇而混合。由于气流阻力较大，这种烧嘴要求的煤气及空气压力比一般有焰烧嘴稍高，约为 200～400mm H_2O。

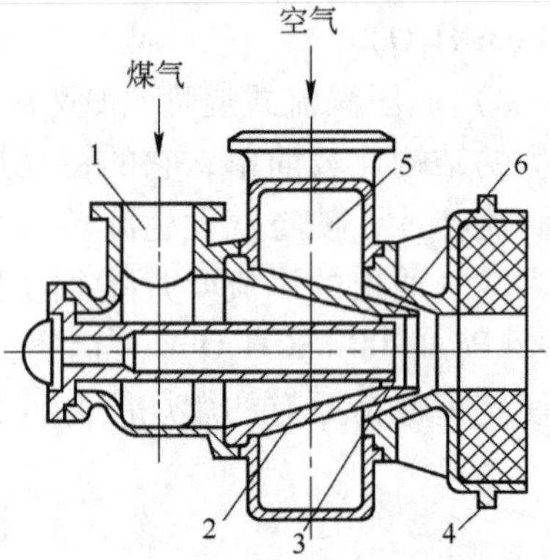

图 2.3.12 环缝涡流式烧嘴

1—煤气入口；2—煤气喷口；3—环缝；4—烧嘴头；5—空气室；6—空气环缝

5）平焰烧嘴。以上介绍的几种烧嘴都是长的直流火焰，这对多数炉子都是适应的。但有时希望烧嘴出口距加热物较近而火焰不要直接冲向被加热物，一般烧嘴就难以满足要求，需要采用平焰烧嘴。平焰烧嘴气流的轴向速度很小，得到的是径向放射的扁平火焰，这样火焰就不直接冲击被加热物，而是靠烧嘴内壁和扁平火焰辐射加热。

在平焰烧嘴的示意图 2.3.13 中，煤气由直通管进入，煤气压力约为 100～200mm H_2O，也属于低压煤气烧嘴。空气从切线方向进入，造成旋转气流，空气遇煤气在进入烧嘴砖以前有一小段混合区，进入烧嘴砖后可以迅速燃烧。烧嘴砖的张角呈 90°～

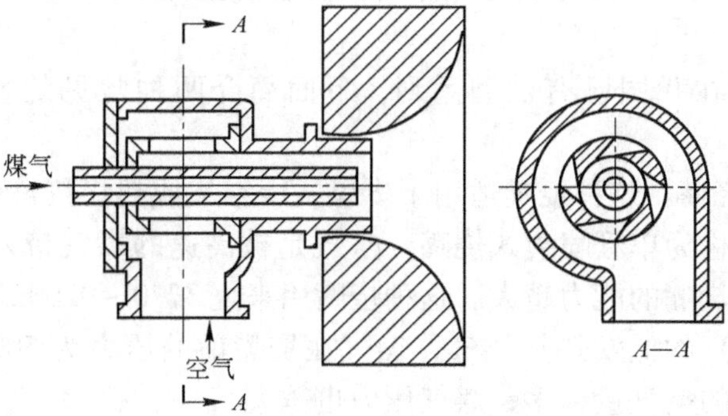

图 2.3.13 平焰烧嘴

120°扩张的圆锥形，这样沿烧嘴表面形成负压区，将火焰引向砖面而向径向散开，形成圆盘状与烧嘴砖平行的扁平火焰，提高了火焰的辐射面积，径向的温度分布比较均匀。

平焰烧嘴近年发展比较迅速，用作连续加热炉均热段或锻造室状炉的炉顶烧嘴，也用于罩式退火炉和台车式炉上。

6）火焰长度可调烧嘴。生产实践中有时需要通过调节火焰长度来改变炉内的温度分布，火焰长度可调烧嘴就是适应这一需要的。为了达到改变火焰长度的目的，可以采取不同的措施。图 2.3.14 是一种可调火焰长度烧嘴，一次煤气是轴向煤气，二次煤气是径向煤气，通过调节一次及二次煤气量和空气量，可以改变火焰的长度。

7）高速烧嘴。近年来开始将高速气流喷射加热技术用于金属加热与热处理上，为此采用了高速烧嘴。高速烧嘴的结构如图 2.3.15 所示。煤气与空气按一定比例在燃烧筒内流动混合，经过内筒壁的点火花点火而燃烧，形成一个稳定热源。混合气体在筒内燃烧 80% ~95%，其余在炉膛内完全燃烧。大量热气体以 100 ~300m/s 的高速喷出，这样在炉内产生了强烈的对流传热效果，并由于大能量气流的强烈搅拌，使炉内温度达到均匀。采用高速烧嘴的炉子对炉体结构的严密性应有特殊要求，并要注意采取措施控制噪声。

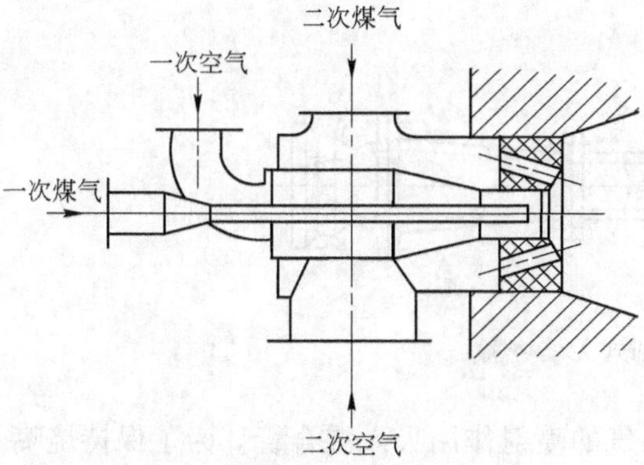

图 2.3.14 火焰可调烧嘴

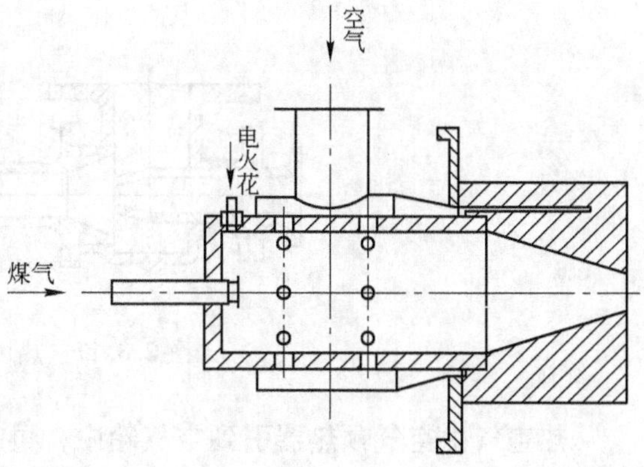

图 2.3.15 高速烧嘴

（2）无焰烧嘴。无焰烧嘴是空气与煤气在喷出烧嘴前已经均匀混合的烧嘴，混合方式有两种：一种是靠高压煤气（有时也用空气）的喷射作用按比例吸入燃烧用的空气并在烧嘴内混合；另一种是将煤气和空气按一定比例通过加压和混合后送入烧嘴，目前常用的是喷射式烧嘴。

喷射式无焰烧嘴在我国已有定型系列，下面简介两种常见的喷射式烧嘴的结构和性能。

1）冷风喷射式烧嘴。这种烧嘴适用于冷煤气冷空气或热煤气冷空气的场合，由于没有空气管道，所以也称为单管喷射式烧嘴。空气是被高速的煤气带入的，煤气压力越高，带入的空气量越多，烧嘴的能力越大。这种烧嘴用来烧 3770 ~ 9200kJ/m^3（标态）（900 ~ 2200kcal/m^3（标态））的低发热量煤气，煤气在烧嘴前的压力为 500 ~ 2000mm H_2O，煤气发热量越高，所需的空气量越多，煤气压力也越大。

冷风喷射式无焰烧嘴分为直头和弯头两种。弯头烧嘴比较紧凑，占地面积小，但煤气的阻力比直头烧嘴稍大，故应适当提高煤气压力。图 2. 3. 16 为直头冷风喷射式无焰烧嘴的结构图。

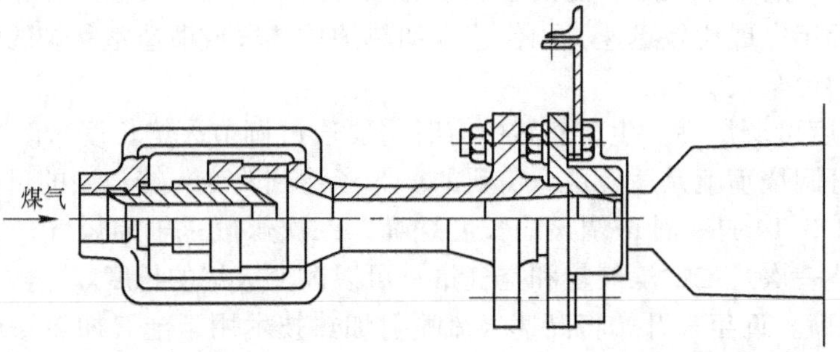

图 2. 3. 16　直头冷风喷射式无焰烧嘴

2）热风喷射式烧嘴。图 2. 3. 17 为热风喷射式无焰烧嘴的结构图。这种烧嘴可用于有空气预热的炉子。因为有热空气管道，所以又称为双管喷射式烧嘴。它可用来烧混合煤气或发生炉煤气。

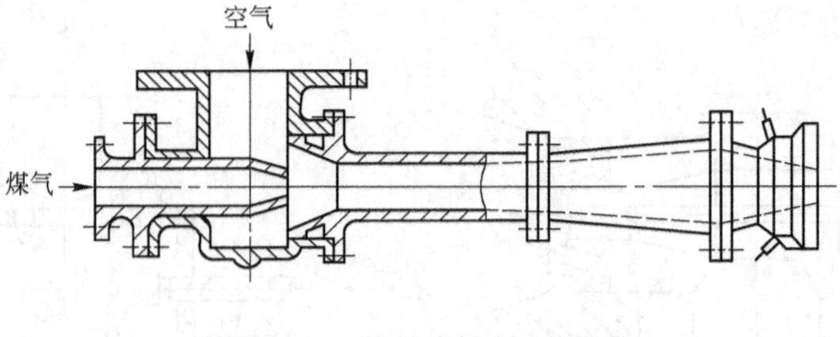

图 2. 3. 17　热风喷射式无焰烧嘴

热空气由空气预热器引到空气箱中，再靠煤气的喷射作用吸入混合管。为了保持烧嘴按比例吸入空气，空气箱中的压力应稳定在大气压力。这种烧嘴在扩张管与喷头之间安装一弯管，也可以作为弯头烧嘴，与炉子的配合更加紧凑。

使用热风喷射式烧嘴时，应当注意不使预热温度过高，如果煤气与空气的混合气体超过了燃料的最低着火温度，就会在烧嘴内部着火。所以煤气预热温度限制在 300℃ 以下，空气预热温度限制在500℃以下。燃烧含碳氢化合物高的煤气，还要考虑到预热温度过高会使碳氢化合物热分解，产生的碳粒将堵塞喷口。另外，热的混合气体使火焰传播速度提高，因此要相应提高混合气体的出口速度，以免发生回火现象。为此要求提高煤气的压力，使混合气体的最低出口速度保持在20~30m/s（不预热时出口速度约为9~12m/s）。当冷风烧嘴改为热风工作时，必须相应改变煤气压力，或改变煤气喷口直径。为了防止回火，使用热风的烧嘴多采用水冷的喷头。

2. *液体燃料的燃烧装置*

重油的燃烧装置——油烧嘴（又称喷嘴）的形式很多。按雾化方法的不同，加热炉常用的油烧嘴有三类：低压油烧嘴、高压油烧嘴、机械油烧嘴，还有一些特殊形式的烧嘴，目前冶金厂加热炉尚未采用。各类油烧嘴都应具有以下基本要求：有较大的调节范围，满足生产中油量变化的需要；在调节范围内保证良好的雾化质量和混合条件，燃烧稳定；火焰长度和火焰张角能适应炉子生产的要求；结构简单、轻便，容易制造、安装和维修；调节方便，最好能实现自动调节。

各种油烧嘴的特性如表2.3.1所示。

表2.3.1　各种油烧嘴的特性

项　目	油烧嘴的形式			
	低压空气雾化	高压压缩空气雾化	高压蒸汽雾化	转杯式机械雾化
雾化剂种类	空气	压缩空气	蒸汽	
雾化剂压力/atm	0.02~0.3	3~8	2~12	转速3000~5000r/min
雾化剂消耗量	75%~100% L_0	每千克油0.6~1.0kg	每千克油0.5~0.8kg	
油压/MPa	0.03~0.08	外混式0.04~0.1	内混式约0.6	0.05~0.1
雾化剂速度/$m \cdot s^{-1}$	50~100	300~400	300~400	
重油黏度/°E	3~5，最大8	4~6，最大15	4~6，最大15	2.5~5，最大8
助燃空气供给方式	一般不另行供给	部分另行供给	全部另行供给	部分另行供给
空气消耗系数	1.1~1.15	1.2	1.25	1.2
空气最高预热温度/℃	300	800	800	不受限制
调节比	1:5	1:6~1:10	1:6~1:10	1:4
雾化及燃烧性能	雾化好，火焰较短	火焰较长，形状易控制	火焰较长	火焰短而宽
燃油量/$kg \cdot h^{-1}$	2~300	10~1500	10~1500	10~1000
应用范围	加热炉、热处理炉	加热炉、均热炉	加热炉、均热炉	加热炉、热处理炉

（1）低压油烧嘴。低压油烧嘴是由鼓风机供给的空气作雾化剂，风压一般为500~800mm H_2O，最大不超过1000mm H_2O。由于雾化剂的压力低，喷出的速度比较小，一般为50~80m/s。为了保证雾化质量，必须比高压油烧嘴使用较多的雾化剂，通常把全部助燃空气用作雾化剂。这样油蒸气与空气的混合比较好，与高压油烧嘴相比，空气消耗系数略低，火焰较短。但却限制了烧嘴的燃烧能力和空气预热温度。因为低压油烧嘴的风压低，如果燃烧能力设计太大，则喷口断面必须很大，雾化质量不能保证。限制空气预热温度是因为全部空气通过烧嘴，当温度太高时，油管过热，导致管内重油裂化和结焦，造成烧嘴堵塞。

低压油烧嘴的优点是：雾化剂压力低，只要一般通风机即可满足要求，雾化成本低；操作中噪声不大；燃烧过程易于调节，雾化效果好，火焰较短；维护简单。缺点是：外形尺寸较大；燃烧能力较小；空气预热温度受限制。目前我国多数燃油加热炉使用的油烧嘴都是采用低压雾化的。

常用的低压油烧嘴有以下形式：

1）DZ-Ⅰ型低压直流油烧嘴（原C-Ⅰ型）。其结构如图2.3.18所示。这是一种结构比较简单、使用方便的油烧嘴。它的空气出口断面可以调节，当油量增减时，空气量也要随之增减。如果空气出口断面不变，雾化质量就要变坏。当油量减小时只要将滑套前移，就可以缩小空气出口断面，使风量减少。这种烧嘴前的油压为0.05～0.08MPa，空气压力为300～1000mm H_2O。火焰长度波动在1～4m，火焰刚性比其他低压油烧嘴好，火焰张角约为20°～30°。

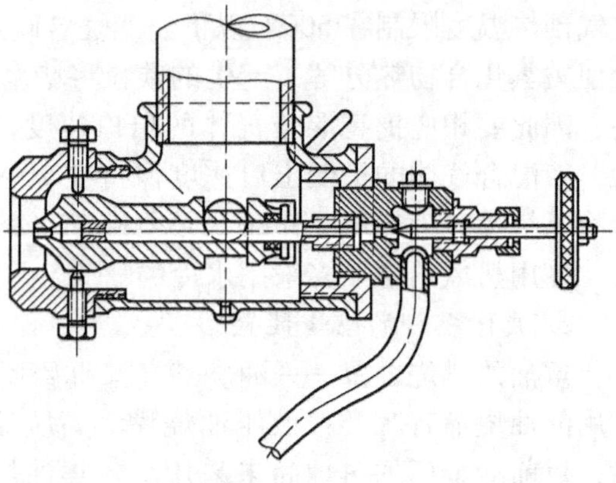

图2.3.18　DZ-Ⅰ型低压直流油烧嘴

2）DX-Ⅰ型低压旋流油烧嘴（原K型）。其结构如图2.3.19所示。这种油烧嘴在空气喷出口前有叶片，使空气与油流股呈75°～90°相交，可以改善雾化，火焰较短，火焰张角约为75°～90°。空气出口断面不能调节，但由于空气呈旋转运动，雾化质量在规定范围内仍然较好。油压为0.05～0.08MPa，空气压力为300～700mm H_2O，适用于中、小型炉子。

3）DB-Ⅰ型比例调节油烧嘴（原R型）。结构如图2.3.20所示。为了实现油烧嘴的自动调节，必须采用比例调节机构，即在调节油量的同时，烧嘴能自动保持油量和空气量的比例不变（即空气消耗系数不变），比例调节烧嘴可以满足这一要求。空气分三级与重油流股相遇，以加强雾化和混合。空气量的改变是靠改变二级和三级空气的喷口断面，当转动操纵杆6时，可以使风嘴12前后移动。向后移动时，内层与外层风嘴之间和风嘴与油嘴旋塞3之间的出口面积增加，这样就增加了二次空气与三次空气的流量。调节手柄8与空气调节盘11是用螺旋9连接的，当转动手柄8时，油嘴旋塞3上的油槽可通面积改变，油量随之改变。与此同时，风嘴12也前后移动，达到改变空气量的目的。如果将操纵杆6与温度调节系统连接，就可自动调节油量和空气量。

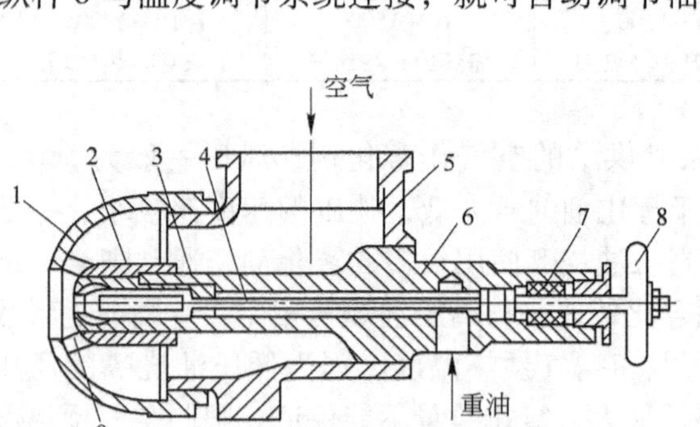

图2.3.19　DX-Ⅰ型低压旋流油烧嘴

1—喷嘴帽；2—空气喷头；3—油分配器；4—针形阀；5—外壳；6—喷油管；7—密封填料；8—手轮；9—涡流叶片

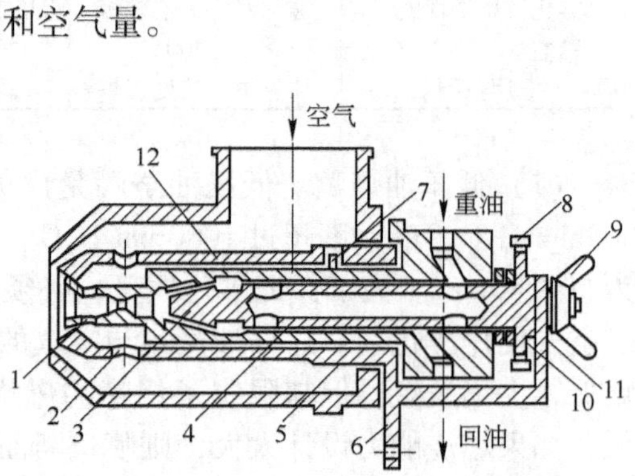

图2.3.20　DB-Ⅰ型比例调节油烧嘴

1—一次空气入口；2—二次空气入口；3—油嘴旋塞；4—回油通路；5—离合器联结；6—操纵杆；7—导向销；8—调节油量手柄；9—螺旋；10—油量调节盘；11—空气调节盘；12—风嘴

这种烧嘴雾化质量较好，操作简单，可以得到短火焰。烧嘴的调节比大，应用比较广泛。缺点是结构复杂，加工困难，油嘴旋塞容易堵塞，所以喷嘴前应有油过滤器，使用维护比较麻烦。要求油压0.04MPa，空气压力为400～1200mm H_2O。

（2）高压油烧嘴。高压油烧嘴是用压缩空气或高压蒸汽作雾化剂的。用压缩空气作雾化剂时，烧嘴前的压力为0.3～0.8MPa，用蒸汽时压力为0.2～1.2MPa。在这样大的压力下，雾化剂的喷出速度很高，可以接近声速，在利用了拉瓦尔管后，可以达到超声速。重油的雾化质量一般比低压油烧嘴好。

用压缩空气作雾化剂时，90%以上的助燃空气要另外供给；用蒸汽作雾化剂时，全部空气都要鼓风机供给。和低压油烧嘴相比，油雾与空气的混合条件要差一些，故高压油烧嘴的空气消耗系数较大，火焰也较长。现在有些工厂高压油烧嘴不用鼓风机供风，而靠自然吸风，不能保证完全燃烧，因此，还是应该采用鼓风机送风。

采用蒸汽作雾化剂时，会影响燃烧温度，炉气中水蒸气量过大，还会对金属质量产生不良影响。因为蒸汽比压缩空气成本低，所以用蒸汽的比较多，两者的烧嘴在结构上基本相同。

高压油烧嘴的能力波动范围很大，每小时油量从数十千克至数吨，调节倍数一般为4～8倍，高的可达10倍。火焰长度达6～7m，火焰张角较窄，要得到短火焰必须改善烧嘴结构的混合条件。高压油烧嘴适于要求火焰长、热负荷大、调节范围大的大型加热炉和均热炉。

高压油烧嘴的优点是：重油雾化质量高；空气预热温度不受限制；设备结构紧凑，生产率高；火焰的方向性强，容易组织火焰；自动调节容易，只要调节空气量，不必调节雾化剂量。缺点是：雾化消耗的能量大，雾化成本高；燃料与空气的混合不如低压油烧嘴，火焰长，此外噪声较大。由于成本高与噪声问题，使用不及低压油烧嘴普遍。

从雾化的特点来看，高压油烧嘴分为外混式与内混式两类。

1）GW－Ⅰ型外混式高压油烧嘴（原HB型）。其结构如图2.3.21所示。这种油烧嘴结构简单，高压雾化剂通过出口通道的导向涡流叶片，产生强烈的旋转气流，再利用雾化剂和油的压力差引起的速度差进行雾化，雾化质量较好，火焰较短，一般在4m以下。要求油压为0.03～0.05MPa，雾化剂压力大于0.3MPa。外混式油烧嘴的雾化剂与重油是在离开烧嘴后才开始接触，混合的条件较差，为了克服这个缺点，可使用内混式高压油烧嘴。

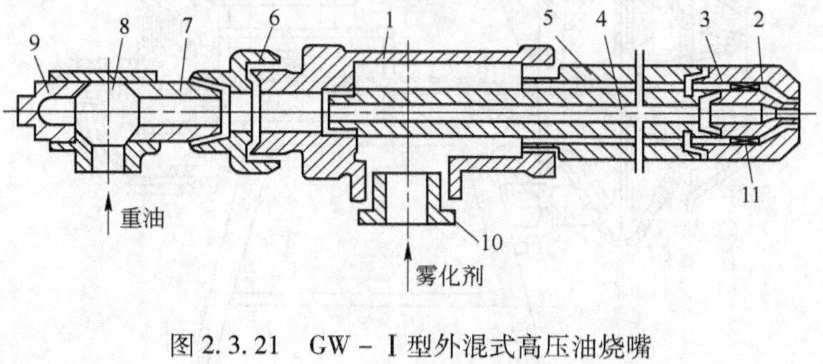

图2.3.21　GW－Ⅰ型外混式高压油烧嘴

1—喷嘴体；2—喷油嘴；3—喷嘴盖；4—喷嘴内管；5—喷嘴外管；6—管接头；7—螺旋接套；8—三通；9—塞头；10—衬套；11—导向涡流叶片

2）GN－Ⅰ型内混式高压油烧嘴。烧嘴的结构如图2.3.22所示。内混式油烧嘴的特点是油喷口位于雾化剂管内部，并有一段混合管。雾化剂提前并在一段距离内和重油流股相遇，改善了油的雾化质量，油颗粒在气流中的分布更均匀，所以内混式油烧嘴的火焰比外混式油烧嘴的火焰短，约在1.5～3m。此外，由于油管喷口处在雾化剂管的里面，可以防止由于炉膛辐射热的影响，使重油在喷口处裂化热解而结焦堵塞的现象。这种油烧嘴要求油压为0.5MPa，雾化剂压力为0.8MPa。

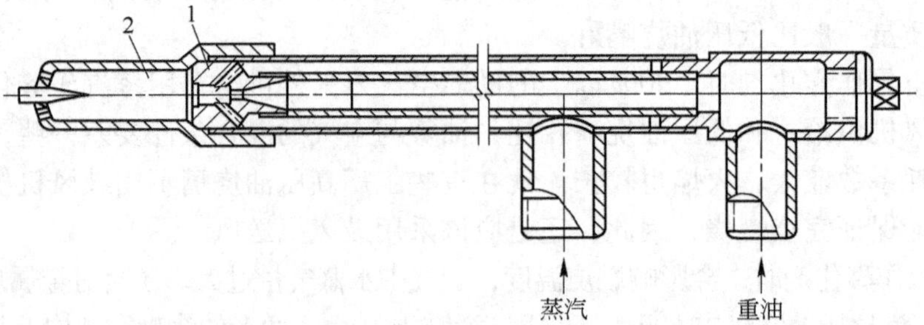

图2.3.22　GN－Ⅰ型内混式高压油烧嘴

1—喷头；2—混合管

3）机械雾化油烧嘴。机械雾化油烧嘴的特点是不用雾化剂。有一种是利用高压的重油通过小孔喷出，因为油的喷出速度很快，并产生高速旋转，由于离心力的作用而雾化。这种油烧嘴因为流速决定于油压，也称为油压式烧嘴。还有一种是靠高速旋转的杯把重油甩出去，也是利用离心力的作用而雾化，这种称为转杯式油烧嘴。前者主要用于锅炉上，对热负荷经常变动的加热炉很少采用。转杯式油烧嘴则适用于分散的、燃油量不大的炉子上。

图2.3.23是转杯式油烧嘴的结构图。转杯固定在空心轴上，以3000～5000r/min的速度高速旋转。油沿油管喷到转杯中，在离心力的作用下，油在转杯中变成一层紧贴杯壁的很薄的油膜，呈放射状细粒飞离杯口。与此同时一次空气流出后，经叶片与油滴反向旋转，使油进一步雾化。

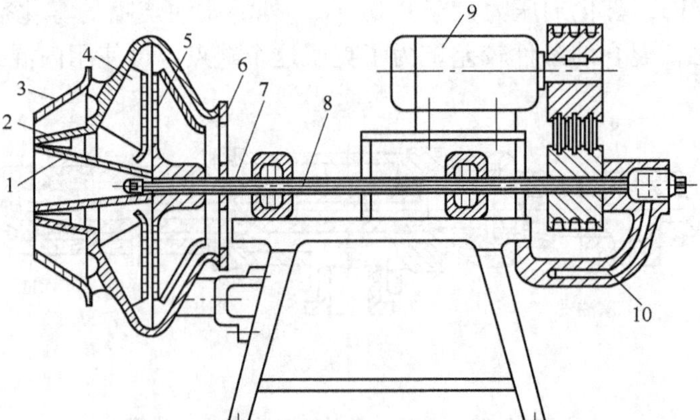

图2.3.23　转杯式油烧嘴

1—转杯；2—一次风嘴；3—二次风嘴；4—导风室；5—叶轮；6—进风口；7—转轴；8—油管；9—电动机；10—进油体

转杯式油烧嘴雾化的颗粒比较均匀，火焰张角约为60°～80°，调节比可达1∶3。由于杯口断面很大，这种烧嘴不易堵塞，所以能适应劣质重油。

机械雾化油烧嘴的优点是：不需要雾化剂，动力消耗少；设备简单，操作方便；空气预热温度不受限制；操作中没有噪声。缺点是：雾化颗粒直径比高压或低压油烧嘴都大；操作中要定期更换烧嘴头；燃烧能力小的烧嘴由于出口孔径小，容易堵塞。它在加热炉上的应用范围不及低压或高压油烧嘴广泛。

三、送风系统

送风系统的任务是将鼓风机房送出的冷风加热并送入冶金炉。送风系统的设备是由鼓风机、冷风管道、热交换设备、热风管道以及设置在上述管道的各个阀门组成。

（一）鼓风机

鼓风机是向炉子供给空气的设备。常用鼓风机有轴流式风机和离心式风机两种。目前国内外使用轴流式风机居多，我国小型炉多采用罗茨风机。为适应大型化发展的需要，鼓风机也向着大流量、高压力、高转速、大功率、高自动化水平的方向发展。当前轴流式风机的能力已达到：风量10000m^3/min，风压0.07MPa，功率为70000kW。离心式风机的能力已达到50000m^3/min，风压0.45MPa，功率为22000kW。

1. 工况对鼓风机的要求

首先，要求鼓风机有足够的送风能力；其次，要求送风均匀、稳定，又有良好的调节性能和一定的调节范围；第三，要充分发挥鼓风机的能力。总之，要避免风机发生出力不够或“大马拉小车”的现象，调节范围要适当，要使经常运行范围处于高效率区。

2. 鼓风机的原理和性能

罗茨鼓风机：在机壳内有两根平行轴，带动两个“8”字形转子分别反向旋转。当转子旋转时，空气从风口吸入空腔，而空腔的气体被提高能量后，以一定的速度被逐出出风口。

轴流式鼓风机：利用旋转的叶轮，推动气体质点运动，产生离心力，从而提高气体的势能和动能，送出具有一定压力和容量的风。鼓风机的叶轮旋转时，气体沿轴向流入，当气体在叶片间流动时，气体的动能和势能都有所增加，获得机械能的气体沿径向流出。

离心式鼓风机：当原动机带动转子高速旋转时，气体从轴向吸入，经过进口导流器，在叶片连续旋转推动下，从而获得动能和势能，气体最后经出口排出。

（二）空气管道

空气管道的布置：

（1）空气管道的布置原则可参照煤气管道的原则布置。空气管道一般架空敷设，需地下敷设时，应尽量放在地沟内，在表面上涂以沥青防腐。

（2）低压煤气助燃用空气管道应安装放散管，以备低压时放散掉爆炸性混合物。

（3）空气管道敷设好后应试压，试压按下表规定进行

空气压力/kPa	试验压力/kPa	试验时间/min	允许压降/Pa
≤5	工作压力+0.3	5	500
>5	工作压力+0.5	5	500

(4) 空气管道一般采用蝶阀调节，也可采用焊接的闸板阀，高压空气或要求严密的也可采用闸阀。

(5) 空气管道的鼓风机都应有单独的鼓风机室，并尽可能布置于车间以外，也可以布置于地下。风机吸风口应装有钢丝网，在鼓风机室内可将风机入口用管道接至室外，从室外吸入新鲜空气。

四、冷却系统

为了强化加热，现代化连续加热炉大多采用双面加热，此时钢料被架空安放在炉筋水管上向前滑动。沿炉子长度方向的水管称为纵水管，它架设在沿炉宽方向，间隔一定距离的横水管上。这些水管由厚壁无缝钢管组成，在和坯料直接接触的纵水管上焊有圆钢或方钢，即滑轨，磨损后可更换，不必更换水管。

加热炉冷却方式有水冷却、汽化冷却两种。

(一) 炉底水冷却

1. 均热床的结构

对于双面加热的连续加热炉，钢坯是放在水冷（或者汽化冷却）的炉底水管的滑道上，在钢坯与炉筋管的滑轨接触处会产生“黑印”，即在钢坯上产生一个低温区，这给后序轧制工序带来很大困难，造成产品质量不合格，为此必须消除这一“黑印”。均热床是最早的一种实用结构，即在均热床上，滑轨是放在耐火材料砌筑的炉底上的，这可以提高滑轨的温度，减少散热损失，以消除“黑印”的影响。

均热床的结构要求能够抗碱性渣，能够承受坯料的重量和摩擦作用。图 2.3.24 是一种均热床实例。金属滑轨 1，一般埋入砖体 100 ~ 150mm，顶面凸出砌体约 50 ~ 100mm，其两侧用填料保护；厚度为 40 ~ 80mm 的镁砂或镁砂与氧化铁皮的混合散料 2，亦可用 10 ~ 15mm 厚的镁砂与氧化铁皮的烧结层（1400℃下烧结）；镁砖 3，1/2 ~ 1 块厚，侧砌；黏土砖 4，厚度为 $1\frac{1}{4} \sim 1\frac{1}{2}$块砖厚，平砌；绝热砖 5，$\frac{1}{2}$块砖厚，可用硅藻土砖；石棉板 6，10 ~ 20mm 厚。6 ~ 8mm 厚的锅炉板 7；工字钢和槽钢 8；炉底纵梁 9，它可只设置于炉底两侧，或者不用纵梁而把横梁直接架于炉底两侧的混凝土基础上，这可根据炉子宽度、料皮重量等具体情况而定。均热床的厚度可视炉子大小进行调整。

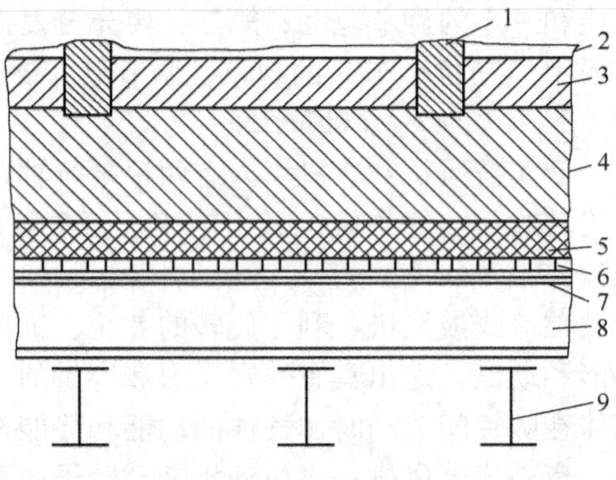

图 2.3.24　均热床结构
1—金属滑轨；2—混合散料；3—镁砖；4—黏土砖；5—绝热砖；6—石棉板；7—锅炉板；8—工字钢和槽钢；9—炉底纵梁

但是实炉底均热床的出现带来了严重的缺点，脱落的氧化铁皮与实底的砌砖相烧结，造成实炉底上涨，这要求定期停炉，清理氧化铁皮，体力劳动繁重，而且影响炉子作业率和产量，所以从 1958 年以来，国内许多钢厂逐步实现了均热段实炉底段用架空炉底代替，实现架空炉底的关键在于炉底水管结构。

2. 炉底水管结构

炉底水管是推钢式连续加热炉的重要结构之一，它不仅要承受炉内被加热的全部金属的重量，而且还要承受料坯运动的运动载荷，并且是在高温下工作，所以，要求其带走的热损失要尽可能少，努力改善钢坯的受热条件，防止和减轻滑轨所产生的冷却“黑印”，及其对料坯表面的划伤等。

炉底水管内水的流速一般不小于 1m/s。纵水管每根单独供排水，由高温段进水，炉尾排水。横水管及支柱水管根据水压及水管的受热面积等情况可以每根单独供排水，也可以几根串联。排水温度根据水质来定，一般情况下水温不大于 55℃。

每个供排水系统均应有自己的进水闸阀和敞开式排水口，不允许合并。排水管不允许装设任何闸阀。

各供排水系统的排水口或炉外排水管的某一段必须高于炉内水管，以保证当水量减少时，炉底水管亦能被水充满。

水冷系统的结构形式基本上适用于汽化冷却系统，当设计采用汽化冷却时，炉底水管设计应更好地适应汽化冷却的特点。例如弯管半径应尽量加大，力求通道平滑防止局部积气，管子内径应保证流速以避免气水分离等。

(1) 炉底水管的一般结构。炉底水管是由纵水管、横水管以及支撑管等以不同方式组成，常用结构见图 2. 3. 25，纵水管是由厚壁无缝钢管焊上方钢或圆钢的滑轨组成，管壁厚度一般大于 8mm，内外径之比为 1. 5，当采用汽化冷却时应选用 20 号钢。

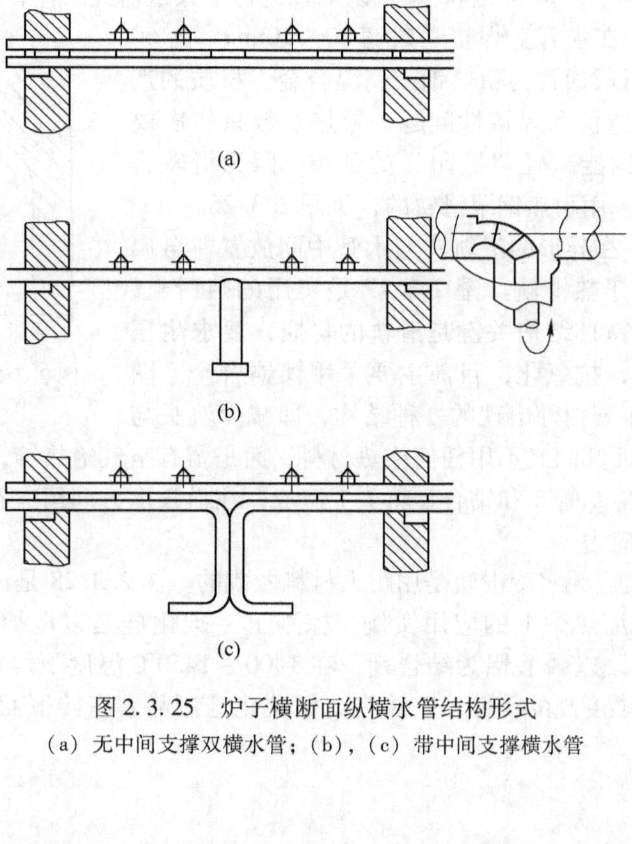

图 2. 3. 25　炉子横断面纵横水管结构形式

(a) 无中间支撑双横水管；(b)，(c) 带中间支撑横水管

（2）纵水管根数。炉内钢料是在纵向滑轨上由炉尾向炉头滑动的，滑轨的根数取决于料坯的长度和受力的大小，在确定滑轨之间的距离时要遵循下列原则：

1）保证料坯运行不掉道，即保证钢料的两端伸出滑轨一段长度。对钢坯而言，伸出长度要大于150mm，对钢锭而言，其大头伸出长度大于50～100mm，小头伸出长度大于100～150mm。

2）保证钢料在高温下两头下挠不碰横水管，当进入实炉底段时，不产生“翻炉”。这取决于料坯的厚度、伸出长度、钢料的温度和在炉时间长短等因素。在设计时要控制钢料伸出的长度不可过长，据有关资料介绍，钢料伸出长度不应大于两滑轨间距的一半。

3）保证钢料在滑动过程中不产生“塌腰”，这要求控制两纵向滑轨之间的距离，目前，最大间距距离均不超过2000mm。在设计时可采用下列公式确定

$$\alpha_{max} = 5\sqrt{\delta_{min}} \tag{2.3.1}$$

式中　α_{max}——纵向滑轨间最大距离，m；

δ_{min}——钢料的最小厚度，m。

4）两根纵向滑轨间的距离不应小于600mm，否则钢料的下加热遮蔽太严重，下加热严重不足，阴阳面大。

（3）纵向滑轨的结构。在传统的加热炉上，纵向滑轨是在无缝钢管上面焊20～40mm的圆钢或方钢，无缝钢管为ϕ70～127mm的厚壁碳素无缝钢管，采用连续焊缝以加强冷却，增加其耐磨性。

但是，由于冷却水管的冷却作用，使钢料产生“黑印”，即与滑道接触处钢坯的温度比较低。

为了消除“黑印”，20世纪60年代以来，进行了大量研究工作，主要采用如下措施：

1）半热滑轨。在水管上焊接一条宽20～30mm，高60～80mm的扁钢，材质通常为耐热钢或高温合金。材质的选择主要考虑寿命、造价和焊接性问题，导热系数只作次要因素考虑，这种结构能减轻“黑印”的影响，因为滑轨头高度提高了，也有采用耐热钢罩滑轨的，见图2.3.26。

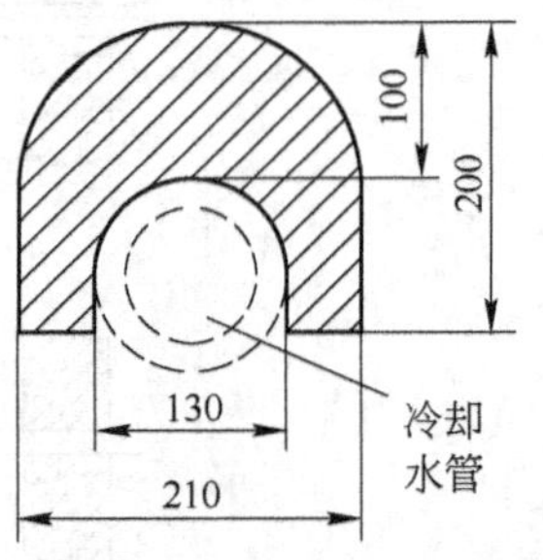

图2.3.26　耐热钢罩滑轨

2）全热滑轨。在异形的滑轨头与水管中间放置非金属或空层的都可归类于热滑轨。图2.3.27是实用的热滑轨，图2.3.27所示的（a）结构关键是滑轨的材质，要求耐压强度高，耐磨性好，抗氧化，目前主要采用镍铬合金。图2.3.27（b）是近年国内外出现的一种结构，即减少轨头与水管的接触面积，而其间又不用任何绝热材料，而是留有空气绝热缝，图2.3.27（c）结构由倒置的三角形冷却管2和钴合金轨头1组成，在沿长度方向留有补偿缝3，以防止因温差引起过大的热应力。

3）无水冷滑轨。无水冷滑轨是用耐火材料做成的。图2.3.28是试验成功的棕刚玉－碳化硅滑轨在小型加热炉上的应用实例。棕刚玉－碳化硅是以电熔刚玉作骨料，掺入15%的碳化硅细粉，以磷酸铝为结合剂，在1400～1450℃温度下烧成，具有耐磨性好，热稳定性好，机械强度高的特性，座砖为高铝碳化硅制品，座砖下面为耐火砖（多为高铝砖）砌筑的基墙。

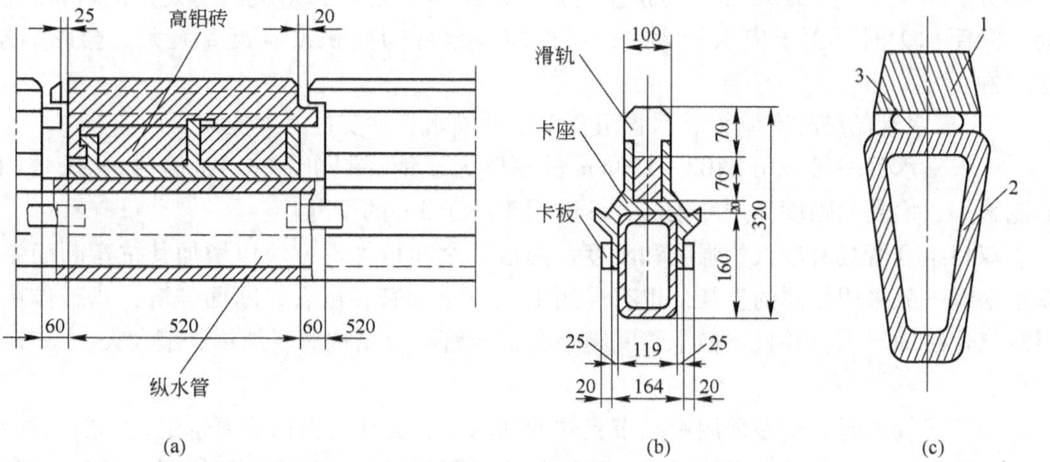

图 2.3.27　全热滑轨
1—冷却管；2—钴合金轨头；3—补偿缝

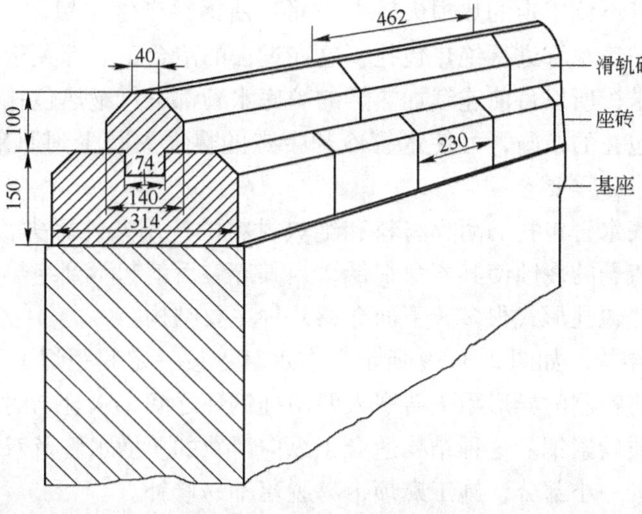

图 2.3.28　无水冷滑轨和基墙

近年来，无水冷滑轨在国内外都得到了应用，我国主要在小型加热炉上已取得显著效果，消除了水管的“黑印”，减少了氧化和脱碳，提高了加热质量和生产率，初步估计节约燃料 10% ~25%，并且节约了大量用水，这在水资源宝贵的情况下，意义更为重大。同时炉子的安全性提高，减少了由断电停水造成的水管塌陷和开裂的事故。

（4）横水管结构。炉内的纵水管都需要支撑，一般在高温段采用横水管支撑，炉尾采用纵向黏土砖托墙支撑，从强化下加热角度考虑，应取消托墙用水管支撑；从节能角度考虑，应采用黏土砖托墙。

纵水管直接放在横水管上，靠焊在横水管上的限位挡块定位，保证纵向水管受热后可自由膨胀，一般不采用焊接或其他固定方式。

1）横水管的间距等于或整倍于炉子侧立柱的间距，一般为 1160 ~3480mm。现在大部分炉子上采用 2320mm 的间距。间距小对钢料下表面的遮蔽作用太大，阻碍气流运动，间距加大时，由于横水管太少，可以减少水冷却面积，但距离太大，会影响结构稳定性。

2）横水管的结构有单管、双管组合管以及横水管加支柱三大类。

单根横水管一般采用 ϕ102 ~ 159mm 的厚壁无缝钢管制作，它结构简单，对钢料下表面遮蔽小，但是其强度和刚度较低，一般用于小于 3m 的情况。

双根组合管具有较大的强度和刚度，两根管之间可加焊方块以增加其抗弯断面系数。双根水管一般采用相同的直径，也有采用上大下小的管径组合，断面经济，遮蔽作用小，但对汽化冷却不利，并且当横水管间距小时，双管组合结构对下加热遮蔽太大，是其主要缺点。

当炉子较宽时，则多采用中间带支柱的横水管，支柱可根据需要选定，一般支柱水管选用 ϕ76 ~ 114mm 的厚壁无缝钢管，支柱的位置要与下加热烧嘴位置错开，以免火焰直接冲刷。有的炉子采用一根连续形管沿炉子中心支撑各横水管。

3. 炉底水管的绝热包扎

裸露的炉底水管不仅带走的热损失较大，而且使钢料产生“黑印”。近年来为了节能提高产品质量，对炉底水管进行绝热包扎，这在过去的冶金工业部关于轧钢加热炉节能有关规定中有明确要求，所以目前连续加热炉的炉底水管都进行绝热包扎。

采取水管绝热包扎的措施，可使水管冷却带走的热损失减少到原来的 1/5 ~ 1/8，因此水管的绝热包扎十分重要。

但是，由于炉底水管包扎的耐火材料和绝热材料的使用条件恶劣，高温、温度剧变、振动、氧化铁皮等渣子的侵蚀使其寿命很低，当其碎裂后就起不到绝热作用。

炉底水管的绝热包扎形式很多，下面介绍几种主要结构。

（1）环形挂砖结构。如图 2. 3. 29 所示，在水管上按一定间距焊上梯形断面的半圆钢环作为吊挂，然后将特制的异形耐火砖嵌入两吊挂钢环之间，水管与耐火砖之间填绝热材料，钢环可选用优质碳素钢。这种结构适合于纵向滑轨的单横水管及双管。由于钢环断面较小，只能卡住砖的一小部分，施工麻烦，易脱落不易修补。

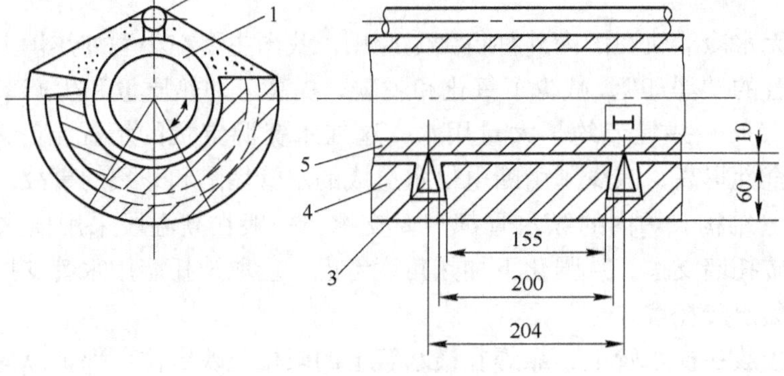

图 2. 3. 29　环形挂砖结构

1—纵水管；2—轨头；3—梯形钢环；4—水管砖；5—绝热填料

（2）马蹄形挂砖结构。马蹄形挂砖结构如图2.3.30所示，这种结构由马蹄形砖和底部塞砖组成，砖与水管之间放入绝热材料。升温过程中，马蹄形砖两腿会因温差并拢，所以在马蹄形砖与塞砖之间预留5mm的缝隙。

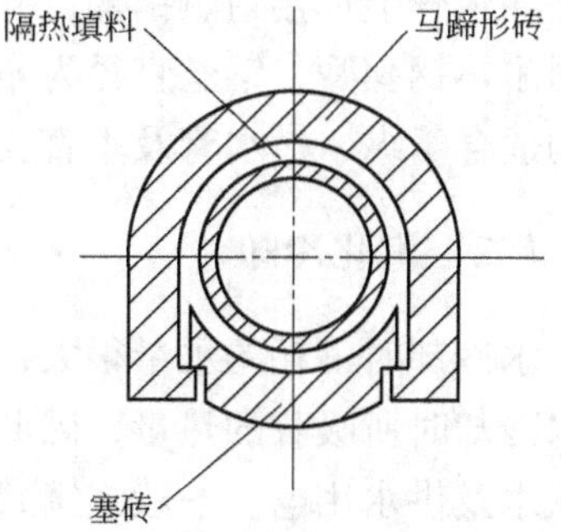

图2.3.30 马蹄形挂砖结构图

（3）焊瓦式预制块。焊瓦式预制块结构如图2.3.31所示，这种结构用薄钢板做其外壳，内部捣入耐火混凝土，这种预热块一般长150～650mm，安装时内侧钢板与水管紧贴，用间断焊缝焊接，以加强对钢板的冷却作用，这是这种结构寿命长短的关键，有的在内侧钢板与水管间涂一层导热的石墨膏，以加强对其冷却。这种结构适用于纵、横水管的绝热，维修与施工方便。

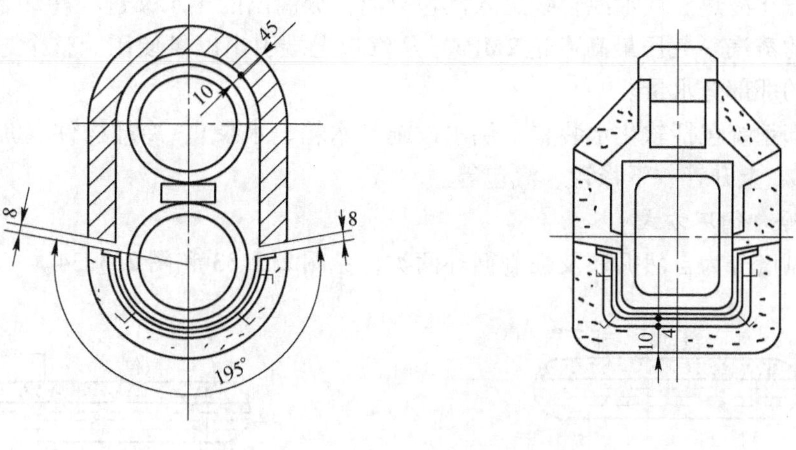

图2.3.31 焊瓦式预制块结构图

（4）捣打可塑料结构。这种结构如图2.3.32所示，整个绝热层由可塑外壳和耐火纤维内衬两层组成，耐火纤维层既可减少外壳层的温差，增加绝热层的热阻，减少热损失，同时可起缓冲防震作用，从而可保证外壳的热稳定性，延长使用寿命。锚固件有两种，一

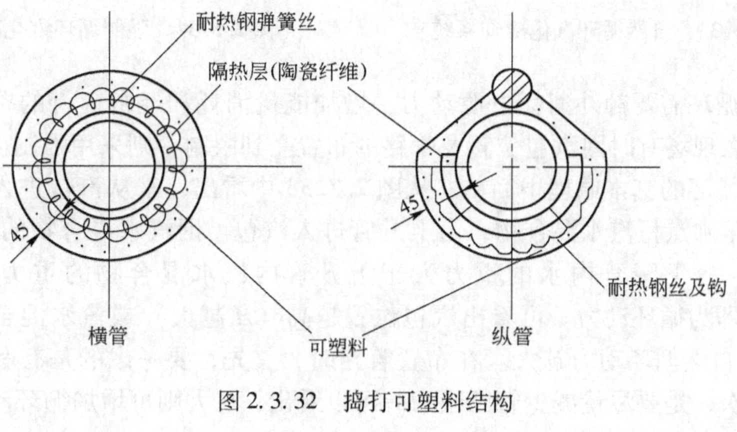

图2.3.32 捣打可塑料结构

种是在水管上焊接耐热钢钩，并绕上耐热钢丝；另一种结构是用穿心钢丝缠绕水管，用其绑固耐热钢弹簧，钢丝直径为 ϕ3mm，弹簧用 ϕ1 ~ 2mm 钢丝绕成，直径 20 ~ 30mm。这种结构适合于纵、横水管及垂直支柱，效果很好。

（二）汽化冷却

水冷却时消耗的水量很大，且不易被利用。每千克水汽化冷却时吸收的总热量大大超过水冷却时所吸收的热量，因此汽化冷却时水的消耗量仅为水冷却的 1/25 ~ 1/30，节约了软水及供水用电。一般连续式加热炉水冷却造成的热损失为 13% ~ 20%，而同样炉子改为汽化冷却时的热损失可降到 10% 以下。产生的蒸汽可用于加热或雾化重油，也可供生活设施使用。

1. 汽化冷却过程

汽化冷却的基本过程是：水进入冷却水管被加热到沸点，呈气水混合物，伴随水的汽化吸收大量汽化潜热。气水混合物进入汽包分离，分离出的热水又进入冷却水管中循环使用，分离出的蒸汽（气压最高可达 2MPa）从汽包上端引出以供使用。整个过程只需补充转换成蒸汽的那部分水量。

汽化冷却系统包括软化水装置、供水设施（水箱、水泵）、冷却构件（加热炉中主要是炉底水管）、上升管、下降管、汽包等。

2. 汽化冷却循环方式

按循环制度分为自然循环及强制循环两类，见图 2. 3. 33 和图 2. 3. 34。

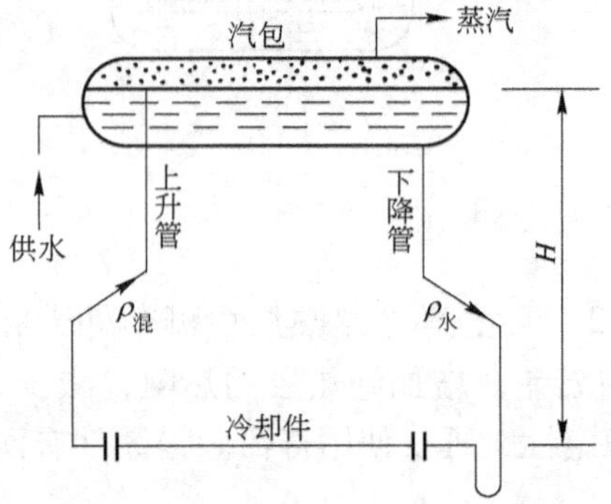

图 2. 3. 33　自然循环汽化冷却系统

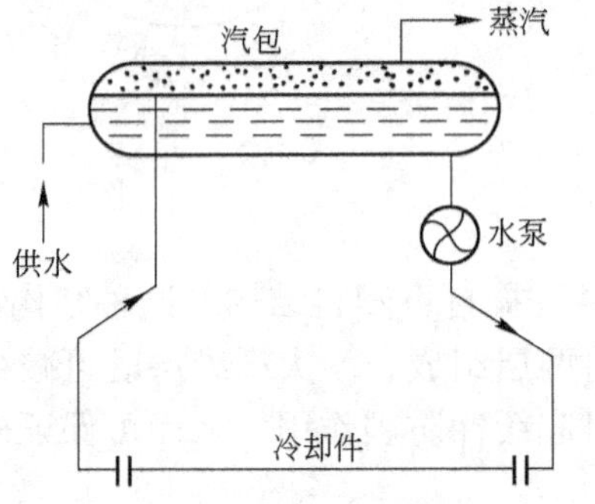

图 2. 3. 34　强制循环汽化冷却系统

（1）强制循环需要额外消耗电源动力，增加能量消耗和经常运行的费用，故一般采用自然循环。在现场有时因汽包位置及管路的布置受到限制，则采用强制循环。

（2）自然循环的基本原理很简单，从图 2. 3. 33 中看出，水从汽包进入下降管流入冷却件中被加热至沸点呈汽水混合物，由上升管进入汽包。因汽水混合物的密度 $\rho_{混}$ 比水的密度 $\rho_{水}$ 要小，故下降管内水的重力大于上升管内汽水混合物的重力，两者重力差 $H(\rho_{混}-\rho_{水})g$ 即为循环动力。可看出汽包位置越高（H 越大）或汽水混合物含汽量越多（$\rho_{混}$越小），则自然循环动力越大。在布置管路时，首先，要考虑的是有利于产生较大的循环动力。其次，是要尽量减少管路阻力。可以看出，H 大则可增加循环动力，但管路阻损也要增加很多，同时循环流速增大，会使汽水混合物中含汽量减少，反过来影响上升动力。同时汽包的位置过高建设投资也增加，因此 H 也不宜过大。

我国加热炉自然循环系统有三种形式：

1）上升管与下降管均为集气管的系统，如图 2. 3. 35 所示。这种布置结构简单，但各管之间可能产生干扰。

2）上升管与下降管均为单回路系统。这种系统布置安全可靠，但管路多、结构复杂，投资大。

3）下降管为集气管系统，上升管为单管系统，这种结构的优缺点显然介于两者之间，其布置方式如图 2. 3. 36 所示。

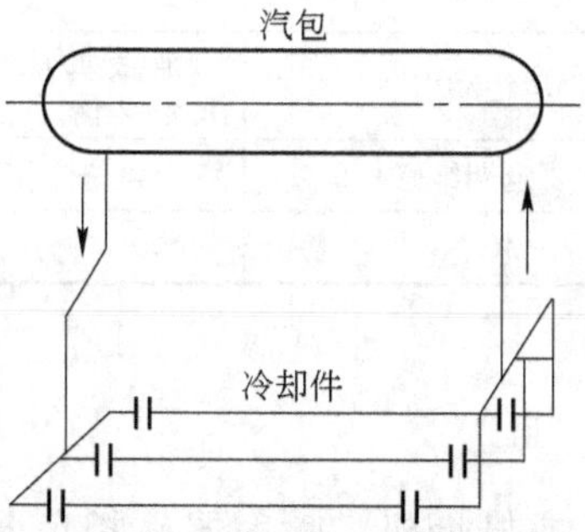

图 2. 3. 35　上升管与下降管均为集气管

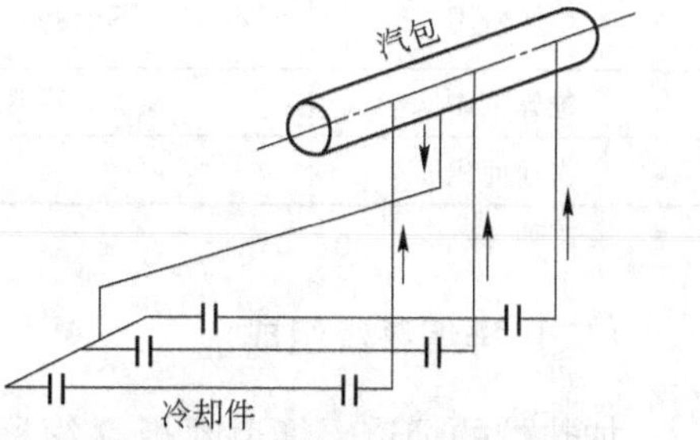

图 2. 3. 36　下降管为集气管

五、排烟系统

（一）排烟方式

加热炉的排烟方式分为自然排烟和机械排烟两种。前者指烟囱排烟、直接排放和依靠自然抽力的排烟罩等；后者指排烟机排烟、喷射排烟。

1. 自然排烟

在自然排烟方式中，烟囱自然排烟是加热炉采用的一种主要排烟方式。

2. 机械排烟

当炉子排烟系统阻力较大，不便于自然排烟或有其他特殊需要时，可以采用机械排烟。

（1）直接式机械排烟。直接式机械排烟采用排烟机。排烟机可以选用标准产品，其使用温度为200℃，最高不得超过250℃。排送温度超过250℃的烟气时，要将烟气预先渗冷或用其他办法降温后再进入排烟机。必须直接排送高温烟气时，要采用特殊设计的排烟机。

（2）间接式机械排烟。通常间接式机械排烟采用喷射器所用的喷射介质为蒸汽、压缩空气或鼓风机送风。采用喷射器排烟可以不受烟气温度和烟气含尘量的限制，但动力消耗要比排烟机增加 1. 5 ~ 2 倍。

有些间断操作的炉子，为了能在点火后快速升温，并且减少排烟设施的基建投资，可以考虑采用喷射排烟。有些烟囱感到抽力不足时，也可采用喷射器增加抽力。

(3) 自然排烟和机械排烟的比较。自然排烟和机械排烟的简单比较如表2.3.2所示。

表2.3.2　自然排烟和机械排烟的比较

排烟方式	烟囱自然排烟	排烟机排烟	喷射排烟
产生抽力大小	不可能很大	大	较大
对烟气温度要求	要求较高的温度	通过排烟机的温度一般不超过200℃	不受烟气温度限制
产生抽力快慢	点火后必须有一段时间烘热烟道和烟囱，然后逐渐形成抽力，故不便于快速升温	排烟机启动后就能达到额定的抽力，便于间断操作炉子的快速升温	同排烟机排烟
基建投资费用	高	低	低
生产费用	不消耗动力	消耗动力	消耗动力比排烟机多1.5~2倍
维修工作	基本上不需维修	要定期维修	维修工作不多
占地面积	大	较小	小

(二) 排烟系统组成

加热炉的烟道、烟道闸板（简称烟闸）及烟囱（或排烟机、喷射器）担负着炉内烟气顺利排出的作用，烟闸还起着调节炉膛压力的重要作用。烟气的排出是否合理，对炉子的热工状态有直接的影响。

1. 烟道

烟道的布置原则是尽量短，转弯尽量少，断面尽量少变化，以减少废气流动的压头损失。加热炉的烟道大多布置在地下，一般最少应使烟道在地面以下300mm。烟道在地下水位以下时，要有防水措施以防烟道集水。

烟道常用砖砌造，底部采用混凝土基础（小炉子也可以用沙石），为了防止基础温度过高，底部砌砖可采用硅藻土砖或其他绝热材料做绝热层，绝热层上再铺半块黏土砖。烟道内部用黏土砖，外部用红砖。烟道的拱顶通常采用半圆拱，也有用60°标准拱的，无论何种拱顶，其上部都不允许承受载荷。为了便于烟道施工及烟道的选择，可根据气体力学算出烟道截面积，再按有关标准烟道系列尺寸选用。

2. 烟道闸板

烟道闸板简称烟闸。废气温度低于400~700℃时烟闸可用铸铁或铸钢制成；高于700~900℃时则需用耐热钢或水冷内衬耐火砖制成。

烟闸尺寸已标准化。烟道断面一经选定，就可选择配套烟闸尺寸。

烟闸的作用是改变烟道系统阻力，借以达到调节炉压的目的。烟闸的安装位置要便于操作及维修，烟闸可用人工调节，在自动调节炉膛压力时，烟闸与执行器相连。烟闸有提升式及旋转式两种，前者应用较多。

3. 烟囱

烟囱是常用的排烟装置，它不仅起排烟作用，而且有保护环境的作用。烟囱有金属制的、砖砌的及混凝土制的三种。

目前，设在车间外面的烟囱，低于 60m 的大都用砖烟囱，高于 60m 的大都用钢筋混凝土烟囱。设在车间里面或直接从炉顶排烟大都采用金属烟囱。

金属烟囱寿命低，易被腐蚀，但建造快，造价低，在小炉子上可采用。当温度高于 350℃时，金属烟囱就要砌内衬。350 ~ 500℃时用红砖砌高 1/3；500 ~ 700℃时全高砌红砖，700℃以上全高砌黏土砖。

工业烟囱已标准化，为方便砌筑，可以根据烟囱高度、出口直径、底部直径按标准系列尺寸选用，如表 2. 3. 3 所示。

表 2. 3. 3 工业用烟囱系列

上口内径/m	0. 8	0. 9	1. 0	1. 2	1. 4	1. 6	1. 8	2. 0	2. 2	2. 5	2. 8	3. 0	3. 2	3. 5
上口面积/m^2	0. 503	0. 636	0. 785	1. 13	1. 54	2. 01	2. 54	3. 14	3. 80	4. 91	6. 16	7. 07	8. 04	9. 62
烟囱高度/m	20	25	25	25	25	30	30	30	30	35	35	45	50	55
	25	30	30	30	30	35	35	35	35	40	40	50	55	60
			35	35	35	40	40	40	40	45	45	55	60	65
				40	40	45	45	45	45	50	50	60	65	70
					45	50	50	50	50	55	55	65	70	75
								55	55	60	60	70	75	80
									60	65	65	75	80	
											70			

六、余热利用系统

（一）余热利用特点

从加热炉排出的废气温度一般在 800 ~ 1200℃，它带走的热量占供入炉内燃料带入热量的 30% ~ 80%，热损失大，热效率低，必须进行余热利用。回收这些热量的设备称为余热利用设备，常用的有换热器、蓄热室、余热锅炉（用余热来加热水产生蒸汽）等。

目前余热利用是用废气余热来预热空气及煤气，将烟气中的物理热回收一部分后再参与燃烧，将这部分热送入炉中。

余热利用设备利用高温烟气预热空气及煤气的主要目的可归纳为以下两点：

1. 节约燃料

利用烟气余热来预热空气及煤气可以节约燃料消耗量。节约燃料的百分数可用下式计算。

$$\eta_{燃} = \frac{Q_{物}}{Q_{DW} + Q_{物} - Q_{烟}} \times 100\% \quad (2.3.2)$$

式中 $\eta_{燃}$——燃料节约率（占炉子用冷空气工作时燃料消耗量的百分数），%；

Q_{DW}——燃料的低发热量，kJ/(m^3 · kg)；

$Q_{物}$——对应单位燃料空气或煤气所带入炉内的物理热，kJ/(m^3 · kg)；

$Q_{烟}$——对应单位燃料所带走的物理热，kJ/(m^3 · kg)。

图 2. 3. 37 是对不同燃料、空气预热温度与燃料节约率的关系。由图中看出，在相同的烟气温度下，空气预热温度越高，燃料节约的百分数越大。而且，燃料的发热量越低，

节约效果也越显著。可见，不同燃料空气预热到同一温度时，低发热燃料的节约效果更显著。

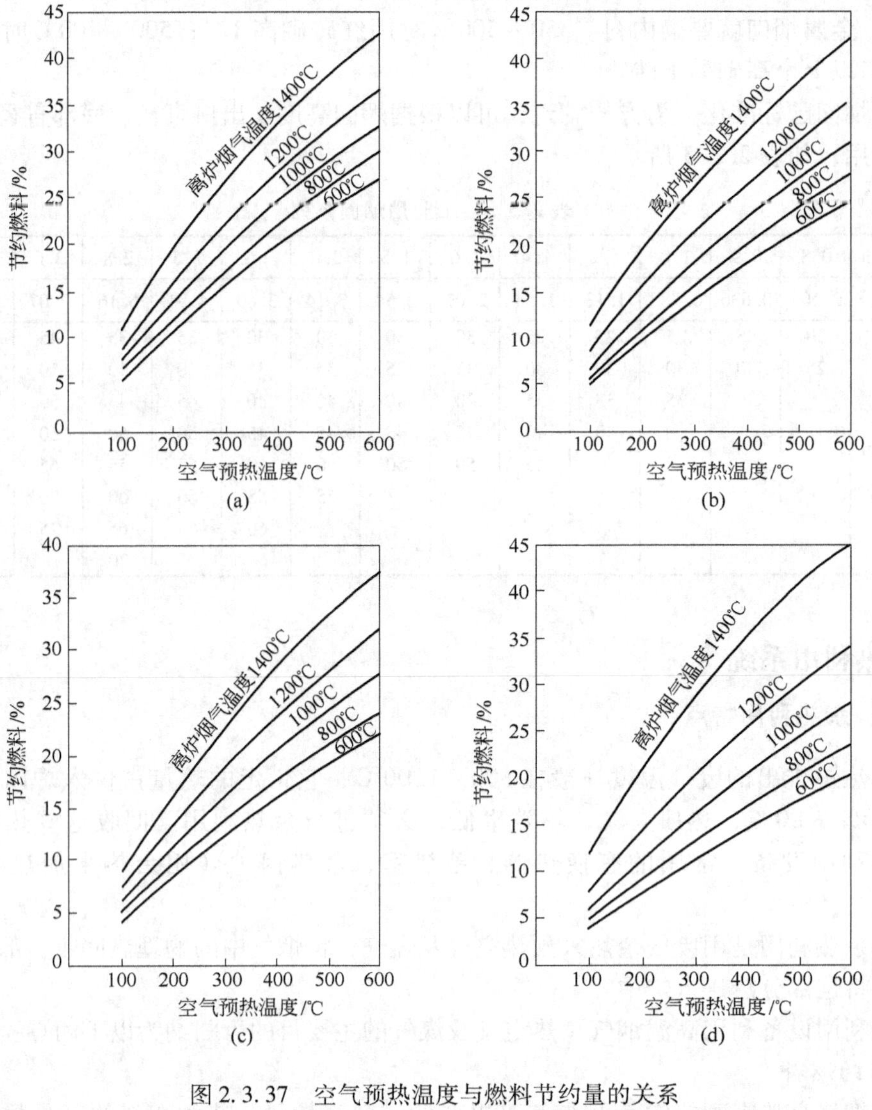

图 2.3.37　空气预热温度与燃料节约量的关系

（a）烟煤 Q_{DW} = 22119kJ/kg（6500kcal/kg）；（b）燃油 Q_{DW} = 41033kJ/kg（9800kcal/kg）；

（c）焦炉煤气 Q_{DW} = 18213kJ/m^3（4350kcal/m^3）；（d）发生炉煤气 Q_{DW} = 5652kJ/m^3（1350kcal/m^3）

2. 提高燃烧温度

有些燃料的发热量很低不能满足加热工艺的要求，例如加热炉用高炉煤气或其他低热值煤气作燃料时，就必须预热空气和煤气来提高燃烧温度，以保证钢料的加热温度、合理的产量和热耗。对高发热量燃料、预热空气及煤气同样会提高燃烧温度，从而会提高产量，降低热耗。由于高发热量燃料燃烧所需空气量大，烟气生成量多，所以预热空气的意义更大。据计算，一般钢料加热炉用燃料的量热计温度不得低于 1700 ~ 1800℃，否则必须预热空气或煤气才能达到所要求的燃烧温度。对高温熔炼炉，则量热计温度不得低于

2000℃，实际上很难有一种燃料能达到这个要求，因而预热空气及煤气就成为必不可少的措施了。

3. 提高燃烧效率

采用预热空气燃烧液体燃料时，能使油雾的汽化加速，油的燃烧完全。气体燃料在空气及煤气预热时，也能加快燃烧速度和改善燃烧的完全程度。

（二）余热装置

1. 余热锅炉

采用余热锅炉，利用工业炉排出烟气的热量来产生蒸汽或供水供生产或生活使用，这个措施在我国已得到推广。例如，在均热炉或大型连续加热炉上，换热器出来的废气温度仍有 500 ~ 600℃甚至更高，在空气预热设备后面再安装余热锅炉，可再回收约 50% 的热量，使废气温度下降到 150 ~ 200℃。

余热锅炉和一般燃料锅炉比较，有它的热工特点：

（1）烟气温度比较低，但流量较大；

（2）烟气温度直接受工业炉操作影响，温度及产生蒸汽量是不稳定的、波动的。

和普通锅炉一样，余热锅炉也分为火管式和水管式两大类。与普通锅炉不同的是，余热锅炉一般烟气温度较低，同样的受热面积，单位时间产生的蒸汽量只是普通锅炉的三分之一。

火管式余热锅炉如图 2. 3. 38 所示。烟气通过管内，水在管外吸热和蒸发。主要热交换面是火管，所以要求烟气通过管内有较高的流速（20m/s 左右）。为此余热锅炉后面都安装抽风机。火管式锅炉热效率较低，工作压力也低，但对水质的要求不高。

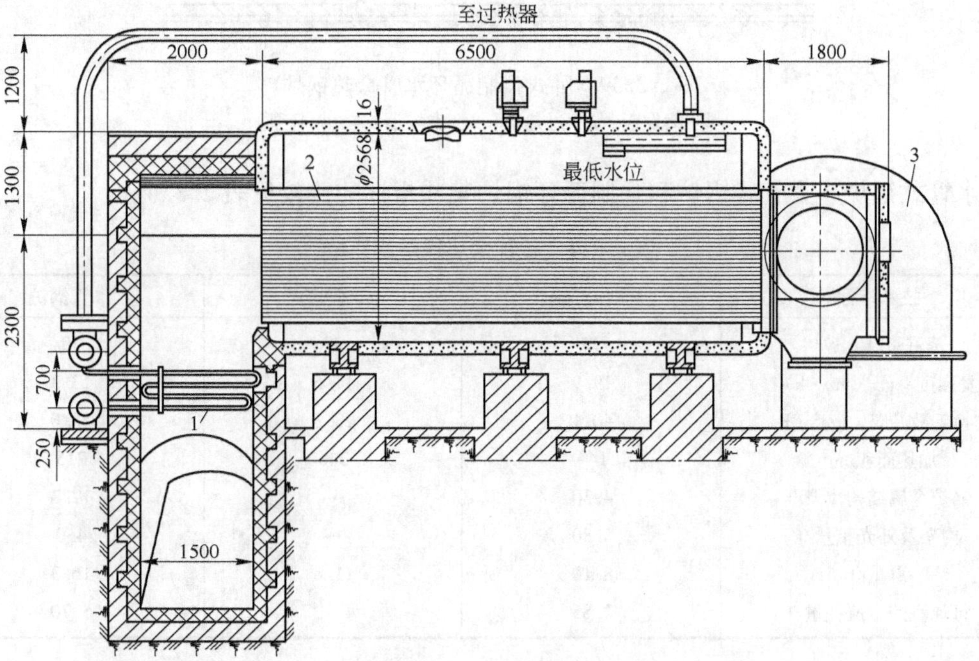

图 2. 3. 38 火管式余热锅炉

1—过热器；2—火管；3—抽风机

水管式锅炉是水在管内流动，烟气在外面加热水管。根据汽水循环系统的特点，又分为自然循环式和强制循环式两种。自然循环水管式锅炉内汽水循环的原理与汽化冷却的自然循环一样，利用上升管内受热强度大，产生的蒸汽多，因汽水混合物密度小，水气向上走；另一些管子在低温处，受热强度小，水多汽少，因汽水混合物密度大，水气向下走，称为下降管，这样形成循环。图 2. 3. 39 是强制循环水管式锅炉示意图，它的汽水循环是靠泵来实现的。蒸发面是锅炉产生蒸汽的主要部件，全部或绝大部分蒸汽都在这里产生，然后汽水混合物进入汽包，汽和水在包里分离。汽包出来的蒸汽再进入蒸汽过热器进一步提高温度，以得到外界所需要的蒸汽温度。省煤器（又称节热器）的作用是预先提高锅炉给水温度。与自然循环的锅炉相比，强制循环锅炉的水循环比较稳定。即使烟气温度与流量发生波动，汽水循环仍可保持稳定。但强制循环锅炉对水质的要求比较高，设备也较为复杂。

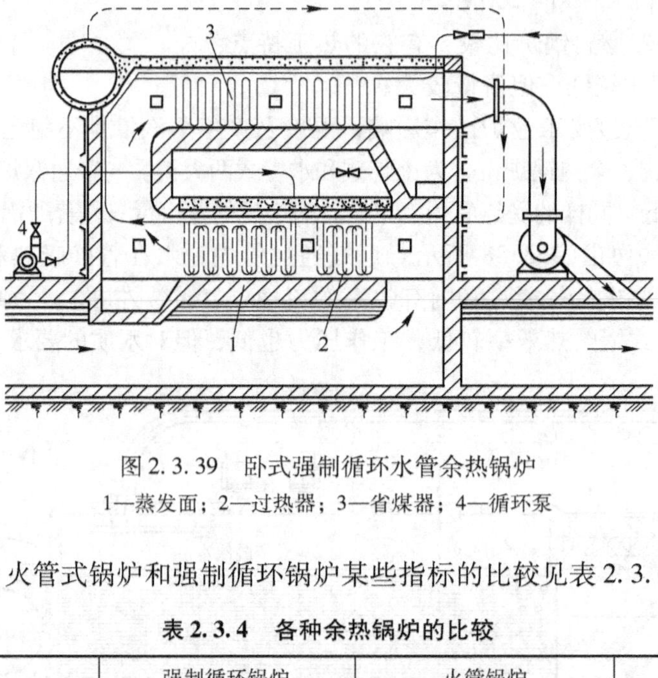

图 2. 3. 39　卧式强制循环水管余热锅炉

1—蒸发面；2—过热器；3—省煤器；4—循环泵

水管式锅炉、火管式锅炉和强制循环锅炉某些指标的比较见表 2. 3. 4。

表 2. 3. 4　各种余热锅炉的比较

技术指标	强制循环锅炉	火管锅炉	水管锅炉
蒸汽量/$t \cdot h^{-1}$	29	29	29
蒸发强度/$kg \cdot (m^2 \cdot h)^{-1}$	19. 9	11. 6	13. 3
热交换系数/$kW \cdot (m^2 \cdot h)^{-1}$	40. 1	23. 3	26. 8
加热面积/m^2	144	246	215
锅炉金属结构重量/t	4. 30	—	12. 3
构架及外壳重量/t	3. 80	—	4. 0
总重/t	8. 10	11. 8	16. 3
每吨汽的金属耗量/t	2. 85	4. 12	5. 70

2. 换热器

换热器是用得最普遍的一种余热利用设备。利用炉子中排出的废气通过换热器来预热空气或煤气。这里所说的换热器是狭义上的换热器，即间壁式换热器，它是指热烟气（热流体）与被预热的空气、煤气（冷流体）在壁的两侧流动，经过间壁进行热交换，热流体逐渐被冷却而冷流体逐渐被加热的一种连续工作的换热器。根据间壁的材料，分为金属及陶瓷两类换热器；按其结构特点分为列管式、套管式、针状管式、辐射式等。

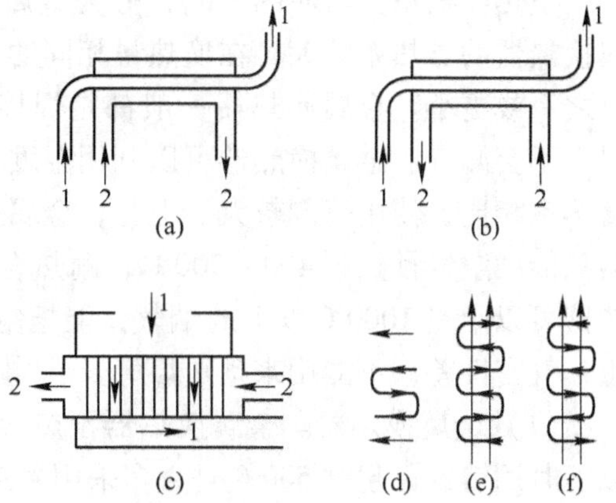

图 2. 3. 40 换热器内气体流向
（a）顺流式；（b）逆流式；（c）交叉式；
（d）折流式；（e）正交顺流式；（f）正交逆流式

根据换热器内气体流动的特点，换热器可分为三种形式：顺流、逆流、交叉流，如图 2. 3. 40a、b、c 所示。

顺流式是指换热器内废气与空气平行地向同一方向流动；逆流式是指废气与空气流动的方向相反；如果两股气流互相垂直，则称为交叉流。除了这些基本形式以外，废气与空气的流动方式还有很多，是这三种基本形式的综合，如图 2. 3. 40d、e、f 所示的折流式、正交顺流式、正交逆流式等。

换热器内气体流动的方式不同，它的热工特点也不同，图 2. 3. 41 是顺流、逆流换热器内温度的分布情况。如图 2. 3. 41 所示，在进入换热器的废气温度相同的条件下，逆流能比顺流将空气预热到更高的温度。在其他条件相同时，逆流的传热量比顺流高，逆流式换热器比顺流式换热器紧凑。从换热器壁的工作条件来看，顺流式比较有利。由图 2. 3. 41 可见，换热器壁的温度，对于顺流式换热器两端几乎相等，其最高温度比逆流式低，换热器不易变形损坏，可以用比较便宜的材料来制作。在逆流式换热器中，高温端的器壁温度接近废气入口温度，两端温度差大。这就对器壁材质提出较高的要求，同时由于两端温差大，容易变形损坏。生产中多采用逆流式或是把几种流动方式结合起来的换热方式。

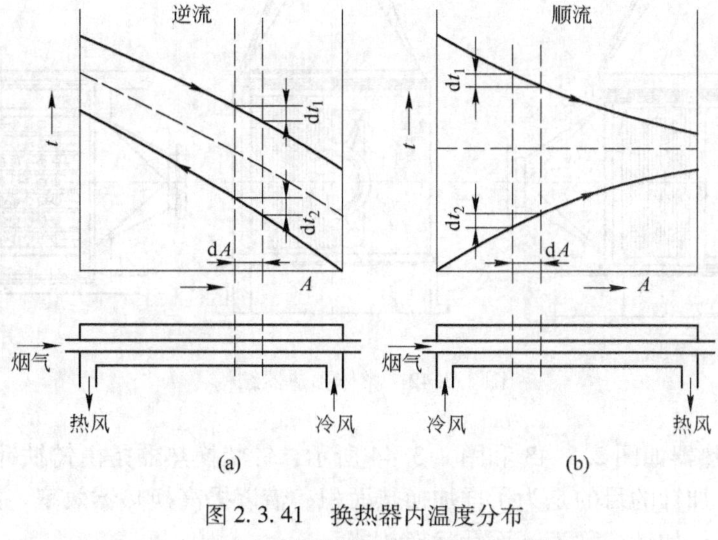

图 2. 3. 41 换热器内温度分布
（a）逆流式换热器；（b）顺流式换热器

换热器根据其材质的不同，分为金属换热器和陶土（耐火材料）换热器两大类。金属换热器的导热系数大，在换热量相同的条件下，它所占的体积小，只有陶土换热器的十分之一或更小。金属换热器一般都是焊接的，气密性好，当使用较大压力提高空气流速时，不会漏气。金属换热器可以利用温度较低的废气（约500～700℃），与陶土换热器和蓄热室相比，使用范围较大。但是，金属换热器所能承受的温度有限，一般钢质金属换热器只能把空气预热到400～500℃，耐热合金换热器也只能预热到600～700℃。而陶土换热器可以承受1000℃以上的烟气，能把空气预热到600～700℃以上。陶土换热器比较笨重，气密性差，不能用来预热煤气。

（1）金属换热器。金属换热器预热温度在350℃以下时可以用低碳钢来制作；500℃以下时用铸铁；超过500℃时大多采用耐热合金钢。表2.3.5给出了几种材料的最高使用温度。从表2.3.5中可见渗铝钢的使用温度可高达700℃，所以生产中大多采用铸铁及渗铝钢，如无特殊需要一般不用价昂的合金钢。

表2.3.5　几种材料的最高使用温度

材　　料	器壁最高允许使用温度/℃	材　　料	器壁最高允许使用温度/℃
铸铁	550～600	表面渗铝碳钢	650～700
耐热铸铁	600～650	耐热钢（1Cr18Ni9）	800
耐热球墨铸铁	650～700		

1）整体换热器如图2.3.42所示，空气与烟气管道垂直排列，整体浇注而成，结构简单，安拆方便，耐热性好，可用在烟气温度为1000～1100℃的场合，但过于笨重，金属消耗量大，多用于小型高温室状炉及分段快速加热炉上。

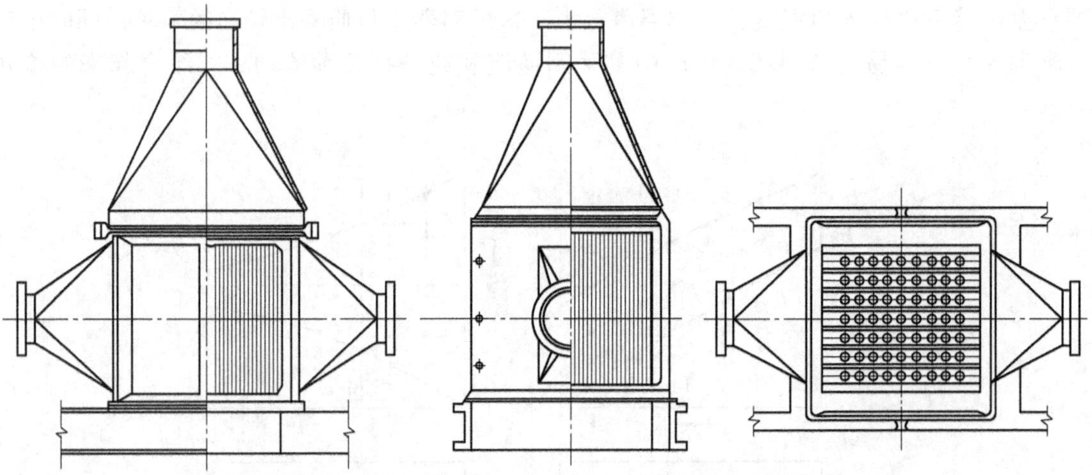

图2.3.42　整体预热器结构

2）针状换热器如图2.3.43和图2.3.44所示，针状换热器是由铸铁针状管组合而成，目前已标准化。加针的目的是为了增加换热面积，借以提高换热器效率。如果烟气中灰尘很多，烟气侧不可加针，称为一面针状换热器。

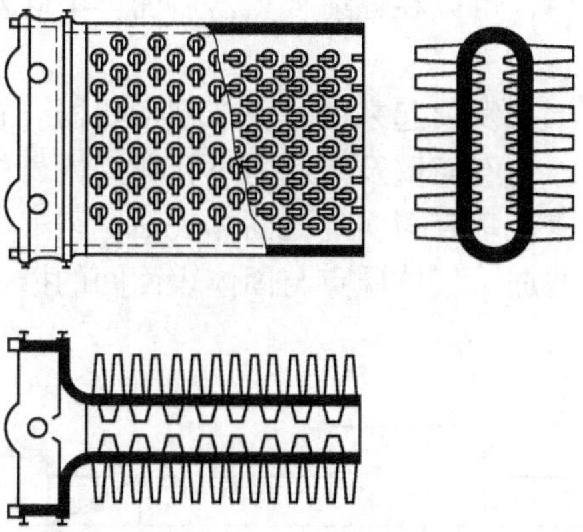

图 2.3.43 针状管

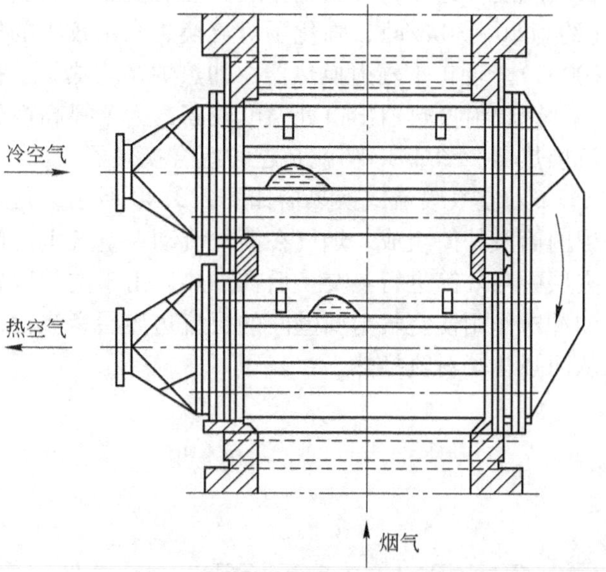

图 2.3.44 针状换热器安装图

这种换热器组装灵活，适用范围广。但由于各针状管之间用法兰连接，因之气密性差，只用来预热空气。空气预热温度在 400 ~ 500℃以内，烟气进入换热器的温度不得超过 800 ~ 900℃，否则应加接保护用整体管。

3）管状换热器如图 2.3.45 所示，管状换热器由壁厚 3 ~ 5mm，直径 10 ~ 150mm 的钢管制成。空气流速为 10 ~ 15m/s，煤气流速为 2 ~ 4m/s。由于制作简单，材料供应方便，气密性好，体积也较小，所以常被采用。但是换热效率低，预热温度低。

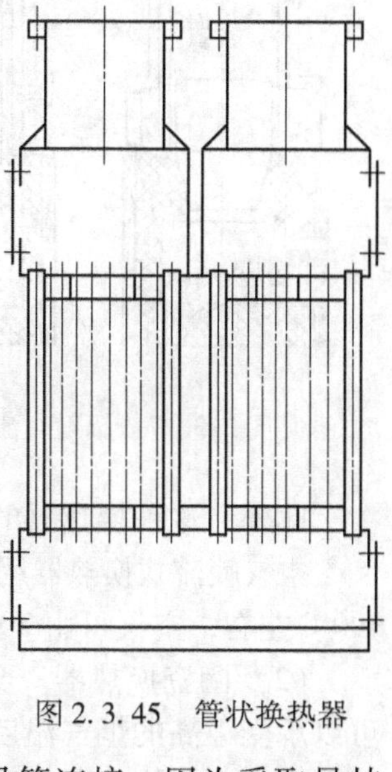

图 2.3.45 管状换热器

管状换热器一般安在烟道内，可以垂直安放也可以水平安放。空气（或煤气）在管内流动，烟气从管外流过。空气经冷风箱均匀进入换热器的管子，经几次反复流动被加热后由热风箱送出。

管状换热器的结构形式很多，图 2.3.45 是其中的一种形式。冷空气由上方一端进入，向下流动到集气箱再向上流动，从上方的另一端流出热空气。它的钢管与钢板的上底层及下底层焊接在一起再与风箱连接。因为采取吊挂的形式，所以管子有一定胀缩余地。

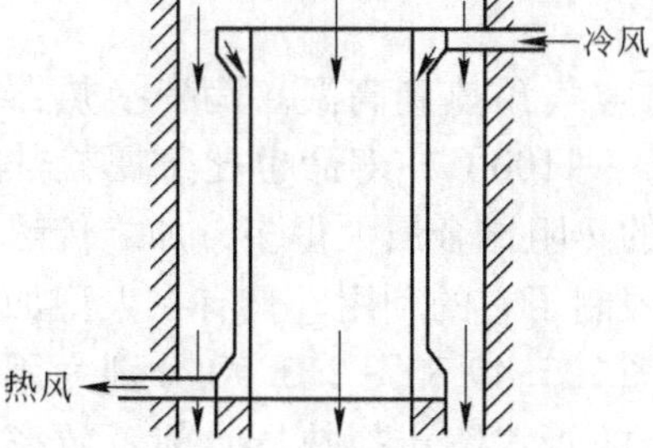

图 2.3.46 辐射换热器

4）辐射换热器如图 2.3.46 所示，当出炉废气温度较高时（1000 ~ 1300℃），以安装辐射换热器为宜。这种换热器的特点是，废气通过大面积的通道，有足够的气层厚度，这样就可以充分发挥辐射换热的效能。另外，空气通道比较窄，空气流速很大（约为20~30m/s），强化了对流换热，用较小的换热面积即可将气体预热到高温（600~700℃）。近年来辐射换热器在加热炉及均热炉上被广泛使用。

因辐射换热器出口处温度较高，为了提高换热效率，可以在辐射换热器后面再串联对流换热器。图2.3.47就是这种组合换热器。

5）空气喷流式换热器如图2.3.48所示，是近些年来发展起来的一种新型换热器。它由内筒及外筒组成。烟气在筒外流动；空气由内筒流入，经筒壁及筒底的小孔喷入内外筒夹层中与外筒进行热交换后被加热。由于空气以较大速度垂直喷向外筒固体表面，因气流的冲击作用使空气与筒壁间的层流边界层紊流化，即增加了气体质点与固体表面间的撞击从而强化了对流换热。

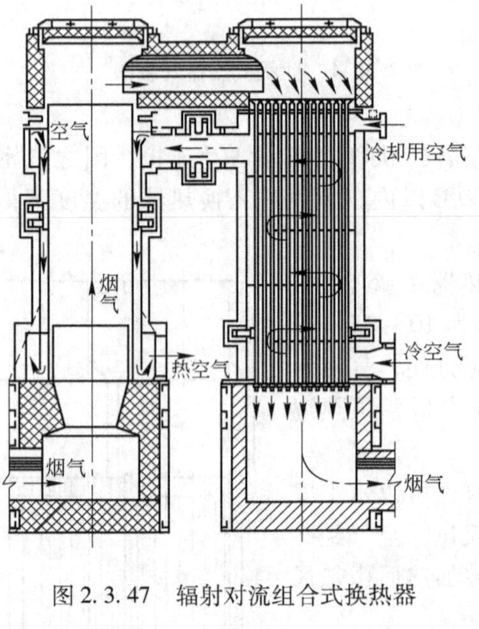

图2.3.47　辐射对流组合式换热器

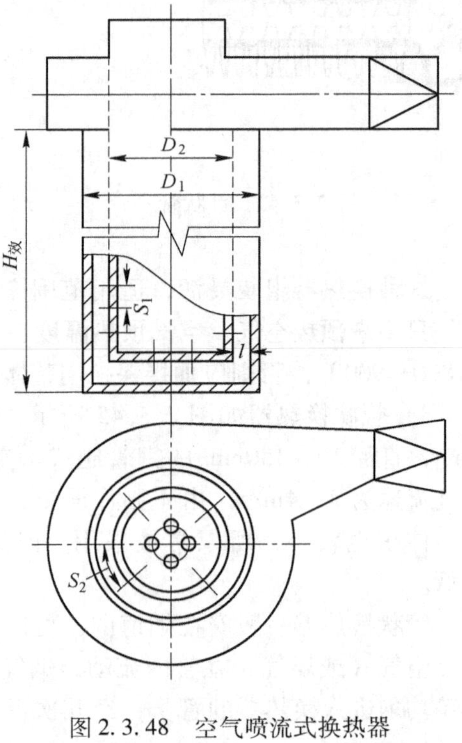

图2.3.48　空气喷流式换热器

此外，这种换热器的风压及壁温比普通换热器要高些。

空气喷流式换热器用在连续加热炉的余热锅炉之后，烟气温度由470~490℃降到370~390℃左右，空气可由20℃被预热到140~150℃左右。

（2）陶瓷换热器。金属换热器受到材质的限制难以将空气预热到高温。陶瓷换热器可以承受很高的烟气温度（1300℃），可将空气预热到800~1100℃，寿命也比金属换热器长。但这种换热器气密性差，不能预热煤气，又因陶瓷的热阻比金属大得多，加之传热系数小，预热温度相同时所需的换热面积大，体积庞大，限制了它的利用。只有在大型加热炉需要将空气预热到高温的情况下才采用这类换热器。图2.3.49和图2.3.50分别为用黏土质材料砌成的方孔式陶土换热器及用硫化硅材料砌造的管式陶土换热器，前者效率低，后者价格高。

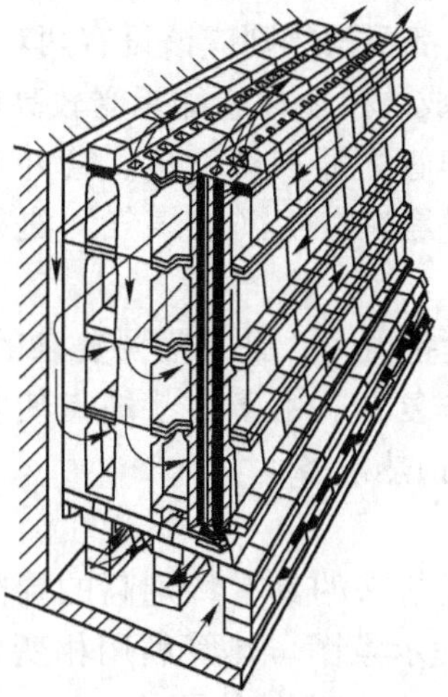

图 2.3.49　方孔式陶土换热器

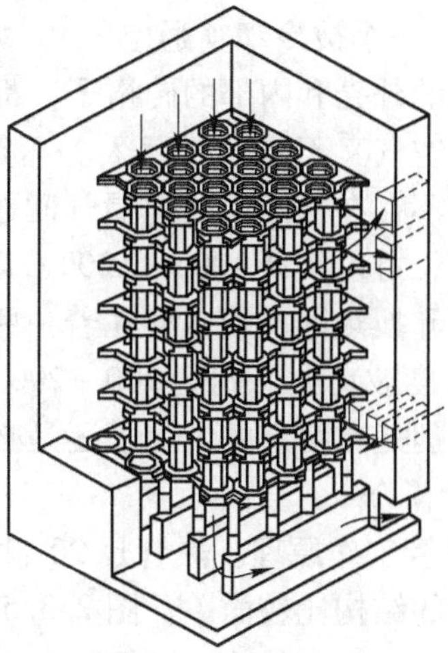

图 2.3.50　管式陶土换热器

3. 蓄热室

如图 2.3.51 所示。它的主要部分是用耐火砖堆砌成的砖格子。在工作过程中，废气由上而下先通过砖格子把砖加热，经过一段时间后，利用换向设备关闭废气通路，使空气由相反的方向通过蓄热室，这时空气从砖格子吸取热量而被加热。

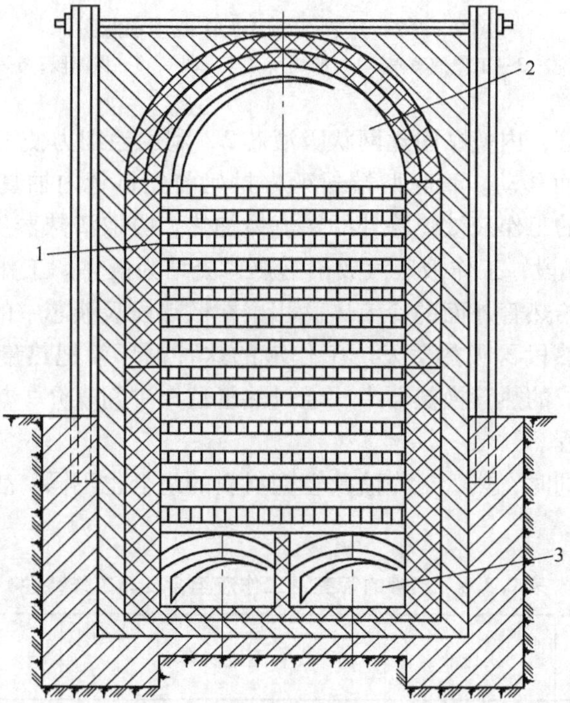

图 2.3.51　蓄热室

1—格子砖；2—上部空间；3—下部空间

由蓄热室工作过程可知：一个炉子至少应有两个蓄热室同时工作，一个被加热（通废气），而另一个被冷却（通空气）。如果空气和煤气都要预热则应该设有两对蓄热室。

蓄热室的外壳和内部的砖格子，都是耐火材料砌成的，所以它能承受较高的温度。而且，废气和空气又不是同时通入。不是像换热器那样管内通一种气体、管外通另一种气体，所以，不存在相互渗透的漏气问题。因此蓄热室是将空气（或煤气）进行高温预热的可靠设备，可以实现1000～1200℃以上的预热。

蓄热室和换热器比较也存在着一些缺点：(1) 设备庞大，并且需要复杂的换向设备；(2) 预热温度波动大（达到100～200℃）；(3) 操作复杂。由于这些缺点使它的使用受到了限制，但是在特定的情况下还是必不可少的一种预热设备。

4. 热管简介

(1) 热管工作原理。热管是20世纪60年代发展起来的具有特别高的导热性能的传热元件。它的结构比较简单，图2.3.52为其工作原理示意图。热管利用相变传热原理将冷流体加热，其内部传热速度极快，在钢铁企业中主要用于空气的预热。

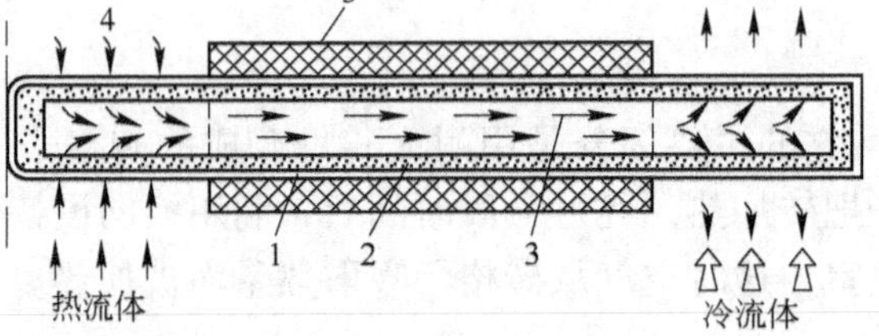

图2.3.52　热管结构及工作原理示意图

1—管壳；2—吸液芯；3—工作液蒸汽；4—加热段（蒸发段）；5—保温段；6—散热段（冷凝段）

管壳1采用金属管，内壁贴附丝网状吸液芯2，利用毛细力使工作液蒸汽3在吸芯内不受热管位置的限制而移动。管壳两端封死，封死前先将管内抽真空，灌入适量的工作液。工作时加热段4的工作液被热管外的热流体加热，吸取潜热蒸发，其蒸汽经保温段5流向散热段6。在散热段，工作液蒸汽放出潜热，凝结为液体。工作液蒸汽液化释放出来的潜热通过管壁传递给热管外面的冷流体。积聚在散热段吸液芯中的凝结液借助吸液芯毛细力的作用返回到加热段再吸热蒸发。工作液的这种循环就把热量从加热段传递到散热段，在由热管管束组成的热管换热器中，通过热管这个中间媒介，热流体的热量就可传给冷流体，实现传热过程。

工作温度范围不同时，热管工作液及管壳材料的组合也不同。表2.3.6示出了一些常用的组合。

表2.3.6　热管的管壳－工作液组合及其工作特性

工作温度范围 /℃	工作液	管壳材料	实测表面热流密度 $q\times10^4$/W·m^{-2}
-45～120	甲醇	铜、镍、不锈钢	75.5(100℃)
5～230	水	铜、镍、碳钢（经处理）	146(170℃)

续表 2.3.6

工作温度范围/℃	工作液	管壳材料	实测表面热流密度 $q\times10^4$/W·m^{-2}
150～350	导热姆 A	碳钢、铜、不锈钢	
400～800	钾	镍、不锈钢	181(750℃)
500～900	钠	镍、不锈钢	224(760℃)
900～1500	锂	铌+1%锆	207(1250℃)

从热管的工作过程可以看出，它实现了一种特殊的传热过程，热量从热管一端的热流体通过热管传递给位于热管另一端的冷流体。由于热管利用了相变传热原理，热管内部传热速度极快，元件传热速度取决于管壁与气流间传热的快慢。一般在热管两端装设翅片，增大传热面积，可改善热管的换热效果。

(2) 热管的应用。热管的优良特性使它在钢铁企业中获得了广泛的应用，例如用于回收高炉热风炉余热的单体式热管换热器，可将助燃空气预热到100℃以上，高炉风温提高40℃以上。热管换热器的密封性好，除用于空气的预热，还可用于预热煤气。

七、热工检测与自动控制系统

(一) 基本知识简介

检测就是使用专门的技术工具依靠实验和计算找到被测量的值（包括正负和大小）。目的是在限定时间内尽可能准确地收集被测对象的有关信息，以便掌握被测对象的参数和控制生产过程。例如，用测温仪表测量烟气温度及炉温的数值等。

测量就是用实验的方法和专门的设备，以同性质的标准量与被测量比较，并确定被测量对标准量的倍数（标准量应该是国际上或国家所公认的性能稳定的量）。上述定义的数学表达式如下

$$a=\frac{X_b}{U} \tag{2.3.3}$$

式中 X_b——被测量；

U——标准量（测量单位）；

a——比值（测量值）。

上式为测量的基本方程式，从式(2.3.3)中可见，a 的大小随所选用的标准量的大小而定，为了正确反映测量结果，常需在测量值 a 的后面标明标准量 U 的单位。例如，长度的被测量为 X_b，标准量 U 采用国际单位制——m，测量值的读数为 am。

测量技术基本包括：测量原理、测量方法和测量工具三个方面的内容。由于被测量对象、测量方法和测量参数的不同，测量的种类是很多的。热工检测只是在热工过程中对各种热工参数，如温度、压力、流量等的检测。热工检测的工具称为热工测量仪表。热工测量能为本专业热工过程的调试、运行及各项科学工作提供各种技术数据，它是保证连续化生产设备安全、经济与系统的节能及自动化运行的重要依据。

热工测量仪表为适应生产发展的需要而发展，又促进生产向更高级的阶段发展。科学技术的进步、新材料、新工艺、电子技术、计算机和技术的发展，以及物理学、自动控制理论的发展，均是热工检测仪表发展的基础。

在测量过程中，由于测量方法的不完善，测量工具的不精确，测量者的主观错误和客观条件不符合规定等原因，在测量过程中得到的测量结果与被测量的真实值之间存在一定的差值，这个差值就称为误差。

误差的表示方法有绝对误差、相对误差、引用误差。

测量是人类认识事物本质所不可缺少的手段。通过测量和试验能使人们对事物获得定量的概念和发现事物的规律性。科学上很多新的发现和突破都是以实验测试为基础的。可以说，没有测量，就没有科学。因此，测量技术在各个领域，在科学研究的各个部门以及在人们的日常生活中都有广泛的应用。

(二) 检测仪表的基本组成

如前所述，加热炉热工参数可归纳为温度、压力、流量等几个基本物理量及燃烧产物成分的分析等。对温度、压力、流量等可采用专门仪表进行检测及调节，如温度测量（调节）仪表等；对燃烧产物成分分析可用专门的气体分析器进行检测及调节，这类专门仪表称为基地式仪表。随着科学技术的发展，为了适应全盘自动化的需要，要求检测及调节仪表系列化、通用化，因而20世纪60年代初期开始出现单元组合仪表。我国60年代中期开始研制，经过不断改进已成套生产。单元组合仪表类似玩具积木一样，利用几种基本单元可以构成不同用途不同方式的检测及调节系统，它广泛应用于化工、电力、冶金、轻工等各工业部门。大型加热炉大多数也都采用这类仪表。

对热工参数进行检测，无论采用哪类仪表，大体上由下列基本部分组成：

(1) 检测部分：它直接感受某一参数的变化并引起检测元件某一物理量发生变化，而这个物理量的变化是被检测元件的单值函数。检测部分常称为感受元件或传感器。

(2) 传递部分：将检测元件的物理量变化传递到显示部分去。

(3) 显示部分：感受检测元件的物理量变化，将其显示出来。可以直接显示物理量的变化，也可根据函数关系显示待测参数的变化，前者多在实验室中采用，后者大多在生产中被采用，因为它比较直观，常称显示仪表。

至于调节部分，在基地仪表中一般与显示仪表合在一起，而在单元组合仪表中则是独立的单元。

由于电信号的传递比较迅速可靠，传递的距离也比较远，测量也较准确和方便，所以常将检测元件感受到待测参数变化而引起的物理量变化先转换为电信号再进行传递，这类转换装置称为变送器。也有将待测参数变化转换为气压信号进行传递的，它比电信号安全，但传送距离有限。

应着重指出的是：一个参数检测的正确与否，与检测元件的特性、检测点的选择、检测元件的安装是否得当、传递部分的正确使用、显示仪表的精度等有关。只追求仪表的精度而忽视其他因素显然是片面的。

（三）温度检测

温度是生产过程和科学实验中最普遍而重要的参数之一。冶金过程通常需要在一定温度条件下才能顺利进行。温度检测及控制，是确保冶金过程优质、高产、低耗和安全的一项重要技术。

温度是表征物体冷热程度的物理量。任何两个不同温度的物体接触时，相互之间必然要进行热交换，热量将由温度较高的物体传给温度较低的物体，直到二者冷热程度完全一致，即达到热平衡状态为止。据此，可以选择某一物体与被测物体相接触来测量它的温度。当两者达到热平衡时，通过测量被选物体的随温度变化的物理量（诸如体积、电阻、电动势、辐射强度等），可以定量地给出被测物体的温度数值。例如，用水银温度计测量水温时，可把温度计插到水中，待两者达到热平衡状态时，观察温度计内水银的体积变化（毛细管内的水银柱伸缩）来确定被测水温的高低。

1. 温标

测量必须将被测量同标准量进行比较。温度测量的标准称为温标。它是衡量温度高低的标尺，是温度这一物理量的数值表示方法。温标规定了温度的始点（即零度）和测量温度的基本单位——“度”。各种温度计的分度数值均由温标来确定。国际上普遍采用的温标有摄氏温标、华氏温标、热力学温标和国际实用温标。前两种温标已为人们熟知。热力学温标又称开尔文温标，是以热力学第二定律为基础的温标，它已由国际权度大会采纳，作为国际统一的基本温标。它规定分子运动停止时的温度为绝对零度。这是一种纯理论的、与物体任何物理性质无关的温标，存在着实验上的困难，不便于实际使用。因此，应当建立一种既符合热力学温标原理而在使用上又方便的温标，这就是已在全世界通行的国际实用温标。

国际实用温标是国际协议性的温标，已沿用数十年，几经修改。我国从 1973 年起正式采用这种新温标。它不仅与热力学温标相近，而且复现精度高，测量范围广，使用方便。

这一温标选择了一些纯物质的平衡温度作为温标的基准点；规定了不同温度间的基准仪器；建立了基准仪器的示值与国际温标间关系的补插公式，应用这些公式可以求出任何两个相邻基准点之间的温度值。

该温标规定，热力学温度是基本温度，用符号 T 表示。温度的单位是开尔文，用符号 K 表示，并定义开尔文一度等于水三相点热力学温度的 1/273.15。开尔文温度（T_{68}）和摄氏温度（t_{68}）间的关系是

$$t_{68}(℃) = T_{68}(K) - T_0(K) = T_{68}(K) - 273.15(K) \qquad (2.3.4)$$

T_{68} 和 t_{68} 的单位与热力学温度 T 和摄氏温度 t 一样，仍然用开尔文（K）和摄氏温度（℃）表示。在实际工作中，用 T 和 t 表示温度，不必另加“68”角码。当表示温度差和温度间隔时，1℃ = 1K。

温度测量范围甚广，测温仪表种类也很多。若按工作原理分，有膨胀式、压力表式、热电阻式、热电偶式及辐射式五类；按测量方式分，则可分为接触式和非接触式仪表两大类。各种温度计的分类及其主要特性列于表 2.3.7 中。

表 2.3.7　温度计的分类

温度计的分类		工作原理	常用测量范围/℃	主要特点
接触式仪表	膨胀式温度计 （1）液体膨胀式 （2）固体膨胀式	利用液体（水银、酒精等）或固体（金属片）受热时产生热膨胀的特性	-200 ~ 700	结构简单，价格低廉，一般只用作就地测量
	压力表式温度计 （1）气体式 （2）液体式 （3）蒸汽式	利用封闭在一定容积中的气体、液体或某些液体的饱和蒸汽受热时其体积或压力变化的性质	0 ~ 300	结构简单，具有防爆性，不怕震动，可作近距离传示，准确度低，滞后性较大
	热电阻温度计	利用导体或半导体受热后电阻值变化的性质	-200 ~ 650	准确度高，能远距离传送，适于低、中温测量；体积较大，热惯性较大，对温度波动较大，时间常数较小的测温对象不适合
	热电偶温度计	利用物体的热电性质	0 ~ 1600	测温范围广，能远距离传送，适于中、高温测量；需自由端温度补偿，在低温段测量准确度较低
非接触式仪表	辐射式温度计 （1）光学式 （2）比色式 （3）红外式	利用物体辐射能随温度变化的性质		适用于不能直接测温的场合，测温范围广，多用于高温测量；测量的准确度受环境条件的影响，需对测量值修正后才能获得真实温度

温度计主要由感温元件和显示仪表两大功能部件组成。感温元件用以感受温度的变化并转换成与之呈单值关系的某些物理量；显示仪表用以测量这些物理量并以温度刻度的表示来显示。

（1）热电偶。热电偶高温计是使用最广泛的测量温度的工具。它与别的高温计比较有许多优点：构造简单、使用方便；测温范围较宽，一般可测 -50 ~ 16000℃；有较高的准确度及灵敏度；示数可以传达到很远的地方；读数可以自动记录等。

热电偶高温计测量系统的原理接线如图 2.3.53 所示，一般由下列部件组成：热电偶元件、二次仪表、补偿导线、自由端温度补偿器、多点转换开关。

热电偶的感温元件是两根不同材料的导线，其一端彼此连接，当连接的一端与不连接

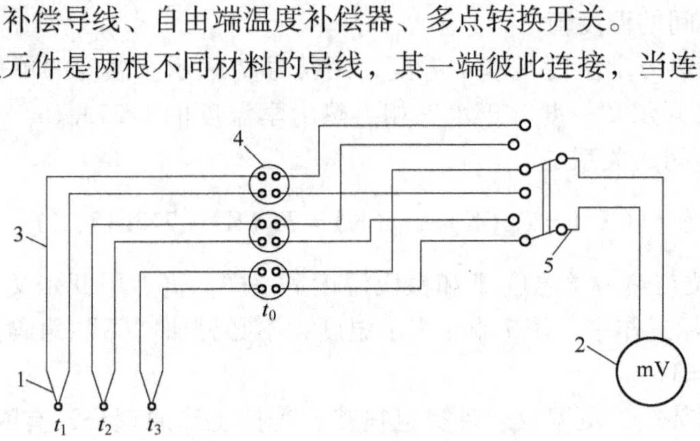

图 2.3.53　热电偶高温计测量系统的原理接线

1—热电偶元件；2—二次仪表；3—补偿导线；4—温度补偿器；5—转换开关

的一端有温差时，即产生电动势，温差越大，产生的电动势越大，温差作为电动势的函数由二次仪表显示出来。作为热电偶感温元件的两根导线称为热电极，其连接的一端称为工作端（或称热端、焊接端）；非连接的一端称为自由端（或称冷端、开口端，当使用补偿导线作为热电偶延伸部分时，自由端将延至补偿导线的开口端）。因工作端与自由端间的温差而产生的电动势常称为热电偶的热电势，在相同的温差条件下，热电偶的热电势随热电极的材质而异。对于各种不同材料的热电偶，其温度与热电势的相应关系常用分度表或分度曲线形式示出，在进行测量时，只要已知各热电阻的分度特性，并计入自由端温度修正值，即可求得工作端所在点的被测温度。

使用热电偶高温计测量温度是有误差的，因此，除经常注意校对外，在安装热电偶时，应注意符合以下要求：

1）安装热电偶要注意检测点附近的炉墙及热电偶元件的安装孔皆须严密以防漏风，不应将测点布置在炉膛或烟道的死角处。当用热电偶高温计测量炉墙温度时，只能测出热电偶处炉墙大致的温度，当用热电偶高温计测量炉气的温度时，要把它插在气流速度最大的地方，例如，测烟道废气温度，要把热电偶高温计的顶端伸到烟道的中间。

2）要避免或尽量减少热量沿着热电偶电极及保护管等元件的传导。在测量管道内的工质温度及物体表面温度时尤应注意。

3）要避免或尽量减少热电偶元件（工作端及保护管等）与周围器壁或管束等的辐射热，这对于测量炉气或废气温度尤为重要。

4）当所测温度超过 500～600℃ 而无附加水冷套管时，应采取措施防止保护管变形弯曲。

5）组装热电偶时，必须避免激烈的弯折或捶击电极线，因为这样会破坏金属内部组织的均匀性而影响其热电特性。

6）此外，热电偶插入炉内的长度应适当，插入得长，测量出的温度就高，反之就低。

（2）热电阻式。根据金属导体或半导体受热后，其电阻值变化的原理所制成的感温元件称为热电阻。

在温度检测仪表中，热电阻的测量准确度高，在较低的温度（300℃以下）范围与热电偶相比，有较高的灵敏度，因此在中低温（-200～650℃）测量中得到了广泛的应用。

用来制作热电阻的材料必须有较高的电阻温度系数；电阻与温度间呈良好的线性关系；在使用温度下它的化学、物理性能稳定；材料易于提纯且价格低廉等。金属材料的电阻值随温度升高而加大。常用的金属热电阻材料有铂与铜，它们的特性见表 2.3.8。测低温时所用的热电阻有钴与锰，还有非金属碳。半导体材料的电阻值随温度升高而降低，采用半导体材料作新型热电阻，是测温技术的新发展。

表 2.3.8　铂及铜热电阻的测温范围

热电阻类别	型　号	分度号	0℃时的电阻 R_0/Ω	测温范围/℃
铂热电阻	WZB	B_{A1}	46	-200～+500
		B_{A2}	100	-200～+500
		B_{A3}	300	-200～+500
铜热电阻	WZG	G	53	-50～+100

下面分别介绍铂、铜及半导体热电阻的一些特点。

1）铂热电阻。铂热电阻是比较理想的热电阻，它可以满足上述种种要求，只是价格较贵，在还原气氛中使用容易损坏。铂电阻与温度间的关系为

$$R = Ce^{\alpha T} \tag{2.3.5}$$

式中　C——常数；

α——电阻温度系数；

T——绝对温度。

设 t_0 时电阻为 R_0，t℃时电阻为 R_t，则

$$R_0 = Ce^{\alpha(t_0+273)}$$

$$R_t = Ce^{\alpha(t+273)}$$

$$R_t/R_0 = Ce^{\alpha(t-t_0)}$$

将 $R_t/R_0 = Ce^{\alpha(t-t_0)}$ 右端展开为级数式，并取前三项后得到

$$R_t = R_0(1 + At + Bt^2 + Ct^3) \tag{2.3.6}$$

式中　R_0——刻度起始温度电阻，Ω；

R_t——t℃时的电阻，Ω；

A——常数，$A = 3.96847 \times 10^{-3}$，1/℃；

B——常数，$B = -5.847 \times 10^{-7}$，1/℃；

C——常数，$C = -4.22 \times 10^{-12}$，1/℃。

从式(2.3.6)中可看出，B 及 C 相对于 A 小得多，因为铂电阻的阻值与温度的关系近似为线性。A、B、C 的数值依各厂生产的铂电阻不同而略有差异。附录 16～附录 18 分别给出了分度号为 B_{A1}、B_{A2}、B_{A3} 的分度表。

2）铜电阻。铜电阻价廉，但易于氧化，电阻温度系数也小，故只在低温范围内使用。

电阻值与温度之间的关系如下

$$R_t = R_0(1 + \alpha t) \tag{2.3.7}$$

式中　α——铜电阻温度系数，$\alpha = (4.25 \sim 4.28) \times 10^{-3}$，1/℃。

铜电阻符号为 G，分度表见表 2.3.9。

表 2.3.9　铜电阻分度表

温度/℃	电阻值									
	0Ω	10Ω	20Ω	30Ω	40Ω	50Ω	60Ω	70Ω	80Ω	90Ω
-50	41.74									
-0	53.00	50.75	48.50	46.24	43.99					
0	53.00	55.25	57.50	59.75	62.01	64.26	66.52	66.77	71.02	73.27
100	75.52	77.78	80.03	82.54	86.79					

3）半导体热敏电阻。半导体热敏电阻的特点是：电阻温度系数很大，约为纯金属的十倍左右（0.03～0.06），所以它的灵敏度很高。半导体热敏电阻呈负阻特性，即温度升高阻值减小。半导体热敏电阻特性的分散性很大，必须对每一支热敏电阻进行单独测定及

计算才能应用。热敏电阻与温度间的关系为指数关系，所以刻度不均匀。由于它的初始电阻值大（千欧数量级），因而灵敏度高，特别适用于遥测及遥控，使用寿命很长，所以有极广阔的发展前途。

金属制品热电阻是将金属丝绕在绝缘骨架（云母、石英、塑料等）上，用引线（铜、银等）引到接线盒端子上外加保护管构成。其外形很像热电阻。

（3）非接触式感温装置。利用热辐射原理制成的感温元件都是非接触式感温元件。这类感温元件在测温时不与待测物体接触，使用灵活，反应时间快（以毫秒计），检测温度上限在理论上没有限制，因此发展很快，形式也很多，以下介绍几种常用感温元件。

1）光学高温计。常用的光学高温计是隐丝式光学高温计，其依据是热辐射传热理论，即黑体辐射强度是波长和温度的函数。因此，只要在可见光辐射波段内取某一固定的波长（一般取红光，$\lambda = 0.65\mu m$），则其辐射强度就只与黑体温度有关。而辐射体放射出的光线亮度又和它的辐射强度成正比，故黑体的温度就可能单纯用该波长的光线亮度来表示。将其与一标准辐射体的亮度相比较，即可由标准辐射体的已知亮度－温度关系求得被测黑体的温度，这就是光学高温计的基本原理。

一般隐丝式光学高温计的构造原理：它主要由光学系统（望远镜）和电测系统两部分组成。物镜和目镜都可以沿轴向移动，从目镜向物镜看去，可以看到灯泡内灯丝的像和被测辐射体的像。调节物镜的位置可以使被测体的像正好聚焦到灯丝上，调节目镜的位置为的是更清晰地看灯丝和被测体。在目镜与观察孔之间设置有红色滤光片。测量时可移入视场，仅使有效波长为 $0.65\mu m \pm 0.01\mu m$ 的光线通过。物镜与灯泡之间有吸收玻璃，当使用仪表第二量程时，转动物镜座上的旋钮，使之移入视场中，用以减弱被测体的亮度。

电测系统由高温计灯泡、滑线电阻，以及干电池串联成一个调节灯丝亮度的线路。接在灯丝两端的毫伏计用来测量灯丝在不同亮度时的电压降，但其指示值则以灯丝的亮度温度刻度表示。

在加热炉中最常使用的是望远镜和测量仪表装在一起的一般工业光学高温计。

2）全辐射高温计。全辐射高温计测量温度的范围为 900～1800℃，多用它来代替铂铑热电偶高温计来测量炉温。

由被测物体发出来的辐射线被物镜聚集在热电堆的测量点上。热电堆由好几个极细的热电偶串联而成。热电堆的测量端上焊有几片铂箔，对着测量物的一面是涂黑的，以便更好地吸收落在它上面的辐射线。热电堆引出两根导线，接在毫伏计或电子电位计上，可以测量或记录温度。

物镜是固定的。目镜可以移动，在测量前可以调节，使能看清楚铂箔。目镜前的烟灰色滤光片是防止测高温时光线过强耀眼设置的，需要时可以插入。

这种温度计的最大优点是：热电偶不容易损坏，当测量 1400℃ 的炉温时，而铂箔的温度只有 250℃ 左右，因此它能大大降低热电偶的消耗量；同时它没有光学高温计那样的缺点，它既有条件能记录温度，也有条件能自动调节温度。其缺点是：测量温度不太准确。

（四）压力检测

1. 压力检测基本原理

压力检测是指流体（液体及气体）在密闭容器中静压力与外界大气压力之差（表压

力）的检测。压力检测是热工参数检测的重要内容之一。加热炉炉膛压力对钢材加热质量及其产量均有重大影响。煤气管道内的压力检测也是安全技术方面的重要内容。

压力的定义、单位、表示方法等在气体力学中早已论及。本节仅介绍加热炉常用压力计。

2. 压力检测仪表的分类

工程上把测正表压力的仪表称为压力计，测负表压力的仪表称为真空计，测两点间压力差的仪表称为差压计。

这类仪表按其工作原理可分为如下几类：

（1）液柱式压力计。可将被测压力转换成液柱高度差进行测量，例如 U 形管压力计、单管压力计及压缩式真空计等。

（2）弹性式压力计。可将被测压力转换成弹性元件变形所引起的位移而进行测量，例如，弹簧管压力计、波纹管压力计及膜式压力计等。

（3）电气式压力计。可将被测压力转换成电量进行测量，如压电式、振弦式和应变片式压力计，热电偶式和电离式真空计等。

（4）活塞式压力计。可将被测压力转换成活塞上所加平衡砝码的重量进行测量。它是一种标准型压力测量仪器，用来对其他的一些压力计（如弹簧管压力计）进行校验。

3. 压力检测计的使用

（1）液柱式压力计。它是利用一定液柱高度的重力与待测压力或压力差相平衡，用测液柱高度差的方法达到测压的目的，如 U 形、单管、斜管压力计等。

图 2.3.54 中 h 为待测压力，它与所充液体密度有关。要注意 h 的单位是压力单位 Pa，而不是长度单位。

从图 2.3.54 中可以看到，P_2 若接通大气，则 h 为待测压力，若 P_1 与 P_2 分别接到不同压力的两点处，则 h 为两点的压力差。

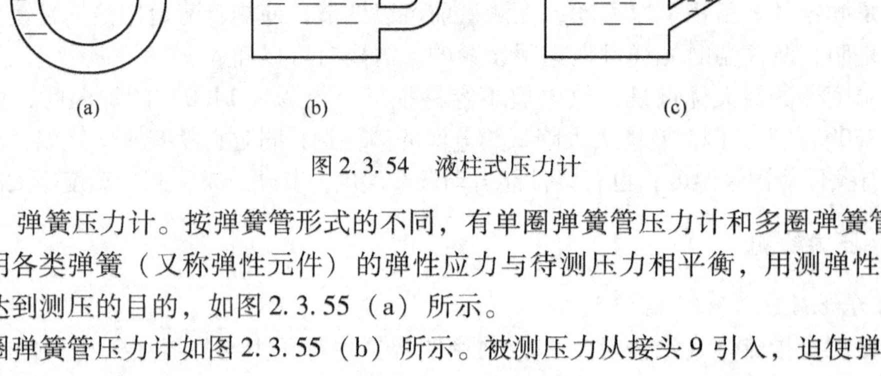

图 2.3.54　液柱式压力计

（2）弹簧压力计。按弹簧管形式的不同，有单圈弹簧管压力计和多圈弹簧管压力计。它是利用各类弹簧（又称弹性元件）的弹性应力与待测压力相平衡，用测弹性元件位移的方法达到测压的目的，如图 2.3.55（a）所示。

单圈弹簧管压力计如图 2.3.55（b）所示。被测压力从接头 9 引入，迫使弹簧管 1 的自由端 B 向右上角伸张。这个位移牵动拉杆 2，带动扇形齿轮 3 作逆时针偏转；指针 5 通过同轴中心齿轮 4 的带动作顺时针方向转动。面板上的刻度标尺 6 指出被测压力（表压力）的数值。被测压力为弹簧管自身的变形所产生的应力相平衡。游丝 7 的作用是克服扇形齿轮和中心齿轮的传动间隙所引起的仪表变差。调整螺钉 8 可以改变传动机构的放大系数，以调整其量程。

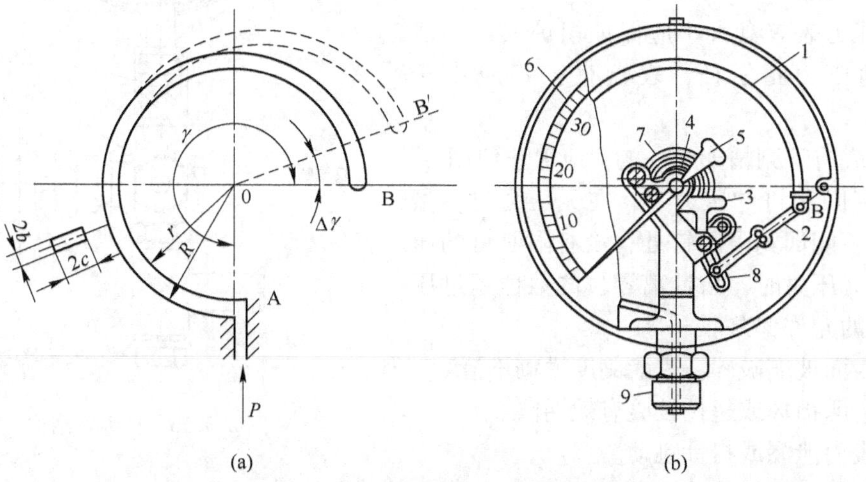

图 2.3.55　弹簧管测压原理（a）及弹簧管压力计（b）

1—弹簧管；2—拉杆；3—扇形齿轮；4—中心齿轮；5—指针；
6—刻度标尺；7—游丝；8—螺钉；9—接头

弹簧管的材料，随被测介质的性质、被测压力的高低的不同而不同。一般是 $P <$ 19.62MPa 时，采用磷青铜或黄铜；$P >$ 19.62MPa 时，则采用不锈钢或合金钢。在选用压力表时，还必须注意被测介质的化学性质。例如，测量氨气压力必须采用不锈钢弹簧管，而不能采用铜制材料；测量氧气压力时，则严禁粘有油脂，以确保生产安全。

单圈弹簧管压力计通常做成指示式仪表，因为其自由端位移量较小，不能适应自动记录机构传动的需要。如果采用多圈弹簧管，增大自由端的位移量，可以做成自动记录式仪表。单圈弹簧管压力计也可以做成真空计，测量粗真空。此时，弹簧管开口端接被测的低气压空间，其自由端的位移方向与正压力测量恰巧相反，故指针的偏转方向和标尺的刻度方向相反。

此外，单圈弹簧管压力表如附加电接点装置，可做成点触点压力表，能在被测压力偏离给定范围时，及时发出灯光或声响信号，提醒操作人员注意或通过中间继电器实现自动控制。

（3）压力表。压力表是用来测量和指示系统内压力大小的仪表，一般为弹簧式压力表。图 2.3.56 所示为压力表结构。为了便于更换，压力表前均有节门。压力表下有密封垫，用紫铜或铝垫圈，每半年检定一次，是压力系统不可缺少的安全附件。在选用或更换时，应注意以下几点：

1）精度要满足使用要求。在表盘下方印有一个圆，中间印有 2.5/2.0/1.5/1.0/0.5

的字样，这是表的精度等级，例如0.5级的表，表示该表误差为满刻度的0.5%。

2）量程合适。在压力表满刻度量值的50%～75%位置压力表误差最小，所以选用时，压力表最好选用满刻度为两倍工作压力的仪表。

3）压力表表盘大小应保证司炉人员能清楚地看到压力指示值，表盘直径不应小于100mm。

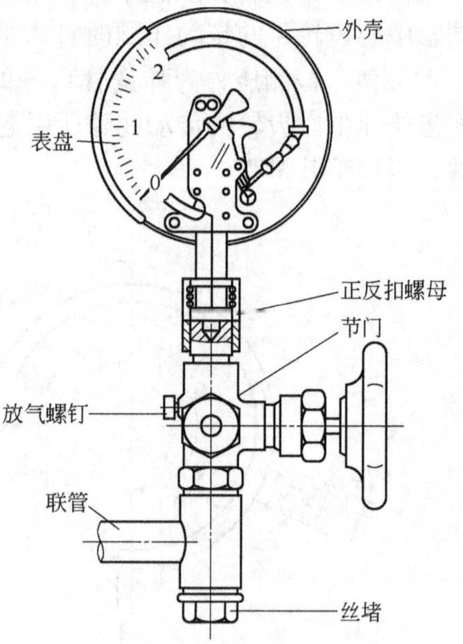

图2.3.56　压力表结构

压力表有下列情形之一的，应停止使用：

1）有限制钉的压力表，在无压力时，指针转动后不能回到限制钉处；没有限制钉的压力表，在无压力时，指针离零位的数值超过压力表规定的允许偏差。

2）表面玻璃破碎，表盘刻度模糊不清。

3）封印损坏或超过校验有效期限。

4）表内泄漏或指针跳动。

5）影响压力表指示准确的其他缺陷。

（4）膜式微压计。这种压力计结构原理是：它的弹性元件是金属膜盒。被测压力 P 经管道引入膜盒内，使膜盒产生弹性位移，此位移传至连杆使铰链顺时针转动，经拉杆和曲柄带动转轴及指针逆时针偏转，在刻度标尺上显示出被测压力值。游丝用以消除传动间隙的影响。

（5）弹性式远传压力计。在指示性弹性式压力计基础上，附加一些转换装置就可以组成远传式压力计，对压力信号进行远距离传送，显示或报警。常见的有电阻式、电感式及霍尔片式等。这里以霍尔片式远传压力计为例介绍，被测压力由管弹簧固定端引入，管弹簧的自由端与霍尔片相连接，在霍尔片的上下方垂直安放两对磁极，使霍尔片处于两对磁极形成的差动磁场中。霍尔片的四个端面引出四根导线，其中与磁钢平行的两根导线接直流稳压电源，另两根用来输出信号。

霍尔片是一块锗半导体薄片，在其 z 轴方向加一磁感应强度为 B（高斯）的恒定磁场，在 y 轴方向加外电场（直流稳压电源），使得有恒定的电流 I 通过（自由电子则逆 y 轴的方向运动）。由于电磁力的作用，电子在片中的运动轨迹产生偏移，使得在 x 轴方向的一个端面上有电子积累，而另一端面上则正电荷过剩，产生电位差，此电位差称为霍尔电势。这一物理现象叫霍尔效应。霍尔电势 U_H 的大小为

$$U_H = K_H(IB/a)f(l/b) = R_H BI \qquad (2.3.8)$$

式中　K_H——霍尔系数；

a，b——霍尔片的厚度及宽度；

l——霍尔片的长度；

$f(l/b)$——霍尔片的形状系数；

R_H——霍尔常数，$R_H = K_H/a \times f(l/b)$。

由上式可知：如果霍尔片的材料和形状一定，同时输入一个恒定电流，那么霍尔电势就随磁场强度而变。

霍尔磁场由一对马蹄形磁钢产生，右侧的一对磁极的磁场方向指向下，左侧的则指向上，构成一个差动磁场。当霍尔片居于极靴的中央平衡位置时，穿过霍尔片两侧的磁通，大小相等，方向相反，而且是对称的，因此，所产生的霍尔电势的代数和为零。当变送器引入被测压力后，弹簧管自由端的位移带动霍尔片偏离平衡位置，霍尔片所产生的两个极性相反的电势大小之和不再为零。由于沿霍尔片偏移方向磁场强度的分布呈线性不均匀状态，故变送器输出的电势与被测压力呈线性关系。霍尔电势（0~20mV）输送至动圈式仪表或自动平衡记录仪表进行压力显示。

此外，在冶金工厂还有采用电动单元组合系列仪表中的压力（差压）变送器的，它将压力（压差）检测转换成0~10mA·DC或4~20A·DC标准统一信号输出，传送给显示仪表或调节器，实现压力的指示、记录或自动控制。

（6）安全阀。安全阀是一种泄放报警装置。把系统的压力限制在允许的范围内。当系统内的压力超过工作压力时，安全阀自动开放，排出介质，降低压力，报警提醒司炉人员采取措施。反之，当系统内的压力低于工作压力时，安全阀自动关闭，以保证循环系统安全运行。安全阀的开启压力不得超过压力容器的设计压力，应定期校验、定期更换，其安装位置应便于检修。

常用的安全阀，根据阀芯上加压装置的方式可分为静重式、弹簧式、杠杆式三种；根据阀芯在开启时的提升高度可分为微启式、全启式两种。

（五）流量检测

1. 流量检测知识

目前工业技术发展很快，要求流量测量的精度更高。各种气体燃料、液体燃料、空气及保护气体的流量均要准确检测，有时还需要自动调节流量及两种介质的流量比。此外，准确的检测及调节流量对衡量冶金炉的技术经济指标具有重要意义，对节能工作的开展十分重要。

流量指流体通过管道或容器的数量，常用瞬时流量和累积流量表示。通常瞬时流量是指流体瞬间在单位时间内流过管道某一截面的流体数量。累积流量是指在一段时间内输送流体的数量的总和。

流量的表示方法还有体积流量、质量流量和重量流量等。

体积流量指单位时间内流过某截面流体的体积。

$$V = FW_{均} \tag{2.3.9}$$

式中 F——管道的横截面积，m^2；

$W_{均}$——该截面处的平均流速，m/s。

质量流量是单位时间内流过某截面流体的质量。

$$M = V\rho = FW_{均}\rho \tag{2.3.10}$$

式中　M——质量流量，kg/s；

ρ——流体的密度，kg/m^3。

重量流量是单位时间内流过某截面流体的重量。

$$G = V\gamma = FW_{均}\rho \tag{2.3.11}$$

式中　G——重量流量，kgf/s；

γ——流体的重度，N/m^3。

2. 流量测量设备分类

流量检测的方法和仪表种类很多，按测量的单位分为质量流量计和体积流量计；按测量流体运动的原理分为容积式、速度计、动量式和质量流量式；按测量方式分为直接测量式与间隙测量式。由于目前使用的流量计已超过百种，测量原理、测量方法和结构特性是多种多样的，严格的分类相当困难。最简单的是把流量仪表分为以下两大类：

（1）速度式流量计。以测量流体在管道内的流速作为测量依据来计算流量，例如，节流式流量计、转子流量计、电磁流量计、涡轮流量计、涡街流量计、超声波流量计、激光流量计、靶式流量计、冲击式流量计、均速管流量计及堰式流量计等。

（2）容积式流量计。以单位时间内所推出流体的固定容积数作为测量依据来计算流量。例如：转轮流量计、刮板式流量计、活塞式流量计及湿式气体流量计等。

本章只着重介绍冶金工厂常用的流量检测仪表，以下内容扼要介绍其工作原理、主要组成、选择以及安装使用方法的基本知识。

3. 流量测量设备使用

（1）节流装置。节流装置由节流件、取压装置和测量管组成。

节流装置结构简单，性能比较稳定，使用维护方便，且有一部分已标准化，是目前冶金厂应用最多的一种流量计。常用的节流装置有孔板、喷嘴及文丘里管，如图2.3.57所示。

由图2.3.57可以看出，孔板的流入截面是突然变小的，而流出截面是突然扩张的。流体的流动速度在孔板前后发生了很大的变化，从而形成了大量的涡流，阻碍了流体的流动，造成了很大的能量损失，所以流体流过孔板后的压力损失是很大的，一般为孔板前后压力降的40%～80%，但孔板的结构简单，制造方便，故得到了广泛的应用。喷嘴的流入截面是逐渐变化的，所以它的流速也是逐渐变化的，这样形成的涡流就少。喷嘴的流出面积是突然变化的，流出后的流速突然扩张，造成大量涡流，阻碍流体的流动，故该流体流过喷嘴的压力损失较孔板要小。文丘里管由于表面形状和流体流线形状相似，流体流过文丘里管前后的流动速度是逐渐变化的，不会在文丘里管前后产生很多的涡流，因此流体流过文丘里管前后的压力损失比较小，但流量管的结构复杂，制造不方便。在生产中应根据具体情况选择使用。

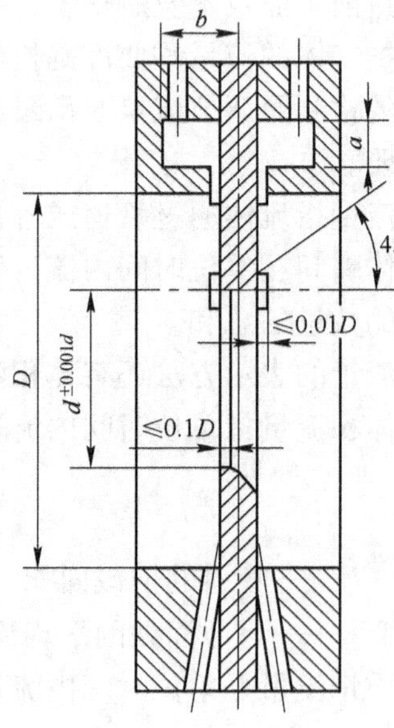

图2.3.57　标准节流孔板

（2）孔板节流原理。流体流过密闭管道的节流装置时，流束的截面将发生收缩，在截面收缩处流体的速度增加，动能增大，而静压减小。流量越大，通过节流装置窄孔时的流速增加得越大，静压减小得越显著，即产生静压差越大，所以根据节流装置前后静压差的大小，可以计算出流量或测出流量。

（3）节流件的安装要求和使用注意事项。安装节流件时必须注意它的方向性，不能装反。例如，安装孔板应以直角入口为“+”方向，扩散的锥形出口为“-”方向，故必须以孔板直角入口侧正对流体的流向。

节流件安装在管道中时，要保证其前端面与管道轴线垂直，偏斜不超过1°，并还要保证其开孔与管道同轴心，不同心度不超过0.015D。

夹紧节流件用的垫片，包括环室或法兰与节流件之间的垫片，夹紧后不允许凸出管道内壁，如图2.3.58所示。

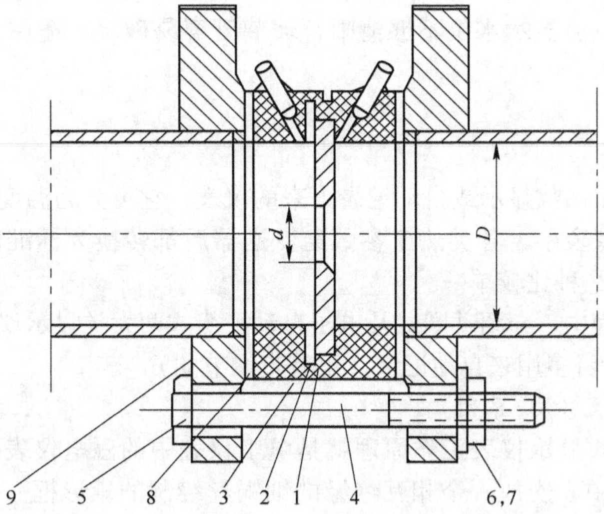

图2.3.58　孔板安装总图

1—前夹板；2—孔板；3，8—垫片；4—后夹板；5—螺栓；6—螺母；7—垫圈；9—平焊钢法兰

（六）液位检测

液位计的作用是反映液位高低的仪表。例如水位计与汽包构成一个连通器。水位计仿佛人的眼睛，要定期进行清洗，它是很重要的附件，能直观判断水位是否正常，所以司炉人员必须确保它的灵敏可靠，当出现小的跑冒滴漏，应及时修理。

玻璃管式水位计主要由玻璃管、汽旋塞、放水旋塞等构件组成。三个旋塞的手柄都是向下的，表明汽旋塞和水旋塞都是通路，而放水旋塞是闭路。这是水位计正常工作时的位置，与一般使用的旋塞通路相反。如果手柄不是向下，一旦受到碰撞或震动，很容易下落，从而由于改变了旋塞通路位置而发生事故。

液位计应有指示最高、最低安全水位和正常水位的明显标志。为防止伤人，玻璃管式水位计应有防护装置（如防护罩、快关阀、自动闭锁珠等），但不得妨碍观察真实水位。同时水位计应有放水阀并接通往安全地点的放水管。

在汽包运行时，必须同时打开水位计的汽旋塞和水旋塞。如果不打开汽旋塞，只打开水旋塞，汽包内的水也会经水连管进入玻璃管内。但是，此时汽包内的压力高于玻璃管内的压力，玻璃管内的水位必然高于汽包内的实际水位，而形成假水位；反之，如果不打开水旋塞，只打开汽旋塞，由于蒸汽不断冷凝，会使玻璃管内存满水，同样也会形成假水位。所以只有同时打开水位计的汽、水旋塞，使汽包和玻璃管内的压力一致，才能使水位显示正确。

液位计有下列情形之一时，应停止使用：

（1）超过校验周期的。

（2）玻璃管（板）有裂纹、破碎。

（3）经常出现虚假液位。

（4）阀件固死。

常用的水位计有玻璃管式、平板式和低地位式三种。玻璃管式水位计结构简单，制造安装容易，拆换方便，但显示水位不够清晰，玻璃管容易破碎，适用于工作压力不超过1.6MPa 的高压容器。

（七）热工显示仪表

显示仪表是将热工参数显示或自动记录下来的仪表，它可分为温度、压力、流量显示仪表等。在单元组合仪表中，各类热工参数经变送器后都转换为标准信号，如 0 ~ 10mA 或 4 ~ 20mA 等，所以品种比较单一。

本节以温度显示为主，介绍动圈式及电子自动平衡式两大类显示仪表，前者多用来指示（也可带调节），后者多用来自动记录（也有带调节的）。

1. 动圈式显示仪表（XC 系列）

工作原理：动圈式显示仪表工作原理就是电工仪表中的磁电仪表的工作原理，即在永久磁铁产生的磁场中，安放一个相互绝缘的细铜丝绕制的矩形框——动圈，当动圈内有电流通过时就产生了磁场力，该磁场力与永久磁铁的磁场力相互作用使动圈偏转。动圈偏转方向与电流方向有关，按左手定则确定，偏转角度 φ 与电流大小有关，当指针达到预先给定的给定值时，铝旗恰恰进入到检测线圈中，振荡器工作状态改变停止振荡，电流输出减小，通过继电器来控制被调参数，或者用来发出信号。动圈内有电流流过时，动圈产生一转动力矩 M，且在 XCZ 仪表中，该力矩被张丝的扭曲力矩 M' 所平衡。这种结构与通常的游丝结构相比，消除了轴尖与轴承间的摩擦误差，提高了仪表的灵敏度。

动圈产生的转动力矩

$$M = C_1 I \tag{2.3.12}$$

张丝所产生的扭曲力矩

$$M' = (bh^3E/3L + b^2P/12L)\varphi \tag{2.3.13}$$

式中 E——剪切弹性模数，g/cm^2；

φ——动圈的偏转角，rad；

P——张丝的工作张力，g；

L——张丝的工作长度，mm；

b——张丝的宽度，cm；

h——张丝的厚度，cm。

对一定的张丝来说，式(2.3.13)中括号内数值为一定值，设为 C_2，则

$$M' = C_2\varphi \tag{2.3.14}$$

当两力矩相等时，动圈转动系统平衡，此时 $M = M'$，即 $C_2\varphi = C_1 I_1$，所以

$$\varphi = C_1/C_2 \cdot I = CI \tag{2.3.15}$$

上式说明指针偏转角度 φ 与动圈内流过的电流 I 成正比。

2. 电子显示仪表

电子自动平衡显示仪表是目前应用最多的一种显示仪表。它可以自动检测并记录各种非电量的电测信号，如温度、压力、流量、重量等。与热电偶配合测温的仪表称为电子电位差计。

电子电位差计是用电位差计来自动检测热电偶的热电势或其他元件所产生的直流毫伏信号的仪表。

电位差计原理是用补偿法（或称比较法）进行测量，即用一已知电势与待测电势相比较，当两者的差值为零，即大小相等，方向相反时，称为相补偿或相平衡，此时待测电势就等于已知电势。

当温度改变时，热电偶里产生不同的电势。为了准确地测量温度，把电势经过变流设备变为交流电压，再在电子放大器里放大，然后接到电动机的一个绕组上。

电动机以简单的传动装置与滑线的滑动子相连。电动机转动的方向和转动的角度随测量温度的升降而定。

与滑线滑动子移动的同时，牢靠地装在它上面的指示指针也随之转动，由它转动的位置可以直接读出温度的度数。同时记录针上的笔尖也同样移动，在记录纸上画出温度曲线。

记录是在用同步电动机带动而不时转动的图纸上进行的。图纸转一圈为24h。图纸上有时间和温度两种标度。

指示指针的主要作用是指示温度，便于操作者观看，记录针不仅可以指示温度而且从它画出的曲线可以看出炉温上升的速度，或波动的情况，这对操作人员是非常重要的，他可以根据曲线了解炉内加热的情况，以调整煤气流量、煤气空气比例等。曲线也可以反映操作人员工作的情况。

在电子电位计上还装有任务指针，与恒温调节器联用，它可以自动调节炉温，但是必须注意，只有在比例调节及炉压调节都用电动时，才能自动调节炉温。

电子电位计克服了机械电位计的缺点，而且它不但可以与热电偶合用，还可以与全辐射高温计合用来测量温度，又适于自动调节，因此它的应用十分广泛。

（八）自动控制系统

1. 自动控制基本知识

热工参数自动调节是手动调节的发展，它是利用检测仪表与调节仪表模拟人的眼、手、脑的部分功能，代替人的工作而达到调节作用的。图 2.3.59 是一座加热炉手动和自动调节系统示意简图。

手动调节时，先由操作人员用眼观察显示仪表上温度的数值，然后根据工艺要求判

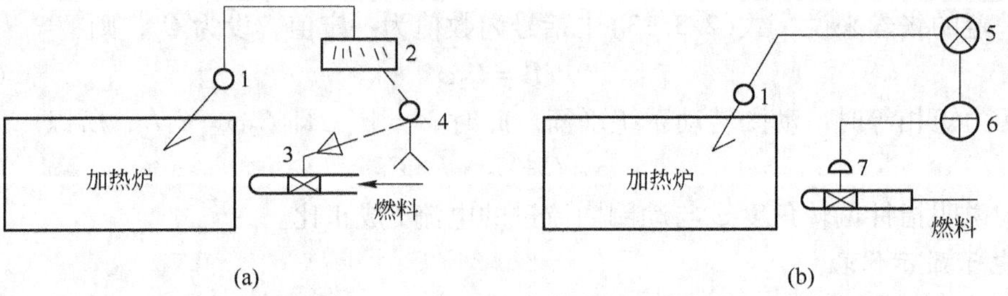

图 2.3.59　手动调节与自动调节示意图

(a) 手动调节；(b) 自动调节

1—热电偶；2—显示仪表；3—调节阀；4—操作员工；5—变送器；6—调节器；7—气动调节阀

断，用手调节供给燃料阀门的开启度，改变燃料流量，调节炉温使其稳定在规定的数值上。显然手动调节劳动强度大，特别是对某些变化迅速、条件要求较高的调节过程很难适应。

自动调节是由热电偶感受温度的变化经变送器送入调节器与给定值相比较（判别与规定数值的偏差），按一定的调节规律（事先选定好）输出调节信号驱动执行器，改变燃料流量维持温度恒定。可以看出，热电偶及变送器代替了人的眼睛，调节器代替了人脑的部分功能；执行器相当于人手。在调节过程中没有人直接参与，显然，大大地减轻了操作人员的劳动强度，调节质量也有明显提高。但应明确，自动调节一点也不排斥人的智能作用，因为给定值的设定，调节规律的选定，各环节的联系与配合丝毫也离不开人的智能作用。

2. 调节系统的组成

调节对象虽然有多种，但调节系统的组成基本上是相同的，现以加热炉炉温调节为例，来说明一个调节系统的组成部分，如图 2.3.60 所示。

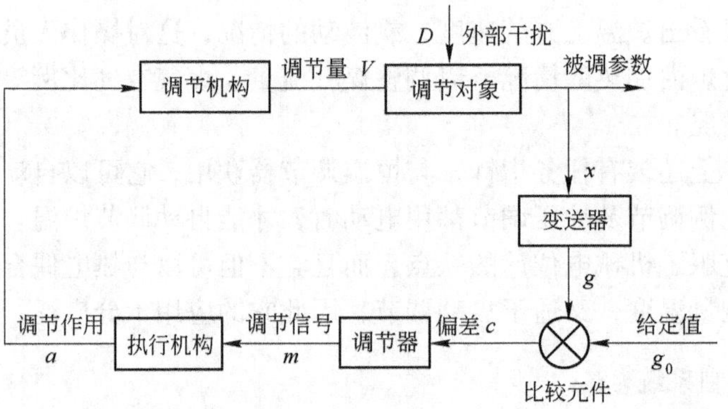

图 2.3.60　简单调节系统方框图

系统中的感温元件是热电偶，热电偶输出的电信号供给调节器，先在调节器的比较线路中与给定值进行比较，若有差值，这差值经过运算放大而发出指令给执行器，最后由执行器来执行调节任务。如炉温低了，由执行器来开大油门，增加油的流量，反之亦然。

3. 调节系统的分类

调节系统分类方法很多。按被调节参数分为温度调节系统、压力流量调节系统等；按仪表能源分为电动液压、气动调节系统等；按调节规律分为比例、比例积分、比例微分、比例积分微分等。为了便于分析自动调节系统的性质，常按给定值分为下列三类系统。

（1）定值调节系统。所谓定值是指给定值不随时间变化。上述加热炉炉温调节系统就是一个例子。定值系统中又有简单系统与复杂系统之分。一般而言，简单系统只包括一个基本调节器所组成的闭合回路。如果扰动因素多，采用一个回路不能满足要求时，就要设置两个以上回路，从而构成复杂调节系统。

（2）程序调节系统。在此系统中，给定值按一定的时间程序而变化，被调节参数也按一定时间程序变化。例如，热处理炉的炉温调节就是一个例子。因为热处理工艺要求一定的升温、保温、降温时间，并要按一定的规律或程序来变化，所以热处理炉的炉温调节要通过程序给定装置使给定值按程序规定变化，炉温也就跟随给定值的程序而变化。

（3）随动调节系统。在随动系统中给定值不断随时间变化，但预先不知其变化规律。要求被调节参数跟随给定值变化，并且希望又快又准地随着给定值变化而同步变化。例如，在燃烧调节中，空气与燃料量之间有一比值，燃料量随炉况变化而变化，但预先无法得知燃料量的变化规律。这时燃料量相当于给定值，空气量相当于被调节参数，燃料与空气量的比值调节系统就是随动系统。

4. 加热炉自动调节与控制

（1）燃料供给系统的自动控制。

1）液体燃料供给系统自动控制。燃烧重油的炉子是调节对象，炉膛压力是被调节参数。为保证安全运行及燃烧效率，要保持炉膛负压有一定的数值。负压与燃料流量、烟道及炉门气体流出量等因素有关，其中燃料流量是影响最大的扰动。

由于热工过程的多样性及复杂性，有些过程采用简单的、单参数定值调节系统往往不能满足要求，因此，必须根据工艺过程的要求及特点，采用多个仪表构成的比较复杂的调节系统。例如采用前馈－反馈系统调节。

前馈调节是直接按照扰动作用的大小来进行调节的一种方案，即当扰动一出现，调节器立刻动作调节信号补偿扰动的影响。因为被调节参数尚未出现显著偏差时，系统已开始产生调节作用，故称为前馈调节，由于这种调节直接对扰动进行补偿，有时也称为扰动补偿系统。只要这种补偿调节作用加得适当，就可以大大改进调节品质。但是由于影响过程进行的扰动因素很多，很难做到对每个扰动都进行补偿，因而，在前馈回路不能完全补偿扰动的影响时，还需用反馈回路来进行调节。在组成前馈－反馈系统时，首先要对扰动进行分析，选择影响最大的扰动进行前馈调节，前馈回路有开环及闭环两种，大多采用开环，而且还要采用专门的前馈调整器，然后将前馈系统与克服其他扰动的反馈系统组合起来构成前馈－反馈调节系统。下面是一个开环前馈回路的前馈－反馈系统的实例。取燃料总量作为前馈信号组成前馈回路，再取燃料流量（实际上是回流量）作为调节炉膛压力的反馈回路信号构成反馈回路，这就组成了一个前馈－反馈系统。当燃料总流量一旦发生变化，前馈回路立即对这一扰动进行调节，其他因素引起的扰动由反馈回路来实现调节，从而使炉膛负压稳定在给定值上。

2）气体燃料供给系统自动控制。在加热炉中，燃料燃烧过程只有在燃气与空气成一定比例时才能保证合理的燃烧，把两个流量自动保持在一定比例上的调节系统，称为比例调节系统。

现以调节炉温为例说明气体燃料供给的自动控制。炉膛温度由热电偶检测，通过温度变送器送到调节器，根据炉膛温度自动改变煤气流量。与此同时，煤气流量经孔板、流量变送器送到空气流量调节器作为给定值，空气流量经过空气流量孔板及空气流量变送器也送到流量调节器。当煤气流量改变时，空气流量即按比值器给定的比例而变化，从而使空气流量自动地随煤气流量而变化，保持两者比例不变。

比值调节本质上也是一种前馈调节，但是它只考虑到主变量—煤气与从变量—空气之间的静态比值，而没考虑到动态关系，所以调节效果也有差异。但比值调节比较简单，而且比较容易实现，所以在主变量不是经常变化不定，或主变量这些变化所引起的被调节参数波动幅度不大时，均可以考虑采用比值调节。例如煤气的发热值变化不大，或采用重油的牌号基本不变时的燃烧调节，大多可采用比值调节。

调节空气－煤气比例用的调节器中，空气管和煤气管内各装有流量孔板。两个孔板的两侧各引一根管子通过皮膜装置。因为空气煤气流量的变化，对皮膜产生不同的压力。如果两块皮膜产生的压力相等，则在两个皮膜中间的喷油管不会偏移。如空气流量增大，压力降随之增大，喷管就会偏右。活塞右方油压增加，促使活塞左移，开大煤气翻板。直到空气与煤气的流量比例达到原定的比例，翻板才能停止移动。转动定值器可以改变空气－煤气的比例。

有了比例调节器以后，空气和煤气便可定到需要的比例而不改变，空气多了，煤气也会增多，仍保持原定的比例，这就比人工调节更能保证煤气完全燃烧，而过剩空气也不会过多。这种比例调节器的调节比例在0.5～2.0左右。

（2）炉温自动控制。

1）测温传感元件位置。温度是热参数中最重要的一个，它直接影响工艺过程的进行，在加热炉中，钢料的被加热温度、炉子各区域的温度、炉温随时间变化的规律等，都直接影响炉子生产率及被加热钢料的质量。另外，供给炉子的燃料的温度，冷却水的温度等也都有严格的限制，所有这些都要求有准备的温度测量，故对温度的正确检测具有重要的意义。

2）温度检测的内容包括炉温测定、炉壁温度测定、钢温测定、烟气温度测定等。

① 炉温测量。根据加热炉炉型不同和各自的特点，在沿炉长方向选出有代表性的测量点，用热电偶高温计连续测量并记录温度。

② 炉壁温度的测量。炉顶内表面及侧墙内表面温度可用热电高温计或光学温计测量，有条件时应分段测量。炉顶及炉墙外表面温度则沿炉长方向用表面温度计分段测量。

③ 钢温的测量。钢温测量可采用将钢料钻孔，埋入热电偶装炉后，从装料到出钢根据需要从侧门用夹持器夹住热电偶露在钢料外部的两端来进行测温。钢料的钻孔中心钻一个，上下各钻一个倾斜孔。钢料表面温度也可用光学高温计测量。

④ 烟气温度的测量。出炉烟气温度，目前都有抽气热电偶进行测量。用抽气热电偶比用普通热电偶所测的温度要高些，它更接近真实温度。抽气热电偶构造各异，抽气方法

可用真空泵或用高压喷射。

烟气温度的检测点尚无统一规定。一种观点认为在炉尾测试比较真实地代表了出炉烟气的温度，因为检测点选在距装料口 1～2m、距钢料上表面 200mm 处。另一种观点认为在垂直烟道下部测定可避免吸入冷空气的影响。

3）炉温自动控制。自动调节时，热电偶感受到炉温变化经变送器送入调节器与给定值相比较，按一定的调节规律，输出调节信号驱动执行器，改变燃料流量，维持炉温恒定。

常用恒温调节器来自动调节炉温。把电子电位计上的任务指针拨到预定的温度标度（记录纸）上，经过一定的时间后，温度便会自动达到预定的数值，而且根据需要还可以保持预定的数值。这是由于任务指针拨动以后，恒温调节器得到了信号，它把信号放大，电动机执行机构动作，调整煤气、空气翻板、烟道闸门等使炉温按预定数值升降。

恒温调节器的外形很简单，表盘上有“自动”和“手动”两个位置。在自动调节炉温时，调节器上的两个小按钮，必须放在“接通”和“手动”的位置上。

如果自动调节失灵，指针振动，这时便可将放在“自动”处的按钮移向“手动”位置，转入手动操作，拨动调节器上的手扣，调整煤气量来进行加热。手扣上的刻度是指煤气管道里翻板打开的百分数。

当恒温调节器发生故障或不用它的时候，应将按钮移向“切断”的位置。

（3）炉压自动控制。

1）测压传感元件的位置。压力检测是热工参数检测的重要内容之一。加热炉炉膛压力对钢料加热质量及其产量均有重大影响。煤气管道内的压力检测同时是安全技术方面的重要内容。

采用水冷测压管由炉子侧墙炉门插入炉内，用微压计分别测量炉顶、钢料上下表面和炉底处的压力，将其结果绘制成沿炉长方向的压力分布曲线，进而分析炉内气体流动情况。

2）自动控制。在加热炉上压力的测量和调节占有重要的地位，例如，对连续加热炉来说，炉膛压力对炉子产生影响很大。若炉压过大，大量的炉气从炉门或不严密处向外逸出，造成热量损失，烧坏炉子的钢架结构，并使环境温度过高。炉压过小则吸入大量冷空气，使炉温降低，影响炉内传热并加剧了金属的氧化。理想的炉压应在炉底水管上表面处于微正压。又如风油管路的压力可以说明风油管路性能的好坏和燃烧过程的情况。在某些情况下压力测量又是安全生产所必需的，如以煤气作为燃料的炉子，必须保证煤气管道内的压力大于大气压，否则空气从开口处吸入管内会引起爆炸事故。

加热炉上多用液体喷射式的调节器。有的加热炉上则设有电动调节器。电动调节器是在钟罩式压力计上装设某些为达到调节目的的设备的一种仪器。

液体压力调节器的构造原理是：由炉内侧压孔引来的炉气，由小管进入皮膜装置内，炉气对皮膜施加压力，皮膜便发生偏动，与皮膜相接的小棒也因此发生移动；小棒移动又使喷油管偏移。喷油管偏向一方时，油便喷到管或管内。由于管或管通油，使油塞往左或往右移动，促使烟道内的闸门移动，这样就使炉内的压力与烟道闸门联系起来了。转动定值器到一定位置（使指针指到预定的压力刻度处），与皮膜所产生压力相抗的弹簧受到一定程度的压缩力。

如果此时炉内的压力不是定值器预定的压力，那么炉气给皮膜的压力与弹簧给皮膜（通过小棒）的压力不相等，因此喷油管要发生偏移，喷油管使翻板移动，来调整炉压，直到炉压达到定值器预定的压力。炉气对皮膜的压力与弹簧给皮膜的压力相等时，闸门就不会再行转动。所以只要转动定值器，便可以调节炉压到需要的大小。

（4）加垫炉计算机自动控制。

随着现代化工业的发展，以及对节省能源与自动控制要求的不断提高，计算机控制系统愈来愈显示其优越性。采用这样的系统可以进一步实现复杂的调节规律和提高系统运行的可靠性、简化操作并改善调节品质和赋予控制系统以人工智能。因此，计算机是实现节能、控制过程最优化与综合自动化的有利工具。

1）加热炉计算机控制的原理。在加热炉上用计算机来控制热工过程，主要是代替全部调节器和显示仪表，将各种热工参数的信号输入计算机，计算机按给定的数学模型控制热工参数，实现最佳的热工制度，并定时显示、打印出各参数的数值。

在加热炉上应用一台控制计算机，往往还不仅限于控制热工过程，从原料的称重、入炉、加垫过程对钢坯跟踪，与轧机生产的联系、确定出炉时间等均可实现计算机控制，并将整个加热过程的记录传给下一工序。

控制加热炉的热工过程，主要是根据被加热钢坯的品种、尺寸，最终的温度要求以及炉内的传热条件，并据此计算出钢坯的最佳升温曲线和炉温曲线，然后打成卡片输入计算机。计算机按输入的信息控制燃料量、燃料过程以及其他需要调节的各种参数。

钢温和炉温曲线，是根据炉膛内的热交换和钢坯内部的传热条件计算的。由于炉长等条件是变化的，一般将炉子分为若干段，并认为在每一小段内上述参数是不变的，计算出各段的温度变化，最后连成一整体的曲线，只要分段足够小，这样计算出的数学模型是足够精确的。

2）加热炉计算机控制的基本组成。因为加热炉生产过程是连续进行的，应用于控制生产的计算机系统包括硬件和软件两部分：

① 硬件组成：一般由计算机、外部设备、输入输出通道和操作台等部分组成。

计算机：它是控制系统的核心，完成程序存贮、程序执行的功能，并进行必要的数值计算、逻辑判断和数据处理等工作。

外部设备：实现计算机与外界交换信息的功能的设备称为外部设备，主要包括人机通信设备，输入/输出和外存储器等。输入设备主要用来输入数据、程序，常用的输入设备有键盘、鼠标、光电输入等。输出设备主要用来把各种信息和数据提供给操作人员，以便及时了解控制过程的情况。常用的输出设备有打印机、记录仪表、显示器、纸带穿孔机等。外存储器主要用于存储系统程序和数据，如磁带装置、磁盘装置等，同时兼有输入、输出功能。

输入、输出通道：输入、输出通道是计算机和生产过程之间设置的信息传递和变换的连接通道。它的作用一方面是将控制对象的生产过程参数取出，经过转换，变换成计算机能够接受和识别的代码。另一方面将计算机输出的控制命令和数据，经过变换后作为操作执行机构的控制代码，以实现对生产过程的控制。

操作台：操作台是操作人员用来与计算机控制系统进行“对话”的设备，其组成有：

显示装置。如显示屏幕或荧光数码显示器，以显示操作人员要求显示的内容或报警信号。

一组或几组功能板键。板键旁有标明其作用的标志或字符，扳动板键，计算机就执行该标志所标明的动作。

一组或几组送入数字的板键。用来送入某些数据或修改控制系统的某些参数。操作人员即使操作错误，也能自动防止造成严重后果。

② 计算机控制系统软件。软件通常分为两类：一类是系统软件，另一类是应用软件。系统软件包括程序设计系统、诊断程序操作系统以及与计算机密切相关的程序，带有一定的通用性，由计算机制造厂提供。

应用软件是根据要解决的实际问题而编制的各种程序。在自动控制系统中，每个控制对象或控制任务都配有相应的控制程序，用这些控制程序来完成各个控制对象的不同控制要求。这种为控制目的而编制的程序通常称为应用程序。这些程序的编制涉及生产工艺、生产设备、控制工具等，首先应建立符合实际的数据模型，确定控制算法和控制功能，然后将其编制成相应的程序，如图 2. 3. 61 所示。

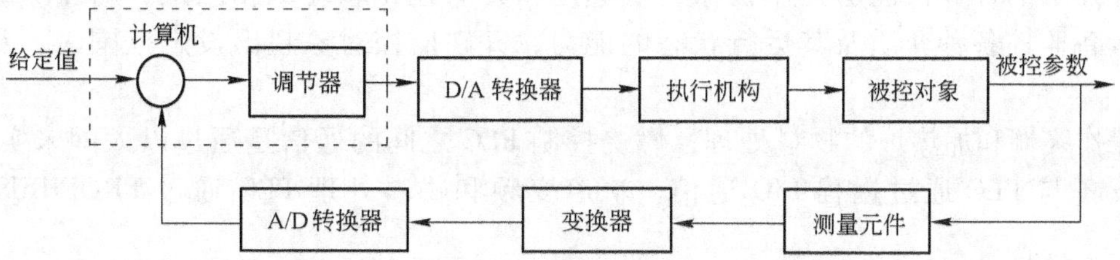

图 2. 3. 61 自动控制系统

3）加热炉计算机控制的过程。计算机控制系统的控制过程简单地分，可归纳为以下两个步骤：

① 数据的采集：对被控参数的瞬时值进行检测，并输出计算机。

② 控制：对采集到的表征被控参数状态的测量值进行分析，并按已定的控制规律，决定控制过程，适时地对控制机构发出控制信号。

上述过程不断重复，使整个系统按照一定的品质指标进行工作，并且对被控参数和设备出现的异常状态及时监督并迅速处理。

4）计算机控制系统的应用。

① 加热工艺过程控制系统。为了提高加热质量，减少钢坯在加热过程中由于铸速不同而引起的长度方向温差，整个加热设备由过程计算机控制。以炉内传热物理模型为基础，板坯进、出炉温度将通过前馈（预测值）和反馈（调整值）参与加热控制，在规定温度范围内对板坯加热。

板坯入炉温度和炉子温度将通过入口红外温度计和热电偶与过程控制系统相连，这些装置实时地连续监测炉内的条件。

加热炉入口与连铸机的速度相同，出口速度与轧机的速度相同，为了适应这种变化，加热炉速度的设定由上游和下游的计算机通过二级内部网提供给加热炉的计算机控制系统。当板坯尾部进入加热段，根据入炉的板坯速度、钢种规则、所需要的出炉温度等条件，加热炉计算机系统将自动计算出钢坯所需要的实际加热时间，这样就能控制钢坯在炉内的实际运行过程，当钢坯头部到达炉子出口时，其速度调整到与轧机速度相匹配。在加热炉的末端，钢坯的头部和尾部在规定的加速度范围内将得到充分加热，从头到尾的温度非常均匀，满足轧钢工艺的要求。

② 加热炉的自动控制。加热炉的控制设备。为了满足连铸/轧机的需要，加热炉物理跟踪系统能够自由改变机械炉底速度，变频器通过 PROFIBUS 网与物料处理 PLC 连接，加热炉的操作控制台布置在轧机操作室内，与操作盘连成一体，操作盘上包括按钮、指示灯等，同时在操作台上将安装连接操作盘和物料处理 PLC 的远程 I/O 框架。

在加热炉入料端和出料端安装一台彩色电视摄像机，用于观察钢坯入炉和出炉的状况，两个监视器将安装在轧机操作室内。

计算机的控制系统。计算机控制系统将控制加热炉的燃烧温度和机械炉底速度，包括一级物料处理 PLC、燃烧控制 PLC 和二级控制系统。

计算机控制系统完成物料跟踪，燃烧系统监控和建立钢坯的数学温度模型，为了使燃料在燃烧时能达到最佳的燃烧效果，每个区域都能够独立控制燃料在燃烧室的空燃配比。同样加热炉的计算机能够控制机械炉底速度，并与连铸和轧机相匹配。加热炉的计算机还具备监控各种介质及其运行状态的能力，并在监控对象超出设定范围时，及时报警。

操作终端和加热炉的物料处理，燃烧控制 PLC 之间的通信是通过以太网来实现的。现场设备与 PLC 通过远程 I/O 通信，轨道变频和物料处理 PLC 通过 PROFIBUS 网通信。

③ 计算机控制功能。物料跟踪。为了精确地计算产品的温度和适应不同炉底速度的控制，必须知道每个钢坯通过加热炉的确切位置，连铸计算机提供给计算机系统不同的钢种和产品尺寸，在没有操作输入的时候，二级计算机系统利用此信息计算并下载给一级温度设定值。

加热控制的数学模型。二级温度模型不断地调整区域的热量输入，为了保证出炉产品的温度满足轧机的要求，燃料的输入通过各区域的 PID 控制来调节，在调节时要综合考虑产品运行的速度、产品尺寸、钢种、钢坯入口温度和产品的出炉温度，根据它们之间的关系建立一个加热炉加热的数学模型。

当钢坯从加热炉入口向出口移动的时候，数学模型不断地计算产品的温度，这些计算可以用加热炉和产品的热传导的数学公式来表示。

当实际温度值改变并且产品通过加热炉的时候，数学模型连续更新温度值。从 1978 年始，这个数学模型开始在 BRICMONT 设计的各种形式加热炉上使用。

延时处理。延时条件是从二级计算机下载给燃烧控制系统，当连铸或轧机换辊或暂时停止生产时，加热炉的自动控制系统将自动减少区域燃烧的供应，防止钢坯出现过热、过烧等质量事故，同时炉底也停止运行，延时设定值根据轧机需要和加热炉的加热条件来计算。

当延时结束后，轧线恢复生产时，加热炉开始接受从连铸出来的钢坯，同时加热炉热负荷会自动增加，这个过程是逐渐进行的，因为加热炉数学模型考虑到在延时期间钢坯也在进行加热，所以设定值一开始并不会立即增加到最大，而是根据生产情况及时调整，确保合适的钢坯加热温度和最小的燃料消耗，以避免发生钢坯过热现象。

空燃比控制。加热炉的空燃比控制采用的是双交叉限幅控制，由控制系统来完成，基本的控制思想是以“领先－落后”的方式控制。也就是说，增加煤气流量的时候，助燃风领先增加。减小流量的时候，燃料将领先减少，这就避免了燃烧时风量不足的情况。

诊断。计算机控制系统允许个人维护，用操作终端、二级系统 CRT 和控制点进行连续监控。

维护诊断功能也有助于个人对控制系统的工作状况进行校核、调整和故障排除。这个功能在加热炉操作期间有助于对数据和控制点的校准、实施在线和离线的诊断。

二级系统接口。与其他二级系统（轧机和连铸）的通信是通过标准以太网利用 DECnet/DECmessageQ 方法完成的。

事故电源。在主电源输出发生故障时，由 30min UPS 电源供给 PC 和 PLC 控制电源，PC 机带几百兆的硬盘，能存储将近 25～30 天的产品信息。250MB 的磁带机也能提供信息档案。为了将来的扩展，PLC 将提供 15% 的余量。

控制方式。计算机系统将提供四种控制方式：

第一种：二级系统自动控制。当操作需要的时候，操作员能改变每一种方式，正常条件下，由二级系统自动控制，区域温度的设定将由二级计算机决定并下载给一级系统。

第二种：一级自动设定控制。操作员可以通过一级的自动设定控制，在这种情况下，计算机控制系统将维持操作员设定输入的温度和炉压。

第三种：流量控制。在流量控制方式，根据操作员设定输入的空燃比，保持燃料与风的流量。

第四种：一级手动控制。一级手动控制室操作员从屏幕上调整阀门位置，这种控制方式在点火和低温时使用。

操作站。在加热炉区域，共有两个相同的操作终端，分别设置在主控室和加热炉电器操作室。画面可以用来观看炉温、安全系统条件、钢坯跟踪和物料处理系统的状态。

这些画面将包括加热炉和跟踪的总貌、信息区域、安全监控点、每个区域显示、温度和全部存储数据的趋势显示。每幅画面的显示通过触摸计算机屏幕上的触摸菜单来显示。一些操作数据的输入（例如在一级方式下的炉温设定）将通过键盘来完成。

报表。计算机的控制系统利用报警/报表打印机打印出报警条件、事件的项目和历史报表。

报警。当故障发生的时候，立即打印出报警的数据和时间。当测量参数超出正常操作范围时，此系统将报警。

事件记录。实时记录加热炉操作的变化，事件就是操作方式或其他非报警功能的变化。当事件发生的时候，每个事件都通过打印机记录下来。

产品报表。打印机提供下面的产品报表：

(a) 班报表是板带出料的数量、吨数、热量的汇总；

(b) 日报表是燃料消耗的数据和全部的热量消耗的汇总；

(c) 月报表是全部的吨数、平均热量和燃料消耗的全部数量的汇总；

(d) 全部的热值是根据预选的热值计算出来的；

（e）其他的技术数据。

调制解调器的支持。二级计算机控制系统通过电话连接，利用调制解调器与 BRICMONT 办公室的诊断服务中心联系，这种连接可以诊断系统的硬件、软件及加热炉控制系统，也可以从 BRICMONT 办公室直接进行编程修改。而且用这种连接方式，在 BRICMONT 办公室里可以通过屏幕实时浏览加热炉的工艺参数，及时满足现场需要，这就能节省昂贵的现场服务费，节约时间。

八、常用加热炉

随着科技的不断进步，轧钢生产技术也得到了迅猛发展，连铸连轧一火成材已经成为了轧钢车间的主要生产工艺。因此加热炉必须适应轧钢生产的需求，于是一些生产率高的机械化炉底连续加热炉，如步进式炉、环形加热炉、辊底式炉、链式加热炉以及节能型蓄热式加热炉等应运而生，加之计算机技术的应用，使得加热炉的自动化控制技术得到了进一步的发展。

（一）轧钢加热炉的分类

由于加热炉所完成的工艺过程不同，加热钢料种类和形状的不同，在炉形结构、炉内的高低温度和炉内温度分布等方面不同，为了便于研究和掌握炉子，根据炉子的某些主要特征将其分类是非常必要的，虽然至今还没有一个统一而明确的分类方法，但一般可按以下几种方法进行分类。

（1）按炉子的温度制度分类可分为一段式、两段式、三段式及多段强化加热式加热炉。

（2）按被加热金属种类分类可分为加热方坯的、加热板坯的、加热圆管坯的、加热异型坯的加热炉。

（3）按预热方式分类可分为换热式、蓄热式及不预热式的加热炉。

（4）按出料方式分类可分为端出料和侧出料加热炉。

（5）按钢料在炉内运动的方式分类可分为推钢式炉、步进式炉、辊底式炉、转底式炉和链式炉等。

（6）按所用燃料种类可分为使用固体燃料的、使用重油的、使用气体燃料的、使用混合燃料的加热炉。

除此而外，还可以按其他特征进行分类，如料坯排数、供热点位置等。以上分类都是根据炉子的某方面特征进行分类，对一个炉子来说，不只具有一个特点，它可以隶属于几种类型。总的来说，加热制度是确定炉子结构、供热方式及布置的主要依据。

（二）轧钢加热炉的进展

1. 蓄热式加热炉

随着全球性能源的危机，节能工作得到各个国家的重视，蓄热式燃烧技术在轧钢加热炉中得到广泛应用。各个国家都在研究各种蓄热式烧嘴和高效蓄热式燃烧技术，以及高风温燃烧技术，以便充分利用所有可利用的一切能源。

我国自 20 世纪 80 年代开始有国外译文介绍，80 年代中后期国内热工界也开始研究新型蓄热式技术。国内1998年9月萍乡钢铁有限责任公司率先在棒材公司轧钢加热炉上应用，首次实现了蓄热式技术燃烧高炉煤气在连续式轧钢加热炉上的应用，此炉成为国内第一座蓄热式轧钢加热炉。此后，国内有多家公司开展蓄热式燃烧技术的研究和推广应用，蓄热式燃烧技术逐渐成熟，基本实现了高产、优质、低耗、少污染和高自动化水平，达到了燃烧加热炉三高一低（高炉温、高烟温、高余热回收和低惰性）的发展方向的要求。

从1999年至今，国内蓄热式燃烧技术的发展基本分为两大系列：一是以北京北岛能源技术有限公司为代表的内置通道式加热炉（即北岛炉）；二是以北京神雾热能技术有限公司为代表的蓄热式烧嘴加热炉。通过这两种炉型的对比分析可以看出，两种蓄热式加热炉虽然各有优、缺点，且在国内冶金行业都有实际应用的实例，但总的发展趋势是朝着蓄热式烧嘴加热炉方向发展，有以下几个原因：

（1）蓄热式烧嘴加热炉和原普通加热炉相比，都是靠调整烧嘴热负荷来调节炉内温度，对于工人来讲易于接受。

（2）每个烧嘴可单独调节的特点和上下加热烧嘴能力的合理搭配，使加热炉各段上下加热温度的调节非常方便。

（3）炉墙两侧留有便于检修的人孔门和扒渣门，这是唯有采用烧嘴结构形式才能做到的。

（4）对于高热值气体燃料，可直接冷炉点火升温，不需要单独的点火烧嘴。

（5）烧嘴式结构可以采用集中换向和分散换向，分散换向则由于换向阀靠近烧嘴，换向阀与烧嘴之间的连接管道短而小，燃烧间断时间短，因此换向时管道内残留煤气损失较少，更有利于节能。

（6）维护工作量稍大，但检修时间短，停炉时间短。

（7）对于现在讲品种、讲效益的时代，一个加热炉的自动化水平的高低和燃烧器形式的多样性，决定了该加热炉适应的品种、燃料及行业的多样性。

国内蓄热式加热炉发展到现在，还不能确定哪一种形式是最先进、最成熟的，都存在一些问题，还有待探索，如各热工参数之间和设计结构之间的定量关系、控制系统和调节系统的最优化、燃气质量与蓄热体之间的关系、蓄热体的寿命、蓄热式加热炉的寿命等；但蓄热式烧嘴加热炉是一种发展方向。

2. 典型三段式连续加热炉

（1）三段式连续加热炉的温度制度。三段式连续加热炉在加热制度上采取预热期、加热期、均热期三段温度制度。在炉子的结构上也相应地分为预热段、加热段、均热段。一般有三个供热点，即上加热、下加热与均热段加热。段面尺寸较大的钢料和合金钢料的加热，多采用三段式炉温制度的三段连续加热炉。

钢坯或钢锭由炉尾推入后，先进行预热段缓慢升温，出炉废气温度一般保持在850～950℃，最高不超过1050℃。然后钢坯被推入加热段，强化加热，迅速把钢料表面升温到出炉所要求的温度，并允许钢料内外有较大的温差，这时温度保持在1320～1380℃。最后，钢料进入温度较低的均热段进行均热，钢料表面温度不再升高，而是使断面上的温度逐渐趋于均匀。均热段的温度一般为1250～1300℃，即比钢的出炉温度约高50℃。现在连续加热炉的加热段及均热段的温度有提高的趋势，加热段超过 1400℃，废气出炉温度也相应提高，与此同时也很重视加热段、均热段温度分布的均匀性，各段温度可以分段自动调节，使炉温的控制更加灵活。

近年来有些国家由于能源的紧张，又出现了一个新的动向，即不强调炉子的生产能力，而强调节约能源，由高产型的炉子向节能型的炉子演变。延长了预热段的整个炉长，降低了废气出炉温度，使炉底强度下降，但单位热耗也降了下来。由于炉长的增加，设备投资有所增加，但由于热能的节约，投资很快就可以收回。

（2）三段式连续加热炉的炉型。炉型的变化很多，但结构上仍有一些共同的基本点。炉顶轮廓曲线的变化是很大的，它大致与炉温曲线相一致，即炉温高的区域炉顶也高，炉温低的区域炉顶也相应低。在加热段与预热段之间，有一个比较明显的过渡，炉顶向预热段压下，这是为了避免加热段高温区域有许多热量向预热段的低温区域辐射，加热段是主要燃烧区间，空间较大，有利于辐射换热；预热段是余热利用的区域，压低炉顶缩小炉膛空间，有利于强化对流给热，见图 2.3.62。但也有的炉子着眼于强化加热，使加热段相对延长，加热段与预热段之目的界限也不再明显。

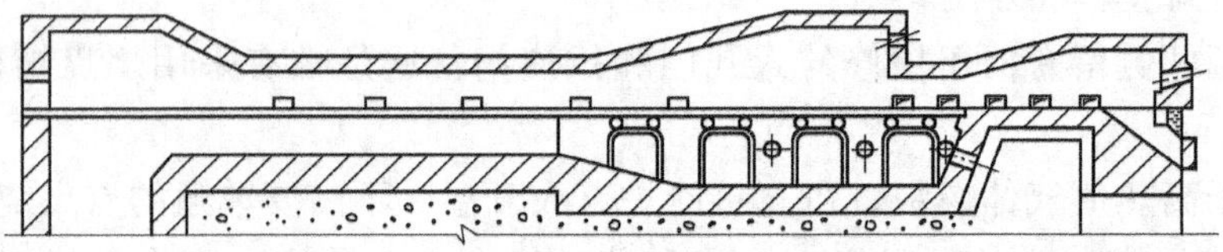

图 2.3.62　三段式连续加热炉

在加热高合金钢和易脱碳钢时，预热段温度不允许太高，加热段不能太长，而预热段比一般情况要长一些，才不致在钢内产生危险的温度应力。为了降低预热段的温度并延长预热带的长度，采用了在炉子中段加中间烟道的办法，如图 2.3.63 所示，以便从加热段后面引出部分高温炉气，不让其通过预热段。有的炉子还采取加中间隔墙的措施，也是为了达到同样的目的。

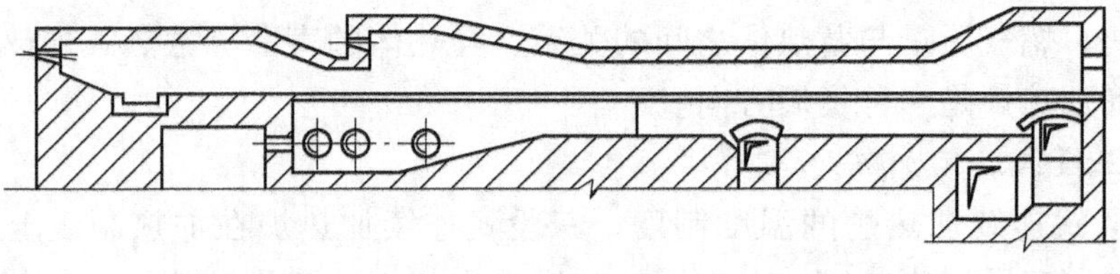

图 2.3.63　带中间烟道的三段式连续加热炉

在炉子的均热段和加热段之间将炉顶压下，是为了使端墙具有一定高度，以便于安装烧嘴。因此如果全部采用炉顶烧嘴及侧烧嘴，也可以使炉子结构更加简化，即炉顶完全是平的，上下加热都用安装在平顶和侧墙上的平焰烧嘴。炉温制度可以靠调节烧嘴的供热量来实现，根据供热的多少可以相当严格地控制各段的温度分布。例如产量低时，可以关闭部分烧嘴，缩短加热段的长度。由于炉子的烧嘴数目很多，用人工调节不便，因此这种炉子都是实行温度自动调节。这种炉型如图 2.3.64 所示。

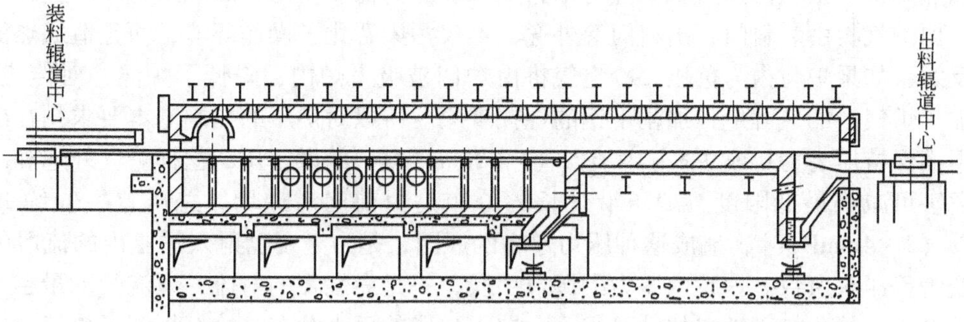

图 2.3.64　平顶式连续加热炉

多数推钢式连续加热炉炉尾烟道是垂直向下的，这是为了让烟气在预热段能紧贴钢坯的表面流过，有利于对流换热。由于炉气的惯性作用，炉气经常会从装料门喷出炉外，出现冒黑烟或冒火现象，造成炉尾操作条件恶劣，污染车间环境，并容易使炉后设备变形。为了改变这种状况，采取使炉尾部的炉顶上翘并展宽该处炉墙的办法，其目的是使气流速度降低，部分动压头转变为静压头，也使垂直烟道的截面加大，便于烟气顺利向下流动，从而减少了烟气的外逸。但近来连续加热炉使用金属器和余热锅炉的较多，这些附属设备配置在炉顶上面，便于操作和维护，因此一些炉子采用上排烟的方案。上排烟可以减少大量的地下工程，便于施工，在地下水位高的地方更为有利，但上排烟需要较多的钢材。

(3) 连续加热炉气流的组织。连续加热炉内火焰的组织与燃烧装置的形式、位置、角度、空气与燃料比例有关，也与炉内压力的大小和分布有关。

端部烧嘴供热的炉子主要依靠烧嘴角度组织炉内火焰。烧嘴下倾的角度大，则火焰直接冲向钢坯的表面，容易使钢的局部过热；如果烧嘴角度太小，火焰又向上飘，使对流热交换减弱。一般在烧煤气的炉子上，上部端烧嘴下倾角度大约在 10°～15°，下加热端烧嘴上倾角大约 8°～15°。油烧嘴的倾角小一些，有些炉子的烧嘴甚至没有倾角，使用高压重油烧嘴时，大多是水平放置的。

炉顶烧嘴和侧烧嘴的采用，改变了传统的组织火焰的概念。平焰烧嘴使火焰沿炉顶表面径向散开，轴向速度很小，火焰短而平，这种火焰是靠增大辐射面积，加强定向辐射，使整个加热区域温度更加均匀，避免了长火焰温度不均匀的现象。这种供热方式只有在实现自动调节时才能更好地显示它的优越性。随着连续加热炉向大型化发展，炉子采用侧烧嘴的逐渐增多。侧烧嘴的布置有若干优点，可以根据炉子产量和烧钢的类别，组织不同的炉温制度，可以使整个加热段沿炉长方向上温度相近，炉膛前后压差也比较小，操作起来灵活方便。它的缺点是在炉宽方向上温度不均匀，但如果采用火焰长度可调烧嘴，即使较宽的炉子也能保持炉宽方向上有合适的温度分布。采用端烧嘴或侧烧嘴要视具体情况而定，例如加热长板坯时，用轴向端烧嘴比横向侧烧嘴更有利于沿炉宽方向上温度的均匀分布，甚至要求出炉长板头尾有一定的温差，保证在出炉降温后，两端进入轧机时温度基本一致，这一点用侧烧嘴就难以调整。

炉膛压力的分布对连续加热炉热工的影响很大，直接关系炉膛温度分布、钢的加热速度和加热质量。由气体静力学原理可知，如果炉膛内保持正压，炉气又充满炉膛，对传热有利，但炉气将由装料门、出料门等外逸，不仅污染恶化了操作环境，而且造成热能的损失。反之，如果炉膛内为负压，冷空气将由炉门被吸入炉内，降低了炉温，对传热不利，并增加了炉气中的氧含量，加剧了钢的烧损现象。所以对炉压的控制基本要求是在出料端炉底平面保持压力为0或9.8~19.6Pa（1~2mmH_2O）的微正压，这样炉气外逸和冷风漏入的危害可减到最低限度。炉压沿炉长的分布是由前向后递增，总压差一般约19.6~39.2Pa（2~4mmH_2O），造成这种压力递增的原因，是由于烧嘴射入炉膛内的流股的动压头转变为静压头所致。炉膛内压力的调节手段，一是靠烧嘴的射流，射流的动量越大，会使炉压越大。炉顶烧嘴轴向的动量很小，向下递增的压力分布又恰好抵消了热气造成的垂直方向的压差，这种炉子沿炉长的压力分布很均匀。炉压调节的另一手段是依靠烟道闸板，降低闸板时增加烟气在烟道内的阻力，炉内压力将升高，提起闸板时烟道阻力减小，烟囱对炉子的抽力增大，炉内压力下降（负压增加）。由于炉子热负荷在不断变动，废气量也在相应地变化。要保持炉内零压线的稳定，就要及时调整烟道闸板。但在没有实现炉膛压力自动调节的炉子上，不能及时以压力为控制参数调整烟道闸门，所以难以保持炉压的稳定。炉压的波动也影响火焰的组织，抽力增大时，火焰被拉向炉尾，使加热段无异于增长；反之，炉尾温度则较低。所以炉压的波动造成炉内温度分布的波动，不能保证炉温的稳定。

（4）三段连续加热炉的供热分配。连续加热炉的供热是根据加热工艺所要求的温度制度来分配的，它保证加热制度的实现和钢坯加热温度的均匀性，并和炉子生产率有密切的关系。

三段连续加热炉一般是三个供热段，即均热段、上加热段和下加热段。各段燃料分配的比例大致是：均热段占20%~30%，上加热段占20%~40%，下加热段占40%~60%，总和为100%。但为了使炉子在生产中有一定的调节余地，所以供热能力的配置比例应大于燃料分配的比例，即烧嘴能力的总和应为燃料消耗量的120%~130%。这样大体上均热段、上加热段、下加热段的供热能力分配比例是30：40：60。当炉底水管绝热包扎比较有效时，可以适当减少下加热燃料的比例。

（5）连续加热炉的装料与出料方式。连续加热炉的装料与出料方式有端进端出、端进侧出和侧进侧出三种，其中主要是前两种，侧进侧出的炉子较少见。

一般加热炉都是端进料，钢坯的入炉和推移都是靠推钢机进行的。炉内料坯有单排放置的，也有双排放置的，要根据钢坯的长度、生产能力和炉子长度来确定是单排料还是双排料。

推钢式加热炉的长度受到推钢比的限制，所谓推钢比是指钢坯推移长度与钢坯厚度之比，推钢比太大会发生拱钢或翻炉事故。炉子太长，推钢的压力大，高温下容易发生粘钢现象，难以处理，所以炉子的有效长度要根据允许推钢比来确定。一般原料条件时，方坯的允许推钢比可取200~250，板坯取250~300。如果超过这个比值，就采用双排料或两座炉子。但如果钢坯平直，圆角不大，摆放整齐，炉底清理及时，推钢也可以突破这个数值。钢坯不太长时尽量采用双排料，这比多增加一座炉子，在设备投资和生产费用上都节省很多。

出料的方式分侧出料与端出料两种，两者各有利弊。端出料的优点是：①由炉尾推钢机直接推钢出料，不需要单独设出钢机，侧出料需要有出钢机；②如钢坯较宽时（如板坯），只能用端出料，若用侧出料，出料门势必开得很大；料坯太长也不宜用侧出料，因为这时出钢机推钢的行程很大，占用车间面积太大；③轧钢车间往往有几座加热炉，采用端出料方式，几个炉子可以共用一个辊道，占用车间面积小，操作也比较方便。但端出料的缺点是出料门位置很低，一般均在炉子零压线以下，出料门又很大，宽度几乎等于炉宽，从这里吸入大量冷空气到炉内。冷空气重度大，贴近钢表面对温度的影响大，并且增加金属的烧损，烧损量的增加又使实炉底上氧化铁皮增多，给操作带来困难。侧出料的出料门位置和炉底一样高，出料门又很小，可以减轻或避免上述的危害。

为了克服端出料门吸入冷空气这一缺点，在出料口采取了一些封闭措施。常见的有：①在出料口安装自动控制的炉门，开闭由机械传动，不出料时炉门是封闭的，出钢时自动随推钢机一同联动而开启；②在均热段安装反向烧嘴，即在加热段与均热段间的端墙或侧墙上，安装向炉前倾斜的烧嘴，喷入煤气或重油形成不完全燃烧的火幕一方面增加出料口附近的压力，另一方面漏入的冷空气也可参加燃烧；③加大炉头端烧嘴向下的倾角，同时压低均热段与加热段之间的炉顶，利用烧嘴的射流驱散钢坯表面低温的气体，均热段气体进入加热段时的阻力加大，均热段内的炉压增加，对减少冷风吸入有一定作用；④在出口料挂满可以自由摆的窄钢带或钢链，可以减少冷空气的吸入，并对向外的辐射散热起屏蔽作用。

目前只有加热小型钢坯，或者加热质量要求较高的合金钢坯时，才采用侧出料的方式。燃煤加热因为炉头端部有燃烧室，只能采用侧出料。

（6）推钢式连续加热炉的炉底结构及出渣。推钢式连续加热的炉底分为架空的水管部分和实炉底均热床（均热床也有架空或半架空的）两部分。

为了克服水冷滑道产生的“黑印”和上下面温差的问题，并使钢坯表面与中心的温差达到要求，在均热段需要有一段实炉底均热床。均热床多用抗氧化铁侵蚀的镁砖砌筑，上面再铺一层镁砂。为了减少推钢的阻力并保护炉底，在实炉底上铺有耐热钢的金属滑轨。过去认为实炉底段的长度不应小于加热炉有效长度的20%～25%，但现在有缩短实炉底段长度的趋势，并且用架空或半架空的结构来代替实炉底。这是因为实炉底段只是上面受热，如加热段下加热量不够，本来就有阴阳面，在实炉底上停留时间过长，会使上下表面温度更加不均匀。均热段架空后，在下均热空间安装烧嘴补充供热（总热量的5%～15%），可以减轻“黑印”或阴阳面。有一些炉子采取半架空的结构，在实炉底上面砌一些槽，主要是为了便于清渣。底结渣上涨，影响推钢，所以连续加热炉都要定期清渣。当氧化铁皮数量不多时，大部分落在炉底上的槽内，可以定期从侧面把渣扒出，不必停炉。有的炉子采用液体出渣，让下加热升温使渣熔化，经渣口流出，这种方式对炉子耐火材料寿命不利。

（7）连续加热炉炉膛尺寸。连续加热炉的基本尺寸包括炉子的长度、宽度和高度。它们是根据炉子的生产能力、钢坯尺寸、加热时间和加热制度等确定的。加热炉的尺寸没有严格的计算方法与公式，一般是计算并参照经验数据来确定。

1）炉宽。炉宽是根据钢坯的长度和料的排数来决定的，钢坯和炉墙以及钢坯和钢坯之间的间隔，通常取 $c=0.2\sim0.25\text{m}$，则炉宽为

单排料：　　　　　　　　$B = l + 2c$

双排料：　　　　　　　　$B = 2l + 3c$

式中　l——钢坯长度，m。

2）炉长。由图 2.3.65 可见，炉子的长度分为全长和有效长度两个概念。有效长度是钢坯在炉膛内所占的长度，而全长还包括了从出钢口到端墙的一段距离。

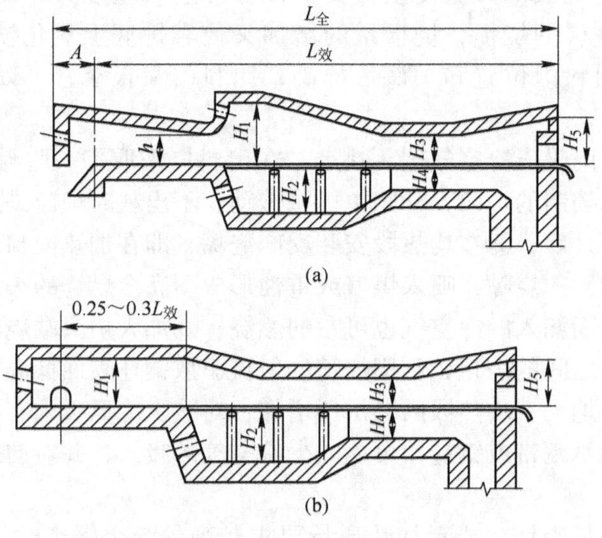

图 2.3.65　加热炉的基本尺寸

炉子的有效长度是根据总加热能力计算出来的，公式为

$$L_效 = \frac{Gb\tau}{ng} \tag{2.3.16}$$

式中　G——炉子的生产能力，kg/h；

b——每根钢坯的宽度，m；

τ——加热时间，h；

n——料坯的排数；

g——每根钢坯的重量，kg。

炉子全长等于有效长度加上出料口到端墙的距离 A，A 的长度决定于燃烧情况和出料方式。火焰较长时，A 值应较大。端出料的炉子要考虑出料斜坡滑道的长度，出料斜坡的角度（与水平的夹角）一般为 32°～35°。侧出料的炉子只要考虑能设置出料门即可。A 值大约在 1～3m。

由于受推钢比的限制，并且炉子过长时推钢压力太大，容易发生粘钢，所以目前推钢式加热炉的长度没有超过 40m 的（最长的 37.6m）。

连续加热炉各段的长度可以由加热时间计算出来，但计算往往和实际有出入，故还要参照经验数据来确定。在三段式加热炉中，均热段长度约占炉子有效长度的 15%～30%，视钢坯的厚薄而定，如果断面尺寸小，均热时间短，均热段就短一些。加热段和预热段大约各占有效长度的 25%～40%。加热合金钢的炉子，由于预热需要缓慢加热，所以预热段长度要占50%。

3）炉高。炉膛高度在各段差别是很大的，炉高现在不可能从理论上进行计算，各段的高度都是根据经验数据确定的。

决定炉膛高度要考虑两个因素：热工因素和结构因素。

要保证火焰能充满炉膛，对烧煤的炉子不能组织火焰，炉高应低一些，否则火焰不能充满炉膛，高温炉气飘在上面，靠近钢坯表面是温度较低的炉气，这对传热很不利。但炉膛太低，炉墙辐射面积减小，气层厚度减小，也对炉膛热交换不利。炉膛高度要考虑到端墙有一定高度，以便安装烧嘴。

加热段供给的燃料量最多，应有较大的加热空间。大型加热炉的 H_1 可达3m，甚至更高，如果用侧烧嘴高度可以降低一些。加热段下加热的高度比 H_2 上加热低一些，如果太深，吸入的冷风多，将使下加热工作条件恶化。

预热段的高度 H_3 和 H_4 对于中型炉子约在1m左右，H_4 可稍大于 H_3，因为下部炉膛有支持炉底水管的墙或支柱，又受到炉底结渣的影响，使下部空间减少。适当加高这一部位，可以减少气流的阻力。炉尾高度 H_3 抬高，是为减轻由于气流惯性大造成的装料门冒火现象。

均热段的高度比加热段低，因为这里供热量小，还要保持炉膛正压和炉气充满炉膛，避免吸风现象。均热段和加热段之间，炉顶压下高度 h 约700～800mm，愈低愈能保证均热段维持正压，但至少比两倍钢坯厚度高200mm。

3. 多点供热的连续加热炉

由于轧机产量的不断增加，要求连续加热产量相应增加，原有三段式连续加热炉供热不能满足炉子要求，于是出现了多点供热的大型连续加热炉。这种炉子从炉温制度的特点上看，仍属于三段式温度制度，只是供热点增多。例如，五点供热式的供热点为：均热段、第一上加热、第二上加热、第一下加热、第二下加热。六点供热式则又多了一个下均热供热点。有时也把这种炉子称为多段式连续加热炉。图2.3.66所示为六点供热式的大型连续加热炉。

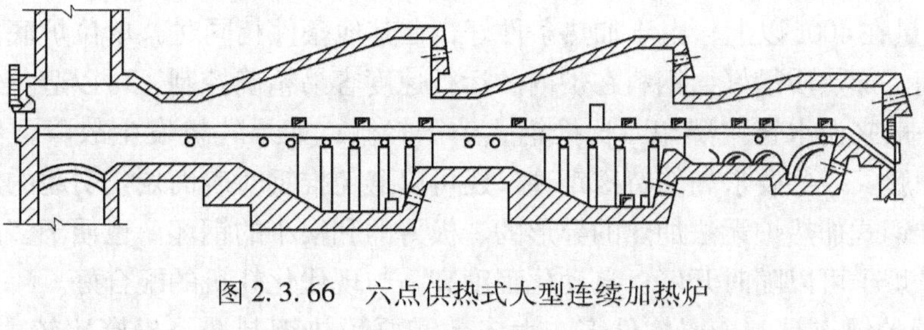

图2.3.66 六点供热式大型连续加热炉

这种炉子可以根据钢材的品种不同，灵活地调整各段的供热分配，满足不同加热制度的需要。表2.3.10所示是一个多点供热的连续加热炉各段供热分配比例。

表2.3.10 多点供热的连续加热炉的各段供热分配比例 （%）

供热点	上加热	下加热	合 计
均热段	6.18	10.2	16.38
第一加热段	7.00	11.3	18.3

续表 2.3.10

供热点	上加热	下加热	合　计
第二加热段	12.7	16.96	29.66
均热段	15.26	20.4	35.66
合　计	41.14	58.86	100.00

这类炉子的特点是在进料端的有限长度内（即预热段和第二加热段）供给大部分热量，约占总供热量的65%，而第一加热段和均热段供给的比例只有35%。在某种意义上预热段已经不是传统的概念，钢坯一入炉就以大的热流量供热，因为低碳钢允许快速加热，不致产生温度应力的破坏，加强预热段的给热就改变了传统炉子只有半截炉膛供热的观念。当需要在低生产率条件下工作时，可以减少预热段的供热量。

在这种炉温制度下，废气带走的热量约占总供热量的60%以上，必须有可靠的换热装置，才是合理的。目前这种大型炉子主要发展金属换热器，可以安置在炉子上方，即炉子采取上排烟的轻型结构。如果采用黏土换热器，体积势必十分庞大，地下工程量大，整个结构比较复杂。

多点供热连续加热炉由于炉温分布更加均匀，钢坯所接受的热量大部分是来自后半段，此时钢表面的温度还不致造成大量氧化，而在前半段高温区停留的时间相应缩短，烧损也因而下降，还减少了粘钢的现象，所以多点供热的炉子加热质量也比三段式炉为好。

4. 机械化炉底连续加热炉

为适应高速连续轧钢生产工艺的需求，在轧钢生产车间一些老式加热炉基本已经被改造；新建轧钢生产车间更多为多点供热的步进式加热炉、环形加热炉等。

和推钢式炉相比，机械化炉底连续式加热炉有下列优点：

机械化操作基本上取代了繁重的体力劳动，不会发生拱钢、粘钢，因此也减少了处理这类事故的劳动；生产能力大，炉子长度不受推钢比的限制，例如大型步进式炉长度可超过40m，小时产量在400t以上；由于加热条件好，在其他条件相同时，单位炉底面积的产量也比推钢式炉高。加热质量好，钢料在炉内的运行速度容易精确控制，可以避免过热和受热不均匀现象。一般来说水管“黑印”比推钢式炉子轻微；如果轧机发生故障，步进式炉可以把钢坯退出炉膛。一些要求高的特殊钢种，还可以避免推钢时表面划伤引起的质量问题；可以加热一些推钢式加热炉无法加热的异形的、极薄的和很小的钢坯。也便于多品种、小批量产品的生产，炉子可以随时开停；自动化程度高，与现代化轧机的配合好。

这类炉子的缺点是：金属构件多，大多数需要耐热钢制造，投资比较大，单位热耗、冷却水消耗、电力消耗均较大。因此，在实践中还要根据具体情况选择适当的炉型。

（1）步进式加热炉。步进式加热炉是各种机械化炉底加热炉中使用最广、发展最快的炉型，是取代推钢式加热炉的主要炉型。20世纪70年代以来，世界各国新建的热连轧机等大型轧机，几乎都采用了步进式炉，就是中小轧机也有不少采用这种炉型的。

1）步进式加热炉钢料的运动。步进式加热炉与推钢式加热炉相比，其基本的特征是钢坯在炉底上的移动靠炉底可动的步进梁做矩形轨迹的往复运动，把放置在固定梁上的钢坯一步一步地由进料端送到出料端。

图 2.3.67 是步进式炉内钢坯运动轨迹的示意图。

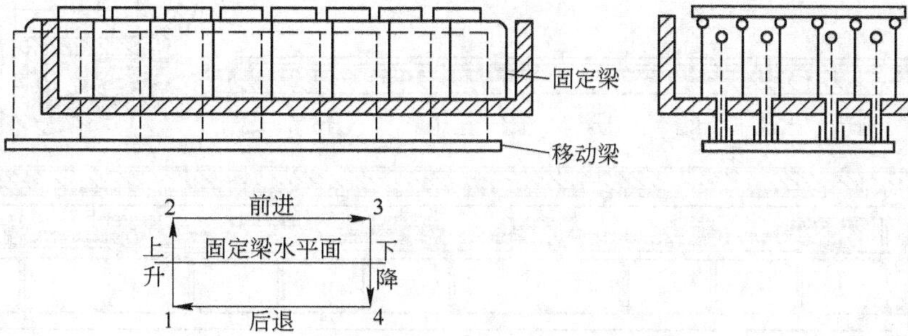

图 2.3.67　步进式炉内钢坯的运动

炉底由固定架和移动梁（步进梁）两部分组成。最初钢坯放置在固定梁上，这时移动梁位于钢坯下面的最低点 1。开始动作时，移动梁由 1 点垂直上升到 2 点的位置，在到达固定梁平面时把钢坯托起；接着移动梁载着钢坯沿水平方向移动一段距离从 2 点到 3 点；然后移动架再垂直下降到 4 点的位置，当经过固定梁水平面时又把钢坯放到固定梁上。这时钢坯实际已经前进到一个新的位置，相当于在固定梁上移动了从 2 点到 3 点这样一段距离；最后移动架再由 4 点退回到 1 点的位置。这样移动梁经过上升—前进—下降—后退四个动作，完成了一个周期，钢坯便前进（也可以后退）一步，然后又开始第二个周期，不断循环使钢料一步步前进。移动梁往复一个周期所需要的时间和升降进退的距离，是按设计或操作规程的要求确定的。可以根据不同钢种和断面尺寸确定钢材在炉内的加热时间，并按加热时间的需要，调整步进周期的时间和进退的行程。

移动梁的运动是可逆的，当轧机故障要停炉检修，或因其他情况需要将钢料退出炉子时，移动梁可以逆向工作，把钢坯由装料端移出炉外。移动梁还可以只做升降运动而没有前进或后退的动作，即在原地踏步，以此来延长钢料的加热时间。

2）步进式加热炉的结构。从炉子的结构看，步进式加热炉分为上加热步进式炉、上下加热步进式炉、双步进梁式步进式炉等。

上加热步进式炉顾名思义只有上部有加热装置，固定梁和移动梁是耐热金属制作的，固定炉底是耐火材料砌筑的。这种炉子基本上没有水冷构件，所以热耗较低；只能上单面加热，一般用于中小型钢坯的加热。图 2.3.68 是上加热步进式炉的剖面图。

与推钢式加热炉一样，由于加热大型钢坯的需要，步进式炉也逐步发展了下加热的方式，出现了上、下加热的步进式加热炉。这种炉子相当于把推钢式炉的炉底水管改成了固定梁和移动梁。固定架和移动梁都是用水冷立管支撑的。梁也由水冷管构成，外面用耐火塑料包扎，上面有耐热合金的鞍座式滑轨，类似推钢式加热炉的炉底纵水管。炉底是架空的，可以实现双面加热（步进式炉钢坯与钢坯不是紧靠在一起，中间有空隙，所以也可以认为是四面受热）。下加热一般只能用侧烧嘴，因为立柱挡住了端烧嘴火焰的方向，如果要采用端烧嘴，需要改变立柱的结构形式。上加热可以用轴向端烧嘴，也可以用侧烧嘴或炉顶烧嘴供热。考虑到轴向烧嘴火焰沿长度方向的温度分布和各段温度的控制，某些大型步进式炉在上加热各段之间的边界上有明显的炉顶压下，而下加热各段间设有段墙，以免各段之间温度的干扰。因此这样的步进式炉沿炉子长度方向上温度调节有更大的灵活

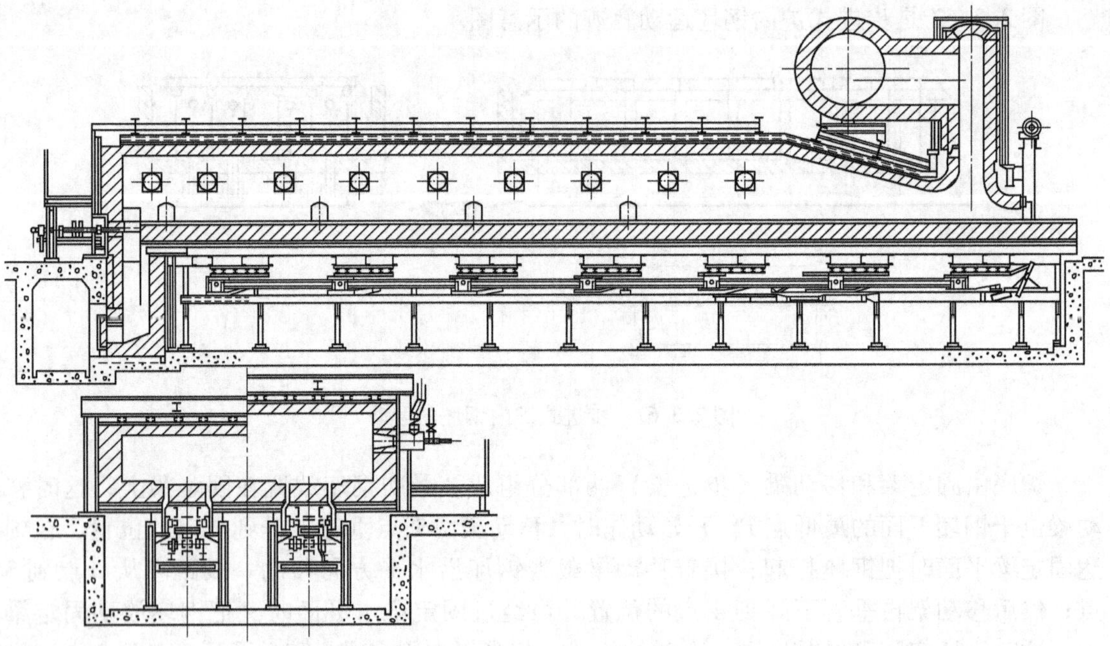

图 2. 3. 68　上加热步进式加热炉

性，如果炉子宽度较大，火焰长度又较短时，可以在炉顶上安装平焰烧嘴。

图 2. 3. 69 是用于板坯加热的上下加热步进式炉。这种炉型主要用于大型热连轧和中厚板板坯的加热。

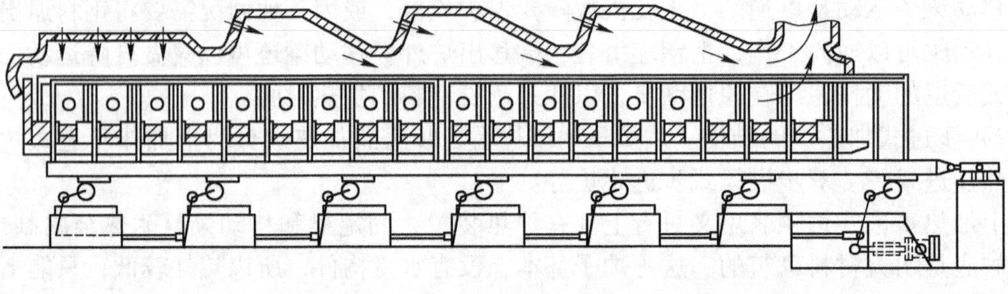

图 2. 3. 69　上下加热的步进式加热炉

还有一种不常见的双步进梁式加热炉，主要用于厚板的热处理。这种炉子没有固定梁而有两组独立的移动梁，当第一组移动梁上升前进期间，第二组移动梁就开始上升，接过钢坯，使其继续前进。两组梁交替使钢坯前进，好像钢坯在辊底炉上前进一样。这种炉子同样也可以逆向运动。

步进式炉的关键设备是移动梁的传动机构。传动方式分机械传动和油压传动两种，机械传动用于早期的小型加热炉上，梁的升降依靠偏心轮带动曲臂杠杆来完成，梁的水平移动由另一偏心轮带动曲柄拉杆来完成。这种方式现已很少采用，目前广泛采用液压传动的方式。现代大型加热炉的移动梁及上面的钢坯重达数百吨，甚至多达 2000t，使用油压传动机构运行稳定，结构简单，运行速度的控制比较准确，占地面积小，设备重量轻，比机械传动有明显的优点。

油压传动机构又分为曲臂杠杆型、倾斜滑块型、偏心轮型三种，这三种传动机构的原理及固定梁水平图如图 2. 3. 70 和图 2. 3. 71 所示。

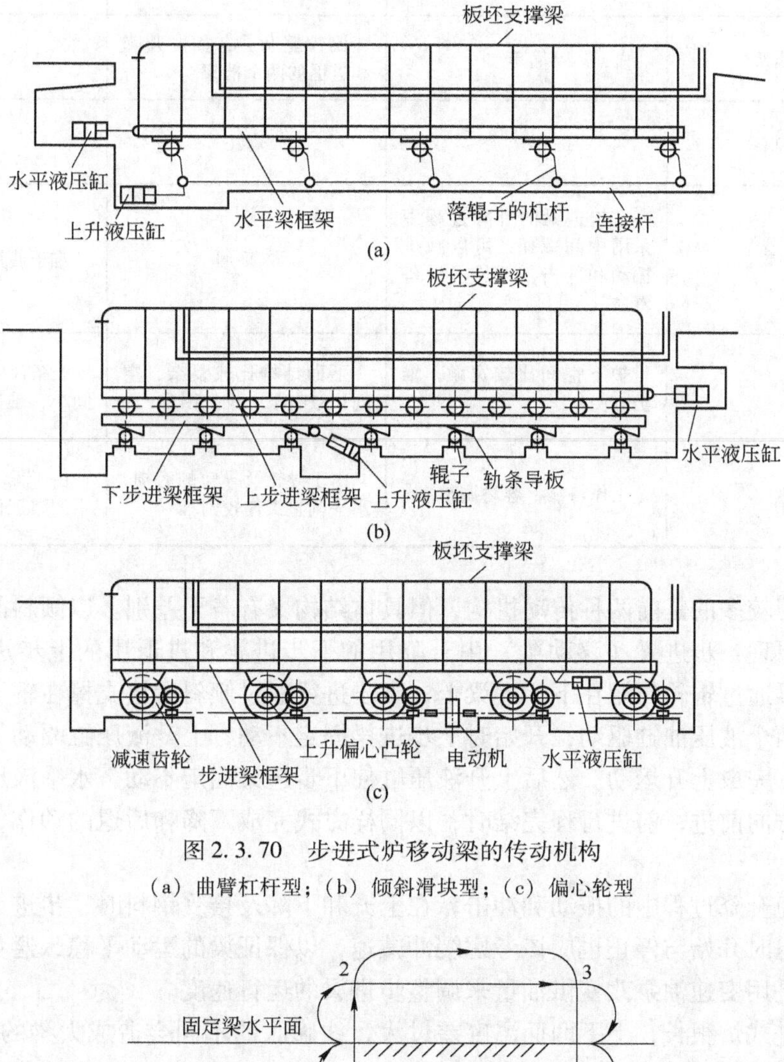

图 2. 3. 70　步进式炉移动梁的传动机构

（a）曲臂杠杆型；（b）倾斜滑块型；（c）偏心轮型

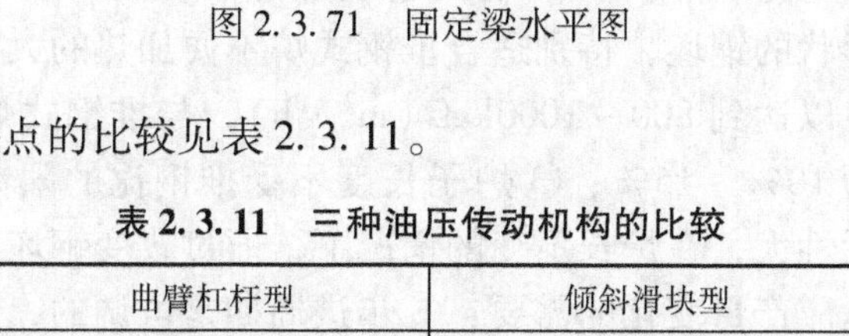

图 2. 3. 71　固定梁水平图

三种传动机构优缺点的比较见表 2. 3. 11。

表 2. 3. 11　三种油压传动机构的比较

项　目	曲臂杠杆型	倾斜滑块型	偏心轮型
传动系统	简单	较复杂	较复杂
前后移动方法	液压传动	液压传动	液压传动

续表 2.3.11

项　目	曲臂杠杆型	倾斜滑块型	偏心轮型
升降方法	液压传动（使用曲臂杠杆）	液压传动（使用倾斜滑块）	电动机械传动（使用偏心轮）
步进梁框架	简单	比较复杂，有负责升降和进退的两个框架	简单
速度控制	好	较好	较差
中间减速	在步进梁的升降过程中采用中间减速，可以减少振动和冲击，延长了设备寿命	未采用	难于使用中间减速
维　护	炉下空间比较宽敞，维护方便	下面结构比较复杂，空间比较有限，维护困难	设备尺寸较大，下部空间小，维护比较困难
可靠性	工作可靠，容易调整	由于导轮及导轨的磨损，水平调整工作较困难	由于偏心轮的磨损，水平调整工作较困难

现在应用较多的是前两种传动机构，但具体结构又有若干差别。以倾斜滑块型为例说明其动作的原理：步进梁（移动梁）由升降用的下步进梁和进退用的上步进梁两部分组成。上步进梁通过辊轮作用在下步进梁上，下步进梁通过倾斜滑块支撑在辊子上。上下步进梁分别由两个液压油缸驱动，开始时上步进梁固定不动，上升液压缸驱动下步进梁沿滑块斜面抬高，完成上升运动。然后上升液压缸使下步进梁固定不动，水平液压缸牵动上步进梁沿水平方向前进，前进行程完结时，以同样方式完成下降和后退的动作，结束一个运动周期。

为了避免升降过程中的振动和冲击，在上升和下降及接受钢料时，步进梁应该中间减速。水平进退时开始与停止也应该考虑缓冲减速，以保证梁的运动平稳，避免钢料在梁上擦动。办法是用变速油泵改变供油量来调整步进梁的运行速度。

由于步进式炉很长，上下两面温度差过大，线膨胀的不同会造成大梁的弯曲和隆起。为了解决这个问题，目前一些炉子将大梁分成若干段，各段间留有一定的膨胀间隙，变形虽不能根本避免，但弯曲的程度大为减轻，不致影响炉子的正常工作。

3）步进式加热炉的优缺点。和推钢式连续加热炉相比，步进式炉具有以下优点：①可以加热各种尺寸形状的钢坯，特别适合推钢式炉不便加热的大板坯和异形料坯；②生产能力大，炉底强度可以达到 800～1000kgf/(m^2·h)，与推钢式炉相比，加热等量的钢坯，炉子长度可以缩短 10%～15%；③炉子长度不受推钢比的限制，不会产生拱钢、粘钢现象；④炉子的灵活性大，在炉长不变的情况下，通过改变钢坯之间的距离，就可以改变炉内料块的数目，适应产量变化的需要；⑤步进周期是可调的，如果加大每一周期前进的步距，就意味着钢坯在炉内的时间缩短，从而可以适应不同钢种加热的要求；⑥单面加热的步进式炉没有水管“黑印”，不需要均热床。两面加热的情况比较复杂。对“黑印”

的影响要根据水管绝热良好与否而定，不同的文献资料上有相反的结论，其原因就在于炉子步进梁的绝热不同；⑦由于钢坯不在炉底滑道上滑动，钢坯的下面不会有划痕。推钢式炉由于推力震动，使滑道及绝热材料经常损坏，而步进式炉不需要这些维修费用；⑧轧机故障或停轧时，能将钢料退出炉膛，以免钢坯长期停留炉内造成氧化和脱碳；⑨可以准确计算和控制加热时间，便于实现过程的自动化。

步进式炉存在的缺点是，和同样生产能力的推钢式炉相比，造价高15%～20%。另外，步进式炉（两面加热的）炉底支撑水管较多，水耗量和热耗量超过同样生产能力的推钢式炉。经验数据表明，在同样小时产量下，每公斤钢步进式炉的热耗量比推钢式炉高167.2kJ（40kcal）。

（2）环形加热炉。转底式环形加热炉（简称环形加热炉）主要用来加热圆钢坯和其他异形钢坯（如车轮箍坯），也可以加热方坯。这种炉型也适用于锻压车间。

1）环形加热炉的构造。环形加热炉的外观结构及剖面图如图2.3.72和图2.3.73所示。

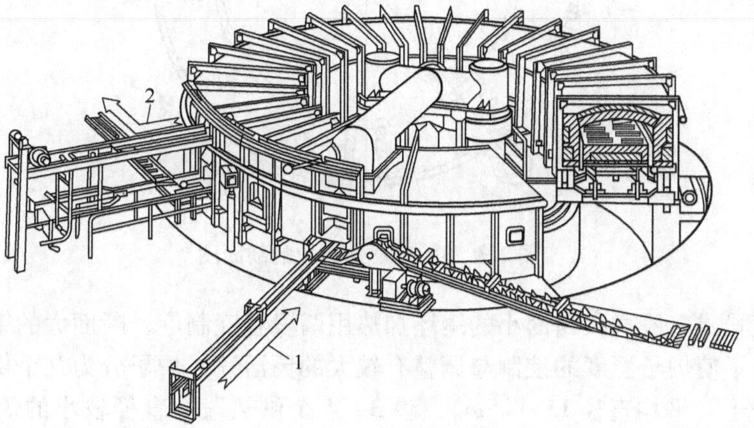

图2.3.72　环形加热炉
1—钢坯入炉；2—钢坯出炉

环形加热炉是借炉底的旋转，使放置在炉底上的钢坯由装料口移到出料口的一种炉型。炉子用侧进料、侧出料的方式，并且用侧烧嘴加热。沿炉长也可分为预热段、加热段、均热段，所以按热工特点看，仍属于连续加热炉。它是由可以转动的炉底部分及固定的炉墙和炉顶部分构成的环形隧道所组成。圆形的炉顶是由若干扇形组成的，可以采用拱顶，也可以采用吊顶。炉墙分为内环和外环，烧嘴装在侧墙上，烧嘴的数目和供热分配各段不同，正像一座全部侧烧嘴的连续加热炉弯过来首尾相连一样。当炉膛很窄时，炉子便由外环墙一侧供热，当炉子宽度大于4m时，则外环和内环两侧墙供热。烧嘴的安装角度有多种不同方式，有沿半径方向安装的，但多数是呈一定角度布置的，大炉子与炉膛中心线相切，小炉子则与内环墙相切。

环形加热炉在炉型结构上没有明显的分段，主要靠烧嘴的配置和供热强度来控制各种温度制度，各段的长度并不固定，例如炉子在低负荷下工作时，就可以关闭一部分加热段的烧嘴，预热段就相对延长，预热段一般不设烧嘴。环形炉的温度制度与推钢式加热炉一

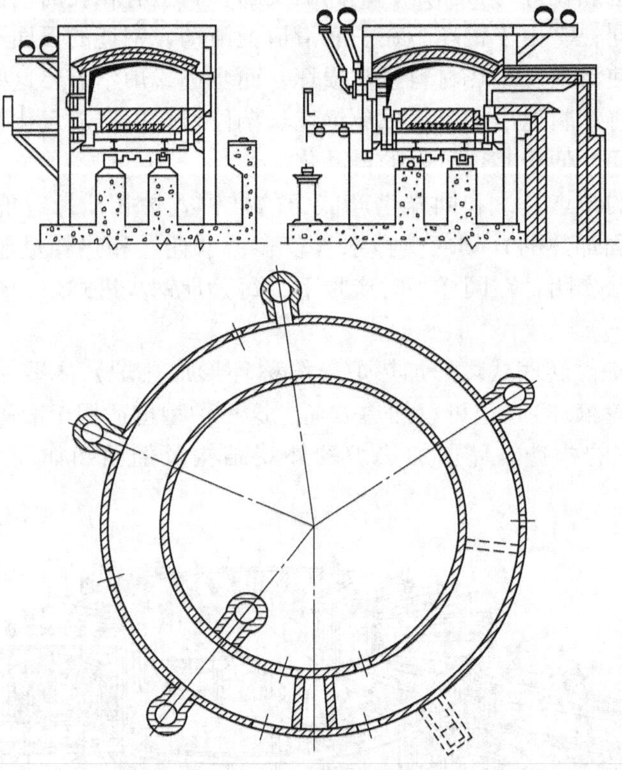

图 2.3.73　环形加热炉的剖面图

样，分为两段式或三段式，断面小的钢坯加热用两段温度制度，断面大的钢坯适用三段式温度制度。为了使炉子温度的控制与调整有较大的灵活性，炉子分为几个供热段，一般是直径较大的炉子（平均直径 15 ~ 25m），设 3 ~ 4 个供热段，直径较小的炉子（平均直径 8 ~ 15m），设 1 ~ 2 个供热段。每一段有单独的煤气管和空气管，可以单独调节燃料供应量。各段燃料的分配比例大致为：均热段 20% ~ 25%，加热段（又分为 3 ~ 5 个小段）70% ~ 80%，预热段 0 ~ 15%。总供热能力按燃料消耗量的 120% 配置。

为了使炉子各段的温度更符合加热工艺的要求，环形加热炉都设有水冷梁支托的吊挂式隔墙。隔墙的数目和位置不一定，一般设有三道隔墙：在加热段和预热段之间设一道隔墙，以减少加热段向预热段的热辐射；在均热段和出料口之间设一道隔墙，防止因出料口经常开启而降低均热段的温度，还防止均热段热气直接进入排烟道；在装料口与出料口之间也有一道隔墙（有时有两道），以避免装料口吸入冷风，对出料口的热钢坯造成不良影响，也防止均热段热气短路，直接进入排烟道。隔墙距离炉底的间隔高度，应保证加热最大直径的钢坯时能自由通过，还考虑到氧化铁皮在炉底上的堆积，故间隔高度一般约为 140mm。

炉子的排烟口设在装料口（即预热段尾部）附近，有时是一个，有时是两个，小炉子设在外环墙上，大炉子环内空间大，为了利用环内空间，设在内环墙上。有的炉子还有中间排烟口，一至数个不等，用以在加热合金钢锭时，更好地调节炉子的温度。各分烟道的烟气汇集到总烟道，通往换热器。

环形加热炉炉底的传动有两种方式，一种是机械传动，靠主动齿轮来传动炉底钢结构下面固定的环形齿条；另一种是液压传动，利用液压缸驱动拨杆拨动炉底，每次使炉底转动一个角度（约5°左右），即一个工位，隔60s左右为一个工作周期。两种传动方式均应有逆转的机构。炉底全部环形钢结构和砌在它上面的耐火材料的重量，由若干个支撑辊支撑。为了保证炉底的旋转不发生偏心位移，还设有若干定心辊，与钢结构上的环形轨条接触，靠止推定心辊的弹簧压紧。图2.3.74是支撑辊与定心辊的配置。

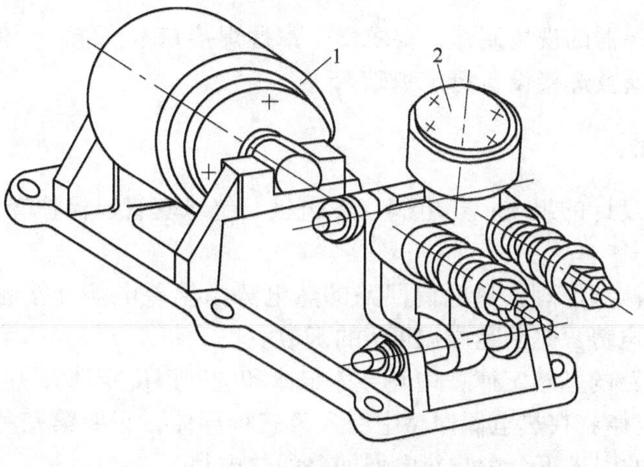

图2.3.74　支撑辊和定心辊

1—支撑辊；2—定心辊

为了防止冷空气从固定炉墙与旋转炉底之间的缝隙漏入炉内，要采用密封装置。密封可以用砂封，也可以用水封。

钢坯的装炉和出炉是用专门的夹钳。每装一次料炉底转动一个角度，然后再加下一块钢坯。装炉与出炉同时进行，并且可以与炉底传动装置连锁，实现装料出料的自动化。当装料出料的时间间隔较长时，则装料出料后可以关闭炉门，当装料出料比较频繁时，炉门则是敞开的，这时为了防止炉门吸入冷空气或冒火，可以在装料口及出料口设置气幕或火封烧嘴。

2）环形加热炉的优缺点。

环形加热炉具有以下的优点：①炉子的转速和料坯之间的间隔距离可以准确地控制，各段的温度可以根据需要通过调整供热量及利用中间烟道实行控制；②炉子的产量、热工制度等都有较大的灵活性；③由于钢坯之间有间隙，三面受热，温度均匀，加热时间短，没有水管“黑印”，加热质量好；④可以加热推钢式炉和步进式炉所不能加热的异型钢坯；⑤和斜底炉相比，加热圆环坯时不需要翻钢，沿炉长没有高差，漏入的空气少，甚至可以采取微正压操作，烧损率比推钢式连续加热减少约1.5%～2%；⑥炉子可以排空，避免停轧时钢坯在炉内长期停留，便于更换钢坯规格；⑦由于几乎没有水冷件，热耗比较低。

环形加热炉的缺点是：①机械设备复杂，占地面积大，投资费用高；②由于料坯之间有间隙，炉底面积利用率低，炉底强度只及推钢式炉的一半左右；③装料门和出料门相距很近，送料与出料都在一个狭小的区域内进行，操作不方便。

✵ 任务实施

一、实训内容

热电偶制作。

二、实训目的

掌握热电偶点焊器的现场制作，要求学生掌握焊接基本技能。为使将来学生走向工作岗位熟练操作热电偶及焊接设备奠定基础。

三、实训相关知识

（1）热电偶温度计的组成：热电偶（热电极、绝缘套管、保护套管、接线盒）、连接导线、显示仪表。

（2）热电偶的测温原理：热电偶回路的热电势由温差电势和接触电势组成；当冷端温度 t_0 恒定时，热电势只是测量端温度 t 的函数。

（3）热电偶回路的基本定律：中间导体定律和中间温度定律。

1）中间导体定律：在热电偶回路中引入第三种导体，只要第三种导体两端的温度相同，则第三种导体的引入不会影响热电偶回路的热电势。

2）中间温度定律：热电偶在接点温度为 t、t_0 时的热电势，等于此热电偶在接点温度为 t、t_n 与 t_n、t_0 两个不同状态下的热电势之和。

$$E_{AB}(t,t_0)=E_{AB}(t,t_n)+E_{AB}(t_n,t_0)$$

$$E_{AB}(t,0)=E_{AB}(t,t_n)+E_{AB}(t_n,0)$$

（4）热电偶冷端温度补偿两种方法：

1）补偿导线法。以一些价格便宜的金属导线，且在一定温度范围内（-20~100℃），其热电性能与所接电极相一致的某些金属导线来代替所接电极远离热端至温度稳定的地方，从而使冷端温度 t_0 为常数。补偿导线连接图见图 2.3.75。

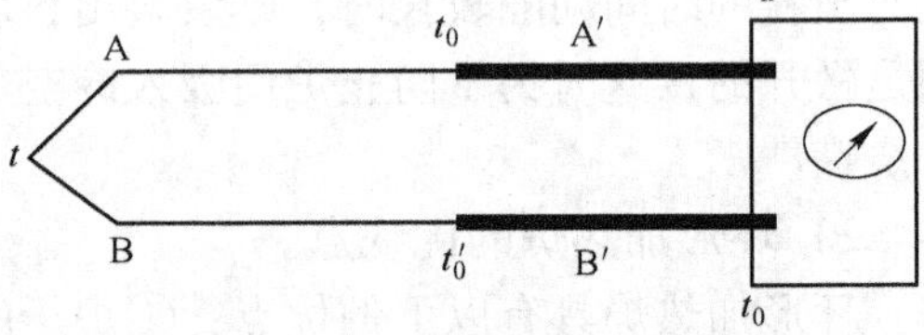

图 2.3.75　补偿导线连接图

A、B—热电偶；A′，B′—补偿导线；

t_0'—原冷端温度；t_0—新冷端温度

2）计算修正法。当热电偶用毫伏刻度显示仪表测温时，如果热电偶冷端温度为常数 t_0，不为 0 时可按下式对仪表示值加以修正。

$$E_{AB}(t,0)=E_{AB}(t,t_0)+E_{AB}(t_0,0)$$

（5）结论：

1）热电势只与热电极材料、接点温度有关，而与其长度、直径无关。

2）热电偶必须由两种不同材料组成。

3）若 $t=t_0$，总热电势等于零。

4）若冷端温度 t_0 为定值，$f(t_0)$ = 常数，则 $E_{AB}(t,t_0)=f(t)-C=Q(t)$。

总热电势只与工作端温度有关。

（6）点焊器的结构和性能参数见表 2.3.12。

表 2.3.12　点焊器结构及性能参数

外形尺寸 /mm	重量 /kg	额定容量 /V·A	电源电压 /V	充电电压 /V	热电偶丝的直径/mm
长 260 宽 220 高 100	2.7	240	220	0～150	0.15～0.8

四、实训设备

热电偶导线、热电偶点焊器、铝箔、平口夹等。

五、实验步骤

（1）将电源插头插到交流 220V 电源上。

（2）将两端用夹子分别接在面板两接线柱上和插孔中。

（3）将两根待焊热电偶顶端部去绝缘层后，夹在平口夹上，且将顶端靠紧并剪齐。

（4）用另一夹夹住以厚度为 0.05～0.1mm 的铝箔（铝箔的厚度视热电偶丝直径而定，应采用较厚的铝箔）。

（5）打开电源开关。

（6）将预调按钮按下即开始充电，充电电压值可在电压表上读出。电压为 0～150V 任选。充电电压与热电偶丝直径的关系见表 2.3.13。

表 2.3.13　充电电压与热电偶丝直径的关系

热电偶丝直径/mm	0.15	0.20	0.25	0.30	0.40	0.50	0.80
充电电压/V	30	40	50	60	80	100	150

注：充电电压与热电偶丝直径有关外，还与热电偶丝材质、铝箔厚度等有关，故上表仅供参考。

（7）两手分别持手柄，按动手柄上微动开关，机箱内继电器吸合，这时电压加至手柄夹上，将热电偶焊接点与铝箔接触，电流使热电偶熔焊在一起。热电偶焊接器面板示意图见图 2.3.76。

（8）如需将热电偶焊接在金属表面上，则可将一平口夹与该金属接通，重复以上工作，将已焊好的热电偶顶端与金属表面接触放电，即可完成焊接任务。

（9）工作结束后，关闭电源开关，拔下电源插头。

✷ 任务总结

通过实训使学生学会热电偶的现场制作过程及焊接基本技能，为使将来学生走向工作岗位熟练操作热电偶及焊接设备打下基础。

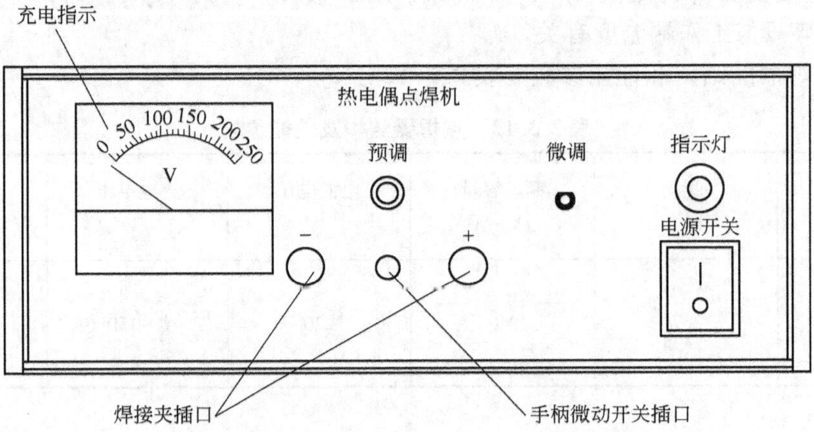

图 2.3.76　热电偶焊接器前面板示意图

任务评价

学习领域名称				热电偶制作		
开始时间		结束时间		学生签字		
				教师签字		
项　目	技 术 要 求				分值	得分
热电偶制作	（1）方法得当 （2）操作规范 （3）正确使用工具与设备 （4）团队合作					
任务实施报告单	（1）书写规范整齐，内容翔实具体 （2）实训结果和数据记录准确、全面，并能正确分析 （3）回答问题正确、完整 （4）团队精神考核					

思考与练习题

1. 有焰烧嘴的种类有哪些，无焰烧嘴的种类有哪些，两者的工作原理有什么区别？
2. 试述测温、测压、流量测量仪表的工作原理。
3. 步进式加热炉的特点是什么？
4. 环形加热炉的特点是什么？
5. 余热利用有何经济上的意义？
6. 换热器与蓄热室有何区别，有何特点，如何选择？
7. 热管的工作原理是什么？
8. 比较顺流换热器和逆流换热器的优缺点。

9. 排烟方式有几种，各有何优缺点？
10. 加热炉的炉顶有几种形式？
11. 如何选择气体燃料与液体燃料的燃烧装置？
12. 煤气管道一般都架空敷设的原因是什么？
13. 编制炉子的热平衡有何实际意义？

任务四 热处理炉

任务描述

热处理是冶金工厂的重要工序，热处理炉是实现热处理工艺的基本设备。热处理工艺的方法很多，如退火、淬火、回火、正火（常化）、调质处理、渗碳、渗氮、氰化等。热处理炉的作用是保证后续的热处理工艺得以顺利地进行。

能力目标

（1）掌握典型热处理炉的结构；

（2）掌握典型热处理炉的操作。

知识目标

（1）热处理炉的分类及特点；

（2）典型热处理炉。

相关资讯

轧钢厂轧制的钢材，一部分可以直接作为成品钢材，还有一部分需要经过热处理，才能作为成品钢材。一般来说，对型钢、钢板、钢管进行热处理的目的是：

（1）改变金属的物理性质和力学性能；

（2）消除压力加工产生的内应力；

（3）降低金属硬度，改善切削性能；

（4）提高金属的表面硬度；

（5）进行化学热处理，以达到特殊的要求。

由于钢的成分和用途不同，热处理工艺要求也不同。例如，钢轨和某些合金结构钢为了防止白点的产生，在轧制以后需要进行缓冷；冷加工的薄板、带钢、钢丝需要进行再结晶退火，以改变变形后的结晶组织，消除加工硬化现象；某些钢（如镍铬高合金钢）在冷却后组织内有马氏体，使钢的硬度高到无法进行切削加工，为此需要进行高温回火；又如为了使滚珠轴承钢有高的硬度和韧性，使工具钢有好的切削性能在热轧以后需要进行球化退火，使钢材具有粒状珠光体组织；某些钢材根据用户要求，需要以正火或调质状态提供等等。所有这些过程，除了利用轧制余热进行处理的以外，都要在热处理设备内重新进行加热。

一、热处理炉的分类

热处理的加热设备有两类，一类是直接加热，例如直接电热、高频感应加热等；另一类是间接加热，各种热处理炉即属于这一类。热处理炉的分类见图 2. 4. 1。

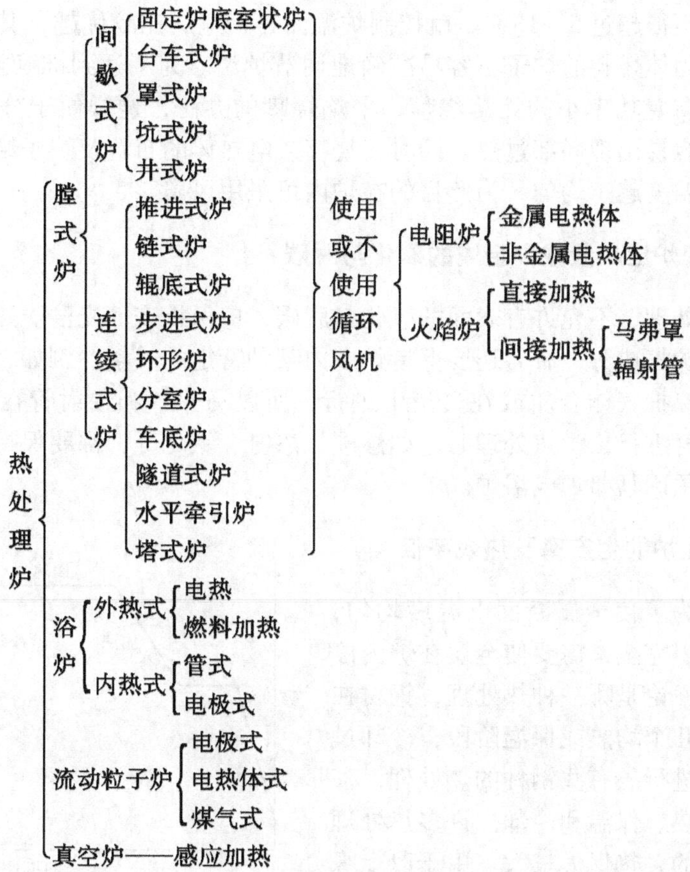

图 2.4.1　热处理炉的分类

二、热处理炉的特点

和轧制与锻造用炉相比，热处理炉具有以下一些特点。

（一）热处理炉温度的范围大

压力加工前的加热，主要目的是得到塑性好的奥氏体钢，其温度范围约为 900～1200℃；热处理由于工艺要求不同，温度高的可达 1300℃，低的只有 100℃左右。温度相差如此之大，其炉子结构也有很大不同。炉温高于 650℃的叫高温热处理炉，热量的传递以辐射方式为主，对流为辅；炉温低于 650℃的叫低温热处理炉，热量的传递主要依靠对流方式。热处理要求炉膛温度均匀，避免局部温度过高，所以热处理炉的炉膛与燃烧室有时是分开的。

（二）热处理炉的炉温控制比较严格

压力加工前的加热，金属温度波动一二十摄氏度，对钢的质量没有多大影响。但热处理炉能否保证热处理工艺所要求的温度，对产品质量有很大影响。热处理炉的温度波动范围应控制得比较严格，一般上下波动不超过 3～10℃。被加热物断面上的温度分布应尽可能地均匀，温差不得超过5~15℃。就控制炉温而言，电炉比较优越，其次是燃烧煤气或重油的炉子，烧固体燃料的炉子不容易准确地调节炉温。为了达到准确控制温度的目的，最好采用均匀地布置功率小的无焰烧嘴、平焰烧嘴的办法，这样便于分段控制，烧嘴太少，过于集中，容易出现局部过热。同时，烧嘴或电热体的布置及炉子结构应有利于炉气的循环，使炉内温度趋于均匀，为此目的在炉内可采用风扇。

（三）热处理炉应尽量减少金属的氧化与脱碳

对钢材的热处理，不允许有表面的氧化与脱碳，应保持表面光洁。热处理炉往往需要密封，以便控制炉气成分，有时还要保持炉膛内某种特定的气氛。例如，冷加工钢材的光亮退火，多半在保护气体介质或在真空中进行，所以马弗罩和辐射管在热处理上应用很多。当工件或钢材进行化学热处理时，如渗碳、渗氮、氰化等，都要保持在一定成分的活性介质中加热，须用马弗炉或浴炉。

（四）热处理炉的生产率及热效率低

热处理时，为了使金属断面上温度均匀，使结晶组织转变得完全，需要使金属在炉内停留较长的时间，不论是哪一种热处理，钢材在炉内都有一个或几个均热或保温阶段，冷却过程也往往在炉内进行。有些钢种的热处理，甚至要进行多次加热、保温和冷却。许多热处理炉是周期性作业的，热损失较大。由于以上缘故，热处理炉的生产率和热效率比轧锻加热用炉低得多。图2.4.2是热处理温度曲线图，表2.4.1列出了各种热处理炉的工作指标。

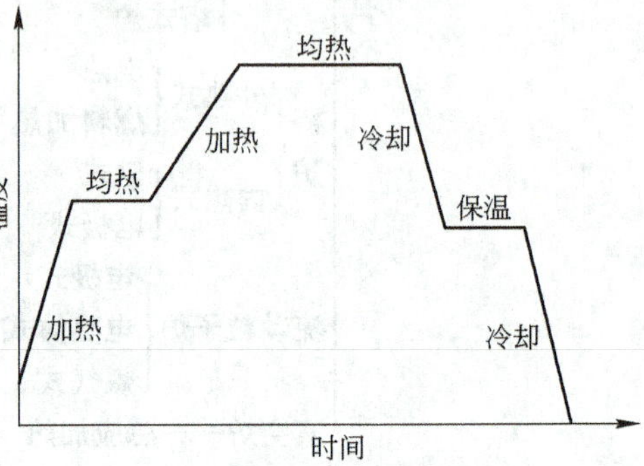

图2.4.2　热处理温度曲线示意图

表2.4.1　各种热处理炉的工作指标

炉型		单位热耗×10^4 /kcal·t^{-1}		热效率/%		热处理温度/℃		能力 连续式/t·h^{-1} 间歇式一次装料/t	
		平均	范围	平均	范围	平均	范围	平均	范围
连续式	推进式炉	129	39~319	11.2	4.6~37.4	875	560~970	1.19	0.125~9.5
	辊底式炉	42.5	20~79	33.4	19.7~50.7	863	700~1000	5.59	0.4~18.0
	链式炉	93.8	10~262	11.1	4.2~48.0	724	400~1000	0.78	0.17~2.9
	车底式炉	124.4	31~226	12.7	7.4~25.0	937	580~1000	0.84	0.3~2.0
	步进式炉	49.1	18~100	30.1	3.5~55.8	890	570~1280	14.1	0.6~58.4
间歇式	台车式炉	177.4	21~920	8.5	1.8~32.9	900	500~1200	42.8	0.3~350
	箱式炉	119.2	34~609	12.3	2.5~34.4	886	600~1100	1.73	0.05~40
	坑式炉	173.8	48~710	8.4	2.1~29.2	849	500~1100	10.5	0.03~80
	罩式炉	37.7	23~63	29.9	18.1~40.9	723	580~900	87.9	2.4~360

注：1cal=4.18J。

三、典型热处理炉简介

（一）中厚钢板热处理炉

钢板按厚度分为薄板和厚板，4mm 以下属于薄板，厚板中又可分为中板（4～9mm）、厚板（9～60mm）、特厚板（60mm 以上）。中厚板的热处理作业主要是正火、淬火和回火。淬火的加热温度约为 860～1000℃，正火的温度约为 860～900℃，回火的温度约为 600～720℃，高温淬火也有加热到 1150℃的。

厚板的热处理加热大多采用辊底式炉，如图 2. 4. 3 所示。

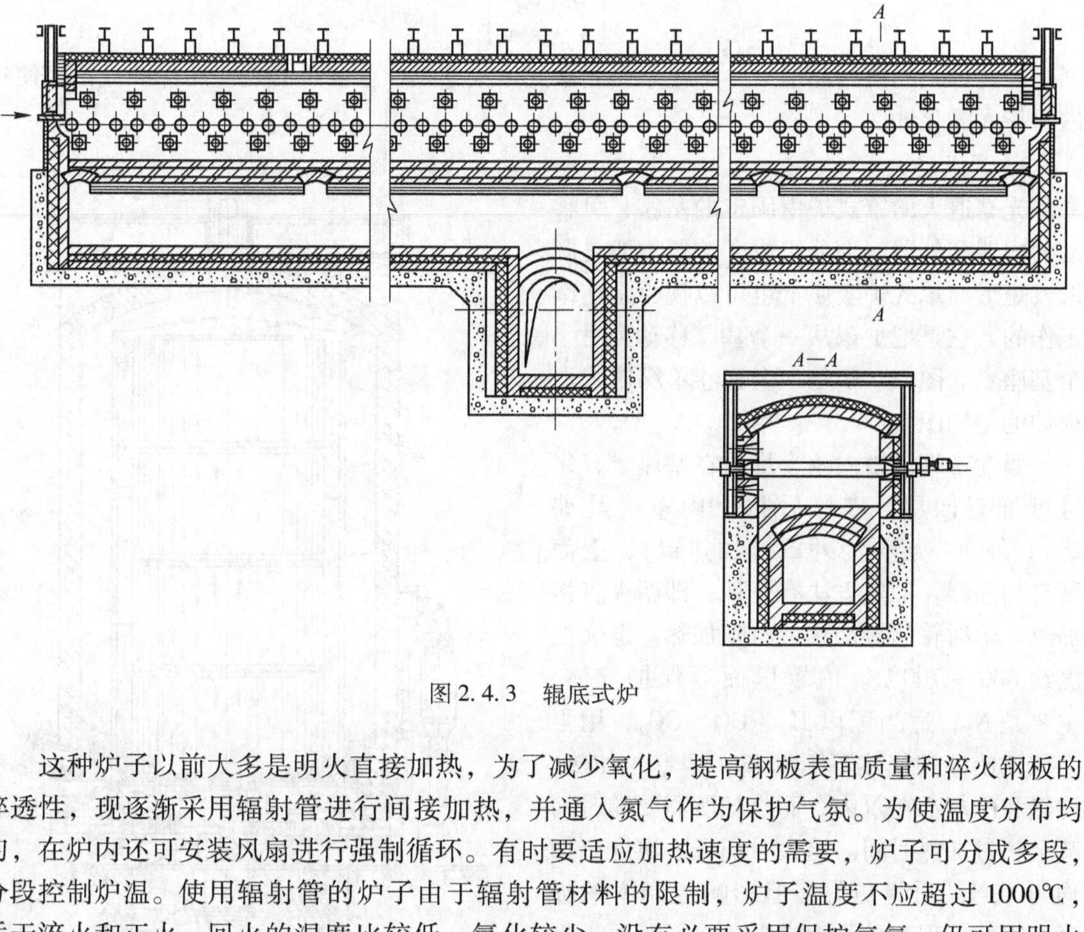

图 2. 4. 3　辊底式炉

这种炉子以前大多是明火直接加热，为了减少氧化，提高钢板表面质量和淬火钢板的淬透性，现逐渐采用辐射管进行间接加热，并通入氮气作为保护气氛。为使温度分布均匀，在炉内还可安装风扇进行强制循环。有时要适应加热速度的需要，炉子可分成多段，分段控制炉温。使用辐射管的炉子由于辐射管材料的限制，炉子温度不应超过 1000℃，适于淬火和正火；回火的温度比较低，氧化较少，没有必要采用保护气氛，仍可用明火加热。

（二）冷轧薄板热处理炉

冷轧薄板比热轧薄板表面光滑，厚度均匀，可以轧出质量优良的极薄带材。但冷轧薄板和带材在轧制过程中会产生加工硬化现象，塑性降低，伸长率降低，往往还在加工过程中就失掉了变形能力，使继续轧制非常困难。这时需进行中间退火，将钢加热到 A_{c1} 或 A_{c3} 以上，选样处理不仅延长了加热时间，还使钢的表面产生一层较厚的氧化铁皮，增加了金属烧损和酸洗时间，故一般不用上述中间热处理的方法，而是采用加热到 700℃左右的高温回火，同样可以保证继续冷加工所要求的塑性。此外，最后的成品钢材，为了改善性能，例如提高其深冲性能，或者如硅钢带为了获得晶粒取向的组织，并除去一部分有害的碳、硫、磷，以提高硅钢带的电磁性能，成品钢带也要进行热处理。

根据热处理作业的特点，冷轧带钢的退火炉分为以下几类：

- 间歇（分批）式炉——罩式
  - 紧卷退火
  - 松卷退火
- 连续作业炉——紧卷退火
  - 牵引式炉
  - 辊底式炉
  - 推进式炉
  - 车底式炉

冷轧带钢的再结晶退火，不论采用间歇式炉或连续作业炉，必须应用保护气氛，使炉内保持无氧化性。

1. 罩式退火炉

光亮退火的罩式炉由固定的基座、可移动的内罩和外罩三部分组成。炉罩一般是圆形或矩形。罩式炉实质上也可以视为是连续工作的，它是把炉罩从一个基座移动到另一个基座上。图 2.4.4 是一个钢卷单垛罩式退火炉的结构图。

紧卷带钢沿轴向垂直堆放在基座上，每垛可堆三四层，堆好后扣上内罩（马弗罩），外面一层称为外罩（加热罩），上面装有加热器。加热方法有三种，即明火直接加热、辐射管间接加热、电阻加热。退火温度约 600 ~ 700℃。内罩里面通保护气体，主要是 N_2，适当配以 H_2、CO、CO_2，用强力风扇使保护气体不断循环。钢卷的加热、均热和冷却都在罩内，而冷却所需要的时间甚至超过加热时间。退火时间长，温度更加均匀，产品质量更好，但影响生产率的提高。因此，现在总是力求缩短冷却时间，例如使用带循环风扇的冷却罩，采用保护气体循环冷却，用耐热钢管通水冷却及水冷内罩等措施。

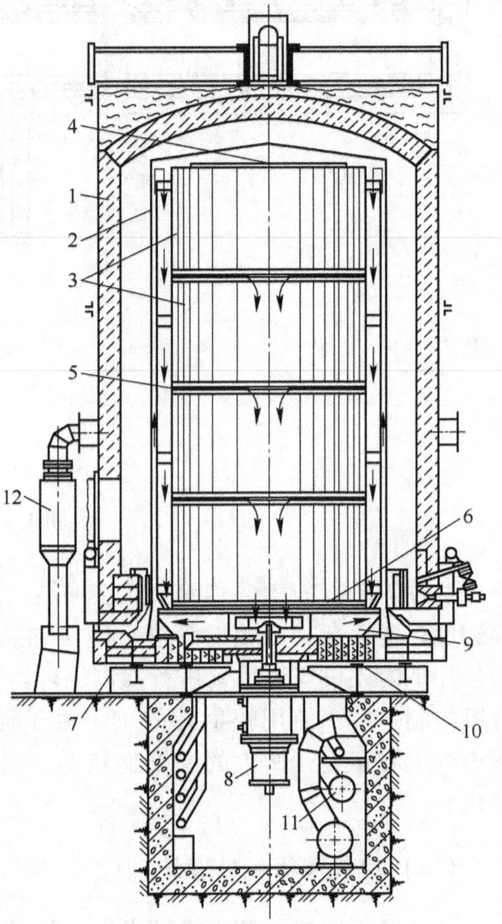

图 2.4.4　罩式炉

1—加热罩；2—马弗罩；3—带钢圈；4—盖；5—中间垫层；6—下部垫层；7—基座（炉台）；8—风扇；9—定向装置；10—托圈；11—煤气及空气管道；12—喷射管

罩式炉的结构形式很多，带钢卷和单张薄板垛的退火都可以用罩式炉，基本可分为：（1）单垛多卷罩式退火炉；（2）多垛罩式退火炉。前者是一个钢卷垛，堆几层钢卷，这种形式应用最普遍；后者是一个共用的炉台，上面有几个装料台，每个上面堆2～4个钢卷，每垛钢卷有一个马弗罩，外面共用一个加热罩。这种形式生产量大，随着卷重和装入量的增加，炉子向大型化发展，现在装入量已扩大到120～150t，单位热耗也比单垛式炉子少，但不如单垛式炉操作灵活。

罩式炉最初是明火加热方式，烧嘴径向布置，这样火焰直接冲到内罩上，使内罩很容易破坏。以后设法在烧嘴与内罩之间加一块挡火板，但挡火板也很快烧坏或取罩时被碰掉。于是把烧嘴改为切向布置，情况有所改善，但未根本解决。所以大多数罩式炉都改为用辐射管加热，火焰不致直接喷到内罩上，避免了上述缺陷。但辐射管式炉的热效率低，废气温度高，必须设法回收余热，同时辐射管的设备费用高，在扣罩时容易与辐射管相撞而损坏，而且辐射管式炉的加热时间比直接加热方式要长。自从出现平焰烧嘴以来，国外罩式炉又普遍采用平焰烧嘴直接加热，这种烧嘴的火焰向四周扩散，不直接冲向内罩，而是平行于加热罩内壁，辐射面积大，避免了前两种方式的缺点，效果较好。

罩式炉上另一项重要改进是陶瓷纤维的应用。过去炉罩的重量很大，一个炉罩的重量可达几十吨，起吊炉罩的吊车功率很大，厂房结构也必须十分坚固。由陶瓷纤维制成的轻型外罩，使炉子重量减轻，结构紧凑，减轻了吊车的负荷，降低了车间的基建费用。陶瓷纤维用作外罩内衬时，绝热性能好，可以节约燃料20%以上，还缩短了空炉的升温时间。陶瓷纤维不仅可以作为炉罩内衬材料，还可以作为密封材料。过去带钢罩式退火炉的内外罩，一般都是采用砂封，砂封结构最简单，但缺点是密封性较差，车间环境容易污染，若改用油封，油受热蒸发也污染环境。现在改用陶瓷纤维密封，操作简单，密封可靠，提高了钢板的退火质量，也不污染环境。

带钢的再结晶退火，采用紧卷罩式炉退火有近四十年的时间。但是紧卷的加热较慢，完全靠钢的传导传热，而且温度不均匀。为了克服这一缺点，20世纪60年代出现了松卷带钢罩式退火炉，它的特点是带钢卷不卷紧（实际上是把已卷紧的卷带放松），使其层与层之间保持0.5～2.5mm的间隙，高温保护气体可以和更多钢表面接触，使加热时间缩短为不到紧卷退火时间的一半，燃料消耗量降低，冷却时间相应缩短，使带钢的性能均匀，表面质量也有所提高。但因松卷罩式退火炉的炉台较大，废气温度高，所以影响炉子的热效率。目前带钢的再结晶退火还是用紧卷式退火炉，国外只是在渗碳、脱碳、渗氮、渗铬等化学处理时采用松卷退火。

薄板垛的罩式退火有煤气加热与电加热两种，内外罩都是矩形的，应从板垛的长边两侧给热，并防止局部过热发生黏结。

2. 连续退火炉

罩式炉不能满足某些钢种热处理的要求，如不锈钢带、硅钢带的热处理，同时连续式轧机的发展对热处理也提出连续化的要求；而且钢卷的周期性退火的周期长，质量不均匀。因此，连续退火装置得到了迅速发展。

连续式钢带的热处理炉分为两种类型，即卧式和立式。卧式的又分为直通式和折叠式，立式分为单程式和塔式。

图2.4.5所示的是一座不锈钢带的连续加热处理炉，称为悬索式炉，也称水平牵引式炉。炉子分成加热室和冷却室两部分。钢带在加热室加热到所需温度并保温一定时间后，进入冷却室，用喷水或空气等使之冷却。钢带呈悬索状通过炉子，在进出口处有石棉辊托

着钢带。如果炉子产量很大时，可以把炉子分成若干段，如预热段、加热段、均热段等每段间均有石棉辊，温度也是分段控制。

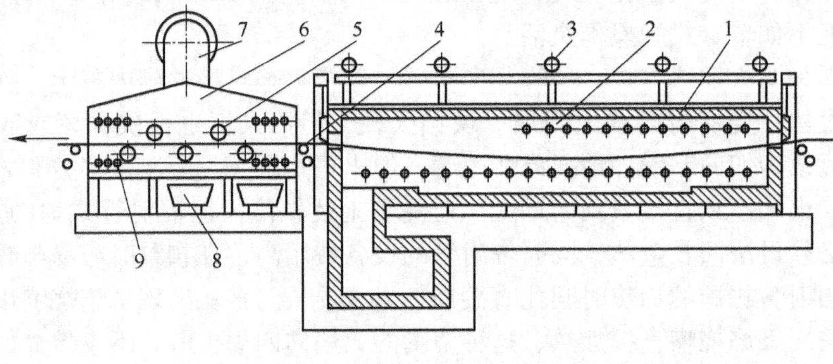

图 2.4.5　不锈钢带热处理用悬索式炉

1—加热室；2—燃烧器；3—炉顶托辊；4—炉外石棉辊；5—保护辊；6—冷却室；7—排气管；8—铁皮车；9—喷头

图 2.4.6 所示的是一个塔式连续退火装置。钢带在冷轧以后经过电解清洗，直接连续地通过退火炉内，加热到约 700℃时，很快完成了再结晶过程，先缓冷再急冷，急冷是为了提高钢板的表面硬度。整个操作过程成一条连续的流水线，加热冷却都是在保护气氛下进行的。在退火炉的前面有一套松卷、碱洗、电解清洗、冲洗、烘干装置和若干张力辊，在退火炉后面还有一套检验、剪切、卷取装置和若干张力辊，全部作业是连续的，钢带通过炉子的速度为 400 ~ 570m/min，国外有高达 850m/min 以上的。加热方式基本上都是用辐射管加热，它的能耗比电加热低。在冷却带冷却用空气管冷却或水管冷却，缓冷带还要用电热供给部分热量，保证钢带以最低速度冷却，冷却至 400 ~ 500℃时进入急冷带，最后出炉温度约 50 ~ 60℃。为了保证钢带光亮，各带都通有保护性气体，一般是液氨分解气体。塔式炉的特点是产量高（达 60t/h），适合处理品种单一、产量大的薄带钢，包括镀锡钢带。

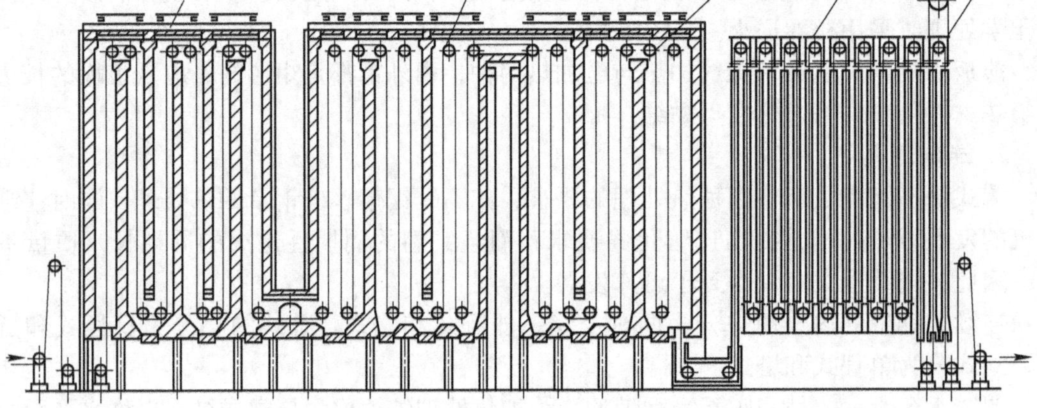

图 2.4.6　塔式连续退火装置

1—加热带；2—均热带；3—控制冷却带；4—快速冷却带；5—吹洗

连续退火炉与罩式炉相比有一系列特点：(1) 设备造价低，占地面积小；(2) 退火周期短，机组产量高，热利用率高；(3) 操作简单，容易维护，易于实现生产的自动化；(4) 产品质量好，表面光亮，缺陷少，钢带容易平整；(5) 省去中间酸洗工序，消除了盐酸酸雾的污染。缺点是产品规格单一，只能适应一定厚度和宽度范围的钢带，不如罩式炉设备简单，用途更广。

(三) 钢管热处理炉

热轧或冷拔的钢管，要进行各种热处理。钢管的热处理工艺有退火、球化退火、淬火、回火、正火几种。

进行这些热处理工艺所使用的炉型有辊底式炉、步进式炉、车底式炉等。

1. 辊底式炉

钢管热处理用的辊底式炉与钢坯加热和厚板热处理用的辊底式炉基本相同，但温度的控制要求更准确。为了确保钢管在辊道中沿轴向移送时能按预定温度曲线加热和冷却，实行分段控制，即沿炉长分为加热段、均热段、急冷段、缓冷段等，每段还可分为若干小段控制其温度。现在逐渐向连续式光亮退火炉的方向发展，炉子有从明火加热向辐射管加热发展的趋势，并通入保护性气体。炉底辊的材质多用镍铬耐热钢，个别采用碳化硅质的材料，用于不锈钢管的加热。炉辊沿炉长分组传动，有时炉辊还可以斜着安装，使钢管在前进的同时产生旋转运动。

2. 带罩车底式炉

当处理产量不大，或者大口径钢管时，采用间歇式车底式炉，图 2.4.7 所示的是一种带罩的车底式炉，可用来进行钢管或钢棒的热处理。

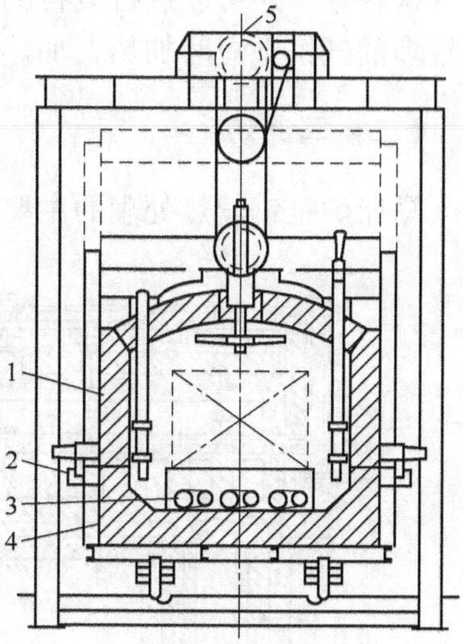

图 2.4.7　带罩的车底式炉
1—炉罩；2—砂封；3—辐射管；4—台车；5—罩的上升装置

这种炉子又叫升降台式炉，它由台车、台车移动装置、炉罩、炉罩升降装置等组成，实际上是车底式炉与罩式炉相结合的炉型。当台车拉出时，把钢管堆在台车上，台车送进炉内，炉罩下降到台车上，并且靠砂封密封。炉子靠辐射管加热，炉罩内通保护性气体，这种炉子可以进行钢管的光亮退火，还可以进行球化处理和回火。

四、线材热处理炉

热轧 5 ~ 9mm 直径的线材，以及以此为原料经过冷态拉拔而成的各种钢丝，有些需要进行热处理。线材和钢丝的热处理工艺种类繁多，如退火、正火、淬火、回火、铅浴淬火、韧化处理等，退火又可以根据目的不同分为完全退火、球化退火、消除应力退火、光亮退火等。热处理工艺条件不同，所使用的热处理炉型也不相同。可采用的炉型有牵引式炉、马弗炉、推进式炉、罩式炉、坑式炉等。

(一) 牵引式炉

图 2.4.8 是一座钢丝铅浴淬火牵引式炉的示意图。中碳钢及高碳钢钢丝在冷加工以

后，变形能力几乎完全耗尽，金属的硬度增加，塑性和韧性降低，产生了内应力。为了获得良好的机械和工艺性能，需要进行铅浴淬火韧化处理和再结晶退火的热处理。钢丝入炉以后，在明火加热到 900 ~950℃，保温一定时间，然后进入铅浴迅速冷却到 500℃（细钢丝也可以空冷），可得到韧性好、表面硬度高的索氏体组织。

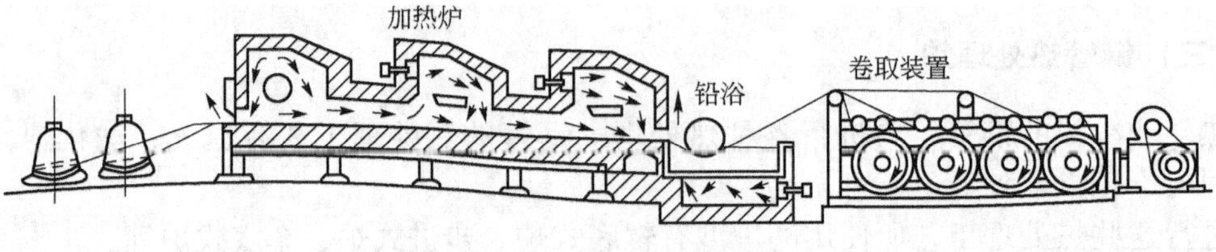

图 2. 4. 8　铅浴淬火牵引式炉

这种炉子还可以进行线材的发蓝处理，以提高钢丝的强度和防锈能力，这时要在水蒸气较多的气氛下短时加热，加热温度大约 350 ~400℃。

（二）马弗炉

马弗炉是钢丝热处理的主要设备，图 2. 4. 9 是一座马弗炉的剖面图。

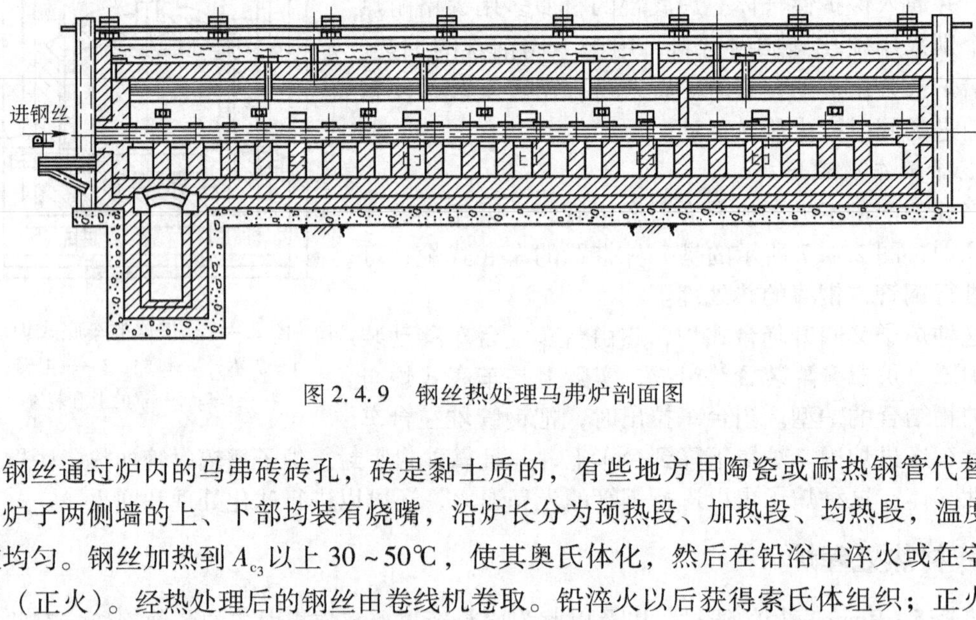

图 2. 4. 9　钢丝热处理马弗炉剖面图

钢丝通过炉内的马弗砖砖孔，砖是黏土质的，有些地方用陶瓷或耐热钢管代替马弗砖。炉子两侧墙的上、下部均装有烧嘴，沿炉长分为预热段、加热段、均热段，温度分布比较均匀。钢丝加热到 A_{c3} 以上 30 ~50℃，使其奥氏体化，然后在铅浴中淬火或在空气中冷却（正火）。经热处理后的钢丝由卷线机卷取。铅淬火以后获得索氏体组织；正火获得珠光体和铁素体组织，可便于继续拉拔。

马弗炉的单位炉底面积产量很低，只有连续加热炉的十分之一。为了提高产量，采取的办法有减小马弗砖的热阻或增加单位炉宽通过钢丝的根数，前者可以设法减薄砖的厚度，增加传热面积或提高砖的导热系数；后者可以在每个砖孔内通过两根钢丝。

✵ 任务实施

热处理炉工段实训

一、主要材料、工具及设备

相关企业的热处理炉工段的主要材料、工具及设备。

二、热处理步进炉安全操作要点

（1）淬火炉、回火炉天然气管道放散作业前应具备的条件：

1）确认淬火炉和回火炉机械、电气、仪表、液压运行正常，供排水、压缩空气正常投入，各种阀门正常有效，动作自如。

2）正常情况下，提前12h通知天然气公司值班人员，并检查确认符合用气要求后，方可进行送气。

3）天然气已送到总管道的第一阀门前，压力稳定；如需要用氮气置换管道气体时，氮气也应该送到管道接点处。

4）炉门和排烟管道阀门打开。

5）确认天然气总管上的所有阀门完全关闭。

6）确认天然气支管上的所有阀门完全关闭。

7）确认淬火炉和回火炉每个烧嘴前的天然气手阀、电磁阀门完全关闭。

8）确认淬火炉和回火炉放散系统的手动放散阀完全关闭。

9）确认淬火炉和回火炉各区的天然气取样手动放散阀完全关闭。

（2）向淬火炉和回火炉管道送天然气作业：

1）确认烧嘴前的空气、天然气手阀、电磁阀处于完全关闭状态。

2）确认进出料炉门、侧开炉门、烟道阀门完全打开。

3）确认助燃风机可以随时投入正常使用。

4）逐渐打开天然气总管上的两个电动阀。

5）逐步打开天然气总管上的球阀、调压阀和快速切断阀。

6）分区打开各区末端的两个放散阀，管道内的残余气体逐渐被天然气置换，而参与空气则从放散管中排至厂房外。

7）连续放散8～15min后，在该区管道末端的取样阀处进行天然气取样检测。

（3）淬火炉和回火炉点火作业：

1）确认烧嘴前的天然气手动阀全部关闭。

2）确认助燃空气系统运行正常，压力自动控制正常。

3）确认淬火炉和回火炉压缩空气、电控、仪控等辅助设施正常。

4）打开进出料炉门、烟道阀门。

5）各区助燃空气及天然气调节阀、手动阀都处于关闭状态。

6）启动助燃风机，打开各区烧嘴前助燃空气手动阀门（开度不大于30°），对炉内进行吹扫，10min后关闭手动阀门。吹扫的目的是赶走炉内可能因泄漏而残留的天然气。

7）根据需要打开各区一定数量的烧嘴，按电钮点燃。

8）点火时稍稍打开空气手动阀给以少量空气，缓慢打开天然气阀门和手动阀进行点火。点燃后打开空气阀门，天然气通过比例增加，使烧嘴达到稳定燃烧。

9）根据淬火炉和回火炉升温要求逐渐增加烧嘴点燃数量和调节烧嘴的供热能力。

10）待烧嘴燃烧稳定后，逐渐关闭炉门，逐渐升温，调节炉膛内压力使淬火炉和回火炉投入正常运行。

11）各区点燃和未点燃的烧嘴要交替使用，未点燃的烧嘴应吹入少量空气，以保护烧嘴头部。

（4）液压站操作：

1）接通电源后，首先启动循环泵使油温为35～55℃。

2）主泵启动前应该充分检查液压站及其油罐油缸，否则不能启动。

3）出现异常情况，应及时通知机、电修人员，并向主控室报告。

（5）淬火炉机床旋转设备操作前准备：

1）通知并配合水泵房启动淬火水泵。

2）检查液压系统无误后，启动液压泵。

3）根据钢管规格安装内喷嘴。

4）根据钢管长度增减来调整压紧轮位置。

（6）操作方式。

操作方式有自动和手动两种。自动方式用于淬火生产，手动方式只用于故障处理和设备维修。

（7）淬火机床自动操作的基本条件：

1）钢管出料辊道停止运行。

2）斯维顿举料杆在原位。

3）移动门打开。

4）观察火点开关之间无故障。

5）径向旋转轮上为无管状态。

6）外淋水挡板落下。

7）压紧轮抬起。

8）淬火出料翻板平置。

9）外淋水帘调整均匀。

10）内喷三道阀门旁通打开，主喷关闭。

（8）生产操作：

1）检查设备无误后，分别启动淬火炉和回火炉液压站、淬火槽液压站、回火炉液压站。

2）根据产品工艺卡，调整淬火温度、回火温度、生产节奏、喷水时间、喷水嘴规格、压紧轮压力等工艺参数。

3）将操作台上的自动/手动按钮旋到手动位置，分别调整淬火炉、回火炉步进机构，使步进机构回到步进起始位，将淬火机车的移动门打开，淬火外淋水槽的挡水板关闭，所有拨板复位。

4）根据工艺要求，将操作台上的淬火、回火等开关旋到正确位置。

5）待炉温达到工艺要求时，按下操作台上的启动按钮，上料节拍开始计时，同时上料台拨料机构动作，将钢管送到上料辊道后，钢管自动进入淬火炉，当上料节拍时间到，第二根钢管开始进入，如此循环。

6）当最后一根钢管进入淬火炉后，完成步进动作及淬火炉内出料电机动作停止后，将操作台上的开关旋至收尾位置，淬火炉进入收尾状态。

7）当淬火炉需要进行踏步动作时，首先要将淬火炉步进机构在手动状态下调至淬火炉步进启动位置，然后再转回自动，将操作台上淬火炉踏步/收尾开关旋至踏步位置，淬火炉自动进行踏步动作（回火炉踏步操作同淬火炉踏步一样，目前暂未启动）。

8）淬火机床接料辊有钢管时，淬火炉出料辊不能出钢管。

9）淬火机床移动门不打开，斯维顿机构不能动。

10）淬火机床运行周期时间，必须小于淬火炉进料节拍时间，否则淬火机床不能正常进行。

11）回火炉进行踏步动作时，回火炉不许进管。

12）回火炉外出料辊有钢管时，回火炉不许出管和进管。

13）回火炉进料辊出现钢管被卡住不能前进时，按下淬火炉急停按钮，等到回火炉进了料，故障排除后，按下操作台上复位按钮，淬火炉接着中断的地方继续进行。

注：如回火炉进料出现钢管卡住不能前进，而淬火炉钢管正好进一半时，不要按下淬火炉急停，等钢管全部进到炉内后再按淬火炉急停按钮，回火钢管进料故障排除后，按下复位，中断继续进行。

14）在生产过程中要定期检查天然气压力、水压、炉温仪表、生产节拍等工艺参数，根据需要做相应的调整。

（9）停炉。

1）正常情况下，停炉需要在12h前通知天然气公司值班人员，并在炉内所有产品出炉后才能停炉。

2）首先逐步关闭淬、回火炉烧嘴的天然气电动阀门、手动阀门，逐渐升温，依次关闭所有的烧嘴后，切断天然气总管道电动阀门，再关闭手动球阀，最后转换成盲板阀。

3）炉温在200℃以下时，才能关闭二次风机，再依次关闭主入风空气阀门。

4）关闭淬火槽冷却水系统。

5）关闭传输系统及进料系统。

6）淬火炉、回火炉的冷却水系统不能马上关，应该定时旋转进出料悬臂轮，一定要等到炉温下降至200℃以下后，适当减小其流量，但不能全部关闭，在100℃以下方可停水。

7）关闭控制室总电源。

8）打开淬火炉和回火炉各炉门。

（10）设备维修：

1）开炉前要检查整个热处理生产线的设备是否处于正常状态，包括液压站、上料机构、运输辊道、炉内步进梁系统、淬火机床等。

2）定期给辊道的辊轮润滑系统加油。

3）定期校验温度仪表。

4）定期清理天然气管道及天然气过滤阀门。

5）定期检查冷床的电控系统及传动机构。

6）定期检查步进梁的液压系统。

7）设备运行时随时检查生产线各个系统的运行情况。

任务总结

掌握热处理炉操作规程和操作要点关系到钢坯加热质量的重要环节，是保证获得良好产品的基础，作为司炉人员，必须认真学习这一环节，以便在企业生产的过程中能够成为一名合格的热处理炉司炉工。

任务评价

<table>
<tr><td colspan="4">学习领域名称</td><td colspan="4">热处理炉操作</td></tr>
<tr><td rowspan="2">开始时间</td><td rowspan="2"></td><td rowspan="2">结束时间</td><td rowspan="2"></td><td>学生签字</td><td colspan="3"></td></tr>
<tr><td>教师签字</td><td colspan="3"></td></tr>
<tr><td colspan="2">项　目</td><td colspan="4">技 术 要 求</td><td>分值</td><td>得分</td></tr>
<tr><td colspan="2">送天然气作业</td><td colspan="4">（1）方法得当
（2）操作规范
（3）正确使用工具与设备
（4）团队合作</td><td></td><td></td></tr>
<tr><td colspan="2">点火作业</td><td colspan="4">（1）方法得当
（2）操作规范
（3）正确使用工具与设备
（4）团队合作</td><td></td><td></td></tr>
<tr><td colspan="2">液压站操作</td><td colspan="4">（1）方法得当
（2）操作规范
（3）正确使用工具与设备
（4）团队合作</td><td></td><td></td></tr>
<tr><td colspan="2">机床旋转设备操作</td><td colspan="4">（1）方法得当
（2）操作规范
（3）正确使用工具与设备
（4）团队合作</td><td></td><td></td></tr>
<tr><td colspan="2">淬火机床自动操作</td><td colspan="4">（1）方法得当
（2）操作规范
（3）正确使用工具与设备
（4）团队合作</td><td></td><td></td></tr>
<tr><td colspan="2">停　炉</td><td colspan="4">（1）方法得当
（2）操作规范
（3）正确使用工具与设备
（4）团队合作</td><td></td><td></td></tr>
<tr><td colspan="2">设备维修</td><td colspan="4">（1）方法得当
（2）操作规范
（3）正确使用工具与设备
（4）团队合作</td><td></td><td></td></tr>
<tr><td colspan="2">任务实施报告单</td><td colspan="4">（1）书写规范整齐，内容翔实具体
（2）实训结果和数据记录准确、全面，并能正确分析
（3）回答问题正确、完整
（4）团队精神考核</td><td></td><td></td></tr>
</table>

思考与练习题

1. 热处理炉是如何分类的？
2. 热处理炉的主要特点有哪些？
3. 不同的热处理工艺如何影响钢坯的加热温度？

情境三

冶金炉常用耐火材料

任务一　常用耐火材料的性能

任务描述

耐火材料是为高温技术服务的基础材料，它与高温技术尤其是高温冶炼工业的发展有密切关系，相互依存，互为促进，共同发展。在一定条件下，耐火材料的质量品种对高温技术的发展起着关键作用。

我国有发展各种优质耐火材料资源的优势。一百多年来的钢铁冶炼发展过程，每一次重大演变都有赖于耐火材料新品种的开发。碱性氧气转炉成功的关键之一是由于开发了白云石耐火材料；护炉成功的一个重要因素是生产了具有高荷重软化温度的硅砖；抗热震的镁铬砖的发明促进了全碱性平炉的发展。近年来，钢铁冶炼新技术，如大型高炉、高风温热风炉、复吹氧气转炉、铁水预处理和炉外精炼、连续铸钢等，都无例外地有赖于优质高效耐火材料的开发。另外，耐火材料在节能方面也作出了重要贡献，如各种优质隔热耐火材料、陶瓷换热器、无水冷滑轨、陶瓷喷射管和高温涂料等的开发，都对高温技术的节能起到了重要作用。现代冶炼技术的发展和节约能源的形势，对耐火材料提出了更严格的要求。

耐火材料在我国资源丰富、品种多、储量大、品位高。高铝矾土和菱镁矿蕴藏量大，品质优良；耐火黏土、硅石、白云石和石墨等储量多，分布广，品质好；叶蜡石、硅线石、橄榄石和锆英石等储量多；隔热耐火材料的各种原料在全国各地都有储藏。另外，我国漫长的海岸线和内陆湖泊均蕴藏有大量的镁质原料资源。近年来，在提高耐火原料质量和人工合成原料方面，又取得了较为显著的成就。

我国还有生产耐火材料的悠久历史。新中国成立以来，随着科学技术和工业水平的提高，为了适应金属冶炼和其他高温技术工业的需求，我国耐火材料工业有了重大的发展。新建了许多优质耐火材料生产厂和有关研究机构，开发出了许多优质耐火材料新品种，保证并促进了各项高温技术的发展。

一般来说，耐火材料是指耐火度不低于1580℃的无机非金属材料。冶金工业消耗耐火材料总量的70%，耐火材料是冶金工业不可缺少的辅助材料。耐火材料分为定型耐火材料和不定型耐火材料（散状耐火材料），不定型耐火材料是由一定级配的耐火骨料和粉状物料与结合剂、外加剂混合而成，不经过成型和烧成工序而直接使用的耐火材料。同定型耐火材料比较，不定型耐火材料具有工艺简单（因省去烧成工序）、节约能源、成本低廉、便于机械化施工等特点。砌筑加热炉广泛使用各种耐火材料，这里称之为筑炉材料。在介绍筑炉材料的过程中，有必要了解耐火材料的基本性能及种类。

能力目标

认识耐火材料及其性能，正确选择耐火材料，节约能源。认识耐火制品及不定型耐火材料的种类。

知识目标

（1）掌握耐火材料的种类、耐火制品的分型；

（2）掌握常用耐火材料、隔热材料、保温材料的性质。

相关资讯

一、对耐火材料的要求

由于耐火材料主要用于高温窑炉等热工设备以及工业用的高温容器和部件，能承受在其中进行的各种物理化学变化及机械作用，因此，必须具备以下基本要求：

（1）为适应高温操作要求，应具有在足够高的温度下不软化、不熔融的性能。各国均规定耐火度高于1580℃的材料为耐火材料。

（2）能够承受窑炉的荷重和在操作过程中所产生的应力，并在高温下仍能保持结构强度，不发生软化变形和坍塌，通常用荷重软化温度来表示。

（3）在高温下体积稳定，窑炉砌体或浇注体不致因制品的膨胀而崩裂，或由于收缩而出现裂纹，降低使用寿命。通常用线膨胀系数和重烧收缩（或膨胀）来衡量。

（4）耐火材料受窑炉的操作条件影响很大，温度急剧变化和受热不均使炉体易于损坏。因此，要求它具有一定的抗热震性。

（5）耐火材料在使用过程中，常受到熔液、气态或固态物质的化学作用，使制品被侵蚀损坏。因此，要求制品具有一定的抵抗侵蚀的能力。

（6）在使用过程中，耐火材料还常受到高温高速流动的火焰和烟尘的磨蚀、液态金属和熔渣的冲刷侵蚀，以及金属等物料的撞击磨损等。因此，要求它具有足够的强度和耐磨性。

（7）形状规整、尺寸公差小。

以上对耐火材料的要求，目前尚无一种材料能同时满足，因此选用耐火材料时，应根据具体的使用条件，对耐火材料的要求确定主次顺序。

二、耐火材料的化学矿物组成

（一）耐火材料中的各种化学成分

矿物组成是耐火材料化学组成的基本特征。一种耐火材料在一定条件下能否形成某种物相，为何出现此种物相，并具有某些特定性质，以及如何从本质上改变材料的某些特定性质，都首先取决于其化学组成。所以，为了掌握耐火材料的本质必须对其化学组成有全面的认识。根据耐火材料中各种化学成分的含量和其作用，通常将其分为主成分、杂质成分和外加成分三类。

1. 主成分

耐火材料中的主成分是构成耐火原料的主体，它的性质与数量直接决定着耐火原料的质量。主要成分可以是高熔点的氧化物，如氧化铝（Al_2O_3）、氧化硅（SiO_2）、氧化镁（MgO）等；或者是复合氧化物，如莫来石（$Al_2O_3 \cdot SiO_2$）、镁铝尖晶石（$MgO \cdot Al_2O_3$）等；也可以是某些单质和非氧化物，如碳和石墨（C）、碳化硅（SiC）、氮化硼（BN）等。

2. 杂质成分

杂质成分是指由于天然原料不纯或生产加工过程中混入的对耐火原料性能具有不良影响的少量成分。一般来说，K_2O、Na_2O、FeO 或 Fe_2O_3 都是耐火原料中的有害杂质成分。碱性耐火原料（RO 为主成分）中的酸性氧化物（RO_2）及酸性耐火原料中的碱性氧化物都被视为杂质成分。杂质成分在高温下具有强烈的熔剂作用，它们之间相互作用或与主成分作用，使得共熔液相生成温度降低或者液相量增加，从而降低原料的耐火性能。

3. 添加成分

在耐火原料研究与生产中，为了促进其高温物相变化和降低烧结温度或扩大烧结温度范围，有时添加少量其他成分。按其作用不同，通常有矿化剂、稳定剂、烧结剂等。它们的加入量很少，但却能明显地降低原料的生产成本或改善耐火材料的性能。

（二）耐火材料中的矿物组成

在评价耐火原料的质量时，单从化学组成考察是不全面的，应进一步观察其矿物组成。耐火原料的矿物组成取决于它的化学组成与生成条件（天然原料）或工艺条件（人工合成原料）。化学组成完全相同的原料，由于其生成条件的不同，所形成的矿物种类、数量、结晶状况可以完全不同，其性能差异也较大。例如，化学组成都是 $Al_2O_3 \cdot SiO_2$（Al_2O_3 62.93 %，SiO_2 37.07%）的蓝晶石族矿物，由于生成时的地质条件不同，则有蓝晶石、硅线石与红柱石三个同质异象变体，其结构、密度、高温膨胀性等完全不同。即使是矿物的组成相同，其矿物的结晶大小、形状和分布的不同，也会对耐火材料的性质产生显著的影响。

如前所述，耐火材料根据化学矿物组成分为八类，该八类的耐火材料的化学矿物组成如表 3.1.1 所示。

表 3.1.1　耐火材料的化学矿物组成

分　类	类　别	主要化学成分	主要矿物成分
硅质制品	硅砖 石英玻璃	SiO_2 SiO_2	鳞石英、方石英、石英玻璃
硅酸铝质制品	半硅砖 黏土砖 高铝砖	SiO_2，Al_2O_3 SiO_2，Al_2O_3 SiO_2，Al_2O_3	莫来石、方石英 莫来石、方石英 莫来石、刚玉

续表 3.1.1

分　类	类　别	主要化学成分	主要矿物成分
镁质制品	镁砖（方镁石砖） 镁铝砖 镁铬砖 镁橄榄石砖 镁硅砖 镁钙砖 镁白云石砖 镁碳砖	MgO MgO，Al_2O_3 MgO，Cr_2O_3 MgO，SiO_2 MgO，SiO_2 MgO，CaO MgO，CaO MgO，C	方镁石 方镁石、镁铬尖晶石、方镁石、铬尖晶石 镁橄榄石、方镁石 方镁石、镁橄榄石 方镁石、硅酸二钙 方镁石、氧化钙 方镁石、无定型碳（或石墨）
白云石质制品	白云石砖	CaO，MgO	氧化钙、方镁石
铬质制品	铬砖 铬镁砖	Cr_2O_3，FeO Cr_2O_3，MgO	铬铁矿 铬尖晶石、方镁石
碳质制品	炭砖 石墨制品 碳化硅制品	C C SiC	无定型碳（石墨） 石墨 碳化硅
锆质制品	锆英石砖	ZrO_2，SiO_2	锆英石
特殊制品	氧化物制品	Al_2O_3，ZrO_2 CaO，MgO	刚玉，高温型 ZrO_2 氧化钙、方镁石
	非氧化物制品	碳化物（如 TiC） 氮化物（如 BN，Si_3N_4） 硅化物（如 $MoSi_2$） 硼化物（如 ZrB_2）	
	金属陶瓷等		

三、耐火材料的分类

耐火材料品种繁多，一般可根据下列观点进行分类。

1. 按耐火度高低分

（1）普通耐火材料，耐火度为 1580 ~ 1770℃。

（2）高级耐火材料，耐火度为 1770 ~ 2000℃。

（3）特级耐火材料，耐火度大于 2000℃。

2. 按使用形状及尺寸分

（1）块状耐火材料，标准型、异型、特制品。

（2）散状耐火材料，耐火混凝土、耐火可塑料、陶瓷纤维等。

3. 按材质的化学矿物组成分

（1）硅质。

硅砖：SiO_2 含量不少于 93%

石英玻璃：SiO_2 含量大于 99%

（2）硅酸铝质。

半硅砖：SiO_2 含量大于 65%，Al_2O_3 含量小于 30%

黏土砖：SiO_2 含量小于 65%，$Al_2O_3$30% ~46%

高铝砖：Al_2O_3 含量大于46%

（3）镁质。

镁砖：MgO 含量大于 85%

镁铝质：以镁尖晶石结合的镁砖

镁质：镁砖中 Cr_2O_3 含量不小于8%

白云石制品：MgO 含量大于 35%；CaO 含量大于 40%

镁硅质：以镁橄榄石（$2MgO \cdot SiO_2$）为基质，含 MgO35% ~55% 的制品

（4）铬质：Cr_2O_3 含量约为 30% 的制品。

（5）碳质及碳化硅质：炭砖、石墨制品、SiC 制品等。

（6）锆质。

（7）特殊氧化物制品。

4. 按耐火材料的化学性质分

（1）酸性耐火材料。

酸性耐火材料是以二氧化硅为主要成分的耐火材料，主要指硅砖、黏土砖和锆英石砖等。酸性耐火材料能耐酸性熔渣侵蚀。

（2）中性耐火材料。

中性耐火材料主要是指以三氧化二铝、三氧化二铬和碳为主要成分的耐火材料，如刚玉砖、高铝砖、炭砖、铬砖等。其特性是对酸性渣和碱性渣都具有抗蚀能力。

（3）碱性耐火材料。

碱性耐火材料主要是指以氧化镁、氧化钙为主要成分的耐火材料，包括镁砖、镁铝砖、镁铬砖、白云石砖等。碱性耐火材料对碱性渣有较强的抗侵蚀能力。

5. 按成型工艺分

耐火材料按成型工艺可分为六类：天然岩石、泥浆浇注成型耐火材料、可塑成型耐火材料、半干成型耐火材料、捣打（包括机械捣打与人工捣打）成型耐火材料和熔铸制品。

6. 按烧制方法分

耐火材料按烧制方法可分为三类：不烧砖、烧制砖和不定型耐火材料。

7. 按气孔率分

耐火材料按气孔率可分为七类：

特致密制品，显气孔率低于 3%；

高致密制品，显气孔率为 3% ~10%；

致密制品，显气孔率为 10% ~16%；

烧结制品，显气孔率为 16% ~20%；

普通制品，显气孔率为 20% ~30%；

轻质制品，显气孔率为 45% ~85%；

超级轻质制品，显气孔率高于 85%。

8. 根据不定型耐火材料和不烧制品的结合剂分

（1）水化结合剂（普通铝酸盐水泥、纯铝酸钙水泥等）与水作用而凝结、硬化的制品；

（2）化学结合剂（磷酸盐、硫酸铝、水玻璃、有机硅等）与掺和料物理化学反应而凝固的制品；

（3）凝聚结合剂（耐火黏土、膨润土、二氧化硅微粉等）由于凝聚过程而凝固的制品；

（4）有机结合剂（焦油、沥青、胶水等）由于聚合、缩聚和焦化而硬化的制品；

9. 不定型耐火材料按使用类型分

（1）耐火浇注料：一般以浇注或浇注捣实的方法施工的不定型耐火材料。

（2）耐火喷涂料：利用气动工具，以机械喷射方法施工的不定型耐火材料。

（3）耐火喷补料：利用喷射方法施工修补热工设备内衬的不定型耐火材料。

（4）耐火捣打料：以强力捣打方法施工的不定型耐火材料。

（5）耐火可塑料：泥料呈泥坯状或不规则团块，在一定时间内保持较好的可塑状态，一般采用风动工具捣打施工的不定型耐火材料。

（6）耐火压注料：泥料呈膏状或泥浆状，用挤压泵将料强力压入的方法施工的不定型耐火材料。

（7）耐火投射料：利用投射机进行投射施工的不定型耐火材料。

（8）耐火涂抹料：用手工或风动机涂抹或喷涂施工的不定型耐火材料。

（9）自流浇注料：无需振动即可流动和脱气的，可浇注的不定型耐火材料。

（10）干式振动料：不加水或液体结合剂而用振动方法成型的不定型耐火材料。

（11）耐火泥浆：也称接缝料，用抹刀或类似的工具施工的不定型耐火材料。

此外，耐火材料还可按用途划分为高炉用耐火材料、电炉用耐火材料、转炉用耐火材料、连铸用耐火材料、玻璃窑用耐火材料、水泥窑用耐火材料等。

由于冶金和其他高温技术不断地进步，必然扩大和开发耐火材料品种。例如，美国近年研究出的新材料占耐火材料总产量的25%。在耐火材料中，不定型耐火材料将逐渐占领主要地位。耐火纤维制品也同样蓬勃发展，现在仅硅酸铝纤维就能生产出毡、布、板、纸等50多种耐火制品。钢的炉外精炼、真空处理、气体吹炼、连续铸钢及其他新技术也在扩大耐火材料的规格和品种。加热炉中最常用的是硅酸铝质，部分使用硅质及镁质。我国目前不定型耐火材料发展迅猛，在一些先进的大型加热炉上已开始部分采用了不定型耐火材料，并取得了很好的效果。

四、耐火材料的性质

耐火材料的性质主要是指其结构性质、热学性质、力学性质、使用性质和作业性质。

（一）结构性质

耐火材料宏观组织结构是由固态物质和气态孔隙共同组成的非均质体。气孔的存在，使制品在高温条件下对外界侵蚀的抵抗能力大大降低，并直接影响了耐火材料的气孔率、吸水率、体积密度、透气度等指标。

1. 气孔率

耐火材料的气孔可分为三大类（图3.1.1）：

（1）闭口气孔：浸渍时不被液体填充的气孔；

(2) 开口气孔：浸渍时能被液体填充的气孔；

(3) 贯通气孔：贯通制品的两面、能为流体所通过的气孔。

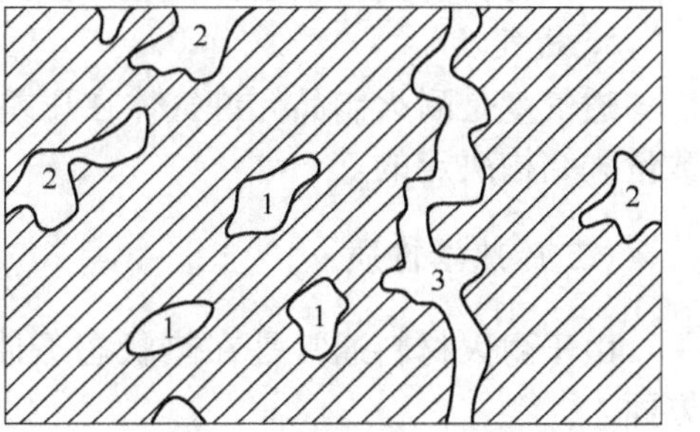

图 3.1.1　耐火制品中气孔类型
1—闭口气孔；2—开口气孔；3—贯通气孔

设 V_1、V_2、V_3 分别代表耐火材料的开口气孔、闭口气孔和贯通气孔的体积，V 代表耐火材料的总体积，显然

$$真气孔率 = \frac{V_1 + V_2 + V_3}{V} \times 100\% \quad (3.1.1)$$

$$显气孔率 = \frac{V_2 + V_3}{V} \times 100\% \quad (3.1.2)$$

$$闭口气孔率 = \frac{V_1}{V} \times 100\% \quad (3.1.3)$$

由于开口气孔和贯通气孔占总气孔体积的绝大部分，而且对制品的使用性能影响最大，因此在耐火材料的检测标准中，我国耐火材料的气孔率通常是指显气孔率。耐火材料气孔率可以从零到 75%～78%。气孔率与体积密度关系密切，它除反映耐火材料的烧结程度外，还与原料的其他性能如机械强度、热膨胀、抗渣性及导热性有一定关系。

2. 吸水率

吸水率是指多孔体中所有开口气孔吸收的水的质量与其干燥材料的质量之比值。在生产实际中常用来鉴定原料煅烧质量，原料煅烧得愈好，吸水率数值愈低。吸水率 W_a 用下式计算：

$$W_a = (m_3 - m_1)/m_1 \times 100\% \quad (3.1.4)$$

式中　m_1，m_3——分别表示干燥试样的质量和饱和试样在空气中的质量，g。

3. 体积密度

体积密度是指材料的质量与总体积的比值，常用 g/cm^3 表示。总体积包括固体材料、开口气孔及闭口气孔的体积总和。体积密度有时也称为容积重量和容重。体积密度直观地反映了制品的致密程度，它是耐火材料致密制品质量水平的重要衡量指标。

体积密度 D_b 的计算公式如下：

$$D_b = m_1/V_b = m_1 D_1/(m_3 - m_2) \quad (3.1.5)$$

式中　m_1，m_3——分别表示干燥试样的质量和饱和试样在空气中的质量，g；
m_2——表示饱和试样的表观质量，g；
D_1——试验温度下浸渍液体的密度，g/cm^3；
V_b——试样的总体积，cm^3。

4. 真密度

真密度是指不包括气孔在内单位体积耐火材料的质量，常用 g/cm^3 表示。

真密度 ρ 的计算公式如下：

$$\rho = \frac{m}{V - (V_1 + V_2 + V_3)} \quad (3.1.6)$$

式中　m——干燥试样的质量，g。

耐火材料的真密度指标，可以反映材质的成分纯度或晶型转变的程度、比例等。

5. 透气度

透气度是耐火制品允许气体在压差下通过的性能。透气度主要是由贯通气孔的大小、数量和结构决定的。

（二）热学性质

由于耐火材料通常是在热状态下使用，因此耐火材料的热学性质成为其性质的重要方面。

1. 热膨胀性

耐火材料的热膨胀性是指制品在加热过程中的长度变化。

耐火材料随着使用温度的变化而发生的膨胀（或收缩），会严重影响热工设备砌体的尺寸严密程度及结构，甚至会使砌体破坏。此外，耐火材料的热膨胀情况还能反映出制品受热后的热应力分布和大小，晶型转变及相变，微细裂纹的产生及抗热震性等。

热膨胀的表示方法有线膨胀率和线膨胀系数两种。线膨胀率是指由室温至设定温度间，试样长度的相对变化率；线膨胀系数是指由室温至设定温度间，每升高1℃，试样长度的相对变化率。也可以用体积膨胀率或体积膨胀系数表示。其中常用的线膨胀系数和线膨胀率表示如下：

线膨胀系数：

$$\beta = \frac{L_t - L_0}{L_0} \times 100\% \tag{3.1.7}$$

线膨胀率：

$$\rho = \frac{L_t - L_0 + A_k(t)}{L_0} \times 100\% \tag{3.1.8}$$

式中　L_0——试样在室温下的长度，mm；

L_t——试样在设定温度 t 时的长度，mm；

$A_k(t)$——设定温度 t 时仪器的校正值，mm；

t——设定温度，℃。

线膨胀的测试方法有顶杆式间接法、望远镜直读法等。需要指出，线膨胀系数并不是一个恒定值，而是随试验温度变化而变化，所以它是指定温度范围 Δt 内的平均值。因此，在使用这一数据时，必须注明它的温度范围。

耐火原料的热膨胀取决于其化学矿物组成。一般碱性耐火原料的线膨胀系数比酸性原料的大，高铝质原料介于两者之间。当原料的矿物发生晶型转变时，会导致线膨胀系数的不均匀变化，在相变点发生突变。

热膨胀是耐火材料的重要性能，对耐火制品的强度、抗热震稳定性等影响明显，线膨胀系数对分析耐火材料的热应力大小与分布、晶型转变、微裂纹的产生与弥合等非常重要。

由于晶型转变、相变化等多种原因，耐火材料的线膨胀变化率在各个温度区间内数值是经常变化的，因此常用曲线来表示，几种常用耐火材料的线膨胀曲线如图 3. 1. 2 所示。

2. 热导率

导热性是材料传导热量的能力，是材料的一种属性。耐火材料的热导率是指在单位梯度条件下通过材料单位面积的热流速率。通常用热导率来表示不同物质的导热性能，单位为 W/(m·K)。

耐火材料的热导率对于高温热工设备的设计是不可缺少的重要数据。在生产实际中，一般的热工设备需考虑热量通过耐火材料后的损失量，需要计算隔热耐火材料的保温效果，因此在热工设计中耐火材料的热导率是重点考虑的指标之一。

对于那些要求绝热性能良好的轻质耐火材料和要求导热性能良好的隔焰加热炉结构材料，检验其导热系数更具有重要意义。耐火材料导热系数的大小不仅与其用途有关，而且也是直接影响制品热震稳定性的重要因素。通常耐火原料的导热系数愈大，其制品受热震时，内部产生热应力愈小，热震稳定性愈好。

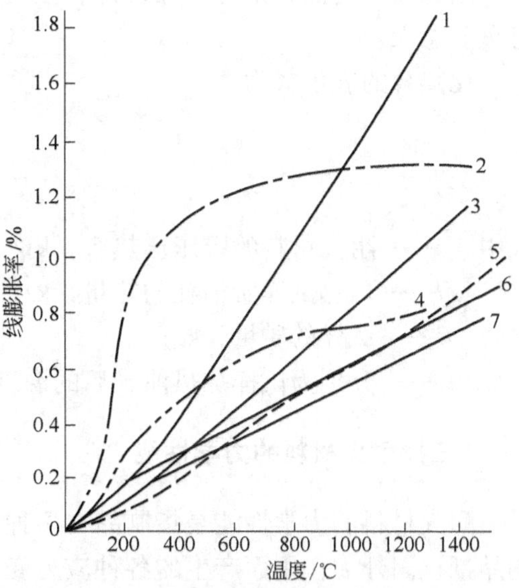

图 3.1.2　常用耐火砖的线膨胀曲线
1—镁砖；2—硅砖；3—铬镁砖；4—半硅砖；
5—黏土砖；6—高铝砖；7—轻质黏土砖

影响耐火原料导热性的因素很多。化学组分越复杂，杂质含量越多，或者加入另一组分形成的固溶体越多，它的导热系数降低越明显。矿物晶体结构越复杂，其导热系数也越小。例如 $MgO \cdot Al_2O_3$（镁铝尖晶石）的导热系数比 MgO 和 Al_2O_3 低，$3Al_2O_3 \cdot SiO_2$（莫来石）的结构比 $MgO \cdot Al_2O_3$ 更复杂，因而导热系数更低。对于非等轴晶体，导热系数也存在各向异性。但对一般耐火原料而言，由于矿物结晶的排列杂乱无章，即使晶体为各向异性，原料的宏观导热系数也表现为无方向性。

耐火制品中的气孔数量、大小、形状及分布等对热导率影响最大。在一定温度限度内，气孔内的气体导热系数低；对一定范围的气孔率来说，气孔率愈大，则热导率愈小。对于粉末和纤维材料，因在其间的气孔形成了连续相，材料的热导率在很大程度上受气孔相热导率的影响。通常粉末、多孔和纤维类材料能有良好的绝热性能，所以其热导率比烧结状态时要低得多。

表 3.1.2 是黏土砖体积密度变化与热导率的关系。

表 3.1.2　黏土砖体积密度变化与热导率的关系

体积密度/$g \cdot cm^{-3}$	0.8	1.95	2.2
热导率/$W \cdot (m \cdot K)^{-1}$ ($kJ \cdot (m \cdot h \cdot ℃)^{-1}$)	0.58 (2.09)	1.05 (3.76)	1.28 (4.60)

此外，制品材质的化学组成及晶体结构也对热导率有明显影响，碳质耐火制品即表现出了极高的导热能力。

3. 比热容

耐火材料比热容的定义是常压下加热 1kg 样品使之升温 1℃所需的热量。

耐火材料的热容指标，在设计和控制炉体的升温、冷却，特别是蓄热能力计算中，具有重要意义。

比热容的表示式为：

$$c = \frac{Q}{G(t_1 - t_0)} \tag{3.1.9}$$

式中　c——耐火材料的等压比热容，kJ/(kg·K)；

Q——加热试样所消耗的热量，kJ；

G——试样的质量，kg；

t_0，t_1——分别为试样加热前、后的温度，K。

（三）耐火材料的力学性能

耐火材料的力学性能是指制品在多种条件下的强度、弹性和塑性等性质。该指标表征制品抵抗因外力作用而产生的各种应力变形而不被破坏的能力，通常检验的是不同温度下的耐压强度、抗拉强度、抗折强度、扭转强度、耐磨性、弹性模量、高温蠕变等指标，以此来判断耐火材料的力学性能。

1. 常温力学性能

（1）常温耐压强度。它是指常温下耐火材料在单位面积上所能承受的最大压力，如超过此值，材料被破坏。单位以 MPa 表示。如用 F 表示试样受压的总面积，以 P 表示压碎试样所需的极限压力，则有：

$$常温耐压强度 = P/F \tag{3.1.10}$$

通常耐火材料在使用过程中很少由于常温下的静负荷而导致破损。但常温耐压强度能够表明制品的烧结情况，以及与其组织结构相关的性质，且测定方法简便，因此是判断制品质量的常用检验项目。另外，通过常温耐压强度可间接地评定其他指标，如制品的耐磨性、耐冲击性以及不烧制品的结合强度等。

在生产中，工艺制度的变动会反映在制品常温耐压强度指标的变化上。耐压强度高表明制品的成型坯料加工质量、成型坯体结构的均一性及砖体烧结情况良好。因此，常温耐压强度也是检验现行工艺状况和制品均一性的可靠指标。

（2）抗拉、抗折和扭转强度。耐火材料在使用时，除受压应力外，还受拉应力、弯曲应力和剪应力的作用。为了评定耐火材料的抗拉、抗折和扭转强度的实际大小，必须测定在相应操作温度下的数值。

在室温下测定这些数值，其实际意义较小，所以对耐火材料很少确定在室温下的抗拉、抗折和扭转强度。根据实验结果，抗折强度约比耐压强度小 1/2 ~ 2/3，而抗拉强度则比其小 4/5 ~ 9/10。

组织结构是影响耐火制品抗拉强度和抗折强度的主要因素。细颗粒结构有利于这些指标的提高。

（3）耐磨性。耐磨性是指耐火材料抵抗坚硬物料或气体（如含有固体颗粒的）磨损作用（研磨、摩擦、冲击力作用）的能力，在许多情况下决定着耐火材料的使用寿命。

高炉上部砌砖因炉料沿炉身下落而经受磨损作用，焦炉炭化室的砌砖也经常受着焦炭的磨损作用。在气流中以极大速度运动的粉尘状灰渣或煤粉对耐火砌体有磨损作用，当气流速度很大，耐火制品的耐磨性不足时，能使窑炉内衬迅速损坏。

耐火材料的耐磨性不仅取决于制品的密度、强度，而且也取决于制品的矿物组成、组织结构和材料颗粒结合的牢固性。因而在生产中除骨料的本身硬度外，还必须注意影响制品组织结构的泥料粒度组成、气孔率和结合剂性质等工艺因素。常温耐压强度高、气孔率低、组织结构致密均匀、烧结良好的制品总是有良好的耐磨性。

一般都不对耐火材料进行耐磨性测定，也无统一规定的标准测定方法。常温下通常用在一定的研磨条件和研磨时间下制品的重量损失或体积损失来表示。目前多采用吹砂法测定，即在一定时间内将压缩空气和研磨料喷吹在试样表面上，测定其减量。

2. 高温力学性能

（1）高温耐压强度。高温耐压强度是材料在高温下单位截面所能承受的极限压力，单位是 MPa。

耐火材料的高温耐压强度随着温度升高，大多数耐火制品的强度增大，其中黏土制品和高铝制品特别显著，在 1000～1200℃时达到最大值。这是由于在高温下生成熔液的黏度比在低温下脆性玻璃相黏度更大些，使颗粒间的结合更为牢固。温度继续升高时，强度急剧下降。

耐火材料高温耐压强度指标，不仅是直接有用的资料，并且还可反映出制品在高温下结合状态的变化，特别是加入一定数量结合剂的耐火可塑料和浇注料，由于温度升高，结合状态发生变化时，高温耐压强度的测定更为有用。

（2）高温抗折强度。高温抗折强度是指材料在高温下单位截面所能承受的极限弯曲应力，单位是 MPa。它表征材料在高温下抵抗弯矩的能力。

高温抗折强度又称高温弯曲强度或高温断裂模量。测定时，将试样置于规定距离的支点上，在上面正中施加负荷，得出断裂时所承受的极限负荷。抗折强度可按下式计算：

$$R=\frac{3Wl}{2bd^2} \tag{3.1.11}$$

式中　R——抗折强度，MPa；

W——断裂时所施加的最大荷重，N；

l——两支点间距离，mm；

b——试样的宽度，mm；

d——试样的厚度，mm。

耐火材料的高温强度与其实际使用密切相关，特别是对于评价碱性直接接合砖的质量，高温抗折强度是很重要的性能指标。如碱性直接接合砖的高温抗折强度大，则抵抗因温度梯度产生的剪应力的能力强，因而制品在使用时不易产生剥落现象。高温抗折强度大的制品也会提高其对物料的撞击和磨损性，增强抗渣性，因此，高温抗折强度常作为表征制品的强度指标。

耐火材料的高温抗折强度指标，主要取决于制品的化学矿物组成、组织结构和生产工艺。材料中的熔剂物质和其烧成温度对制品的高温抗折强度有显著影响。

（3）高温扭转强度。高温扭转强度是材料的高温力学性能之一，它表征材料在高温下抵抗剪应力的能力。砌筑窑炉的耐火制品，在加热或冷却时，承受着复杂的剪应力，因而制品的高温扭转强度是重要的性质。

高温扭转强度可由高温扭转强度试验来确定。测定时将试样一端固定，另一端施以力矩作用，使试样发生扭转变形。当试样被扭转时，试样内各截面上产生剪切应力，当应力超过一定限度时，试样发生断裂。在高温下试样被折断时的极限剪切应力，称为高温扭转强度，单位是 MPa。

（4）高温蠕变性。当材料在高温下承受小于其极限强度的某一恒定荷重时，产生塑性变形，变形量会随时间的增长而逐渐增加，甚至会使材料破坏，这种现象称为蠕变。因此，对处于高温下的材料，就不能孤立地考虑其强度，而应将温度和时间的因素与强度同时考虑。例如，热风炉格子砖在高温长时间条件下工作，砖体逐渐软化产生可塑变形，强度显著下降甚至破坏，格子砖的这种蠕变现象成为炉子损坏的主要原因。另外，在许多情况下蠕变也是加热炉侧壁和隔墙倒塌的原因。在设计高温窑炉时，根据耐火材料的荷重软化试验和残存收缩率，在一定程度上可以推测耐火材料的高温体积稳定性，但对认识制品在长期高温负荷条件下工作的体积稳定性还是不充分的。因此，检验其高温蠕变性，了解它在高温负荷长时间下的变形特性是十分必要的。

耐火材料的高温蠕变性系指材料在恒定的高温和一定荷重作用下，产生的变形和时间的关系。由于施加的荷重不同，可分为高温压缩蠕变、高温拉伸蠕变、高温扭转蠕变等。其中压缩蠕变和抗折蠕变容易测定，故应用较普遍。

高温蠕变一般用变形量（%）与时间（h）的关系曲线来表示，通常称为蠕变曲线，如图 3.1.3 所示。也可用蠕变速率（%/h），或为达到某变形量所需的时间来表示。

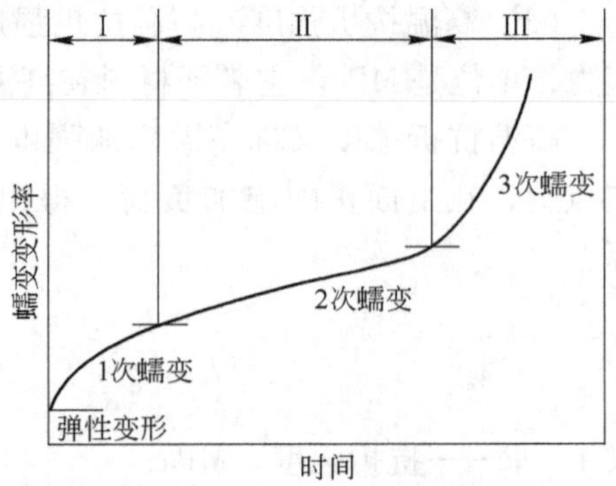

图 3.1.3　蠕变曲线

图 3.1.3 为典型的高温蠕变曲线，曲线划分为三个特征阶段，第一阶段蠕变为 1 次蠕变，又可称为初期线变或减速蠕变，其曲线斜率 $\frac{d\varepsilon}{dt}$ 随时间增加而减小，曲线愈来愈平缓，这一阶段较短暂；第二阶段为 2 次蠕变或黏性蠕变，又可称为均速蠕变或稳态蠕变，其应变速度和时间无关，几乎保持不变。这个速率是蠕变曲线中最小的速率；第三阶段为 3 次蠕变又称加速蠕变，应变速率迅速增加直至断裂。对于具体某种材料来说，其高温蠕变曲线的性状，不一定完全包括上述三个阶段。由于耐火材料的材质、检验温度和施加的荷重不同，曲线的性状也不相同。

一般认为，影响高温蠕变的因素有：（1）使用条件，如温度和荷重、时间、气氛性质（是氧化性还是还原性）等；（2）材质，如化学组成（特别是低熔性微量成分含量的多少）和矿物组成（是单相还是多相，特别是玻璃相的组成和数量）；（3）显微组织结构（气孔率、晶粒的大小、形状和分布状态的不同）。

3. 弹性模量

材料在其弹性限度内受外力作用产生变形，当外力除去后，仍恢复到原来的形状，此时应力和应变的比例称为弹性模量。它表示材料抵抗变形的能力，这种关系可以表示为：

$$E=\frac{\Delta l}{\sigma l} \tag{3.1.12}$$

式中 E——弹性模量，MPa；

σ——材料所受应力，MPa；

$\Delta l/l$——材料的相对长度变化。

弹性模量是材料的一个重要弹性参数，它在很大程度上反映着材料的结构特征。研究耐火材料的弹性模量随温度的变化，可以了解其高温性能。

耐火材料弹性模量的测定方法，一般分为静力法（主要是静荷重法）和动力法（主要是声频法）。由于耐火制品在常温下很脆，弹性模量也较大，变形量不易测准，故多采用动力法，即声频法测定。其原理是：已知弹性体的固有振动频率取决于它的形状、体积密度和弹性模量，则对于形状和体积密度已知的试样，如测定其固有振动频率，则可求出弹性模量。

一般来讲，硅砖的弹性模量在鳞石英转变温度处急剧降低。黏土砖在方石英转变效应时，弹性模量降低。耐火浇注料在结合剂加热分解的整个温度范围内，弹性模量随温度升高而下降。

（四）耐火材料的使用性能

耐火材料的使用性能是指耐火材料在高温下使用时所具有的性能，包括耐火度、荷重软化温度、重烧线变化率、抗热震性、抗渣性、抗酸性、抗碱性、抗氧化性、抗水化性和抗 CO 侵蚀性等。

1. 耐火度

耐火度是指耐火材料在无荷重时抵抗高温作用不熔化的性能。耐火度是判定材料能否作为耐火材料使用的依据，但是不能作为制品使用温度的上限。对由单相多晶体构成的耐火材料，其耐火度一般低于晶体的熔点。但是，有些耐火材料，如形成的液相黏度很高时，其耐火度也可高于熔点。

国际标准化组织规定耐火度达到 1500℃ 以上的无机非金属材料即为耐火材料。耐火度的意义与熔点不同。不能把耐火度作为耐火材料的使用温度。熔点是结晶体的液相与固相处于平衡时的温度。耐火度是多相体系达到某一特定软化程度时的温度。对绝大多数普通耐火材料而言，都是多相非均质材料，无一固定熔点，其开始出现液相到完全熔化是一个渐变过程，在高温下相当宽的范围内，固液相并存，故欲表征这种材料在高温下的软化和熔融的特征，只能以耐火度来度量。

决定耐火度的基本因素是材料的化学组成及其分布情况。各种杂质成分，特别是具有强熔剂作用的杂质成分，会严重降低制品的耐火度。因此，提高耐火材料耐火度的主要途径是采取适当措施保证和提高原料的纯度。

我国标准（GB/T 7322—1997）和国际标准（ISO528）规定了耐火材料耐火度试验方法，其要点是，将被测材料制成与标准测温锥形状、尺寸相同的截头三角锥，在规定的加热条件下与标准测温锥弯倒情况作比较，直至试锥顶部弯倒接触底盘，此时与试锥同时弯倒的标准测温锥代表的温度即为试锥的耐火度。我国通用的标准锥以 WZ 表示。如试锥与 WZ171 号标准锥同时弯倒，则试样的耐火度为 1710℃。试锥在不同熔融阶段的弯倒情况如图 3.1.4 所示。

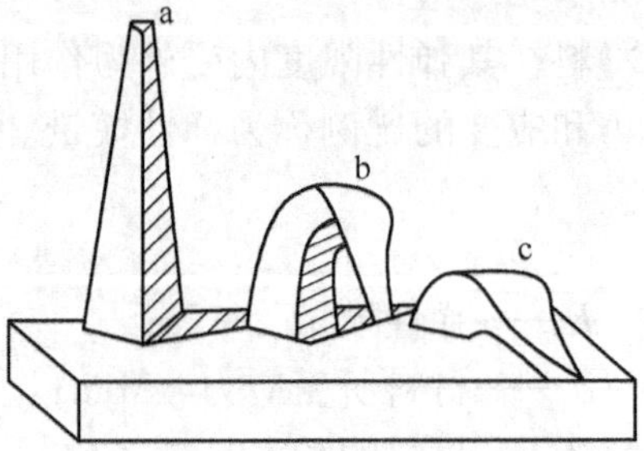

图 3.1.4　试锥在不同熔融阶段的弯倒情况

a—熔融开始以前；b—在相当于耐火度的温度下；c—在高于耐火度的温度下

需要说明的是，耐火制品的耐火度并不代表它的使用温度，因为耐火材料在使用过程中经受高温作用的同时，通常还伴随荷重和外物的溶剂作用等，实际允许使用温度比耐火度低得多。一些常见的耐火原料及制品的耐火度见表 3.1.3。

表 3.1.3　一些耐火原料及制品的耐火度

名　称	耐火度范围/℃	名　称	耐火度范围/℃
结晶硅石	1730 ~ 1770	高铝砖	1770 ~ 2000
硅砖	1690 ~ 1730	镁砖	>2000
硬质黏土	1750 ~ 1770	白云石砖	>2000
黏土砖	1610 ~ 1750		

2. 荷重软化温度

耐火材料在高温下的荷重变形指标表示它对高温和荷重同时作用的抵抗能力，也表示耐火材料呈现明显塑性变形的软化范围。

耐火材料高温荷重变形温度是其重要的质量指标，因为它在一定程度上表明制品在与其使用情况相仿条件下的结构强度。决定荷重软化温度的主要因素是制品的化学矿物组成，同时也与制品的生产工艺直接有关。

测定耐火材料的荷重软化温度多采用升温法测定，即在规定的恒压和升温速度下，加热直径 50mm、高 50mm、中心孔径 12 ~ 13mm 的圆柱体试样，测定其达到规定变形量时的温度。常绘制成变形温度曲线，以确定各种变形量时的温度。我国国家标准规定，将曲线最高点起压缩变形量达 0.5%、1.0%、2.0% 和 5.0% 时的温度分别以 $T_{0.5}$、$T_{1.0}$、$T_{2.0}$ 和 $T_{5.0}$ 表示，作为耐火材料的各级荷重软化温度。荷重软化曲线如图 3.1.5 所示。

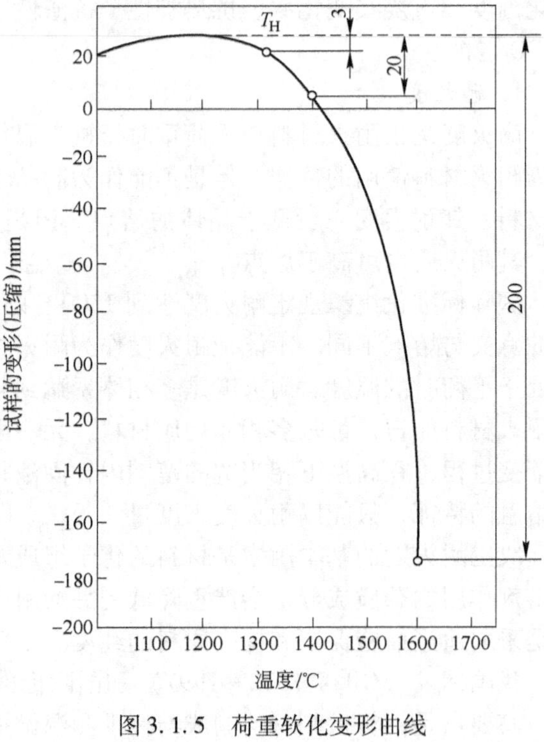

图 3.1.5　荷重软化变形曲线

荷重软化温度的测定一般是加压0.2MPa，从试样膨胀的最高点压缩至它原始高度的0.6%为软化开始温度，4%为软化变形温度、40%为变形温度。常见的几种耐火制品的变形温度见表3.1.4，荷重变形曲线如图3.1.6所示。常见耐火混凝土的荷重软化温度见表3.1.5。

表3.1.4　几种耐火制品荷重0.2 MPa不同变形量的温度

砖　种	0.6%（开始）变形温度 T_H/℃	4%变形温度/℃	40%变形温度 T_K/℃	$T_K - T_H$/℃
硅砖（耐火度1730℃）	1650		1670	20
一级黏土砖（40% Al_2O_3 耐火度1730℃）	1400	1470	1600	200
三级黏土砖	1250	1320	1500	250
莫来石砖（Al_2O_3 72%）	1600	1660	1800	200
刚玉砖（Al_2O_3 90%）	1870	1900		
镁砖（耐火度高于2000℃）	1550		1580	30

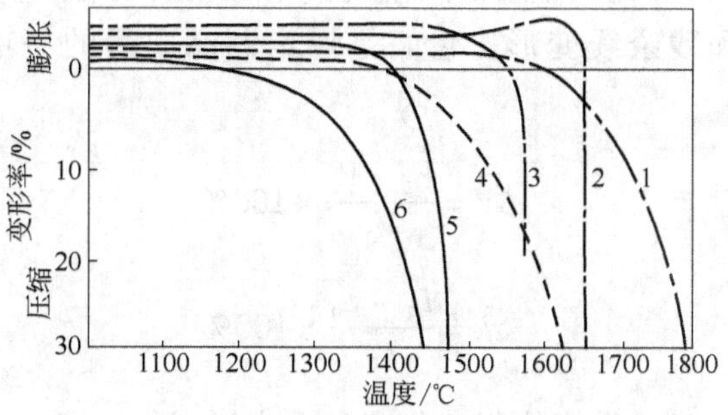

图3.1.6　各种耐火材料的荷重变形曲线

1—高铝砖 Al_2O_3 70%；2—硅砖；3—镁砖；4，6—黏土砖；5—半硅砖

表3.1.5　耐火混凝土的荷重软化温度　（℃）

胶结剂种类	骨料品种	变形4%
矾土水泥	高铝质	1360～1430
	黏土质	1350～1400
磷酸	高铝质	1440～1520
	黏土质	1400～1480
水玻璃	黏土质	1240～1300
硅酸盐水泥	黏土质	1250～1330

根据耐火材料的荷重变形温度指标，可以判断耐火材料使用过程中在何种条件下失去荷重能力以及高温下制品内部的结构情况，但在实际应用中应注意下述情况：

（1）实际使用条件下所承受的荷重要比0.2MPa低得多，只是在个别情况下达0.2～0.5MPa，由于负荷低，制品的开始变形温度将升高；

（2）砌体沿厚度方向受热不均匀，而大部分负荷将由温度较低的部分来承担；

（3）在使用条件下制品承受变形时间远远超过实验室的试验时间；

（4）耐火材料在实际使用过程中，还可能承受其他种类的负荷，如弯曲、拉伸、扭转等。

荷重软化温度是评价耐火材料质量的一项重要技术指标。测定荷重软化温度时的热负荷、重负荷共同作用的条件接近于耐火材料服役时的许多实际状况，其中开始软化变形温度可作为在相似工作条件下大多数耐火材料使用温度上限的参考值。但是，应该指出，耐火制品的荷重软化温度基本上是瞬时测定的，而绝大多数耐火制品在实际中是长期服役的，即长期在热负荷和重负荷共同作用下工作，从而使耐火材料的变形和裂纹易于持续地发展，并可导致损毁，故耐火材料的荷重软化温度仅能在确定耐火材料最高使用温度时作为参考。

3. 高温体积稳定性（重烧线变化）

耐火材料在高温下长期使用时，其外形体积保持稳定，不发生变化（收缩或膨胀）的性能称为高温体积稳定性。对烧结制品，一般以制品在无重负荷作用下的重烧体积变化百分率或重烧线变化百分率来衡量其质量优劣。重烧变化率是指耐火制品试样加热到规定温度，保温一定时间，冷却到室温后所产生的残存膨胀或收缩。重烧体积变化和重烧线变化也称残余体积变形和残余线变形，它们是评定制品质量的一项重要指标。其表示式如下：

$$\Delta V=\frac{V_1-V_0}{V_0}\times 100\% \tag{3.1.13}$$

$$\Delta L=\frac{L_1-L_0}{L_0}\times 100\% \tag{3.1.14}$$

式中　ΔV，ΔL——分别表示重烧体积变化率和重烧线变化率，%；

V_0，V_1——分别表示重烧前、后的体积，mm^3；

L_0，L_1——分别表示重烧前、后的长度，mm。

式(3.1.13)、式(3.1.14)计算的结果，正值表示膨胀，负值表示收缩。当重烧变化微小时，可认为$\Delta V=3\Delta L$。常用耐火材料的重烧线变化指标及耐火混凝土的烧后线变化见表3.1.6和表3.1.7。

表3.1.6　常用耐火材料的重烧线变化指标

材　质	品　种	测试条件	指标值
黏土质	N-1	1400℃，2h	+0.1，-0.4
	N-2a	1400℃，2h	+0.1，-0.5
	N-2b	1400℃，2h	+0.2，-0.5
	N-3a N-3b N-4 N-5	1350℃，2h	+0.2，-0.5
硅质	JG-94	1450℃，2h	≤0.2
高铝质	LZ-75 LZ-65 LZ-55	1500℃，2h	+0.1，-0.4
	LZ-48	1450℃，2h	+0.1，-0.4
镁及镁硅质	MZ-91	1650℃，2h	≤0.5
	MZ-89	1650℃，2h	≤0.6

表 3.1.7　耐火混凝土的烧后线变化　（%）

胶结剂种类	骨料品种	1000℃	1200℃	1300℃	1400℃
矾土水泥	高铝质 黏土质		-0.2 ~ +0.3 -0.3 ~ +0.2	-0.4 ~ +0.4 -0.5 ~ +0.2	
磷酸	高铝质 黏土质		-0.1 ~ +0.8 -0.2 ~ +0.6		-0.6 ~ +1.0 -0.8 ~ +0.7
水玻璃	黏土质	-0.4 ~ +0.6			
硅酸盐水泥	黏土质	-0.4 ~ +0.2	-0.8 ~ +0.4		

当制品化学矿物组成及颗粒配比一定时，多数耐火制品产生重烧变形的原因是制品烧成时一些物理化学反应未充分完成或部分组分有晶型转化。其中重烧膨胀是由于一些高密度的反应物形成低密度产物的反应，或高密度的晶型向低密度晶型转化未充分完成之故。例如，由含 $A1_2O_3$70% 左右的水铝石 - 高岭石型铝矾土为原料制成的高铝砖和由石英为原料制成的硅砖烧成不充分时，分别因二次莫来石化不足和鳞石英与方石英转化不足而产生重烧膨胀。与此相反，重烧收缩主要是由于制品在烧成过程中的高密度化的晶型转化、固相反应和再结晶以及其他固相与液相烧结反应未充分完成所致。其中烧成温度及保温时间，以及形成的液相量及其表面张力和黏度，对收缩影响显著，如镁质制品、刚玉制品、黏土制品，都易产生此种现象。

4. 抗热震性

抗热震性是指耐火制品对温度迅速变化所产生损伤的抵抗性能，此种性能也称为温度急变抵抗性。耐火材料在使用过程中，经常会受到环境温度的急剧变化作用，例如，冶金炉炉衬在两次熔炼和间歇中，铸钢用盛钢桶衬砖在浇注过程中，加热炉装料、出钢或操作中，其他非连续式窑炉或容器的间歇操作中，在很短时间内工作温度变化很大，常因此种温度急剧变化即热震作用导致制品产生裂纹、剥落甚至崩溃。此种破坏作用不仅限制了制品和窑炉的加热和冷却速度，限制了窑炉操作的强化，而且也是制品、窑炉损坏较快的主要原因之一。因此，当耐火材料在使用中，其工作温度有急剧变化时，必须考察其耐热震性。

影响制品抗热震性指标的主要原因是制品的物理性质，如热膨胀性、热导率等。一般来说，制品的热膨胀性越大，抗热震性越差；制品的热导率越高，热震稳定性越好。此外，耐火材料的组织结构、颗粒组成和制品的形状等均对抗热震性有影响。

热震稳定性的检测方法可以根据要求进行选择。一般是记录制品所处环境温度急剧变化，即冷热交替时的不损毁次数，主要考虑加热温度、冷却方式和试样受热部位等实验条件。一般可以将标准砖一端在炉内加热至一定温度，并保温一定时间，随后取出在流动冷水中或冷风气流中冷却，如此反复进行热冷处理，直至损失砖占总重的一半为止，或根据试样在经过一定次数的冷热循环后，机械强度降低到一定程度时为止，此时的急冷急热次数（热交换次数），即为耐火砖的热震稳定性指标。

几种常见耐火混凝土的抗热震性指标见表 3.1.8。

表 3.1.8　耐火混凝土的抗热震性指标

胶结剂种类	加热温度/℃	冷却方式	次　数
矾土水泥	1100	水中	15 ~ 20
磷酸	1100	水中	180 ~ 220
水玻璃	850	水中	50 ~ 60
硅酸盐水泥	1100	水中	10 ~ 17

5. 抗渣性

抗渣性是指耐火材料在高温下抵抗炉渣的侵蚀和冲刷作用的能力。这里炉渣的概念，从广义上讲是指高温下与耐火材料相接触的冶金炉渣、燃料灰分、飞尘、各种材料（包括固态、液态材料，如煅烧石灰、铁屑、熔融金属、玻璃液等）和气态物质（煤气、一氧化碳、氟、硫、锌、碱蒸气）等。对轧钢加热炉而言，主要是熔融氧化铁皮对耐火材料的侵蚀，这种侵蚀包括三种作用：化学侵蚀、物理溶解和机械冲刷等。

耐火材料在与熔融液直接接触的高温冶炼炉、熔化炉、煅烧炉、反应炉等炉窑和高温容器中，极易受熔渣侵蚀。在许多热风炉、换热器、蓄热器等高温热交换的设备中，或在有些反应器和其他高温装置中，耐火材料不直接与熔融液接触。但是固态物料、烟气中的粉尘可与其接触，一些气态物质也可在耐火材料上凝结，它们都可在高温下与耐火材料反应形成熔融体，或形成性质不同的新生物，或使耐火材料中的一些组分分解，导致耐火材料损毁。通常，对耐火材料的这类侵蚀（以化学或物理化学侵蚀为主要原因的），也统归为渣蚀。炉渣侵蚀是耐火材料在使用过程中最常见的一种损坏形式，有时甚至是最严重的损毁。耐火材料约 50% 是由于炉渣侵蚀而损坏。因而，提高耐火材料的抗渣性，对提高炉衬和砌筑体的使用寿命，提高此类热工设备的热效率和生产效率，降低成本，减少产品因耐火材料渣蚀而产生的污染，提高产品质量都是很有意义的。

耐火材料受熔渣侵蚀的具体原因与过程是很复杂的。一般而论，可简略地分为两个阶段，即熔渣与耐火材料的接触与渗透；熔渣与耐火材料的反应与破坏。

耐火材料抗渣性的计算公式为：

$$G_V = V_1 - V_2 \tag{3.1.15}$$

$$A = \frac{V_1 - V_2}{V_1} \times 100\% \tag{3.1.16}$$

式中　G_V——试样体积损失，mm^3；

V_1——试样试验前体积，mm^3；

V_2——试样试验后体积，mm^3；

A——炉渣侵蚀的百分率，%。

选择耐火材料时应注意其材质成分，尽量选用与渣的化学成分相近的材料，减弱其界面上的反应强度。此外，在使用中，还应注意所用材料之间应是化学特性相近，以防止或减轻在高温条件下的界面损毁反应。

一般认为，酸性耐火材料能抵抗酸性炉渣的侵蚀作用；碱性耐火材料能抵抗碱性炉渣的侵蚀作用；中性耐火材料对碱性、酸性炉渣的侵蚀都有一定的抵抗作用。

此外，抗渣性还与工作温度、体积密度、气孔率等因素有关。

测定抗渣性的方法很多，多数是模拟耐火材料在使用过程中实际侵蚀条件，采用对比试验方法。大体上有以下四类：以熔锥法为代表的平衡状态法；以坩埚法为代表的静态法；以及撒渣法、喷渣法、滴渣法和旋棒法等动态法。

6. 耐真空性

耐火材料的耐真空性是指其在真空和高温下应用时的耐久性。耐火材料在高温减压下使用，其中一些组分极易挥发。同时，耐火材料与周围介质间的一些化学反应更易进行，如材料中的 MgO 在真空下与铁水接触时，被铁水中碳还原的温度显著降低。另外，在真空条件下熔渣沿材料中的毛细管渗透的速度明显加快。所以许多耐火材料在真空条件下使用时耐久性降低。当耐火材料使用于真空熔炼炉和其他真空处理装置中时，必须考虑其耐真空性。

耐火材料的耐真空性通常多采用将其置于特定的真空和温度下经历一定时间的方法测定，并以其失重或失重速度量度。

要提高耐火材料的耐真空性，需选择蒸气压低和化学稳定性高的化合物来构成耐火材料，一些氧化物经合成复合物后可适当提高其稳定性。显而易见，提高材料的致密性也有利于提高其耐真空性。

五、耐火材料的分型

（一）定型耐火制品

耐火制品的质量是保证砌筑体严密性的一项重要指标。砌筑体的严密性在很大程度上决定着砌体的寿命，正确形状、尺寸的耐火制品对砌体的严密性有着直接影响。

1. 耐火制品的分型

一般按现行国家标准（GB 10324—88）规定，耐火制品分为标型、普型、异型、特型等几种。

（1）标型。通常把外形尺寸为 230mm×114mm×65mm 的直形砖称为标型砖。

（2）普型。外形尺寸比例（最大与最小尺寸之比，下同）在 1∶4 范围之内，不带凹角、孔眼或沟槽，其单重为 2～6kg 的硅质制品、2～10kg 的高铝质制品、4～10kg 的镁质或镁铝质制品，均称为普通制品。

（3）异型。

1）黏土、高铝质异型制品。凡外形尺寸的比例在 1∶6 范围以内，并具有不多于两个凹角（包括圆弧状凹角在内），或具有 1 个 50°～75°的锐角，或带有不多于 4 个沟槽，其重量为 2～15kg 的黏土砖和 2～18kg 的高铝质制品，都称为异型制品。

2）硅质异型制品。凡外形尺寸的比例在 1∶5 范围以内，具有不多于 1 个凹角，或具有 1 个 50°～75°的锐角，或带有不多于 2 个沟槽，其重量为 2～12kg 的硅质制品，都称为硅质异型制品。

3）镁质或镁铝质异型制品。凡不列入这一系列普型制品的均列为异型制品。

（4）特型。

1）黏土、高铝质特型制品。凡外形尺寸的比例在 1∶8 范围以内，具有不多于 4 个凹角（包括圆弧状凹角在内）或具有 1 个 30°～50°的锐角，或有不多于 8 个沟槽，或有不多于 1 个孔眼，其重量为1.5～30kg 的黏土质制品和 1.5～35kg 的高铝质制品，都称为特型制品。

2）硅质特型制品。凡外形尺寸的比例在1∶6范围以内，具有不多于4个凹角（包括圆弧状凹角在内）或具有1个30°~50°的锐角或带有4个沟槽，或带有不多于1个孔眼，其重量为1.5~25kg的硅质制品，都称为特型制品。

3）镁质特型制品。凡外形尺寸的比例在1∶8范围以内，具有不多于4个凹角（包括圆弧状凹角在内），或具有1个30°~50°的锐角，或带有不多于3个孔眼，或带有不多于4个沟槽，其重量为3~35kg的镁质制品，都称为特型制品。

2. 硅酸铝质耐火材料

硅酸铝质制品主要成分是Al_2O_3和SiO_2，还含少量杂质成分，通常按Al_2O_3含量的多少分为半硅质（$Al_2O_3$15%~30%）、黏土质（$Al_2O_3$30%~48%）和高铝质（$w(Al_2O_3)>48\%$）三类。

（1）黏土质制品。黏土质制品的性质在较大范围内波动，这是由于制品化学组成的波动范围很大（Al_2O_3含量在30%~48%之间波动）以及生产工艺的差别所致。

黏土质制品的耐火度波动于1580~1770℃之间，它主要取决于制品的化学组成，随Al_2O_3/SiO_2比值增大而提高。溶剂杂质，特别是碱金属氧化物的增多将显著降低制品的耐火度。

荷重软化温度主要取决于其化学矿物组成和致密度，但后者不影响荷重软化的终了温度，而是提高开始变形温度。砖坯体积密度偏低，也会使开始软化温度偏低。因此，提高黏土质制品的荷重软化温度，一般应从以下几个方面着手：提高制品中的Al_2O_3含量，特别是提高基质的Al_2O_3含量；提高烧成温度和采用多熟料配料；提高成型砖坯的体积密度。

黏土质制品的抗热震性较好，波动范围大，一般均大于10次（1100℃水冷），这与黏土质制品的线膨胀系数不太大（20~1300℃间的平均线膨胀系数为$4.5\times10^{-6}\sim5.8\times10^{-6}℃^{-1}$），又无多晶转变现象及具有明显颗粒结构组织有关。

黏土质制品属于弱酸性的耐火材料，随SiO_2含量增加而使其酸性增加。它对酸性炉渣具有一定的侵蚀抵抗能力，而对碱性熔渣的侵蚀抵抗能力较差。因此黏土制品宜于用作酸性熔渣窑炉的内衬。

我国有关部门根据生产和使用情况，对黏土砖的理化指标作了规定，见表3.1.9。

表3.1.9　黏土质耐火砖的理化指标

理化指标	黏土质耐火砖							
	N-1	N-2a	N-2b	N-3a	N-3b	N-4	N-5	N-6
耐火度（不低于）/℃	1750	1730	1730	1710	1710	1690	1670	1580
0.2MPa荷重软化开始温度（不低于）/℃	1400	1350		1320		1300		
重烧线变化/% 1400℃，2h	+0.1 -0.4	+0.1 -0.5	+0.2 -0.5					
重烧线变化/% 1400℃，2h				+0.2 -0.5	+0.2 -0.5	+0.2 -0.5	+0.2 -0.5	
显气孔率（不大于）/%	22	24	26	24	26	24	26	28
常温耐压强度（不小于）/MPa	30	25	20	20	15	20	15	15
抗热震性/次	N-2b、N-3b必须进行此项检验，将实测数据在质量证明书中注明							

（2）高铝质制品。高铝质耐火材料是 Al_2O_3 含量在48%以上的硅酸铝质耐火材料，通常分为三等：

Ⅰ等：Al_2O_3 含量大于75%；

Ⅱ等：Al_2O_3 含量为60%～75%；

Ⅲ等：Al_2O_3 含量为48%～60%。

也可根据其矿物组成进行分类，一般可分为：低莫来石质（硅线石质）、莫来石质、莫来石－刚玉质、刚玉－莫来石质和刚玉质五类。

高铝质耐火材料的重要工作性质之一是高温下的结构强度，这一特性通常用荷重软化变形温度来评定。

Al_2O_3 含量在70%以下的制品，荷重软化温度取决于莫来石晶相和液相间的数量比例，随莫来石的数量增加而提高。液相的数量和性质对荷重软化温度有明显的影响。因此，降低原料中杂质含量，有利于改善荷重软化温度及高温蠕变性。

对于 Al_2O_3 含量在70%～90%的莫来石－刚玉系制品，Al_2O_3 含量增多，荷重软化温度的提高不显著。这是由于高温下莫来石晶体部分软化，特别是 TiO_2、Fe_2O_3 成分随原料中 Al_2O_3 含量增加而稍有增加，改变了高温液相的数量和性质，使玻璃相的数量增多，黏度下降。只有当制品过渡到几乎完全由刚玉组成，即制品 Al_2O_3 含量达95%以上时，高温结构强度才有明显的提高。

高铝制品的抗热震性比黏土砖差，这与制品中的矿物组成密切相关。Ⅰ、Ⅱ等高铝砖的抗热震性比Ⅲ等高铝砖更差些。

高铝制品的抗渣性能随 Al_2O_3 含量的增加而增强，但它对碱性熔渣的抗蚀能力低于碱性耐火材料。杂质含量的降低，有利于提高抗渣性。同时，提高制品的密度、降低气孔率，也是提高其抗渣性的有效措施。

高铝砖比黏土砖具有较高的导热性，这与高铝制品中玻璃相减少及莫来石晶体或刚玉晶体的增加有关。

3. 碱性耐火材料

碱性耐火材料是指以碱性氧化物如MgO和CaO为主要成分的耐火材料，主要品种有镁砖、镁硅砖、镁铝砖、镁铬砖、白云石砖、镁白云石砖及镁橄榄石砖等。一般把镁铝砖、镁铬砖也称为尖晶石砖。从化学特性看，它们都属于碱性物质，对碱性炉渣的侵蚀抵抗能力强。因此，各种碱性炼钢炉的炉衬一般都采用这类制品。有色冶金中炼铜、镍、铝的鼓风炉、反射炉等也用这类制品。

镁砖是MgO含量在80%～85%以上，以方镁石为主要矿物组成的耐火材料。

镁砖按其生产工艺的不同，分为烧结镁砖和化合镁砖两类。化合镁砖的强度较低，性能不如烧结镁砖，但价格便宜。

镁砖属于碱性耐火材料，对碱性渣有较强的抵抗作用，但不耐酸性渣的侵蚀，在1600℃高温下，与硅砖、黏土砖甚至高铝砖接触都能发生反应，故使用时必须注意不要和硅砖等混砌。镁砖的耐火度在2000℃以上，但其荷重软化温度只有1500～1550℃。镁砖的抗热震性较差，只能承受水冷2～3次，这是镁砖损坏的一个重要原因。镁砖的线膨胀系数大，故砌砖过程中，应留足够的膨胀缝。

煅烧不透的镁砖会因水化造成体积膨胀，使镁砖产生裂纹或剥落。因此，镁砖在储存过程中必须注意防潮。

镁砖在冶金工业中应用很广，加热炉和均热炉的炉底表面层及均热炉的炉墙下部都用镁砖铺筑。镁砖和硅砖一样，不能用于温度波动激烈的地方，用镁砖砌筑的炉子在操作过程中应注意保持炉温的稳定。

（二）不定型耐火材料

不定型耐火材料的种类很多，可按所用耐火原料的材质分类，如硅质、黏土质、高铝质、镁质、白云石质、铬质、含锆质等；也可按所用结合剂的品种分类，如焦油沥青、铝酸盐水泥、硅酸盐、硫酸盐、氯化盐等。通常，多根据其工艺特性分为浇灌或浇注耐火材料（简称浇灌料或浇注料）、可塑耐火材料（简称可塑料）、捣打耐火材料（简称捣打料）、喷射耐火材料（简称喷射料）、投射耐火材料（简称投射料）和耐火泥等。按工艺特性而分的各种不定型耐火材料的主要特征见表 3.1.10。

表 3.1.10　不定型耐火材料的主要特征

种　类	定义和主要特征
浇灌料	以粉粒状耐火原料与适当结合剂和水等配成的，具有较高流动性的耐火材料。多以浇灌或（和）振实方式施工。结合剂多用水硬性铝酸钙水泥。用绝热的轻质材料制成者称轻质浇灌料
可塑料	由粉粒状耐火原料与黏土等结合剂和增塑剂配成，呈泥膏状，在较长的时间内具有较高可塑性的耐火材料。施工时可轻捣或压实，经加热获得强度。其中若仍以黏土作为主要结合剂而另加适当外加剂制成的，具有较高流动性并可以浇灌方式施工的混合料称浇灌可塑料
捣打料	以粉粒状耐火原料与结合剂组成的松散状耐火材料。以强力捣打方式施工
喷射料	以喷射方式施工用的不定型耐火材料。分湿法施工和干法施工两种。因主要用于涂层和修补其他炉衬，被分别称为喷涂料和喷补料
投射料	以投射方式施工用的不定型耐火材料
耐火泥	以细粉状耐火原料和结合剂组成的不定型耐火材料。有普通耐火泥、气硬性耐火泥、水硬性耐火泥和热硬性耐火泥之分。加入适当液体制成的膏状和浆状混合料，常称为耐火泥膏和耐火泥浆。用于涂抹之用时，也常称为涂抹料

1. 耐火混凝土

普通建筑混凝土由石子、砂子和水泥三部分组成，石子和砂子作为粗细骨料，水泥作为胶结材料。由于普通混凝土的骨料和胶结材料都不是耐火材料，因此它不能作为耐火材料使用。耐火混凝土也是一种混凝土，所不同的是采用了耐火的骨料和胶结材料，有时还加入一些提高性能的掺和料，因此，它既具有建筑混凝土的优点，又具有耐火材料的特点。目前已成功地应用于均热炉、各种加热炉、热处理炉、隧道窑、回转窑、煤气发生炉等许多热工设备上，取得了满意的使用效果。它一般采用浇注方法施工或预先制成具有规定形状的预制件，构筑成工业炉炉衬。

耐火混凝土的种类很多，根据所用的胶结材料的不同，可分为硅酸盐水泥耐火混凝土、水玻璃耐火混凝土、镁质耐火混凝土等。根据其硬化条件，可分为水硬性、气硬性和热硬性混凝土三种。几种常用耐火混凝土性能见表 3.1.11 ~ 表 3.1.13。

表 3.1.11 硅酸盐耐火混凝土的组成与使用范围

组成材料			最高使用温度/℃	使用范围
胶结料	掺和料	骨料岩		
硅酸盐水泥	水渣粉、粉煤灰、红砖粉	高炉矿渣、红砖、安山岩、玄武岩、辉绿岩	700	温度变化不剧烈，无酸碱侵蚀的部位，如热工设备的基础、烟道等
矿渣硅酸盐水泥		高炉矿渣、红砖、安山岩、玄武岩、辉绿岩		
硅酸盐水泥	黏土熟料粉、废耐火黏土砖粉	黏土熟料、废耐火黏土砖	1000~1200	适用于加热炉的预热段、罩式退火炉底座、均热炉烟道、煤气发生炉顶等

表 3.1.12 铝酸盐耐火混凝土的组成和使用范围

组成材料			最高使用温度/℃	使用范围
胶结料	掺和料	骨料		
矾土水泥	高铝矾土熟料粉	高铝矾土熟料	1300~1400	强度高，有良好的热稳定性，适用于加热炉墙、退火炉炉门、电加热退火炉炉衬、均热炉换热室管砖等部位
矾土水泥	铝铬渣粉	铝铬渣	1600	耐急冷急热性和热态强度好，适用于单侧上烧嘴均热炉陶土换热器吊挂顶入口部位、炉墙热电偶孔和窥视孔预制块、烟道闸板梁等
低钙铝酸盐水泥	高铝矾土熟料粉、废高铝砖	高铝矾土熟料、废高铝砖	1400~1500	有良好的热稳定性，可用于各种加热炉、热处理炉、轧辊反射炉、均热炉、流渣嘴及围墙、电炉出钢槽等
铝-60 水泥	高铝矾土熟料、焦宝石等	高铝矾土熟料、焦宝石等	1300~1500	有良好的热稳定性，可用于各种加热炉、热处理炉、轧辊反射炉、均热炉、流渣嘴及围墙、电炉出钢槽等

表 3.1.13 磷酸盐耐火混凝土的组成和使用范围

组成材料			最高使用温度/℃	使用范围
胶结料	掺和料	骨料		
磷酸溶液	锆英石	锆英石	1600~1700	可用于要求温度较高和强度高的部位，具有抗渣性能
磷酸溶液	矾土熟料或高铝砖	矾土熟料或高铝砖	1400~1500	可用于温度变化频繁和要求耐磨冲刷的部位，如加热炉基墙、旋风分离器、均热炉烧嘴围墙、炉墙凸出带、单侧上烧嘴均热炉导向砖等
磷酸铝溶液	矾土熟料或高铝砖	矾土熟料或高铝砖		
磷酸溶液（以矾土水泥作促凝剂）	二级矾土熟料	二级矾土熟料	1400~1500	均热炉炉膛

2. 耐火可塑料

耐火可塑料是由粉粒状物料与可塑黏土等结合剂和增塑剂配合，加少量水分，经充分混炼所组成的一种呈硬泥膏状并在较长时间内保持较高可塑性的不定型耐火材料。

粒状和粉状料是可塑料的主要组分，一般约占总重的70%～85%，它可由各种材质的耐火原料制成，并常依材质对可塑料进行分类并命名。由于这种不定型耐火材料主要用于不直接与熔融物接触的各种加热炉中，一般多采用黏土熟料和高铝质熟料。

可塑料黏土是可塑料的重要组分，虽仅占可塑料总量的10%～25%，但它对可塑料和其硬化体的结合强度，对可塑料的可塑性，对可塑料和其硬化体的体积稳定性和耐火性影响很大。在一定意义上，可认为黏土的性能和数量决定着可塑料的性质。

可塑料的性质如下：

（1）可塑料的工作性，一般要求应具有较高的可塑性，而且长时间储存后仍然具有一定的可塑性。

欲使可塑料的可塑性在其保存期内无显著降低，不能采用水硬性结合剂。若采用气硬性结合剂，在储存时必须采取密封措施，但是，由于其中有些结合剂仍可能逐渐凝结，还可使可塑性逐渐丧失。当可塑料含水分较高时，也易因保水性降低，使水分散失而变硬。为保持可塑料的可塑性在储存过程中长期不变，必须采取缓凝措施。

（2）普通可塑料属火硬性。由于其中无化学结合剂，在未烧结前的强度很低，但在一定温度下，强度随温度的升高而增加。经高温烧结后，冷态强度大增。热态强度在高温下随温度上升而降低。

磷酸铝是在可塑料中使用最广泛的一种热硬性结合剂。施工后经干燥和烘烤可获得很高的强度。

（3）一般而言，由于可塑料中含有相当数量的黏土，其高温负荷下的变形，一般较其他不定型材料高，故其体积稳定性常被视为一项重要的技术指标，并作为质量分级的主要内容。如有的国家规定：高级黏土质可塑料加热到1400℃冷后的收缩率应不大于4%；特级黏土质可塑料加热到1600℃冷后的收缩率应在2.5%以下。

（4）与相同材质的烧结耐火制品和其他不定型耐火材料相比，可塑料的抗热震性较好。由于可塑料的抗热震性较高，故适用于温度波动较大的部件。

常用的耐火可塑料有黏土质、高铝质和刚玉质，其技术性能见表3.1.14。

表3.1.14　耐火可塑料的技术性能

指标		黏土质	高铝质	刚玉质
Al_2O_3 含量/%		54.5	77.0	90.0
加热线变化/%	110℃，24h	-0.35	-0.47	-0.10
	1500℃，24h	+1.96	+0.40	-0.80
抗折强度（110℃，24h）/MPa		6.3	5.3	13.2
热态抗折强度（1100℃，1h）/MPa		1.0	1.3	>20
最高使用温度/℃		1500	1600	1900

3. 其他不定型耐火材料

在不定型耐火材料中，除上述浇注料和可塑料外，广泛使用的其他品种还有捣打料、喷射料和投射料以及耐火泥等。

（1）捣打料。捣打料是由耐火原料制成的粒状和粉状料，常含有适当的结合剂，经合理级配和混炼而制成，呈松散状。通常，需经强力捣打的方式施工，故名捣打料。

（2）喷射料和投射料。喷射料和投射料分别是供以压缩空气为动力的喷射机具进行喷射和以高速运转的运载机具进行投射施工用的不定型耐火材料。这两种不定型耐火材料之间除施工方式有所不同以外，使用对象也有少许差别。前者使用范围广泛，可用于各种工业炉中，特别广泛地使用于冶金炉炉衬的修补，因此也常称为喷补料；后者适用于圆形的窑炉和容器中，特别是常用于构成整体性盛钢桶内衬。除上述两种差别以外，在其组成和性质方面基本相同，无明显区别。

1）喷射料。喷射料主要是由各种耐火的粒状和粉状所组成，结合剂一般含量较低，还往往含有适量助熔剂以促进烧结，多数还加有少量水分。

根据窑炉内可能达到的最高使用温度、温度波动范围、炉渣性质和对炉衬性质的要求来选定材质，即粒状和粉状料。当用于涂覆于其他炉衬之上时，应使其材质与原炉衬者相当，两者的化学性质、耐火度、高温强度和变形、线膨胀等应相近。

喷射料既可用于冷态下修筑和修补炉衬以及涂覆成保护层，更宜用在热态下修补炉衬。在冷态施工时，与浇注方式相比，工期短，在高空施工无需模型与支架，可获得结构致密的构筑物。在热态下修补时使用，除施工工期短和便于抢修等优点外，由于损坏处及时修补，可延长炉衬使用寿命，使生产率得到提高，有时还可使耐火材料的单耗降低。

喷射料的附着性是重要性质之一。单就材料方面而言，影响附着性的最主要的因素是混合料本身的黏结性。

同浇注料相比，以喷射方式施工可获得高密实度和高强度的喷射层。两种施工方法对强度的影响，尤以在常温和中温最为显著。喷射施工使耐火材料的强度得到提高，其原因是喷射施工可使混合料的各种颗粒具有很高的动量，并使其连续地喷射到底层材料之内，颗粒之间堆集紧密，嵌合牢固，从而形成强的结合。

这种材料是修补冶金炉的主要材料。在金属冶炼过程中，由于广泛用此种材料对冶金炉及时进行合理的喷补，使炉衬寿命得到明显提高。一般而论，炉衬侵蚀面大，热态喷补以湿法较好；填补局部严重侵蚀的部位，用干法者较多。另外，在各种工业窑炉中，用此种材料作为保护层，喷射于被保护的基底材料上，也有很好的技术经济效果。

2）投射料。投射料的组成和性质与喷射料相同。两者的区别只是将喷射改为以高速运转（50～60m/s 的线速度）的投射机具直接将混合料投射入圆形容器和模型的间隙中，构成结构致密的构筑物。主要用于砌筑盛钢桶内衬。

耐火投射料的性能与投射机技术性能关系极大，抛头的线速度高，投射料获得的动能大，投射后的内衬体积密度大，显气孔率低，耐压强度高。此外，投射料性能也受投射料材质、粒度、胶结剂种类或用水量的影响。

（3）耐火泥。耐火泥是由粉状物料和结合剂组成的供调制泥浆用的不定型耐火材料，主要用作砌筑耐火砖砌体的接缝和涂层材料。

耐火泥大多是加水（或水溶液）调成泥浆使用。耐火泥浆必须具备良好的流动性和可塑性，以便于施工；在施工后和使用时应具有必要的黏结性，以保证与砌体或底层结为整体，使之具有耐气、渣侵蚀的作用；具有与砌体或底层材料相同或相当的化学组成，以避免耐火泥处先毁坏和避免不同材质间可造成危害的化学反应；还具有与砌体或底层材料相近的热膨胀性，以避免相互脱离和泥层破裂；体积要稳定，以保证砌体和保护层的整体性和严密性。

任务实施

一、实训内容

耐火砖的外形鉴定。

二、实训目的

（1）设计和修建冶金炉时，炉子各部分砌砖的尺寸一般是标准砖的整数倍，通过本实训应对耐火砖的外形有一明确概念。

（2）通过这一实训后能根据耐火砖的色泽、密度等辨别出最常见的几种耐火砖（黏土砖、镁砖等）。

（3）耐火制品往往存在一些缺陷而不能满足使用要求，所以必须对它进行表面检查。本实训是测量耐火砖各种缺陷的程度，根据允许的尺寸公差进行分级，以便砌筑时根据工作条件的不同选用不同等级的耐火砖。

三、实训相关知识

耐火砖的种类、耐火砖的物理性能和化学性能、耐火砖的选用。

四、实训设备

卡尺、台秤、钢制楔形测量器、钢直尺、耐火砖、钢片、圆片。

五、实训步骤

（1）根据耐火砖的断面颗粒、表面特性辨别砖的种类。

（2）根据砖的外形尺寸公差及缺陷的大小确定砖的等级：

1）外形尺寸。利用卡尺测量砖的长、宽、高，精确到 ±0.5mm。

将测量尺寸与标准尺寸（230mm × 115mm × 65mm）比较，其公差作为评定耐火砖等级指标之一。

2）体积密度。根据所测得的尺寸计算出耐火砖的体积（cm^3），在台秤上称量各种砖的重量（G），准确度到 ±0.5g，其体积密度为

$$体积密度 = \frac{重量(g)}{体积(cm^3)}$$

3）扭曲。测量扭曲是利用一钢制楔形测量器，其楔形斜面上的刻度以 0.5mm 为单位，此刻度表示底边和斜边间的垂直距离。

将钢直尺沿实砖凹面对角线方向放置，把楔形测量器插入扭曲最大处，计其读数，精确度至 0.5mm，并以同法沿另一对角线量其扭曲。将其最大值作为分级的指标。

4）缺角和缺边。把缺角和缺边测量器分别贴在测量部分，大拇指和中指按紧仪器，用食指按下中心弹簧杆，使它徐徐向下至杆的顶端和砖接触为止，读出圆管外部的刻度后

将食指放松，使中心弹簧杆调回原来的位置，圆管外部的刻度即其缺边或缺角的深度；对缺边一项应当同时测量其缺边的长度。

5）裂纹的长度：

① 用厚度0.25mm、0.5mm、1.0mm、2.0mm的钢片来测定裂纹的宽度，如0.25mm的钢片插不进最宽处则次裂纹在0.25mm以下，如0.25mm的钢片可插入而0.5mm的钢片插不进去，则裂纹在0.25~0.5mm间以此类推。

② 在裂纹的两端做出记号，用细线沿裂纹伸展，测量两记号间细线伸展的长度，即为裂纹的长度，准确至0.5mm。

6）熔疤。根据规格中允许有的最大熔疤直径制成许多带柄的金属圆片，找出砖上的最大熔疤后用5mm的圆片盖于疤上，若能完全盖住则为一级品，若5mm的圆片不能盖住而8mm的圆片能盖住，则该砖属于十二级品。

（3）实验记录：

耐火砖名称	色泽	尺寸（mm^3）（长×宽×高）	密度 $/g \cdot cm^{-3}$	尺寸公差/%	扭曲/mm	缺角深度/mm	缺边/mm		熔疤直径/mm	裂纹		等级
							深度	长度		宽度	长度	

任务总结

熟悉连续式加热炉系统所用耐火材料的特征，熟悉和认识连续式加热炉所用耐火材料。通过实训使学生掌握耐火砖外形的鉴定，从而为将来在工作岗位，能正确选择耐火砖修补加热炉操作奠定基础。

任务评价

<table>
<tr><td colspan="4">学习领域名称</td><td colspan="3">耐火砖的外形鉴定</td></tr>
<tr><td rowspan="2">开始时间</td><td rowspan="2"></td><td rowspan="2">结束时间</td><td rowspan="2"></td><td>学生签字</td><td colspan="2"></td></tr>
<tr><td>教师签字</td><td colspan="2"></td></tr>
<tr><td colspan="2">项　目</td><td colspan="3">技术要求</td><td>分值</td><td>得分</td></tr>
<tr><td colspan="2">耐火砖的外形鉴定</td><td colspan="3">（1）方法得当
（2）操作规范
（3）正确使用工具与设备
（4）团队合作</td><td></td><td></td></tr>
<tr><td colspan="2">任务实施报告单</td><td colspan="3">（1）书写规范整齐，内容翔实具体
（2）实训结果和数据记录准确、全面，并能正确分析
（3）回答问题正确、完整
（4）团队精神考核</td><td></td><td></td></tr>
</table>

思考与练习题

1. 耐火材料是如何定义的?
2. 什么叫耐火度，耐火度与熔点有何不同?
3. 耐火材料有哪些分类方法，是如何分类的?
4. 根据耐火材料中各种化学成分的含量和作用，通常将其分为哪三类?
5. 耐火材料的力学性能有哪些，各是怎样定义的?
6. 耐火材料的热学性能有哪些，各是怎样定义的?
7. 耐火材料的高温使用性能有哪些，各是怎样定义的?
8. 在什么情况下需要考虑耐火材料的耐真空性?
9. 简述八类耐火材料的化学矿物组成。

任务二　常用隔热材料的性能

任务描述

炉子加热时，有部分热量透过炉墙、炉顶、炉底以及其他设备而散失，为了减少炉子热损失，提高炉子生产率，减少燃料消耗量以及改善车间劳动条件，炉子砌体和加热设备外层一般用隔热材料砌筑。

隔热材料基本特性是热导率必须很低，气孔率必须高，重度相应较小。根据使用温度不同，隔热材料可分为三类：

低温隔热材料：900℃以下；

中温隔热材料：900～1200℃；

高温隔热材料：1200℃以上。

隔热材料的形态可以为粉状，也可制成隔热砖。

能力目标

正确掌握隔热材料的使用性能，学会选择隔热材料。

知识目标

掌握隔热制品分类及性能。

相关资讯

隔热材料是指气孔率高、体积密度低、热导率低、重度相应较小的耐火材料。隔热耐火材料又称轻质耐火材料，它包括隔热耐火制品、耐火纤维和耐火纤维制品。

隔热耐火材料的特征是气孔率高，一般为40%～85%，体积密度低，一般低于1.5g/cm^3；热导率低，一般低于1.0W/(m·K)。它用作工业炉窑的隔热材料，可减少炉窑散热损失，节约能源，并可减轻热工设备的质量。隔热耐火材料机械强度、耐磨损性和抗渣侵蚀性较差，不宜用于窑炉的承重结构和直接接触熔渣、炉料、熔融金属等部位。

一、隔热制品分类

隔热耐火制品是指气孔率不低于45%的耐火制品。隔热耐火制品的种类很多，其分类方法有以下几种：

（1）按使用温度分为低温隔热耐火材料（使用温度为600～900℃）、中温隔热耐火材料（使用温度为900～1200℃）和高温隔热耐火材料（使用温度大于1200℃）。

（2）按体积密度分为一般轻质耐火材料（体积密度为0.4～1.0g/cm^3）和超轻质耐火材料（体积密度低于0.4g/cm^3）。

（3）按原料分为黏土质、高铝质、硅质和镁质等隔热耐火材料。

（4）按生产方法分为燃尽加入物法、泡沫法、化学法和多孔材料法等隔热耐火材料。

（5）按制品形状分为定型隔热耐火制品和不定型隔热耐火制品。

二、轻质耐火砖

轻质耐火砖是在耐火砖中加入某些特殊物质后烧成的，其气孔率比普通耐火砖高一倍，体积密度比同质耐火砖小50%～70%。轻质耐火砖的热导率小，常用来作为炉子的隔热层或内衬。

轻质耐火砖按所用材质不同，主要有轻质黏土砖、轻质高铝砖和轻质硅砖，其中轻质黏土砖产量约占轻质耐火砖的一半以上。轻质耐火砖的耐火度与一般相同材质的耐火砖的耐火度相差不大，荷重软化点则略低。由于多数轻质砖在高温下长期使用时，会继续烧结而不断收缩，从而造成裂纹甚至破坏，故多数轻质砖有一个最高使用温度。轻质黏土砖只有1150～1300℃，轻质高铝砖不超过1350℃，轻质硅砖高些，可达1600℃。

轻质耐火砖的抗热震稳定性、高温结构强度和化学稳定性均较差，故不适合用于高速气流冲刷和振动大的部位。

综合来看，轻质耐火砖的优点是主要的。因此，国内外对轻质耐火材料的研究都十分重视，其应用愈来愈广泛，是一种有发展前途的材料。

轻质耐火砖宜用于炉子的侧墙和炉顶，用轻质黏土砖砌成的炉子重量轻、炉体蓄热损失少，因此炉子升温快，热效率高，这对周期性作业的炉子意义尤为重要。

三、隔热材料

（一）硅藻土

天然硅藻土本身是一种松软的多孔矿物，故具有良好的隔热性能，它是古代藻类有机物腐败以后形成的，主要成分是SiO_2，并含有有机物及黏土等杂质。硅藻土可以是散状填料，也可以作为制品使用。允许工作温度不超过900℃。

（二）珍珠岩

珍珠岩的矿物组成主要是酸性玻璃质火山熔岩，由于具有珍珠裂隙结构而取名为珍珠岩。

将天然的珍珠岩破碎成一定的颗粒后，首先在400～500℃预热，去掉珍珠岩的附着水，然后，急热到1150～1380℃，使其软化并急冷。由于内部迅速脱出的水分不能外逸，导致其体积急剧膨胀，故称膨胀珍珠岩。此种材料气孔率高，体积密度小，导热性差，可作散状隔热材料或制成隔热制品。

一般膨胀珍珠岩的体积密度为0.045～0.065g/cm^3，导热系数为0.523W/(m·℃)(70℃±5℃)；吸湿性平均为0.5%（重量）以下，最大为1.0%。

（三）蛭石

蛭石是一种复杂的铁、镁含水硅酸盐类矿物，系由金云母和黑云母经风化或水化作用后形成的再生矿物，受热后，水分迅速蒸发，体积发生膨胀，其形态像水蛭蠕动，故取名蛭石。蛭石的最高使用温度在1000℃以下，其制品耐热性差，不宜承重。

四、耐火纤维

耐火纤维是纤维状的新型耐火材料，它既具有一般纤维的特征，如柔软、高强度，可加工成各种带、线、绳、毯、毡等，又具有普通纤维所没有的耐高温、耐腐蚀的性能，并且大部分耐火纤维抗氧化。

所谓耐火纤维，通常是指使用温度在1000～1100℃以上的纤维材料。石棉、矿棉等早已作为建筑材料使用，从广义上讲，它们也应视为耐火纤维，只不过多用在600℃以下。

（一）耐火纤维的分类及使用温度

耐火纤维的分类及使用温度如下：

- 无机纤维
  - 天然石棉 600℃
  - 非晶质
    - 玻璃棉 < 400℃
    - 石棉（岩棉） < 400℃
    - 渣棉 < 600℃
    - 玻璃质石英纤维 < 1000～1200℃
    - 硅酸铝质纤维
      - 一般品 < 1200℃
      - 添加 Cr_2O_3 制品 < 1200～1400℃
      - 高铝质 < 1200～1400℃
  - 多晶质
    - 熔融石英纤维
    - 高铝纤维 < 1400℃
    - 二氧化锆纤维 < 1600℃
    - 钛酸钾质纤维 < 1100～1200℃
    - 碳化硼质纤维 < 1500℃
    - 碳纤维 < 2500℃
    - 硼纤维 < 1500℃
  - 单结晶
    - 碳化硅 < 2000℃
    - 氧化铝 < 1800℃
    - 氧化镁 < 1800℃
  - 复合纤维（多相）—钨
    - 硼 < 1700℃
    - 碳化硅 < 1900℃
    - 碳化硼 < 1700℃
  - 金属纤维
    - 钢 < 1400℃
    - 碳素钢 < 1400℃
    - 钨 < 3400℃
    - 钼 < 2600℃
    - 铍 < 1280℃

（二）耐火纤维的特征

耐火纤维的特征如下：

（1）耐高温。最高使用温度在1260～2500℃，甚至更高；而一般的玻璃棉、石棉、矿渣棉等，最高使用温度仅为580～830℃。

（2）低热导率。在高温区的热导率很低，100℃时，耐火纤维的热导率仅为耐火砖的1/5～1/10，为普通黏土砖的1/10～1/20。经统计，若在加热炉、退火炉以及其他一些工业窑炉上，用耐火纤维代替耐火砖等作炉衬，重量可降低80%以上，厚度可减少50%以上。

（3）化学稳定性好。除强碱、氟、磷酸盐外，几乎不受化学药品的侵蚀。

（4）抗热震稳定性好。无论是纤维材料还是制品，均有耐火砖无法比拟的良好抗热震稳定性。

（5）热容低，节省燃料。炉温升温快，对间歇性操作的炉子尤为显著，为耐火砖墙的1/72，为轻质黏土砖的1/42。

（6）柔软、易加工。用耐火纤维制品筑炉效果好、施工方便，降低了劳动强度，提高了效率。

据国外资料报道，工业炉用耐火纤维，燃料可大大降低，其中以油、气和电为动力的窑炉，其能源消耗分别可下降26%、35%和48%以上。

任务实施

一、实训内容

耐火砖抗热震性能的测定。

二、实训目的

本实训就是测定各种砖抗热震性能（热震稳定性）。耐火砖砌体的工作温度有急剧变化，反映耐火砖随温度变化而产生胀缩的温度应力使砖发生破损的情况，是测定耐火材料使用性能的主要指标之一。

三、实训相关知识

耐火砖抵抗温度的急剧变化而不破裂或剥落的能力称为抗热震性能。影响耐火砖抗热震性能的因素很多，化学性质、物理性质以及外形尺寸等都对其有影响，一般来说，硅砖由于600℃以下结晶变化时发生体积膨胀，故其抗热震性能最差；镁砖的线膨胀系数大，其受热后体积膨胀较大，故其抗热震性能也较差；黏土砖的线膨胀系数不大，在800℃以上具有了可塑变形的性能，故其抗热震性能远较前两种为佳。表3.2.1是几种通用抗热震性能指标。

表3.2.1　几种通用抗热震性能指标

耐火砖名称	在重量损失20%以前的抗热震性能次数/次
硅砖	1～2
细颗粒致密黏土砖	5～8
普通黏土砖	10～12
粗颗粒黏土砖	25～100
普通镁砖	2～3
普通铬镁砖	2～3
抗热震性铬镁砖	>30

四、实训设备

（1）温度能达到目的1000℃左右，带温度指示表的电炉一台。

（2）保持稳定流速的冷却水箱一个（实验时进水温度保持在10～20℃，出水温度为40～50℃）。

（3）荷重5kg，感量1mg的分析天平一台。

五、实训操作步骤

（1）按规定测定标准型耐火砖的抗热震性能时，应将整块砖的一端放入炉内加热，因限于实训时间和电炉炉膛较小，本实训是从耐火砖上切取长100～200mm，宽100～150mm，高50～100mm的长方形小块进行实验，首先把样品放在110℃的电烤箱内烘干2h，再放在玻璃干燥器内冷却至室温。

（2）称量干燥好的试砖，准确度至1g，并记录。

（3）将所测样品竖放在850℃±10℃的炉内加热。

（4）加热15min后，将试样取出投入冷却水箱的铁丝网上冷却1min，然后在空气中放置5min，将水分蒸发掉。

（5）然后重新放入850℃的炉内加热15min，重复以上操作。

（6）实训过程中观察记录下列问题：

1）开始出现裂纹的次数；

2）发现砖重有损失的次数；

3）第几次以后损失原试砖重量的20%。

当发现试砖开始剧烈剥落时，就应在水分蒸发后将其放在天平上称量重量损失，但到某一次重量突然损失超过原重量的20%，则以此作为总的抗热震性次数。

（7）实训记录

试样名称：

式样尺寸：

抗热震性次数/次	时间		试样变化	
	试料入炉	出炉	裂纹情况（方向大小）	重量损失（占原重%）
1				
2				
3				

试料破损的特点：

任务总结

通过实训使学生掌握耐火砖的抗热震性能，从而为学生将来在工作岗位能够正确控制执行烘炉曲线及停炉操作奠定基础。

任务评价

<table>
<tr><td colspan="4">学习领域名称</td><td colspan="4">耐火材料抗热震性能测定</td></tr>
<tr><td rowspan="2">开始时间</td><td rowspan="2"></td><td rowspan="2">结束时间</td><td rowspan="2"></td><td>学生签字</td><td colspan="3"></td></tr>
<tr><td>教师签字</td><td colspan="3"></td></tr>
<tr><td colspan="2">项　目</td><td colspan="4">技 术 要 求</td><td>分值</td><td>得分</td></tr>
<tr><td colspan="2">抗热震性能测定</td><td colspan="4">（1）方法得当
（2）操作规范
（3）正确使用工具与设备
（4）团队合作</td><td></td><td></td></tr>
<tr><td colspan="2">任务实施报告单</td><td colspan="4">（1）书写规范整齐，内容翔实具体
（2）实训结果和数据记录准确、全面，并能正确分析
（3）回答问题正确、完整
（4）团队精神考核</td><td></td><td></td></tr>
</table>

思考与练习题

1. 隔热耐火制品分类方法有哪几种？
2. 耐火纤维的特征是什么？

任务三　常用耐火材料的砌筑技术

任务描述

加热炉炉体是在承受高温的环境中工作的，因此保证炉体的耐热性、密封性等要求是加热炉砌体砌筑应着重考虑的问题，本任务就砌筑技术的方法进行了介绍。

能力目标

掌握加热炉砌体砌筑的操作技能。

知识目标

（1）砌体设计的一般要求；

（2）砌砖方法；

（3）灰缝、膨胀缝和砌体尺寸。

相关资讯

一、砌体技术的一般要求

炉子砌体是指用筑炉材料砌成的，有一定形状尺寸的实体，它是承受热负荷的主要结构部分。砌体设计的内容包括：正确选择耐火材料和绝缘材料，正确决定炉墙、炉顶、炉底结构，确定砌体的系数尺寸，按照热工要求布置烧嘴、冷却水管、窥视孔、测温孔、测压孔、排烟口的位置和尺寸，分项选择各种筑炉材料用量等。

砌体设计一般要求做到结构先进，经济节能，使用可靠。

进行砌体设计时，尽量采用标准砖，当必须采用异型砖或特异型砖时，应注明砖的型号，自行设计的砖型要绘出施工图进行定做。

砌体的易损部位，要设计得便于更换和修补。

炉体基础与其他有关附属设备的基础（如烟道接口、换热器基础等）接合处需留20mm左右的沉陷缝，而基础面上相结合的砌体则不留缝，但也不能咬砌。

任何轻质制品（轻质黏土砖、硅藻土砖等）均不能与地下土壤直接接触。炉底砌体具有较大体积时，可用混凝土或红砖砌筑。

二、筑炉材料的选择

（一）材质比较

近年来，在传统的耐火砖之外，发展了不定型耐火材料和耐火纤维新品种，它们特点比较见表3.3.1。

表 3.3.1 定型耐火材料、不定型耐火材料和耐火纤维特点比较

项 目	耐火砖	不定型耐火材料	耐火纤维
炉体构造	能适应高温、高层、大型炉子、形状复杂部位，但易成为薄弱环节	不适于高温、高层、大型炉子。适于中、小型炉，尤其是形状复杂部分最适合	不适于高温、高层、大型炉子。适于转型炉衬和炉壳。质地柔软，易制成各种形状
经济性	异型砖价贵、废砖可回收一部分	价格中等、旧材没法利用	普通型砖节能显著，返本期短。高温型砖目前价贵
施工技术	要求施工人员技术高度熟练	要求施工人员技术一般	要求施工人员技术一般
保 存	半永久性	保存期长要变质	稳定、半永久性
在库管理	形状复杂、品种多	近年品种从简到繁	简单
筑炉工期	筑炉长、烘炉期短	筑炉期短、干燥烘炉期长	筑炉快、烘炉升温快
抗热震性	一般、比不定型差	烘炉要注意，一般较好	甚好
补 修	困难	容易、方便	容易
环 保	粉尘	振动、噪声	

（二）操作条件的分析

（1）炉子类型。冶炼炉要考虑物料与耐火材料的化学侵蚀关系，控制气氛要考虑气氛和耐火材料的作用，加热炉要考虑炉温、火焰、氧化铁皮与耐火材料的作用等。

（2）炉子形状、尺寸影响砌砖的荷重。

（3）操作制度，如连续作业、周期作业、温度变化情况、蓄热量的大小。

（4）最高工作温度、温度波动范围、炉内温度分布情况。

（5）加热材料的化学成分、重量、装出料方式，加热材料与炉内气体、耐火材料的化学反应。

（6）所用燃料、燃料灰分和产物的侵蚀性。

（7）对绝热性要求、绝热材料类型。

（8）温度测量和控制方法。

（9）水冷结构形式。

（10）炉内易破损部位和筑炉材料损坏原因。

（三）耐火材料和绝热材料的选择

各种筑炉材料均有一定使用温度。用传热公式可以算出各段炉壁温度，有时亦用经验方法确定炉壁温度：

$$t_{壁} = t_{炉} + (50 \sim 100) \tag{3.3.1}$$

式中 $t_{炉}$——热电偶指示的炉温，℃。

根据 $t_{壁}$ 选择适宜的筑炉材料，常用筑炉材料的最高允许温度可查筑炉材料有关资料。

三、炉衬厚度的选择

选择时应考虑以下问题：（1）结构稳定性；（2）使用节能性。

从稳定性考虑，一般独立直墙耐火层厚度与墙高有如下关系

（1）$t_{壁}>1000℃$

墙高/m	≤1	≤2	≤3	>3
耐火层厚/mm	113	232	348	464

（2）$t_{壁}\leqslant 1000℃$

墙高/m	≤1.5	≤3	≤4.5	>4.5
耐火层厚/mm	113	232	348	≥464

当炉顶采用拱顶时，耐火材料厚度随跨度及使用温度而定，见表 3.3.2。

表 3.3.2　拱顶耐火材料厚度选择

$t_{壁}$/℃ ＼ 炉顶跨度 B/m	$B<1$	$B<3.5$	$B>3.5$
1000	113	230	300
1000～1200	113	230	300
>1200	230	300	300

从节能性考虑，炉衬厚度趋于加大或采用超轻质绝缘材料，在热工制度允许情况下，冷面、热面均应采用轻型耐火材料。很多炉温在 1000℃以下的工业窑炉采用轻质耐火材料炉衬以后，其节能效果可以达到 20%、30%。近年在连续加热炉上开始重视炉衬热损失的问题。连续加热炉属于稳定态操作，炉衬热损失是以炉墙散热形式散失到车间，散热量的多少可以用炉衬外表面温度（冷面温度）来表示。日本新设计的加热炉冷面温度已从 120℃降到 80～90℃。不同炉壁与散热损失的比较见表 3.3.3。

表 3.3.3　不同炉壁与散热损失的比较

炉壁组成/mm	$t_{壁}$/℃	$t_{冷}$/℃	$Q_{散}$/kJ·(m^2·h)$^{-1}$	比较/%
一 { 耐火可塑料 290 （A） 30 （B） 30	1270	118	6270	100
二 { 耐火纤维 50 耐火可塑料 290 （A） 30 （B） 30	1270	107	5225	83
三 { 耐火可塑料 295 绝热砖 55 （A） 30 （B） 30	1270	94	4138.2	66
四 { 耐火纤维 50 耐火可塑料 295 绝热砖 55 （A） 30 （B） 30	1270	88	3678.4	59

注：1. （A）为 1000℃，用绝热板；（B）为 650℃，用绝热板。

2. 周围环境温度为 30℃。

四、砌砖方法

根据砖在砌体中的位置分为平砌1、侧砌2和竖砌3三种。

拱形结构设计

（一）炉顶砌筑

炉顶可分为拱顶和吊挂炉顶两种。炉顶的优点是结构简单、施工方便、成本低。当炉子跨距小于4m时，常用中心角为60°的拱顶；若跨距大于4m，为了避免过大的水平推力，过大的拱高导致炉膛断面形状不合理，常采用吊挂炉顶。炉顶结构如表3.3.4所示。

表3.3.4　炉顶结构

炉顶组成/mm			$t_{壁}$/℃	$t_{冷}$/℃	$Q_{散}$/kcal·(m^2·h)$^{-1}$	比较/%
一	耐火可塑料 绝缘材料	230 70	1270	120	2000	100
二	耐火纤维 耐火可塑料 绝热材料	50 230 70	1270	107	1630	82
三	耐火纤维 耐火可塑料 绝热材料 岩棉	50 230 125 25	1270	89	1170	59

1. 拱顶厚度与中心角

根据跨距和工作温度不同，拱顶厚度有113mm、230mm、300mm三种。

拱顶中心角多采用60°，下列部位可采用180°中心角的拱顶：

（1）烟道内层拱顶；

（2）蓄热室拱顶；

（3）检查孔拱顶。

符合下列情况时，可采用中心角为60°多层拱形结构：

（1）局部拱顶需要经常拆修时，如加料口、燃烧室拱顶等；

（2）为提高结构强度而不能增加单层拱的厚度时。

当有某些特殊要求时（如连续式炉加料口），一些炉墙孔洞亦可采用平拱。拱顶尺寸已系列化。

2. 拱脚砖和拱脚梁

为将拱顶重量分解成的水平推力和垂直推力通过钢结构传到基础上，拱顶配有拱脚砖和拱脚梁。拱脚砖根据拱顶中心角和拱顶耐火层厚度选配，拱脚梁的大小根据强度计算决定。

炉顶拱脚结构：

炉温不大于1250℃，跨距小于3.016m的，可采用图3.3.1（a）的结构。

炉温大于1250℃，跨距大于3.5m的加热炉，以及炉墙砌体内层常需拆修时，宜采用图3.3.1（b）的结构。常用拱顶砖形状如图3.3.2所示。用拱脚梁托住，如图3.3.2所示。

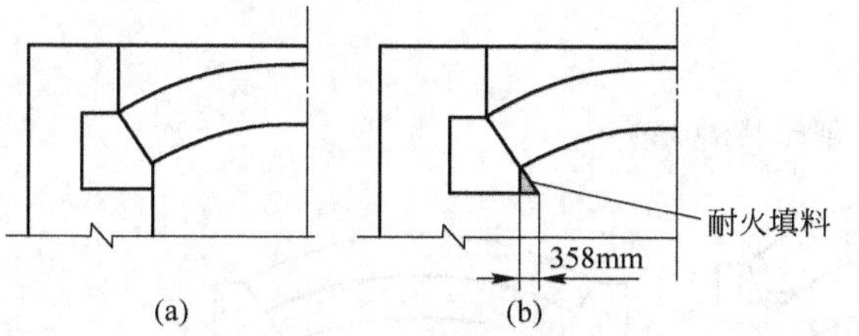

图 3.3.1　炉顶拱脚结构

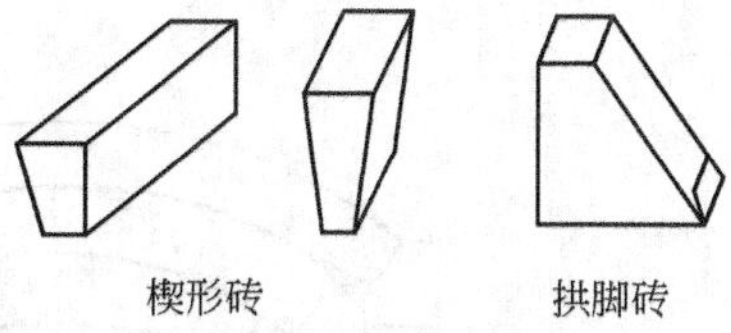

图 3.3.2　拱顶用砖

拱脚砖与拱脚梁之间用耐火砖砌满（不能用绝热砖砌），如图 3.3.3 所示。

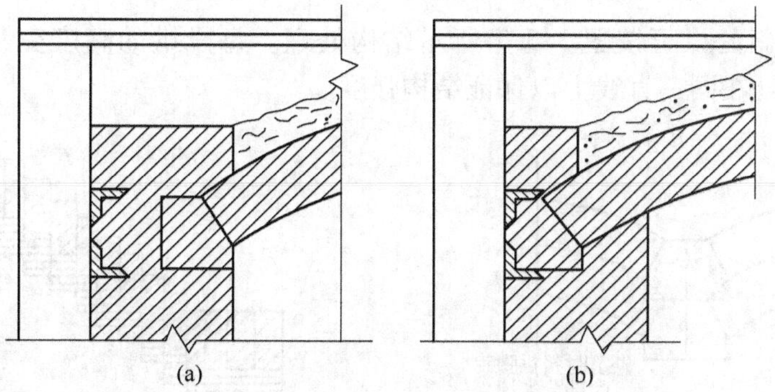

图 3.3.3　拱脚砖的砌法

3. 拱形结构的砌筑

（1）砌拱方式有两种：

错砌法适用于各点工作温度一致的拱顶，烟道拱顶和温度场分布较均匀而不需要经常拆修的炉顶，见图 3.3.4。

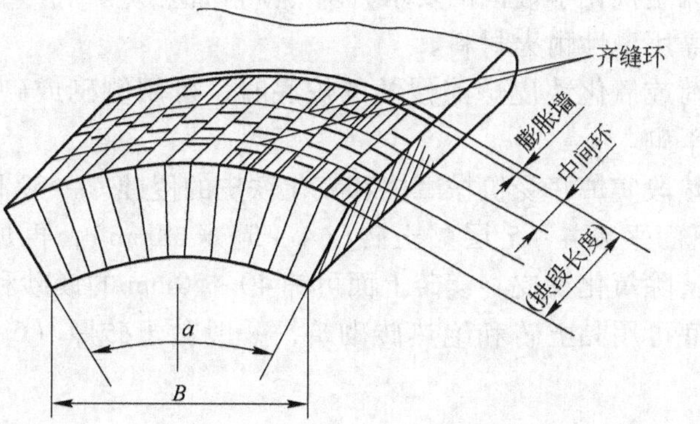

图 3.3.4　错砌拱顶示意图

环砌法适用于砌筑各段温度不一致的炉膛拱顶，工作温度较高，损坏较快，需经常拆修的拱顶以及拱长少于 3 环拱圈的拱形结构。

(2) 多层拱或相邻两拱的交接按图 3.3.5 (a)、(b) 或图 3.3.6 砌筑，砌筑相邻两拱脚砖底面标高要处在同一水平面上。

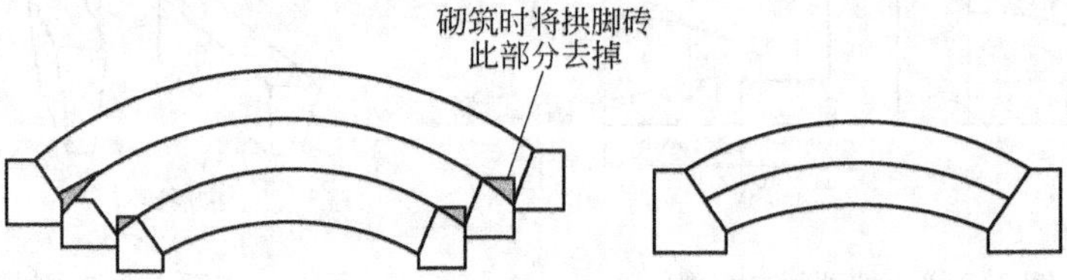

图 3.3.5 多层拱砌筑方式

(a) 多层拱顶，单独拱脚；(b) 双层拱顶，同一拱脚

(3) 逐段倾斜的拱可按图 3.3.7 所示结构处理。每段拱的高度变化必须保持一致，使拱的各相应点处在同一直线上以保证结构强度。

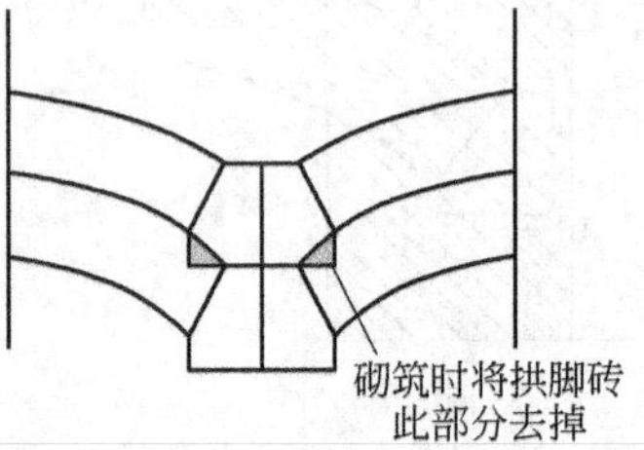

图 3.3.6 相邻两拱的交接

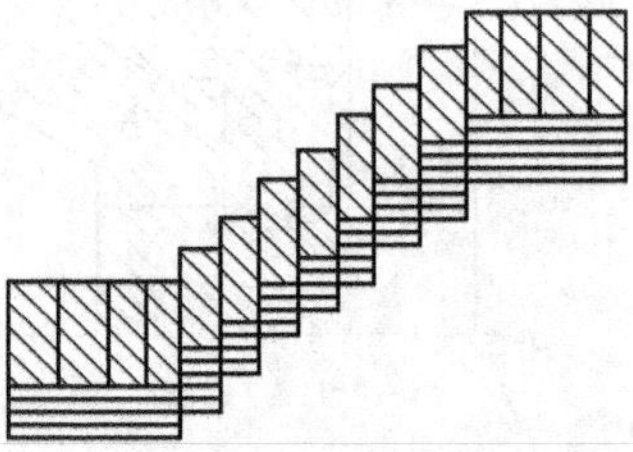

图 3.3.7 斜拱的砌筑方式

(4) 拱顶两端要留出炉墙向上膨胀的位置。

(二) 炉底砌砖

根据炉子工作条件决定炉底材料、结构和砌筑方法。例如，熔炼炉炉底，除要求材料耐高温外，还要求满足抗化学侵蚀的要求；均热炉和加热炉炉底与氧化铁皮接触处，避免氧化铁皮的侵蚀，需用碱性耐火材料。

砌筑受冲击负荷或氧化铁皮炉渣侵蚀的炉底时，可用侧砌或砌成“人”字形。一般加热炉炉底多采用平砌。

连续加热炉均热段实炉底受机械摩擦和氧化铁皮的侵蚀，一般上面侧砌一层镁砖或高铝砖 (116mm)，下面平砌 4 ~ 5 层黏土砖((4 ~ 5) ×68mm)，再加上两层绝热砖 (2 × 68mm)。为了便于清除氧化铁皮，镁砖上面可铺 40 ~ 50mm 的镁砂和氧化铁皮混合物进行烧结。其他部位炉底可用黏土砖和绝热砖砌筑，一般黏土砖厚 (6 ~ 7) ×68mm，绝热砖厚 (3 ~ 4) ×68mm。

(三) 炉墙砌砖

炉墙结构要从稳定性和节能性两方面考虑。炉墙由耐火层和绝热层组成。由于绝热材料强度差，故炉墙外层最好用钢板保护。

加热炉炉墙不太高时，一般用 232 ~ 464mm 黏土砖和 232 ~ 116mm 绝热砖。炉墙较高时，炉底水管以下的墙可加厚116mm。采用不定型耐火材料时，炉墙厚度不受砖尺寸限制。

小型室式加热炉炉墙一般用232～348mm黏土砖和232～116mm绝热砖；热处理炉炉墙一般用116～348mm黏土砖和116～232 mm绝热砖，或全部用轻质耐火材料砌筑。为了减少蓄热损失，间隙式炉尽量采用轻质耐火材料砌筑炉墙，对热处理炉，甚至可采用全纤维炉墙。

砌墙时，同一砖层内的前后相邻砖列和上、下相邻砖层的砖缝应交错砌筑。

炉墙开孔结构：

（1）孔宽小于116mm可直接留出；孔宽大于116mm，炉温超过1200℃时，需采用拱形结构。

（2）窥视孔、测量孔见图3.3.8。

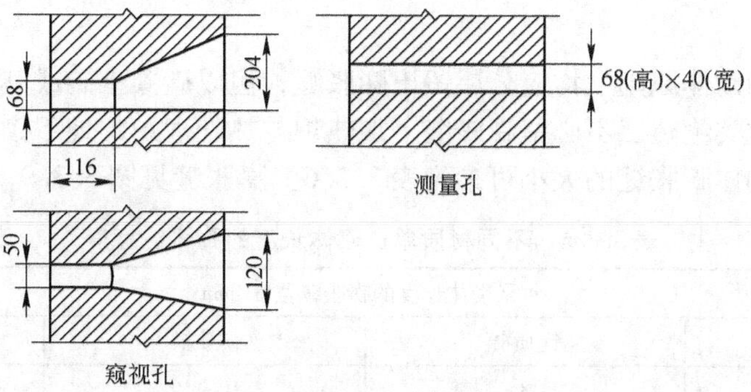

图3.3.8　窥视孔、测量孔结构尺寸

（四）炉子基础

对一些重量不大的小型炉子（如锻造和热处理箱式炉）不必另砌炉基。但在新建重量较大的小型炉以及中型和大型炉子时，必须打好炉基。炉基的作用，一方面是承受整个炉子的重量不致炉体下沉或倒塌；另一方面，防止炉底受潮或遭受地下水的侵袭，保证炉子正常工作。

根据炉子的大小和土质的好坏，炉基应因地制宜地采用不同材料和结构来砌筑。

较小的炉子可以采用灰土基础。我国小型企业在利用灰土作连续加热炉炉基方面创造了良好的经验，它由7份泥土和3份石灰拌匀后分层夯实做成，每层厚约150mm，按炉子大小可采用一层、二层和三层。

较大一点的炉子，可用红砖或块石砌筑。用块石时有灌浆法和刮浆法两种砌法。灌浆法就是在坑下分层填置大小不一的石块，每层厚约250mm，各层用锤头捣紧，缝隙用细碎石填满后再灌入灰浆。刮浆法则用削得较为平整的块石用干法砌成，缝隙也应以碎石和灰浆灌满。刮浆法比灌浆法结实。

绝大多数大中型炉子都采用混凝土或钢筋混凝土修建基础，因为它既结实又抗压。

（五）灰缝、膨胀缝和砌体尺寸

1. 灰缝

一般加热炉灰缝留2～3mm宽，具体视各处炉温和工作条件而定，可参见表3.3.5。

表 3.3.5　炉子砌体砖缝宽度

砌体分类	砖缝（不大于）/mm	砌砖位置和工作条件
Ⅰ类	1	$t_{炉}>1400$℃的炉顶 $t_{炉}>1300$℃，跨度大于4m的炉顶
Ⅱ类	2	$t_{炉}>1250$℃，有炉渣侵蚀的部位及大跨度的拱顶
Ⅲ类	3	$t_{炉}<1200$℃，无摩擦部位
Ⅳ类	4	不受摩擦侵蚀的炉底、烟道底
	5	温度为100～300℃的红砖硅藻土砖砌体
	5～10	内衬耐火砖的外部红砖砌体

2. 膨胀缝

经受热膨胀的砌体原则上均应分层留出膨胀缝，但以硅藻土砖或其他绝热材料作为外层绝热砌体时，此类绝热层不必留膨胀缝，加热炉与热处理炉的地下砌体仅与烟气接触的内层留膨胀缝。砌体膨胀缝的大小可参见表3.3.6。膨胀缝见图3.3.9。

表 3.3.6　不同材质单位砌体长度的膨胀缝宽度

每米砌体长度的膨胀缝宽度/mm			
耐火黏土砖	镁质砖	硅质砖	红　砖
5～6	8	10～12	5～6

砌体膨胀缝的留法，一般应满足下列各项要求：

（1）每条膨胀缝的宽度，最小为5mm，最大不超过20mm；

（2）各条膨胀缝的间距不大于2.5～3.5m；

（3）留出的膨胀缝不应破坏砌体的气密性，即炉内气流不能透过膨胀缝与炉墙外层绝热砖及钢板外壳直接接触；

（4）两层同质或异质耐火层的膨胀缝应错开232mm以上；

（5）炉墙和炉底的各层膨胀缝均按“弓”形留出；拱顶膨胀缝成环形留出，错砌拱顶膨胀缝留在齐缝环处；

（6）所有膨胀缝尺寸，应包括在砌体总灰缝尺寸内，即砌体尺寸仍为砖计算尺寸的倍数。

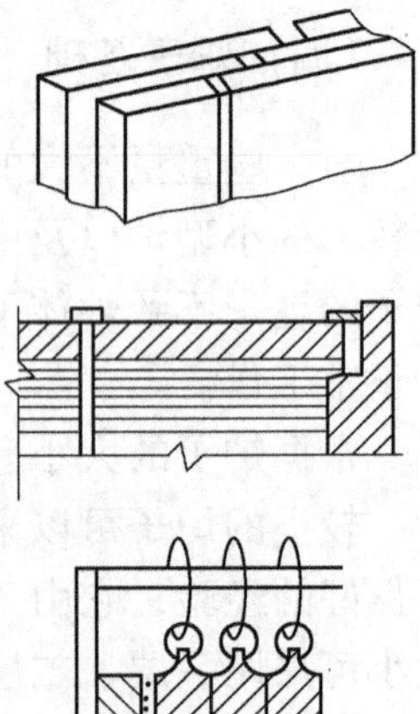

图 3.3.9　膨胀缝

3. 砌体尺寸

耐火砖、绝热砖和红砖砌体的计算尺寸一般按下述规定采用：

（1）带灰缝的耐火砖、硅藻土砖砌体的水平尺寸为116mm的倍数，垂直尺寸为68mm的倍数；

（2）带灰缝的红砖水平尺寸按250n—10mm计算，n为半砖（0.5）的倍数，垂直尺寸为60mm的倍数，即水平灰缝取7mm，垂直灰缝取10mm；

（3）耐火砖与红砖组成的炉墙，由于红砖与耐火砖的砖层尺寸不同，在确定红砖砌体尺寸时，应统一按耐火砖砌体尺寸计算。

习惯上称砖的大面水平放置为平砌，此时砖层高度为68mm，侧砌时，砖层高度为116mm。

五、耐火制品形状规整性和尺寸的准确性

耐火制品的形状规整性和尺寸的准确性，主要受耐火原料、加工装备和工艺制度等控制，有时储存与运输方式也有影响。原料成分稳定、装备精良、生产工艺制度合理和操作正确，可获得形状与尺寸合格的产品。妥善的存储，特别是精心的包装和装卸是避免产品再损坏和缺边、掉角的重要保证。通常，按制品种类和使用条件，制品的尺寸公差、扭曲变形、缺边、掉角等都应作为其质量标准中的重要项目，规定有最高限度值，据此评价产品质量是否合格，并对合格产品划分等级。

任务实施

一、实训内容

筑炉材料的砌筑。

二、实训目的

本实训是对冶金炉耐火材料炉墙进行砌筑，通过实训使学生掌握砌筑技术，为将来从事冶金炉检修与维护打下基础。

三、实训相关知识

正确的形状和准确的尺寸对砌筑体的严密性和使用寿命有很大的影响，对砌筑施工也提供了有利的条件。一般而言，砖缝在砌筑体中是最薄弱和最易损坏的部分，它很容易被熔渣和侵蚀性气体渗入和侵蚀。如果制品的形状不规整，尺寸不准确，不仅砌筑施工不便，而且砖缝过大，砌筑体的质量低劣。砌筑体因砖缝干燥收缩和烧成收缩造成体积不稳定，导致砖块脱落和砌筑体开裂，甚至倒坍，扩大了熔渣和气体同耐火制品的接触表面，加速侵蚀，造成砌筑体局部损坏，影响砌筑体使用寿命。因此，为便于施工，特别是为保证砌筑体的整体质量，耐火制品的形状必须规整，尺寸必须准确。这是耐火制品的一项重要技术指标。

四、实训设备

铁锹、灰斗、瓦刀、铅垂、尺等。

五、实训操作步骤

（1）平砌；
（2）侧砌；
（3）竖砌。

任务总结

冶金炉所用砌筑材料对炉体的使用寿命有着决定性的影响，了解各种耐火材料的使用情况是冶金炉维修、维护人员必备的知识。通过本任务的学习应掌握不同炉子、不同部位

常用耐火材料的选取方法。掌握冶金炉砌体特点，能够在加热炉砌筑和维修时合理选择耐火材料。

任务评价

<table>
<tr><td colspan="3">学习领域名称</td><td colspan="4">筑炉材料的砌筑</td></tr>
<tr><td rowspan="2">开始时间</td><td rowspan="2"></td><td rowspan="2">结束时间</td><td rowspan="2"></td><td>学生签字</td><td colspan="2"></td></tr>
<tr><td>教师签字</td><td colspan="2"></td></tr>
<tr><td colspan="2">项　目</td><td colspan="3">技　术　要　求</td><td>分值</td><td>得分</td></tr>
<tr><td colspan="2">平砌、侧砌、竖砌</td><td colspan="3">（1）方法得当
（2）操作规范
（3）正确使用工具与设备
（4）团队合作</td><td></td><td></td></tr>
<tr><td colspan="2">任务实施报告单</td><td colspan="3">（1）书写规范整齐，内容翔实具体
（2）实训结果和数据记录准确、全面，并能正确分析
（3）回答问题正确、完整
（4）团队精神考核</td><td></td><td></td></tr>
</table>

思考与练习题

1. 耐火制品形状规整和尺寸准确有什么重要意义？
2. 为什么冶金炉各部分砌砖的尺寸应为标准砖的整数倍？
3. 使用了外形尺寸不合格的耐火砖砌体会产生什么后果？
4. 观察加热炉的砌砖、灰缝、膨胀缝，测绘其尺寸。

任务四　常用耐火材料的应用

任务描述

冶金炉炉体是在承受高温的环境中工作的，因此保证炉体的耐火性、密封性、抗热震稳定性、耐磨性等具有重要的意义。本任务介绍了典型冶金炉所用的耐火材料。

能力目标

掌握高炉、热风炉、转炉、电弧炉、加热炉、铝熔炼用炉及连铸用耐火材料。

知识目标

（1）高炉常用耐火材料；
（2）热风炉常用耐火材料；
（3）转炉常用耐火材料；
（4）电弧炉常用耐火材料；
（5）加热炉常用耐火材料；
（6）铝熔炼用炉常用耐火材料；
（7）连铸用耐火材料。

相关资讯

一、高炉用耐火材料

高炉是利用风机鼓入的热风使焦炭燃烧及还原熔炼铁矿石的竖式炉，是在高温和还原气氛下连续进行炼铁的热工设备。

高炉用耐火材料损毁的原因主要是炉料机械磨损、渣铁侵蚀、碱金属侵蚀和铅锌渗透、热应力和高温荷载等综合因素，其中温度是决定性的因素。因此，高炉炉体易损部位均设有冷却系统，以提高炉衬的使用寿命。随着钢铁工业的发展，高炉日趋大型化，同时，采用了高压炉顶，高风温、富氧鼓风、燃料喷吹和电子计算机控制等新技术强化冶炼，使耐火材料的选用更为苛刻。通过采用耐火材料新品种及提高其质量，改进炉体冷却系统以及强化管理，使新一代高炉炉衬寿命不断延长。

高炉炉体由炉喉、炉身、炉腰、炉腹、炉缸和炉底六部分组成。炉体附设有风口、出渣口、出铁口、冷却系统及集气管与加料装置等设施。高炉各部位及其侵蚀情况见图3.4.1。本任务将高炉炉衬主要部分损毁特点、性能要求及所用耐火材料分述如下：

（一）炉底和炉缸

高炉炉底砌体不仅要承受炉料、渣液及铁水的静压力，而且受到1400～4600℃的高温、机械和化学侵蚀，其侵蚀程度决定着高炉的寿命。

炉缸呈圆筒形，是指高炉燃料燃烧、渣铁反应和贮存及排放区域。出铁口、出渣口和风口都设在炉缸部位，因此它也是承受高温煤气及渣铁物理和化学侵蚀最剧烈的部位。

对炉底和炉缸部分耐火材料的要求如下：

（1）耐高温。铁水温度大约在1500℃左右，炉渣温度更高。

（2）耐侵蚀。首先是高温炉渣的侵蚀，特别是渣中含碱金属及氟化物时侵蚀性更强。其次是铁水的侵蚀（如铁水对炭砖的溶蚀等），此外还有 CO、CO_2、H_2O（冷却器漏水时尤甚）等的侵蚀。

（3）耐冲刷（耐磨）。铁水和熔渣是流动的，出铁、出渣时流动更快，对耐火材料冲刷更厉害。因此一般铁口区及铁口以下铁水产生环流部位的耐火材料侵蚀更严重。

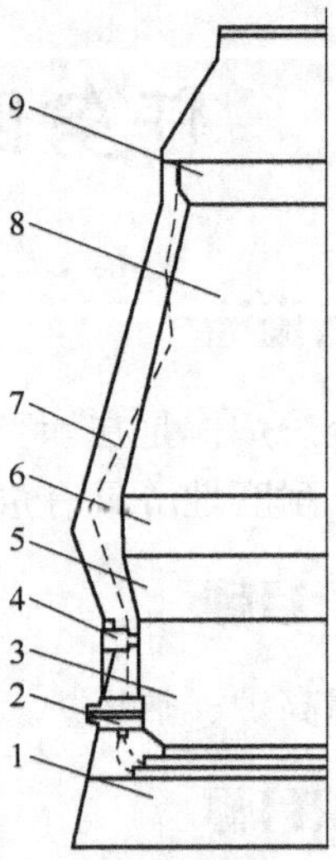

图 3.4.1 高炉各部位结构组成
1—炉底；2—出铁口；3—炉缸；
4—风口；5—炉腹；6—炉腰；
7—侵蚀线；8—炉身；9—炉喉

（4）抗渗透。铁和渣及其他有害物质对耐火材料的渗透将加速所有化学和物理的破坏过程，铅的渗透和铁沿砖缝渗漏可以把炉底砖浮起，故不仅要求耐火材料本身要抗渗透而且外形尺寸精度要高，砖缝要小。

（5）高导热性。不管用什么耐火材料，不管该耐火材料的性能如何优越，如果没有冷却措施，耐火材料的寿命都不会长，因此要求耐火材料要有高的导热性。

早先，炉底和炉缸一般用黏土砖或高铝砖砌筑，炉缸屡次烧穿。实践证明，单用陶土质耐火材料不适合炉缸的工作条件。我国从20世纪50年代后期开始采用炭砖砌炉缸和炉底（炉底上几层的中心部分仍用高铝砖或黏土砖，称为综合炉底）后情况大有好转，因为炭质材料能较好地满足上述要求。但随着高炉的大型化和强化，以往炭砖已显得不能适应了，急需研制既具有高导热性的微孔，又具有高抗碱性、高导热性、高耐铁水溶蚀性和高抗渗透性的新型炭砖。

（二）风口区和炉腹

风口区和炉腹是高炉内温度最高的区域。风口前产生的高温煤气以很高的速度上升，其温度约在1600℃以上（风口前火焰温度最高可达2000～2350℃）；1450～1550℃的高温铁水和炉渣经炉腹流向炉缸；同样高温的焦炭不停地向下运动，并且在风口区焦炭做高速回转运动；各种高温冶金反应在这个区域剧烈地进行。所有这些给这个部位的耐火材料造成了很恶劣的工作条件。这个区域对耐火材料的要求是：耐高温，耐炉渣的侵蚀，抗碱性好，抗煤气和铁水及炉渣的冲刷，热震稳定性好，同时要抗 CO_2 和 H_2O 的氧化。

目前，用于这个部位的耐火材料有：高铝砖、黏土砖（小高炉）、刚玉砖、Si_3N_4 结合的 SiC 砖、热压半石墨砖（NMD）、硅线石砖、铝碳砖等。但所有这些耐火材料寿命都不长，一般炉腹部位开炉后0.5～1.5年耐火砖就被侵蚀了。可以说到目前为止，世界上还没有研制出完全能满足这个区域的耐火材料。但是，在冷却作用下这个部位容易结渣皮，耐火材料被侵蚀后主要靠渣皮保护来维持生产，所以这个部位并没有成为高炉的最薄弱环节，但在炉腹部位出现麻烦的也不少。从国内现有耐火材料品种看，烧成铝碳砖和 Si_3N_4 结合的 SiC 砖，相对比较适用于这个部位。

（三）炉腰和炉身下部

炉腰和炉身下部是软熔带所在的部位。这里温度相当高，炉衬工作条件恶劣，但形不成渣皮（软熔带根部以上）或形不成稳定的渣皮自我保护，所以它成为决定高炉寿命的两个关键部位之一（另一个是炉缸）。这里的耐火材料经受着剧烈的温度波动，初成渣（高 FeO 渣）的侵蚀（软熔带根部及其以下部位），碱金属、锌的侵蚀，高温煤气流的冲刷（特别是软熔带焦炭气窗出来的高温高速气流的冲刷），下降炉料的磨损，CO_2、H_2O 的氧化和 CO 的侵蚀等。这个部位耐火材料的要求是：热震稳定性好，耐高温；抗碱性好，在冶炼高碱金属矿时尤为重要；抗炉渣侵蚀能力强；耐磨；抗氧化；导热性好。

目前用于这个部位的耐火砖有：高铝砖、浸渍磷酸盐黏土砖、刚玉砖、铝碳砖、Si_3N_4 或赛隆结合的 SiC 砖、石墨 SiC 砖、炭砖（用于含氟矿高炉）等等。但实践证明，这些耐火材料都不能完全满足要求，普通高铝砖的寿命一般不超过一年，Si_3N_4 结合的 SiC 砖的寿命一般也不超过二三年（如用冷却板寿命可长一些），而高炉寿命要求 10 年以上。迄今为止，国内外都还没有研制出一种完全能满足这个部位工作条件的耐火材料。目前这个部位之所以能持续工作十年以上，主要是靠控制边沿气流和冷却。相对来说，Si_3N_4 或赛隆结合的 SiC 砖和烧成铝碳砖对上述要求比较能够全面适应，使用效果也较其他砖好，适用于大型高炉。

（四）炉身上部

炉身上部这个区域温度较低，耐火材料主要受炉料的磨损和冲击（低料线时），上升煤气流的冲刷及碱金属、锌和碳沉积的侵蚀，当炉顶打水时还受 H_2O 的侵害。对这部分耐火材料的要求是：耐磨；抗碱性能好；气孔率低；具有较好的热震稳定性。

目前用于这个部位的砖有：高铝砖、黏土砖、浸渍磷酸盐黏土砖、最上部紧靠钢板部位国外也有用 SiC 砖的。这个部位并不是影响高炉寿命的决定因素，这部分耐火材料一般都能使用一代炉役。但是随着炉缸和炉身下部（含炉腰）两大关键部位的改进，炉子寿命进一步延长，炉身上部的耐火砖寿命已显得不能同步了，往往需要喷补。近几年在一些大高炉上炉身上部有采用冷却壁代替耐火砖的趋势。

（五）炉喉

炉喉主要承受入炉料的冲击和磨损，一般选用钢砖或水冷钢砖。

（六）炉前用耐火材料

炉前用耐火材料主要是指堵铁口用的炮泥、泥套和铁、渣沟用的泥料。

炮泥的作用不单是能把铁口封住，而且要能保证下次出铁时，铁流和渣流稳定，流速均匀。

对炮泥的要求如下：

（1）强度高、耐磨、能抵抗高温铁水和熔渣冲刷；

（2）抗炉渣侵蚀能力强；

（3）具有较好的塑性（不然打不进去）；

（4）有快干早强、干后不产生裂纹的性能（否则，铁口堵住后，炮泥不能及时退出，难以进行下一步操作）。

针对这些要求，目前一般都是采用以焦粉、黏土、刚玉粉、SiC 粉为主要原料的无水炮泥。为了快干，有的还加入一些绢云母粉。炮泥一般都是炼铁厂自己生产的。

对泥套的要求如下：

（1）强度高。否则经不住炮泥的冲撞和打泥时的压力；

（2）耐磨，能抵抗铁水、渣水的冲刷；

（3）能抵抗高温炉渣的侵蚀；

（4）有较好的热震稳定性，因为一个泥套要求使用多次（每次出铁和停止出铁温差达 1000℃）；

（5）有较好的塑性，做泥套用的料多由炼铁厂自己配制。

冶炼含氟矿的宝钢高炉则长期使用粗缝炭糊捣制，效果不错。近几年在一些大高炉上成功地使用 $Al_2O_3-SiC-C$ 系浇注料来制作泥套，取得了良好的效果。

对铁沟、渣沟用泥料的要求如下：

（1）强度高、耐磨，能抵抗铁流、渣流的冲刷；

（2）抗侵蚀性强，能抵抗高温炉渣的侵蚀，特别是铁沟渣线以上和渣沟；

（3）抗氧化，因为它是暴露在大气中的；

（4）热震稳定性好，因为出铁和停止出铁温差很大；

（5）快干，早强，便于施工，因为高炉是连续生产的，修理铁沟、渣沟不允许过长时间。

铁沟、渣沟料的质量好坏表现在其使用寿命的长短，它的影响是多方面的。铁沟、渣沟寿命延长，第一，可以减轻炉前的体力劳动；第二，可以改善炉前工作环境；第三，可以减少沟料磨损对铁水造成的污染；第四，可以降低泥料的消耗，降低成本。

以往我国对铁沟料没有进行认真研究。过去铁沟用料多由炼铁厂自己配制，其成分主要是焦粉和黏土，以沥青作结合剂，捣打成型，使用寿命很短，几乎每天甚至每班都要修理。20 世纪 80 年代初期，许多企业对这个问题进行了研究，在沟泥中配用了高铝熟料、刚玉粉、SiC 粉等，仍用捣打成型，虽有很大改进，但效果仍不理想。80 年代后期我国开发出了 $Al_2O_3-SiC-C$ 系铁沟和渣沟浇注料，情况大有好转。实践证明，用基本同样配方的料，浇注成型比捣打成型的铁沟寿命长 4 倍左右。现在浇注料已由许多专业厂生产，质量较好的一次通铁量能达到 5 万吨以上，定期维护修补，通铁量可达数十万吨。

二、热风炉用耐火材料

高炉热风炉是一种蓄热式热交换器，是能将鼓入高炉助燃的空气由常温加热到高温的热工设备。

20 世纪 50 年代高炉热风炉的工作风温一般为 800℃左右，70 年代超过 1020℃，90 年代最高达 1350℃。中国宝山钢铁（集团）公司热风炉设计的风温为 1250℃。由于风温的提高，操作条件更苛刻，因此所用耐火材料也从普通材料向高性能、多品种方向发展，以满足高风温操作的需要。热风炉用耐火材料除了考虑体积密度及与热容量有关的比热容外，抗蠕变性能仍是最重要的指标。抗热震性与强度，外形准确且无残余膨胀也都是重要的指标。

（一）炉体用耐火材料

热风炉炉体由蓄热室和燃烧室组成。热风炉一般用高炉煤气或高炉与焦炉的混合煤气作燃料，也有采用焦炉煤气或重油等作燃料的，其操作温度为1300～1600℃。温度自炉顶往下逐渐降低。由于炉体结构和操作温度不同，各部位所用耐火材料及其损毁情况也有差异。炉体一般选用超级或高级黏土砖、高铝砖、硅砖、莫来石砖、硅线石砖、红柱石砖和一些不定型耐火材料。损毁部位主要是燃烧室、格子砖砌体的上部、内燃式炉的隔墙和外燃式炉的过桥等。其损毁原因主要是高温、温度变化形成的热应力和粉尘的化学侵蚀等。热风炉使用寿命为15～20年，其间对易损部位需进行小修。

（二）蓄热室用耐火材料

当热风温度低于900℃时，高温部位衬砖和格子砖砌体上层用高铝砖，其余均用高级黏土砖；温度为900～1100℃时，高温部位衬砖和格子砖则选用高铝砖、莫来石砖或硅线石砖，其余部位用高铝砖和高级黏土砖；风温高于1100℃时，其高温部位必须选用低蠕变高铝砖、莫来石砖和硅砖。炉衬绝热层所用隔热砖必须与工作层衬砖材质相同或近似。格子砖的形状、尺寸和排列方式，对传热效率有较大的影响。普遍用蜂窝状格子砖，也有用大块多孔或咬合式格子砖。热风炉炉顶或过桥部位的炉壳，当拱顶温度超过1450℃时，将生成大量NO_x等气体，与冷凝水作用形成腐蚀剂，使炉壳发生腐蚀，并在热应力作用下产生裂纹或开裂。为此，除适当控制温度外，可加厚绝热层、铺以铝波纹板或者喷涂一层耐酸料。

（三）燃烧室用耐火材料

燃烧室用耐火材料与蓄热室的基本相同，也有用莫来石砖或者莫来石砖配以硅砖砌筑；燃烧器的空气、煤气通道一般用黏土砖和高铝砖砌筑，其上部带辐射孔（喷嘴）的部位可用莫来石砖或莫来石刚玉砖砌筑或堇青石制成，使用寿命2～4年。该部位采用高铝质耐火浇注料预制带喷嘴口的部件，也获得了较好的使用效果。

（四）其他部位用耐火材料

其他部位指热风管、热风阀、烟道和烟囱，均为输送热风和排除废气的热工管道和设施。每座高炉所用的3～4座热风炉共用一个烟囱，通过热风阀和烟道闸板控制每座热风炉的工作。

1. 热风管用耐火材料

热风管用耐火材料包括送风支管、总管和高炉热风围管等。用厚度为70～300mm的黏土质隔热砖作绝热层内衬，工作层厚度为70～170mm，一般用黏土砖砌筑，但热风出口处及与总风管接口等部位应用高铝砖或莫来石砖。高炉热风围管及送风支管采用高铝水泥或磷酸盐耐火浇注料浇灌的整体内衬，使用寿命达 1 ~3 年。另外，采用耐火浇注料现场浇注的热风管接头或拐弯部位内衬，整体性好，使用效果亦佳。

2. 热风阀用耐火材料

热风阀双面受热，还承受阀升降时的机械振动与磨蚀及温度变化所产生的热应力等作用，工作条件较差。阀衬体采用黏土砖或高铝砖砌筑，使用寿命为 6 ~ 10 个月。1978 年以来，热风阀衬体普遍采用氧化铝水泥耐火浇注料在制造厂浇注成型，并经烘烤后出厂，使用寿命可延长至 1. 2 ~2. 5 年。

3. 烟道和烟囱用耐火材料

烟道和烟囱为废气排除的通道。热风炉均采用下排烟方式，每座热风炉均设有支烟道，废气通过总烟道从烟囱排除。烟道内衬一般用黏土砖砌筑。烟囱普遍用混凝土浇灌或红砖砌筑，其下部衬以黏土砖作保护层。

三、转炉用耐火材料

转炉是一种不需外加热源，主要以液态生铁为原料进行炼钢的直立式圆筒形炉（见图 3. 4. 2）。根据炉衬耐火材料的性质，分为酸性转炉和碱性转炉两种。根据气体吹入炉内的部位，分为底吹、顶吹、侧吹和顶底复合吹炼转炉。

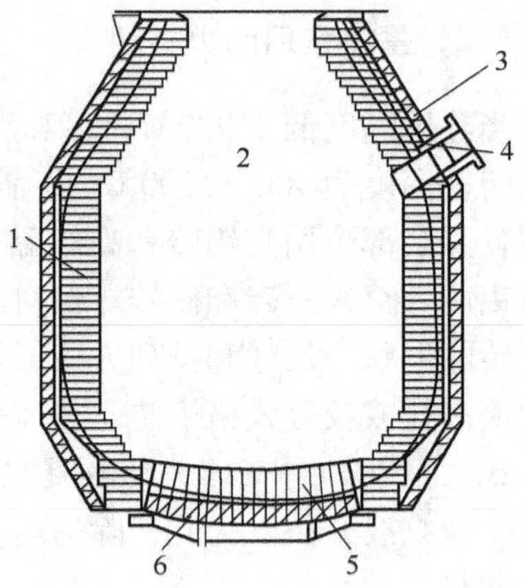

图 3. 4. 2　转炉示意图

1—炉身；2—炉腔；3—炉帽；4—出钢口；5—炉底；6—供气砖

世界各国由于铁水成分及耐火材料资源不同，炉衬砖的选择也不同。美国主要使用焦油结合镁砖、方镁石砖、焦油浸渍烧成方镁石砖，20 世纪 90 年代以来也使用镁碳砖。法国主要使用白云石砖、镁白云石砖、白云石炭砖、沥青结合镁砖和镁碳砖。英国曾使用过焦油白云石砖，烧成白云石砖，1989 年以后大量使用镁碳砖。俄罗斯多采用焦油白云石砖，少数工厂也使用焦油镁砖和方镁石尖晶石砖。日本是最早将镁碳砖从电炉移置于转炉的国家，使用效果在世界上处于领先地位。我国转炉炉衬的发展经历了焦油结合白云石砖、焦油结合镁砖、镁白云石砖、高钙镁砖、镁白云石炭砖及镁碳砖等过程。综上所述，世界各国均逐渐采用镁碳砖取代其他砖种。由于镁碳砖具有抗热震性好、抗侵蚀性能强，在高温下具有优良稳定性能、导热性好、耐磨损及耐剥落性好等优点，加之喷补技术、溅渣护炉等技术的推广应用，90 年代以来，炉衬寿命大幅度提高，吨钢消耗耐火材料一般不超过 2kg。

（一）各部位炉衬的工作条件和所用耐火材料

由于转炉各部位工作条件的差异和操作因素的影响，炉衬侵蚀速度极不均匀，导致两侧耳轴、渣线、炉帽、出钢口等部位过早损坏，其余部位虽然基本完好，但是整个炉衬无法继续使用。我国在 20 世纪 50 ~60 年代大都使用单一焦油白云石砖砌炉，满足不了使用要求，进入 70 年代后，陆续开发了以焦油或树脂结合的二步煅烧料制成的白云石砖、镁

白云石砖、镁白云石炭砖及烧成白云石油浸砖等。根据炉衬各部位的损毁特点，选用不同等级和质量的衬砖进行综合砌炉，使损毁达到基本均衡。转炉各部位炉衬的工作条件及采用的砖种见表3.4.1。

表3.4.1　转炉各部位炉衬的工作条件及所用砖种

部位名称		炉衬工作条件	采用砖种
炉口		装料、吹炼、出钢及倒渣时温度变化大；炉渣侵蚀，携尘废气冲刷；装料及清钢渣时受机械撞击	烧成白云石砖、烧成镁白云石砖、镁碳砖、方镁石尖晶石砖
炉帽		取样及出钢时受炉渣侵蚀，温度变化大，空炉时砖中碳素易被氧化，受废气及粉尘的侵蚀与磨损	烧成镁白云石砖、镁白云石炭砖、焦油结合镁砖、热处理焦油结合镁砖、镁碳砖
炉身	装料侧	受废钢及铁水的撞击与冲刷，温度变化大	油浸烧成镁白云石砖、热处理焦油结合镁砖、油浸沥青结合方镁石砖、镁碳砖
炉身	出钢侧	受炉渣及钢水的侵蚀与磨损，出钢时受炉渣及钢水的热冲击与冲刷	焦油结合镁砖、油浸镁碳砖、镁碳砖、焦油结合镁白云石砖
炉身	耳轴区	炉衬挂渣少，空炉时砖中碳素被氧化；炉子倾动时受异常力的作用	烧成镁白云石砖、优质镁碳砖
炉身	渣线	炉渣侵蚀	烧成镁砖、优质镁碳砖
炉底		受钢水剧烈冲刷与磨损	焦油结合白云石砖、油浸镁白云石炭砖、焦油结合镁砖、镁碳砖
顶底复合吹炼转炉炉底供气砖		受钢水及炉渣化学侵蚀与剧烈冲刷，温度骤变及氧化作用	焦油结合镁质供气砖、烧成镁质供气砖、镁碳质供气砖（分定向气孔式、环缝式及弥散式）
出钢口		受钢水冲刷、炉渣侵蚀及温度变化剧烈	焦油结合白云石砖、焦油结合电熔镁砂砖、电熔镁砖、镁碳砖

采用全镁碳砖砌筑炉衬后，还根据转炉炉体部位损毁的特点，使用不同品级的镁碳砖配合砌筑，形成均衡损毁的综合炉衬，取得较好的经济效益。

出钢口受钢水冲击、炉渣侵蚀、空气和炉渣的氧化作用及温度剧烈变化等综合因素的影响而损毁严重。提高出钢口质量的途径是采用高温烧成电熔镁砖或优质原料并添加特殊抗氧化剂的镁碳砖，并采用等静压成型以增加制品的致密度与均匀度。传统的出钢口系以若干外方内圆筒形砖构成，并固定在周围的炉衬中，后改进为以浇注料或捣打料筑成圆筒形出钢口。较新的结构是外部直径较小，而进口端较大，以形成有利的钢水束流，其寿命比传统的出钢口砖约高30%～50%。

供气元件也称透气砖，设在炉底，目的是使气体（氩气、氮气）均匀地从炉底通入熔池。它是顶底复合吹炼转炉的关键制品。20世纪90年代采用的供气元件分为喷管和透气砖两种。透气砖又分为弥散型、环缝型及定向气孔型等。一般认为透气砖的使用效果好，特别是定向气孔型透气砖尤佳。复合吹炼过程中，供气元件承受钢水和炉渣的化学侵蚀和强烈的搅拌作用、频繁的温度骤变以及供气的氧化作用，其工作条件极其苛刻，要求透气砖具有耐高温、耐侵蚀、耐冲刷、抗剥落和抗氧化等性能。从冶炼角度，要求透气砖能通过所需容量的气体，产生的气泡细小且分布均匀，使用安全可靠，其寿命要求与炉龄同步或基本同步。制造透气砖时，可选用镁质及镁碳质原料，内嵌数十根很细的不锈钢管，用等静压法或真空法成型，其外形可制成圆形或方形，使用寿命已超过1200炉次。我国300t转炉顶底复吹供气元件性能如下：

体积密度2.9g/cm^3，显气孔率0.6%，耐压强度40MPa，高温抗折强度（1400℃，0.5h）11MPa，MgO含量不小于74%，C含量不小于17%。

（二）炉衬损毁原因

炉衬损毁原因大体上可以分为以下几个方面：

（1）炉渣及钢水在高温下的化学侵蚀；

（2）炉内温度变化以及局部过热导致炉衬胀缩不均，产生应力，因而发生脱落；

（3）因加入废钢及熔池搅拌引起机械磨损，加之由于炉渣及钢水的化学侵蚀使炉衬强度降低而加剧磨损；

（4）对镁碳砖而言，由于氧化性炉渣、高温氧化气氛及MgO在高温下气化等因素的影响，使镁碳砖严重脱碳，是损毁的重要原因。

镁碳砖的损毁主要是熔渣中的FeO和空气中的O_2使石墨氧化，衬砖热面的碳部分逸出以及一部分碳溶解于钢水中或被砖中MgO氧化形成薄的脱碳层；熔渣渗入砖脱碳层的气孔中，并与镁砂发生反应形成低熔点氧化物；变质弱化的表面层被搅动的熔渣和钢水冲刷而脱落。

炉衬损毁的程度与冶炼的钢种、操作及维护条件，以及衬砖的品种有关。总的来说，渣线附近及出钢口的下部损毁剧烈，顶底复合吹炼条件下由于钢水剧烈搅动，熔池损毁亦严重。

炉衬砖的使用结果表明，工作面的基质成分与熔渣反应，形成厚度为0.5～2.0mm的熔化层，接着形成厚度为0.5～1.0mm的脱碳层，脱碳层后即为原砖层。

（三）炉衬的维护

即便采取综合砌炉，也会由于炉衬局部过早损坏而被迫停炉，必须对炉衬实行热补，通常热补的方法为投补、贴补和喷补，上述三种方法可以兼用。以喷补法使用较广，80年代又发展为火焰喷补，它与传统的半干法、湿法喷补不同的是粉料颗粒从喷枪喷出后，在达到受喷体的过程中，被加热至塑性或熔融状态，在喷补处黏附非常牢固，效果极佳。常采用的补炉料根据炉衬的砖种分为镁质和镁白云石质两种，前者MgO含量大于90%，后者含MgO80%～86%。补炉料应具有合理的颗粒组成，一定的黏结性和较小的收缩，在低温时借助结合剂的化学作用形成较高的结合强度，在高温下又能形成陶瓷结合并与炉衬砖牢固地黏附在一起，以提高补炉效果。

四、电弧炉用耐火材料

电弧炉是以电极端部和炉料之间发生的电弧为热源进行炼钢的设备。电弧炉技术的发展是在采用高功率的基础上发展直流电弧炉、炉底供气搅拌及炉底出钢。这些技术成就与耐火材料新品种的开发与应用是分不开的。同时，耐火材料消耗亦有所降低，且易于自动控制。电弧炉由炉顶、炉墙、炉底和出钢槽等构成。

（一）炉顶用耐火材料

炉顶又称为炉盖，呈圆拱形，可以移动，外环为水套式钢结构。在冶炼过程中，炉顶（特别是炉顶的中心部分、电极孔和除尘孔周围）长期处于高温状态，并且经常受到温度骤变的影响，受到炉气和造渣粉剂的化学侵蚀、电极弧光的辐射和烟尘的冲刷，炉顶的积尘也产生压力并阻碍有效散热，炉顶在升降旋转时还受到机械振动作用，工作条件十分恶劣，是整个炉衬的薄弱环节。因此，电炉炉龄就是指电炉炉顶的使用寿命。直流电弧炉由于采用单电极结构，故不存在热点区，加之炉顶水冷区扩大，耐火材料使用条件明显改善。进入 20 世纪 80 年代后，随着炼钢电弧炉容量的扩大和单位功率的提高，炉顶的工作条件变得更加苛刻，所用耐火材料亦随之发生变化。

电炉顶普遍采用高铝砖砌筑，Al_2O_3 含量介于 75% ~85% 之间。与硅砖比较，高铝砖的特点是耐火度高，抗热震性好，抗渣性好，耐压强度高。高铝质不定型料因抗热震性及结构的整体性好，不需要制成异型砖，一般以捣打料使用在小炉盖的中心部位和电极孔周围。由于中国矾土矿资源丰富，高铝砖已成为电炉顶用的主要耐火材料，其使用寿命约为硅砖炉顶的 2 ~3 倍。随着大型超高功率电炉的发展，高铝砖的使用寿命下降，导致进一步采用烧成或不烧镁砖和镁铬砖等碱性砖。由于砖的高温强度较低和自重较大，为避免炉顶因变形而下沉，普遍采用吊挂结构。在有的超高功率电炉顶上还采用高温强度很好的直接结合碱性砖，可克服一般碱性砖由于膨胀系数较大和吸收渣尘形成变质层，因结构崩裂或热崩裂而造成的严重剥落现象，其使用寿命高达 300 炉次。

（二）炉壁用耐火材料

炉壁分为一般炉壁、渣线区和邻近电弧的热点部位，不但受钢液和熔渣的严重侵蚀与冲刷，同时还受到加入废钢时的机械撞击和急冷作用。更为严重的是受到高温电极弧光的强烈热辐射，热点区钢液温度高达 2000℃。因此，该处炉壁经常发生局部熔损。此外，还受到钢液与熔渣搅动冲刷和不同冶炼期炉内气氛的影响，致使内衬损毁严重，此种情况在超高功率电炉中尤甚。

一般炉壁主要采用镁砖、焦油沥青结合和沥青浸渍烧成白云石砖和方镁石砖砌筑，也有使用不烧铁壳碱性砖与沥青结合镁质和白云石质捣打料，使用寿命均较长。超高功率或冶炼特殊钢的电炉炉壁，则用镁铬砖和优质镁砖砌筑，使用效果明显改善。

渣线区和热点部位为炉壁的薄弱环节。由于炉壁的寿命主要取决于热点部位的损毁程度，因而该部位的炉衬特别受到重视。20 世纪 70 年代前，该部位普遍采用熔铸镁铬砖，直接结合或再结合镁铬砖砌筑，使用寿命达到 100 ~250 炉次。进入 80 年代后，在这些部位广泛采用镁碳砖砌筑，显示出优异的耐高温和抗渣性能，使用寿命明显地提高。我国高功率电弧炉寿命达到 300 多炉次。

为使炉壁损毁趋于均衡，延长寿命，炉墙也采用镶砌水冷箱或水冷套措施，其内表面喷涂一层耐火涂料，使挂渣形成保护层，可有效降低耐火材料的单位消耗，但能耗却相对地有所增加。

（三）炉底用耐火材料

炉底和堤坡构成熔池，是盛装炉料和钢液汇集的部位。炉底耐火材料与钢液及熔渣直接接触，主要受化学侵蚀和冲刷，以及受炉料的撞击和急冷作用。当炉底内衬与熔渣和氧化铁反应生成变质层后，在还原期间还可因其中某些组分的还原而变得疏松，并且常因钢液侵入而引起漂浮。因此，要求该部位的砌体或打结内衬具有整体性能均匀、砌筑严密，严防钢液穿入，具有良好的高温性能，足够的强度、耐侵蚀、耐冲刷、抗热震性好和体积稳定，并在使用过程中得到良好烧结。

打结内衬选用烧结良好的镁砂或电熔镁砂，施工时注意各层间的衔接咬合，各层厚度和密度力求保持一致。捣打层之下有工作衬与永久衬。工作衬选用焦油沥青结合镁砖砌筑，永久衬一般采用镁砖砌筑。在堤坡上部的渣线部位，由于熔渣侵蚀严重，现在多采用与炉墙热点部位相同或类似的衬砖，如熔铸镁铬砖或再结合镁铬砖砌筑。选用镁碳砖砌筑时效果更佳，使用寿命可高达100～200炉次。

直流电弧炉的阳极端与炉底的接触件相连，炉底采用导电耐火材料或金属元件来解决导电问题，对导电耐火材料的主要要求为低电阻（10^{-3}～$10^{-4}\Omega \cdot m$），且电阻必须稳定，通常采用沥青或树脂结合，碳含量最好为10%～18%的镁碳砖作为导电耐火材料，它包括永久衬、工作衬及保护涂层。如使用非导电耐火材料就必须采用金属元件，可将其从工作面埋入镁质捣打料中。亦可以一根或多根粗的圆钢棒作为阳极，位于炉缸内侧的钢棒则以碱性砖围砌，工作衬用镁质捣打料。高导电性能炉底的寿命已超过1500炉，因而导电炉底再也不是推广直流电弧炉的制约因素。

底吹技术已在传统的电弧炉、偏心底出钢电弧炉及超高功率电弧炉中应用。当今采用的炉底供气系统有两种：一为气体直接从搅拌塞进入钢液，例如采用多孔塞；二为带盖的搅拌系统，即在搅拌塞或风眼砖上盖一层透气的捣打料，气体通过此层进入钢液。大型直流电弧炉则在电极外围安装三个供气元件。供气元件的选择与底吹气体的种类有关，吹氧化性气体时采用双层套管烧嘴，即内管吹氧化性气体，外环管吹保护气体。吹惰性气体时，则大多采用细金属管多孔塞供气元件。底吹天然气，则采用单管式供气元件，也可选用环缝式、砖缝式及直孔型透气砖等，所用耐火材料均为镁质或镁碳质料。

（四）出钢槽用耐火材料

炼钢电弧炉一般采用侧式出钢槽。该槽主要受钢液和熔渣的侵蚀及冲刷，以及受温度骤变的影响。损毁形式为侵蚀、熔损、剥落和掉砖，它是最易损毁部位之一。出钢槽内衬普遍采用镁质、高铝质、蜡石质、碳质或碳化硅质材料，可以用砖砌，也可以镁碳质料或高铝质不定型料捣打或振动浇注施工。

我国20世纪80年代开发的炉底偏心出钢口出钢法将炉体由倾动式改为固定式，在炉底偏心位置设置出钢口代替出钢槽。其优点是：取消了倾动机电设备，扩大了水冷壁面积，缓和了炉衬的损毁，可适当降低出钢温度并缩短出钢时间，从而降低了投资并节省电能。偏心出钢口砖为沥青浸渍烧成镁砖，管砖采用树脂结合碳含量为15%的镁碳砖，端部砖为树脂结合碳含量为10%～15%的镁碳砖或树脂结合碳含量为15%的 $Al_2O_3-SiC-C$ 砖。为使出钢顺利，常采用以橄榄石为基质的粗砂作为引流料。

五、连续铸钢用耐火材料

连铸技术的发展对耐火材料部件提出了更高的要求。除要求具有通常耐火材料的性能之外，还必须兼有净化钢液、改善钢液质量、控制和调节钢液流量和缩短精炼时间等一系列特殊功能，故称为功能耐火材料。连铸用功能耐火材料包括整体塞棒、长水口、浸入式水口、定径水口等，这些都是连铸机组中的重要部件，有的需要和金属件形成机械配合。其特点是材质优异、形状复杂、尺寸精确、性能优越及制造工艺先进，是耐火材料行业中技术最密集的环节之一。

（一）盛钢桶用耐火材料

配合连铸所用的盛钢桶的特点是钢液的温度高且停留时间长，尤其是连铸技术与炉外精炼配套使用时，盛钢桶又是二次精炼的容器，要在盛钢桶中完成钢液脱气、排除杂质、调整成分与温度等工序。耐火材料的工作环境，尤其是渣线等关键部位更为恶劣。

盛钢桶内衬一般由保温层、永久层和工作层组成。

保温层紧贴外壳钢板，厚约 10～15mm，主要作用是减少热损失，常用石棉板砌筑；永久层厚约 30～60mm。为了防止盛钢桶烧穿事故，一般由有一定保温性能的黏土砖或高铝砖砌筑；工作层直接与钢液、炉渣接触，受到化学侵蚀、机械冲刷和急冷急热作用及由其引起的剥落。因此，可根据盛钢桶工作环境砌筑不同材质、厚度的耐火砖，可使内衬各部位损坏同步，这样从整体上提高盛钢桶寿命。如盛钢桶的桶壁和桶底可砌筑高铝砖、蜡石砖或铝碳砖，其耐蚀性能良好，还不易挂渣；盛钢桶的渣线部位，用镁碳砖砌筑，不仅耐熔渣侵蚀，其耐剥落性能也好；当然还可以使用耐蚀性能更好的锆英石砖，但价格贵些。盛钢桶内衬若使用镁铝浇注料整体浇灌，在高温作用下 MgO 与 Al_2O_3 反应生成铝镁尖晶石结构，改善了内衬抗渣性能和耐急冷急热性，提高了盛钢桶使用寿命。目前盛钢桶内壁还有用镁铝不烧砖砌筑，使用效果也不错。盛钢桶使用前必须经过充分烘烤。

（二）中间包用耐火材料

中间包也称为中间盛钢桶或钢液分配槽，是连铸系统中使用耐火材料最多的热工设备之一。中间包的永久衬从黏土砖发展到不同材质的不定型耐火材料。除了采用半硅砖、黏土砖、高铝砖、锆英石砖及镁铬砖作为工作衬外，20 世纪 70 年代初开始采用高铝质、镁质、镁铬质涂抹料或喷涂料。为了节约能源，70 年代末期开始采用绝热板以代替涂抹料或喷涂料，绝热板材质从硅质发展至镁质，以满足优质钢的要求。其优越性在于降低中间包的热损耗，使用过程中无须烘烤，且易于清渣和拆底。耐火材料损毁的原因：温度骤变导致的崩裂、钢液的冲刷及钢与渣的侵蚀及中间包吊运及运输过程中的机械损伤等。我国宝山钢铁公司、鞍山钢铁公司连铸用中间包采用镁质绝热板，使用寿命达 6～8 次。武汉钢铁（集团）公司与首都钢铁总公司中间包容量较小，使用硅质绝热板寿命也达到 4～6 次。中间包采用的罐盖材质为轻质碱性或带有钢纤维的硅酸铝质浇注料，其性质必须与内衬材质相适应。

综合喷涂料具有易于施工与绝热板节约能源的优点，欧洲及日本 20 世纪 90 年代以来开发了绝热喷涂法，即在镁质原料中加入保持材质气孔率及利于排除水分的添加物，喷涂制成中间包壁，取得满意的效果。

钢液从长水口注入中间包的位置砌有耐钢液冲击砖，材质为莫来石－刚玉质砖、电熔莫来石砖。

（三）整体塞棒用耐火材料

塞棒安装在中间包浸入式水口上方，铸钢时起关闭钢流与调节流速的作用，还兼有从头部吹入氩气等惰性气体的功能。对整体塞棒耐火材料的要求是具有优良的抗钢流的侵蚀性与抗热震性，由于连接处弯曲力矩大，故抗折强度要求高。当浇注添加 Ti、Ca 或 Si 元素的钢种时，整体塞棒和中间包水口接合部位容易形成夹杂物，故塞棒前端做成多孔式或缝隙式，由此吹入惰性气体，有助于减轻浸入式水口的结瘤，气体进入结晶器还有助于改善钢液的洁净度。整体塞棒以铝碳质材料经等静压机成型，其成品的端部必须经过精整和再研磨。当浇注特殊钢种时，其端部采用高档材质如 ZrO_2-C、$MgO-C$ 复合材料等，使用寿命可达 12h 以上。我国使用的铝碳质整体塞棒，常在外表涂防氧化涂层，保障使用安全。整体塞棒可取代定径水口，用于小方坯连铸。

（四）滑动水口用耐火材料

滑动水口包括上、下水口砖和上、下滑板等制品，安装在盛钢桶底的外部，并借助于驱动机构移动滑板，以达到节流钢水的目的。与传统的塞棒系统相比，其操作安全可靠，节省耐火材料，因此得到了广泛应用。

上滑板砖与上水口砖配合紧密，下滑板砖为移动式，并与下水口砖紧密相接。上、下滑板砖工作面接触严密，其平滑度为 0.02～0.03mm。整个滑动水口系统由金属结构固定在盛钢桶底部，采用液压或机械驱动机构推动下滑板做直线往复运动。当滑板上的铸口错开时，盛钢桶可盛钢，反之则铸钢，并以铸口的重合程度，控制钢水流量。滑动水口承受钢水的冲刷和急冷急热的作用，致使滑板产生裂纹、铸口变大，难以控制钢流，使用寿命较低，一般为 1～6 次；1972 年以来，回转式滑动水口得到了应用，其结构特点是上、下滑板砖呈圆形，借助于驱动机构，使之沿圆周方向做回转运动。在转动的下滑板上，设有数个（常用 2 个）直径不同的铸孔，可根据盛钢桶内钢水静压头及其铸孔孔径的变化，灵活调节铸钢的流速，也很少出现漏钢现象。在大型转炉和超高功率电炉用的盛钢桶上，采用回转式滑动水口铸钢，其水口平均使用寿命为 3～6 次，有时达到 10～12 次；在连铸中间包上，也采用滑动水口控制钢水流速，并有取代塞棒系统的趋势。

1983 年以前，滑板砖主要为二等高铝质不烧砖，经沥青浸渍处理后可增碳达 5%～7%，并需磨平工作面，使用寿命为 1～3 次；随后，在大、中型盛钢桶上采用 Al_2O_3 含量大于 80% 的莫来石刚玉质或刚玉莫来石质滑板砖和 Al_2O_3 含量大于 95% 的刚玉质滑板砖，并在此基础上应用了抗渣性较好的铬刚玉质滑板砖。同时，为了提高其抗渣性、耐冲刷性和抗热震性，使用了铝碳质不烧或烧成滑板砖、烧成铝锆质和铝锆碳质滑板砖等。该类滑板砖的特点是，纯度高、强度大、耐冲刷和不粘渣，因此使用寿命长，一般为 2～5 次。滑板砖损毁严重处主要是铸孔，采用锆质材料先制成铸孔环，然后镶嵌在滑板铸孔中，损毁后可及时更换，效果较好。采用复合型滑板，可显著延长使用寿命。

（五）长水口用耐火材料

为避免钢水从盛钢桶注入中间包过程中的二次氧化，盛钢桶集流式水口的下端安装有长水口。为了避免从接头处吸入空气使钢水再氧化和吸氮，新的技术是采用“零度空气吸入式水口”装置。对长水口主要要求是良好的抗热震性，并能采取吹氩保护措施。常用的材质为熔融石英及铝碳质两种，前者因热膨胀低，无需预热可直接浇注，但冷至1000℃以下时会出现裂纹，铝碳质长水口成本较高，需预烘烤方可应用，但抗渣蚀性较强，可多次使用。在铝碳质长水口的渣线部位镶以耐侵蚀性强的铝碳质材料，使用效果良好。涂抗氧化釉可改善其抗氧化性，采用钢纤维，甚至碳纤维补强，可明显降低裂纹生成的敏感性，适用于多炉连铸工艺，使用寿命达4h以上。

美国1989年开发了锆英石－氧化锆质和氧化铝－氧化锆质复合水口，使用寿命分别达到21次和16次，1991年日本新日铁公司以 Al_2O_3－SiC－C质浇注料为基础，加入人造石墨和碳纤维，生产出用不定型料制作的长水口，均取得良好的使用效果。

（六）浸入式水口用耐火材料

浸入式水口设置在中间包和结晶器之间，用以保护钢液不致氧化和飞溅。浸入式水口应具有良好的抗热震性及外部渣线部位抗侵蚀性并能防止脱氧产物 Al_2O_3 在内壁的沉积造成堵塞。浸入式水口的材质常用的为熔融石英质及铝碳质。熔融石英质水口由于耐侵蚀性较差，不适应多炉连铸及连铸钢种扩大的要求。20世纪90年代以来主要采用铝碳质、铝碳－锆碳质复合式水口，日本还开发了在铝碳质材料的基础上添加AZT、AZTS合成原料的浸入式水口和以 ZrO_2－C补强的复合式水口。

保护渣对浸入式水口外表的侵蚀是影响使用寿命的关键，采用烧结的氧化锆或氧化锆－碳渣线套可保护铝碳质主体不受保护渣的侵蚀，并内镶SiC－C－BN内环以提高其抗侵蚀性能。20世纪90年代初开始开发不吹氩、无堵塞新一代浸入式水口。据报道以 Al_2O_3－Sialon－石墨作内衬的浸入式水口，不吹氩可进行多炉连浇。但不吹氩、无堵塞的新一代浸入式水口仍处于探索攻关阶段。为适应接近最终形状板坯及小方坯连铸的需要，各种新型浸入式水口正在开发。

（七）定径水口用耐火材料

定径水口用于小方坯的浇注，借助出口的孔径来调节浇注速度，因此要求口径处耐冲蚀，基本上保持恒定。定径水口一般用锆英石或氧化锆制造，其中 ZrO_2 含量为60%～95%，亦可用锆英石石墨制造。为保证热震稳定性，采用薄壁结构的镶衬套在水口本体中可降低热应力。20世纪90年代以来国际上已普遍采用具有高致密度的 ZrO_2 镶衬的复合式定径水口。为防止浇注铝含量高的钢种时造成的堵塞，研制了CaO质定径水口与CaO型和 ZrO_2 质镶嵌型的定径水口。为减少钢液的二次氧化，定径水口将逐渐采取浸入式。我国主要是使用 $ZrO_2\cdot ZrSiO_4$ 质定径水口镶衬复合水口，其中 ZrO_2 含量为65%～75%。

（八）展望

由于连续铸钢技术正朝着提高效率、降低能耗、降低成本及扩大浇铸品种的方向发展，因此，对耐火材料提出了新的要求。今后应解决 Al_2O_3 的堵塞问题；开发无需烘烤的铝碳质长水口；研制薄壁异型及超薄壁浸入式水口，以及高级复合滑板，并不断开发高级新型耐火材料。

六、加热炉用耐火材料

加热炉是轧钢或锻钢时用于加热钢坯或小型钢锭的热工设备，使用温度一般为1300～1400℃。随着轧钢机的大型化和高效化，对加热炉提出了更高的要求，其发展趋势是大型、低耗、无公害和操作自动化，筑炉材料也因此发生了较大的变化。从20世纪70年代起，不定型耐火材料相继应用，并逐步得到推广。到80年代后期，烧煤气的加热炉采用结晶氧化铝纤维或硅酸铝纤维制品作为工作层，取得了显著的节能效果。

（一）炉体用耐火材料

炉体由炉墙、炉底和炉顶组成。在炉子一侧端墙安装有端烧嘴，均热段端墙上还有出料门，另一侧端墙上有进料门。侧墙除有炉门和人孔外，加热段侧墙上也安装侧烧嘴；推钢式炉炉底由均热床和水冷管滑道或陶瓷滑轨砖组成，步进式炉炉底则由固定梁（底）和步进梁组成。习惯上所称炉底系指砖砌或不定型耐火材料制作的实炉底。炉顶分为拱顶和平顶两种。炉顶部位受高温、气流冲刷和热应力等因素影响，特别是加热段前部和均热段的炉顶，较易损毁，是整个炉体的薄弱环节。因此，炉顶的寿命，即代表加热炉的使用寿命。

1. *砖砌炉体*

砖砌炉体用隔热砖和耐火砖砌筑的炉衬。炉子绝热层用黏土质或高铝质隔热砖、漂珠砖、硅藻土砖及耐火纤维毡等材料砌筑，厚度为113～300mm。炉墙工作层用黏土质耐火砖砌筑，厚度为230～460mm，开孔洞处可用砖砌拱、用异型砖拼砌或搭盖长条黏土质耐火砖，如炉墙较高需在适当的间距处安设高铝质抗拉砖，以防炉墙倾倒。同时，加热段炉墙底部需加厚，以增加其稳定性。受钢坯碰撞的炉墙较易损毁。烧嘴周围和侧出钢口等开孔洞部位的炉墙，受高温、急冷急热和机械等作用最易损坏。炉底工作层厚度为300～460mm，预热段用黏土质耐火砖砌筑，加热段则用黏土质或高铝质耐火砖砌筑，其上铺一层冶金镁砂以抵抗氧化铁皮渣的侵蚀，也可用镁砖或镁铬砖直接砌筑一层保护层。均热段的实底均热床因受高温炉气和钢坯冲击、移动磨损及渣侵蚀等作用，损毁较快。该部位用高铝砖或镁砖做工作层时，使用寿命约为半年，改用电熔莫来石砖或刚玉砖使用寿命可延长至1年左右。炉顶为砖砌拱顶时，其工作层厚度为230～300mm，并加厚度为120～300mm的隔热砖砌绝热层。采用吊挂平顶时，其工作层厚度为230～250mm，绝热层厚度约为70mm。吊挂平顶用的吊挂砖分为单沟式、单面槽式、双面槽式和夹持式等类型。一般用黏土质吊挂砖，高温区也有用高铝质吊挂砖的。炉顶压下部位常用的异型吊挂砖不需作绝热层。黏土质耐火砖炉顶的使用寿命为1～2年，高铝砖炉顶的寿命略高些。将烧成砖改用不烧高铝质吊挂砖后，使用寿命可提高1倍左右。在正常操作的情况下，轧钢加热炉的使用寿命一般为1～3年，锻钢加热炉因间歇操作，受热应力和机械碰撞等作用大，其使用寿命为3～11个月。

2. *预制块吊装炉体*

预制块系用铝酸盐水泥、磷酸盐低水泥和水玻璃等耐火浇注料制造，如用黏土结合耐火浇注料制作预制块需配有锚固砖。炉顶预制块分为拱形和长条形两种，如配用钢筋，必须安放在非工作层内。

3. 耐火可塑料捣制炉体

耐火可塑料捣制炉体用耐火可塑料捣打制成的安有锚固件的炉衬工作层。在锚固砖或吊挂砖的间隙部位需填充耐火可塑料坯，并用风锤或捣固机捣打密实，包括炉底在内耐火可塑料一般需分层、分段连续施工，并将表面刮毛、扎排气孔和切出膨胀缝。耐火可塑料炉衬的优点是整体性强、烧结性好和高温强度高。因此，炉衬一般不剥落，使用寿命约13年。

4. 耐火浇注料浇灌炉体

耐火浇注料浇灌炉体用耐火浇注料现场浇灌的炉衬工作层。炉墙和炉顶部位的构造与耐火可塑料炉体的相同。锚固砖或吊挂砖安装就位后，从一侧开始布耐火浇注料拌和料，然后用振动器（棒）振动密实，应连续施工、及时养护。1980年之前，一般用高铝水泥或磷酸盐耐火浇注料浇灌炉衬工作层，但高温区域的炉衬工作层易产生结构剥落，影响使用，寿命一般为2～4年。1980年以后，炉体普遍用各种黏土结合或低水泥系列耐火浇注料浇灌炉衬工作层，高温区炉底有时用抗渣蚀的刚玉质、莫来石质或镁铬质耐火浇注料，均热床则用耐磨的耐热钢纤维耐火浇注料进行浇灌。在正常操作的情况下，轧钢加热炉的使用寿命可达4～10年，锻钢加热炉的使用寿命为2～4年。

烧嘴砖是用于各种烧嘴部位的耐火制品，主要起组织火焰的作用。平焰烧嘴安装在炉顶上，其他烧嘴均安装在炉墙上。烧嘴砖呈喇叭口形状，由一块或若干块组成，并镶砌在炉衬内，其中心须与烧嘴中心对准，以保证燃料与空气的有效混合和预热、组织火焰形状并稳定燃烧过程。该砖及其周围的衬体经常遭受高温、温度骤变和气流冲刷等作用，损毁较快。烧煤气用的黏土质烧嘴砖使用寿命1年左右，以重油为燃料时，其寿命仅为3～6个月。改用高铝质或硅线石质烧嘴砖时，使用效果有所改善；在燃煤气加热炉上使用高铝水泥或磷酸盐耐火浇注料制作的烧嘴砖，寿命为1～2年。用刚玉质或莫来石质低水泥系列耐火浇注料制作的烧嘴砖，在燃油加热炉上使用，寿命为6个月至3年。

（二）燃烧室用耐火材料

燃烧室用耐火材料用于烧煤的加热炉，分为往复炉排式和旋风燃烧式等多种形式，一般由底、墙和顶等部分组成。普通燃烧室的衬体通常用黏土砖或高铝砖砌筑，因受使用温度高且温度波动大、熔渣侵蚀和清渣时的机械损伤等影响，其寿命为1年左右。当采用特等高铝熟料、刚玉、莫来石或镁铝尖晶石等耐火浇注料浇灌衬体时，整体性好、不粘渣，使用寿命可延长至1～3年。旋风燃烧室的衬体用高强度、高热导率的碳化硅质耐火浇注料浇灌，使用寿命1～2年。炉腰是燃烧室和加热炉炉膛之间的通道，使用温度1600℃左右，用硅线石砖或刚玉砖砌筑时，其寿命仅0.5年左右。

（三）炉门用耐火材料

炉门用耐火材料用于封闭炉墙上的孔洞，分为侧开式和升降式两种。炉门一般用黏土砖、耐火浇注料或耐火可塑料、高铝质隔热砖或耐火纤维毡等材料作内衬。侧开式炉门可使用一个炉役，升降式炉门因受温度波动和机械碰撞等因素的影响，使用寿命约为1年。

(四) 出钢槽用耐火材料

出钢槽用耐火材料用于侧出钢坯的加热炉。除用水冷铸铁出钢槽外，一般用高铝砖或镁砖砌筑，使用寿命 3 ~6 个月。采用烧结或电熔莫来石质大砖砌筑时，强度高、耐磨性好，但热震稳定性较差，易于崩裂，其寿命 1 年左右。采用耐热钢纤维增强的刚玉质耐火浇注料在现场浇灌成整体出钢槽，使用寿命达 2 年以上。

(五) 陶瓷滑道用耐火材料

小型推钢式加热炉，由棕刚玉 - 碳化硅质滑轨砖组成陶瓷滑道。在炉子长度方向上用耐火砖砌筑两行或四行基墙。在基墙上砌筑高铝质碳化硅座砖，然后安装滑轨砖并组成陶瓷滑道。钢坯在滑道上移动，实现上、下两面加热，具有耗能少、钢坯上无黑印等优点。陶瓷滑道承受高温、钢坯荷重、高温磨损和氧化铁皮渣侵蚀等作用，使用条件较苛刻，其寿命 1 年左右。

(六) 炉底水冷管绝热用耐火材料

大、中型推钢式或步进梁式加热炉，炉底水冷管是由纵向、横向分布的和起支撑作用的厚壁水冷管组成。绝热的目的是降低冷却介质带走的热量、减少钢坯黑印和提高加热质量。其绝热方式分为异型黏土砖镶嵌或马蹄形砖吊挂、耐火可塑料或耐火浇注料制成的焊瓦式预制块焊接及用该料与耐火纤维毡现场包扎等。使用寿命一般为 3 ~12 个月。当采用优质耐火可塑料、超低水泥或无水泥等耐火浇注料进行现场包扎，其使用寿命 1 年以上。

(七) 烟道与烟囱用耐火材料

烟道内衬一般用黏土砖砌筑，也可用耐火浇注料预制块吊砌或现场浇灌，有时也可用耐火喷涂料施工。红砖或混凝土烟囱在高温区域用耐火砖砌筑。金属烟囱内壁焊金属锚固钉，有时加金属网，采用轻质耐火浇注料或耐火喷涂料作内衬，施工方便，整体性强，使用寿命长。

七、炼铝用耐火材料

炼铝工艺过程主要是生产氧化铝，而后将氧化铝电解成金属铝并进行熔炼脱氢纯化处理，最后铸成铝锭。炼铝用的窑炉种类较多，炉子工作温度较低，使用条件较好，一般采用黏土砖和高铝砖等材料作衬体，既可满足生产要求，而且使用寿命较长。

(一) 生产氧化铝用耐火材料

用铝矾土为原料先生产氢氧化铝，然后在 950 ~ 1200℃ 的温度下煅烧，便获得氧化铝。煅烧氢氧化铝的热工设备一般采用回转窑和闪速焙烧炉。

1. 回转窑用耐火材料

回转窑分为预热带、烧成带和冷却带。烧成带的工作温度不高于 1200℃。窑绝热层结构为先靠炉壳铺一层耐火纤维毡，然后用硅藻土砖、黏土质隔热砖或漂珠砖等隔热砖砌筑，也可用体积密度为 $0.8g/cm^3$ 轻质耐火浇注料整体浇灌。预热带工作层用黏土砖砌筑，烧成带工作层用高铝砖、低钙铝酸盐水泥结合高铝质不烧砖或磷酸结合高铝质不烧砖砌筑。冷却带工作层受烧成物料磨损较大，除采用致密黏土砖砌筑外，宜选用磷酸高铝质不烧砖砌筑。

2. 闪速焙烧炉用耐火材料

该炉组由闪速炉、预热炉、停留槽、流态化干燥器和冷却器等部分组成。最高工作温度为1100℃左右，炉体截断面的物料最大流速约为30m/s。炉内物料整个焙烧过程是在高温、高速和不断改变流向的条件下进行的，因此对炉衬产生磨损。该炉衬体一般用高强度硅酸铝质耐火浇注料浇灌，即先在炉壳上焊接耐热钢锚固钉或安装陶瓷锚固件，然后铺一层20mm厚的耐火纤维毡，最后浇灌200~300mm厚的耐火浇注料，经烘炉后即可使用。

3. 氧化铝电解用耐火材料

用氧化铝和冰晶石（Na_3AlF_6）熔剂组成电解质，将电解质溶液装进电解槽通电，在950~970℃的温度下，使其中的氧化铝分解为金属铝和氧。

铝电解槽的非工作层厚度一般为240~400mm，首先靠槽壳铺一层绝热板或耐火纤维毡，接着砌筑黏土质隔热砖或漂珠砖，也可浇灌体积密度为1.0g/cm^{3}的轻质耐火浇注料，最后砌筑普通黏土砖；工作层采用碳质或氮化硅结合碳化硅质耐火材料砌筑，能抵抗铝液的渗透、氟化物和电解质及熔融钠盐的侵蚀，延长使用寿命。槽壁工作层一般用炭砖砌筑，如采用碳化硅砖时，可减薄工作层，有利于扩大槽容量，提高其导热性、抗侵蚀性和机械强度，对高功率或快速冷却的铝电解槽尤为适用。同时，在碳化硅砖层表面上还可形成氧化铝与冰晶石的共熔物，保护槽壁工作层，延长使用寿命。槽底工作层用炭块砌筑，厚400~500mm，其中埋设有金属导体，周围用碳质耐火捣打料捣实而构成阴极内衬。电解槽生产初期，由于热应力作用和炭砖与铝液的化学反应引起砌体体积膨胀，使炭砖拱起或出现裂纹，致使电解质和铝液渗透到阴极内衬，将影响其使用寿命。因此，炭砖砌缝要求较小，以防渗漏。小型电解槽的工作层可用碳质耐火捣打料捣打成整体衬。铝电解槽衬体的平均使用寿命为3~4年。当用碳化硅砖作槽壁，用高效黏结剂砌筑槽底炭砖时，其使用寿命可提高至4~7年。

（二）铝熔炼用耐火材料

炼铝炉主要有反射炉、转筒炉和感应电炉等，操作温度一般为700~1000℃。该类炉子衬体的损毁主要是铝液的渗透和冲刷所致。其衬体一般用黏土砖、高铝砖及刚玉莫来石砖砌筑，也可用高铝质耐火浇注料和耐火可塑料制作，由于使用条件好，炉子寿命较长。

1. 反射炉用耐火材料

该炉分为固定式和倾动式两种，一般采用煤气或重油作燃料。铝的熔炼通常用固定式反射炉。反射炉非工作层用耐火纤维毡和黏土质隔热砖砌筑，熔池以上部位的工作层一般用黏土砖砌筑，也可用高铝质耐火浇注料预制块吊装或在现场进行浇灌或者用高铝质耐火可塑料捣打而成。熔池工作层根据使用要求不同，其材质也不同，一般情况下采用Al_2O_3含量75%以上的高铝砖砌筑，也可用Al_2O_3含量为80%的高铝质耐火浇注料浇灌成整体工作层。当熔炼高纯度金属铝时，熔池工作层宜用高纯度的莫来石砖、锆英石砖或刚玉砖砌筑，放铝口、流铝槽及其衬体，为了抵抗铝液的渗透和侵蚀，一般采用大型碳化硅砖砌筑。保温炉及其熔剂和合金料处理室用的耐火材料与反射炉的基本相同。当用电解铝液做原料时，首先从铝电解槽底部用虹吸管或真空包汲出铝液，然后运到反射炉，从装料口倒入。装料后，边加热边向熔池内吹入氯气进行脱氢处理。虹吸管内衬一般用耐火纤维增强轻质耐火浇注料作绝热层，也可用0.8g/cm^3 的黏土质隔热砖砌筑，其工作层普遍采用致密黏土砖或刚玉砖砌筑。真空包内衬的绝热层与虹吸管的相同，其工作层用优质黏土砖或高铝砖砌筑。在正常操作的情况下，反射炉及保温炉的使用寿命一般为2～5年。

2. 转筒炉用耐火材料

该炉非工作层用黏土质隔热砖或漂珠砖砌筑，也可用体积密度为1.0g/cm^3 的轻质耐火浇注料浇灌或做成预制块砌筑；工作层用致密黏土砖或Al_2O_3 含量大于55%的高铝砖砌筑。转筒炉炉龄一般为300～500炉次。当添加盐类熔剂熔炼铝块时，因化学侵蚀加剧，其炉龄有所降低。

3. 感应电炉用耐火材料

该炉炉衬一般用黏土砖或三等高铝砖砌筑。炉底有时先用高铝质耐火浇注料浇灌基层，然后再砌高铝砖。感应电炉容量小于10t时，其衬体可用Al_2O_3 含量约为75%的高铝质耐火浇注料或耐火捣打料制作，也可用刚玉质耐火浇注料或干式振动料。炉子感应器线圈周围的衬体，一般采用刚玉质耐火浇注料整体浇灌或用干式振动料振动密实。由于原料种类和操作条件的不同，炉子使用寿命也有差异，一般炉龄为0.5～4.0年。在使用期间，线圈周围的衬体等易损部位应进行1～5次小修。

4. 保温炉及铝水罐用耐火材料

铝保温炉分为槽形感应炉、电阻加热池式炉和煤气膛式炉等。该类设备因工作温度较低，一般用黏土砖等材料作衬体，也获得了较高的使用寿命。

（1）槽形感应炉用耐火材料。该炉的衬体结构为先靠炉壳铺10mm厚的石棉板或耐火纤维毡，再砌筑黏土质隔热砖或漂珠砖作绝热层；炉子的工作层和线圈周围衬体普遍采用黏土质耐火捣打料捣制，也可用黏土质耐火浇注料现场浇灌。大型槽形感应炉的工作层，也可用Al_2O_3 含量大于55%的高铝砖砌筑。

（2）电阻加热池式炉用耐火材料。该炉非工作层用黏土质隔热砖、漂珠砖或隔热板砌筑，也可用体积密度为0.8g/cm^3 的轻质耐火浇注料整体浇灌；熔池工作层采用Al_2O_3 含量约为80%的高铝砖砌筑，也可用体积密度为2.4g/cm^3 的高铝质耐火浇注料浇灌。熔池以上部位的工作层一般用黏土砖或耐火浇注料预制块砌筑，也可用高铝质耐火可塑料捣制。

（3）煤气膛式炉用耐火材料。该炉由炉底、炉墙和炉顶组成。可单独使用，为了节约能源，便于管理，也可与炼铝反射炉联合使用。其炉衬材质为黏土砖和高铝砖。

（4）铝水罐用耐火材料。铝水罐是用于盛装铝液、运输和浇注的热工设备。该罐壁非工作层用黏土质隔热砖砌筑，也可用体积密度为1.5g/cm^3 的轻质耐火浇注料浇灌。其工作层则用黏土质或高铝质衬砖砌筑，也可用氧化铝空心球耐火浇注料整体浇灌；槽底采用高铝质衬砖砌筑，或用刚玉质耐火浇注料整体浇灌，其表面涂抹耐火涂抹料作保护层。铸口因受铝液的冲刷和侵蚀，一般用碳化硅砖、刚玉砖或熔融石英砖砌筑。我国普遍用塞棒装置控制铝水罐铝液的浇注。世界大多数国家采用滑动水口装置节流铝水罐铝液。滑动水口的滑板砖用Al_2O_3 含量为90%的高铝质材料或ZrO_2 含量大于65%的锆质材料制作，使用前需涂抹石墨粉并进行预热，以防止铝液的渗透和冷凝。滑板砖的使用寿命一般为10次左右。

✵ 任务实施

筑炉材料的选用

一、主要材料、工具及设备

冶金企业的轧钢车间加热炉工段。

二、筑炉材料的选用

加热炉的使用温度一般为1300～1400℃。

（1）预热段、加热段和均热段炉顶、炉底、炉墙耐火材料、隔热材料的选择；

（2）水冷管包扎层耐火材料的选择；

（3）烧嘴周围和侧出钢口开孔洞处耐火材料的选择；

（4）均热段的实底均热床耐火材料的选择。

✵ 任务总结

加热炉砌筑材料对加热炉的使用寿命和工作参数有着决定性的影响，了解各种耐火材料的使用情况是加热炉维修、维护人员必备的知识。通过学习或操作，应掌握常用耐火材料的选取方法，掌握轧钢企业加热炉砌体操作要点。能够在加热炉维修时合理进行砌筑操作，成为一名合格的加热炉维护人员。

✵ 任务评价

<table>
<tr><td colspan="4">学习领域名称</td><td colspan="4">筑炉材料的选用</td></tr>
<tr><td rowspan="2">开始时间</td><td rowspan="2"></td><td rowspan="2">结束时间</td><td rowspan="2"></td><td>学生签字</td><td colspan="3"></td></tr>
<tr><td>教师签字</td><td colspan="3"></td></tr>
<tr><td colspan="2">项　目</td><td colspan="4">技　术　要　求</td><td>分值</td><td>得分</td></tr>
<tr><td colspan="2">筑炉材料的选用</td><td colspan="4">（1）方法得当
（2）操作规范
（3）正确使用工具与设备
（4）团队合作</td><td></td><td></td></tr>
<tr><td colspan="2">任务实施报告单</td><td colspan="4">（1）书写规范整齐，内容翔实具体
（2）实训结果和数据记录准确、全面，并能正确分析
（3）回答问题正确、完整
（4）团队精神考核</td><td></td><td></td></tr>
</table>

思考与练习题

1. 高炉用耐火材料损毁的原因主要有哪些，高炉各部位主要选用哪些耐火材料？
2. 由于风温的提高，操作条件的苛刻，热风炉对所用耐火材料有哪些更严格的要求？

3. 热风炉各部位主要选用哪些耐火材料？
4. 简述转炉各部位炉衬的工作条件及采用的耐火材料。
5. 转炉炉衬损毁原因大体上可分为哪几个方面，维护方法有哪些？
6. 为什么电炉炉龄就是指电炉炉顶的使用寿命？
7. 简述电炉各部位炉衬的工作条件及采用的耐火材料。
8. 连铸用功能耐火材料包括哪些内容，各起什么作用，它们的主要材质是什么？
9. 简述加热炉各部位使用的耐火材料。
10. 简述炼铝工艺中，哪些环节使用耐火材料，使用什么耐火材料？

情境四

新能源的合理利用

任务一　新能源简介

任务描述

随着不可再生资源的消耗和生态环境保护的要求，新能源的研究近几年在飞速发展，能源问题已成为全世界人们日益关注的焦点问题。冶金企业如何有效地利用能源，降低燃耗是摆在我们面前的一道重要课题。本任务将介绍能源的种类及能源与环境的关系。

能力目标

掌握新能源的种类，学会在减少污染的情况下，合理选择、有效利用新能源。

知识目标

掌握能源的定义、种类及能源利用与环境影响的关系。

相关资讯

一、能源的定义及种类

（一）能源的定义

凡是能够提供各种能量（如热能、机械能、电能、光能等）的资源统称为能源，能源是人类生存的基本条件和人类社会发展的原动力，能源技术的每次进步都带动了人类社会的发展。随着煤炭、石油和天然气等化石燃料资源面临不可再生的消耗和生态环境保护的需要，能源问题已成为人们日益关注的焦点问题。新能源的开发将促进世界能源结构的转变，新能源技术的日臻成熟将带来产业领域的革命性变化。

（二）能源的种类

能源的种类很多，各种固体燃料、液体燃料、气体燃料以及太阳能、风能、地热能等都是能源。能源分为一次能源和二次能源。一次能源是指直接取自自然界没有经过加工转换的各种能量和资源，如原煤、石油、天然气、油页岩、核裂变燃料、太阳能、生物质能、水力、风能、地热能、海洋能、潮汐能等。一次能源可以进一步分为再生能源和非再生能源两大类。再生能源包括太阳能、水能、风能、生物质能、波浪能、潮汐能、海洋温差能等，它们在自然界可以循环再生。而非再生能源包括原煤、原油、天然气、油页岩、核能等，用完后不能再生。由一次能源经过加工转换后得到的能源产品，称为二次能源，例如：电力、蒸汽、煤气、汽油、柴油、重油、液化石油气、酒精、沼气、氢气和焦炭压缩空气等。

按使用的广泛程度不同，一次能源又可分为新能源与常规能源两类。常规能源指已在生产和生活中广泛使用的能源，如原煤、石油、天然气、水力、核裂变燃料等。新能源是一个相对的概念，随着时代的发展，新能源的内涵不断变化和更新。目前，新能源主要包括太阳能、氢能、核能、化学能、生物质能、风能、地热能和海洋能等。新能源的分布广、储量大、清洁环保，将为人类提供发展的动力。实现新能源的利用需要新技术支撑，新能源技术是人类开发新能源的基础和保障。新能源的开发是解决能源危机和环境保护问题的金钥匙。

1. 太阳能

太阳能是人类最主要的可再生能源。太阳每年输出的总能量为 3.75×10^{26} W，到达地球的大约是其总能量的22亿分之一，即有 1.73×10^{17} W 的能量到达地球范围内，其中辐射到地球陆地上的能量大约为 8.5×10^{16} W。这个数量远大于人类目前消耗的能量的总和，相当于 1.7×10^{18} t 标准煤。

太阳能利用技术主要包括太阳能－热能转换技术，即通过转换装置将太阳辐射能转换为热能加以利用，例如太阳能热发电、太阳能采暖技术、太阳能制冷与空调技术、太阳能热水系统、太阳能干燥系统、太阳灶和太阳房等；太阳能－光电转换技术，即太阳能电池，包括应用广泛的半导体太阳能电池和光化学电池的制备技术；太阳能－化学能转化技术，例如光化学作用、光合作用和光电转换等。

2. 氢能

氢是未来最理想的二次能源。氢以化合物的形式储存在地球上最广泛的物质水中，如果把海水中的氢全部提取出来，总热量是地球现有化石燃料的9000倍。

氢能利用技术包括氢提纯技术和氢储存与输运技术。制氢技术范围很广，包括化石燃料制氢技术、电解水制氢、固体聚合物电解质电解制氢、高温水蒸气电解制氢、生物制氢技术、热化学分解水制氢及甲醇重整、H_2S 分解制氢等。氢的储存是氢能利用的重要保障，主要技术包括液化储氢、压缩氢气储存、金属氢化物储氢、配位氢化物储氢、物理吸附储氢、有机物储氢和玻璃微球储氢等。氢的应用技术主要包括燃料电池、燃气轮机（蒸汽轮机）发电、MH/Ni 电池、内燃机和火箭发动机等。

3. 核能

核能是原子核结构发生变化时放出的能量，核能释放包括核裂变和核聚变。核裂变所用原料铀1g就可释放相当于30t煤的能量。而核聚变所用的氘仅用560t就可以为全世界提供一年消耗的能源。海洋中氘的储量可供人类使用几十亿年，同样是取之不尽，用之不竭的清洁能源。

自20世纪50年代第一座核电站诞生以来，全球核裂变发电迅速发展，核电技术不断完善，各种类型的反应堆相继出现，如压水堆、沸水堆、重水堆、石墨堆、气冷堆及快中子堆等，其中，以轻水（H_2O）作为慢化剂和载热剂的轻水反应堆（包括压水堆和沸水堆）应用最多，技术相对完善。人类实现核聚变并进行控制的难度非常大，采用等离子体最有希望实现核聚变反应。将等离子体加热到点火温度，采用一定的装置和方法来控制反应物的密度和维持此密度的时间，目前人们使用得最多的是应用磁约束和惯性约束。

4. 生物质能

生物质能目前占世界能源消耗量的14%。估计地球每年植物光合作用固定的碳达2×10^{12}t，含能量3×10^{21}J。地球上的植物每年生产的能量是目前人类消耗矿物能的20倍。

生物质能的开发利用在许多国家得到高度重视，生物质能有可能成为未来可持续能源系统的主要成员，扩大其利用是减排CO_2的最重要的途径。生物质能的开发技术有生物质气化技术、生物质固化技术、生物质热解技术、生物质液化技术和沼气技术等。

5. 化学能源

化学能源实际是直接把化学能转变为低压直流电能的装置，也叫电池。化学能源已经成为国民经济中不可缺少的重要组成部分，同时化学能源还将承担其他新能源的储存功能。

化学电能技术即电池制备技术，目前对以下几种电池的研究最活跃并具有发展前景：金属氢化物-镍电池、锂离子二次电池、燃料电池（包括碱性燃料电池，简称AFC；质子交换膜燃料电池，简称PEMFC；磷酸燃料电池，简称PAFC；熔融碳酸盐燃料电池，简称MCFC；固体氧化物燃料电池，简称SOFC）和铝电池。

6. 风能、海洋能、地热能

风能是大气流动的动能，是来源于太阳能的可再生能源。估计全球风能储量为10^{14} MW，如有千万分之一被人类利用，就有10^6MW可利用风能，这是全球目前的电能总需求量，也是水利资源可利用量的10倍。风能应用技术主要为风力发电，如海上风力发电、小型风机系统和涡轮风力发电等。

地热能是来自地球深处的可再生能源。全世界地热资源总量大约1.45×10^{26}J，相当于全球煤热能的1.7亿倍，是分布广、洁净、热流密度大、使用方便的新能源。地热开发技术集中在地热发电、地热采暖、供热和供热水的技术。

海洋能是依附在海水中的可再生能源，包括：潮汐能、潮流、海流、波浪、海水温差和海水盐差能。估计全世界海洋能的理论可再生量为7.6×10^{13}W，相当于目前人类对电能的总需求量。海洋能作为一种特殊的能源，它的能量主要来自潮汐、涌流和波涛的冲击力，温度差及海水中溶解的化学成分。在上述能源中，目前仅有潮汐能被大规模利用，即潮汐能发电技术。波浪能发电、温差能发电和盐差能发电技术仍处于研发阶段。

7. 可燃冰

可燃冰是天然气的水合物。它在海底分布范围占海洋总面积的10%，相当于4000万平方公里，它的储量够人类使用1000年。

二、能源利用对环境的影响

通常，任何一种能源的开发和利用都给环境造成了一定的影响。例如：水能开发利用可能造成地面沉降、地震、上下游生态系统显著变化等；地热能的开发利用能引起地面下沉，使地下水或地表水受到氯化物、硫酸盐、碳酸盐、二氧化硅的污染，水质发生变化等。在诸多的能源中以不可再生能源引起的环境影响最为严重和显著，它们在开采、运输、加工、利用等环节都会对环境产生严重影响。它们给环境带来的问题主要有以下几方面：

（1）城市大气污染：一次能源利用过程中，产生大量的 CO、SO_2、NO_x、TSP 及多种芳烃化合物，已对一些国家的城市造成了十分严重的污染，不仅导致对生态的破坏，而且损害人体健康。我国大气污染造成的损失每年达 120 亿元人民币。如果考虑一次能源开采、运输和加工过程中的不良影响，造成的损失更为严重。

（2）矿物燃料的燃烧，使大气 CO_2 浓度增加，温室效应增强。CO_2 等温室效应气体吸收红外线，将太阳热积蓄在地表附近的空气中，使地球气温逐渐升高，极地温度可能上升导致海平面升高，将对全球许多国家的经济、社会产生严重影响。

（3）酸雨：化石能源燃烧产生的大量 SO_2 和 NO_x 等污染物通过大气传输，在一定条件下形成大面积酸雨，改变酸雨覆盖区的土壤性质，危害农作物和森林生态系统；改变湖泊水库的酸度，破坏水生生态系统；腐蚀材料，造成重大经济损失。酸雨还可导致地区气候改变，造成难以估量的后果。

（4）核废料问题：发展核能技术，尽管在反应堆方面已有了安全保障，但是，世界范围内民用核能计划的实施，已产生了上千吨的核废料。这些核废料的最终处理问题并没有完全解决。这些废料在数百年里仍将保持着有危害的放射性。

随着人民生活水平的提高，能源消费日益增长，能源供应不足，价格不断上涨。由于矿物能源的有限性和污染性，可再生能源的利用与研究已引起广泛的重视，各种能源形式的开发应用和生态环境的变化，与人类可持续发展息息相关。

✹ 任务实施

新能源介绍

一、主要设备

多媒体计算机。

二、收集资料

通过网络学习了解当今新能源的种类、应用领域及对环境的影响。

✹ 任务总结

我国地大物博，是一个能源资源比较丰富的国家。合理利用能源和合理开发能源对节能降耗起到积极的作用，保护环境、造福人类是每个能源工作者应尽的义务。

任务评价

<table>
<tr><td colspan="4">学习领域名称</td><td colspan="4">新能源介绍</td></tr>
<tr><td rowspan="2">开始时间</td><td rowspan="2"></td><td rowspan="2">结束时间</td><td rowspan="2"></td><td>学生签字</td><td colspan="3"></td></tr>
<tr><td>教师签字</td><td colspan="3"></td></tr>
<tr><td colspan="2">项　目</td><td colspan="4">技　术　要　求</td><td>分值</td><td>得分</td></tr>
<tr><td colspan="2">新能源的种类及合理利用</td><td colspan="4">（1）方法得当
（2）操作规范
（3）正确使用工具与设备
（4）团队合作</td><td></td><td></td></tr>
<tr><td colspan="2">任务实施报告单</td><td colspan="4">（1）书写规范整齐，内容翔实具体
（2）实训结果和数据记录准确、全面，并能正确分析
（3）回答问题正确、完整
（4）团队精神考核</td><td></td><td></td></tr>
</table>

思考与练习题

1. 目前主要有哪些新能源，各有何特点？
2. 能源利用会产生哪些污染，如何防治？

任务二　冶金企业节能

任务描述

冶金企业如何有效地利用能源，降低燃耗是摆在我们面前的一道重要课题。本任务将介绍炼焦、冶炼和轧钢加热炉能源的应用。

能力目标

掌握新能源在冶金企业中的应用，学会在减少污染的情况下，合理选择、有效利用新能源。

知识目标

掌握干法熄焦节能技术、炼铁系统高炉煤气余压发电、炼钢系统转炉煤气回收利用、轧钢加热炉的节能知识。

相关资讯

一、干法熄焦节能技术

在钢铁企业中，焦炉是能源加工和转换设备，它不仅提供了炼铁所需的焦炭，而且是企业高热值气体燃料——焦炉煤气的生产设备。干法熄焦是钢铁工业重大节能环保技术，是一种替代湿熄焦的熄焦技术。在焦炉中，成熟焦炭的排出温度为950～1100℃，具有物理显热约1.48GJ/t，相当于炼焦过程消耗热量的60%。为了防止红焦的燃烧氧化，必须将其熄灭冷却。在熄焦过程中，不用水，而是利用惰性气体（或废烟气）将红焦冷却熄灭，并回收其热量，此即为干法熄焦，其英文名称为coke dry quenching，简称为CDQ。

干法熄焦与用水直接进行湿法熄焦相比，可回收焦炭显热，红焦80%的显热被回收利用，每吨焦炭余热可生产0.4～0.5t的中压蒸汽。干法熄焦不用水直接冷却焦炭，因而不会向大气排放含有焦粉、焦油、腐蚀性物质的脏蒸气，从而改善环境质量。在湿法熄焦过程中，红焦被水急剧冷却，由于热应力的作用，焦炭内部产生大量细微裂纹，降低了焦炭的机械强度；在干法熄焦过程中，红焦被缓慢冷却，内部热应力小，热反应性低，焦炭强度特别是热强度得到提高，从而改善了高炉料柱的透气性，有利于高炉的顺行和增加喷煤量。

干熄焦的工艺过程是将红焦装入熄焦塔，利用惰性气体自下而上、红热焦炭自上而下的逆向运动，使焦炭从850～950℃高温，逐渐冷却到150～250℃，同时惰性气体从200℃被加热到800℃左右；从熄焦塔上部排出的热气流经过一次沉降除尘后进入余热锅炉；在锅炉中，水被热气流加热产生蒸汽，同时气流被冷却到180～200℃；经二次除尘后，低温气流被循环风机重新送入熄焦塔下部，进行新的一轮循环；熄焦塔中的焦炭逐步冷却到200℃左右，最后从熄焦塔下部排出外运。

二、炼铁系统高炉煤气余压发电

高炉是生产生铁的主要设备，提高高炉炉内压力，可以促进高炉顺行，降低单位产品的燃料消耗，因此，大型高炉均采用此项技术措施。高压高炉煤气除具有化学能外，还因其温度、压力而具有一定的物理能，见表4.2.1。

表4.2.1　高炉煤气所具有的能量（标准状态下）

能量名称	条　件	数值/$MJ \cdot m^{-3}$
化学能		3.14～3.56
物理热能	200℃	0.28
压力能	0.15MPa	0.11

我国重点钢铁企业吨铁煤气发生量约为1770～1850m^3，压力能约为0.195～0.2GJ（0.15MPa）。利用高炉煤气的压力推动膨胀透平发电是一项重要的节能技术措施。这一技术的英文名称为top-pressure recovery turbine，简称为TRT。

高炉煤气压差发电设备是一种膨胀透平机－发电机组。高压煤气流通过喷嘴喷入膨胀透平机，气流冲击叶片做功后流出机外，气体原有的压力能经过不可逆绝热膨胀使透平机转动，从而带动发电机输出电力。由于煤气膨胀过程中存在散热损失、机械损失以及蒸汽冷凝相变等能量损失，故煤气膨胀过程是一个不可逆绝热膨胀过程。在高炉及余压发电设备一定时，透平进口的煤气压力和温度是发电功率的决定性因素。

高炉煤气余压发电装置是一种不消耗燃料、无污染及无公害的发电设备，充分利用以往“放掉”的煤气压力，在高炉运行过程中实现“铁电联产”，高炉煤气从减压阀组前的三通处引入TRT装置，煤气经过各种阀门进入透平主机，煤气膨胀做功带动发电机发电。在发电过程中，只利用煤气的压力能，不消耗煤气的化学能。做功后的低压煤气经透平出口液压插板阀回到净煤气总管供全厂使用。

三、炼钢系统转炉煤气回收利用

在转炉内把铁水炼成钢水的过程，主要是降碳、升温、脱磷、脱硫以及脱氧和合金化等高温物理化学反应过程，其工艺操作是控制供氧、造渣、温度及加入合金料等，以获得所要求的钢液并浇注成钢锭或连铸坯。转炉冶炼过程中，生铁所含的碳元素被氧化生成高温转炉炉气，炉气成分中CO约占65%～80%，CO_2 5%～7%以及少量的N_2和微量的O_2；炉气的出炉平均温度在1450℃左右；炉尘含量约为150～200g/m^3。在炼钢过程中，吨铁（碳含量为4.2%）产生热值为8370kJ/m^3的煤气110～120m^3，所含热量几乎占炼钢过程放出能量的80%，因此回收转炉煤气的能量可大幅度降低转炉炼钢工序能耗，并有利于保护环境。

炼钢过程需要有足够的能量输入才能完成，通常要消耗电力、氧气、燃气、惰性气体、压缩空气以及水、蒸汽等。在吹炼过程中，碳氧反应是冶炼过程始终存在的一个重要反应，其化学反应式为：

$$2C + O_2 \longrightarrow 2CO\uparrow$$

$$2C + 2O_2 \longrightarrow 2CO_2\uparrow$$

$$2CO + O_2 \longrightarrow 2CO_2 \uparrow$$

在冶炼过程中炉内处于高温，炼钢过程中释放出的能量是以高温煤气为载体，若以热能加以度量分析，具体表现为潜热占83.6%，显热占16.4%，煤气所拥有的能量占总热量的绝大部分。

炼钢工序能耗是按生产出每吨合格产品（钢锭或连铸坯）所用的各种能量之和扣除相应回收的能量（标煤）进行计算的。消耗能量大于回收能量时，耗能为正值；消耗能量－回收能量＝0时（称“零”能炼钢）；消耗能量小于回收能量时，耗能为负值（称“负”能炼钢）。

实现负能炼钢的主要技术途径：

（1）采用新技术系统集成，提高煤气回收的质量与数量；

（2）采用交流变频调速新技术，降低炼钢工序大功率电动机的电力消耗；

（3）改进炼钢（包括连铸等）操作水平，降低物料、燃料消耗；

（4）提高管理水平及人员素质，保证安全、正常、稳定生产。

转炉负能炼钢是先进炼钢技术的重要标志之一，是炼钢工艺、装备、操作以及管理诸方面先进水平的综合体现，也是节能降耗、降低生产成本、提高企业竞争力的主要技术措施。

四、轧钢加热炉的节能

由于能源紧缺，节能已提到极重要的地位上来了。世界各国以及我国在加热炉节能方面做了大量工作。

加热炉的节能方法在生产实践中有很多，此处做一综合评述。加热炉的节能大致可以从如下几个方面考虑。

（1）控制燃烧过程中燃料量与空气量的合理比例。燃料燃烧时供给的空气量比理论空气消耗量过多或过少都对炉子的节能有不利的影响。

首先，不正确的配比降低了燃烧温度，使炉子产量降低，进而使燃料消耗量增加。从燃烧计算中得知，过大的空气量使烟气量增加，因而降低燃烧温度。过小的空气量使燃烧不够完全，增加了烟气中的化学热，更加显著地降低了燃烧温度。图4.2.1绘出了烧重油时空气消耗系数与燃烧温度的关系。

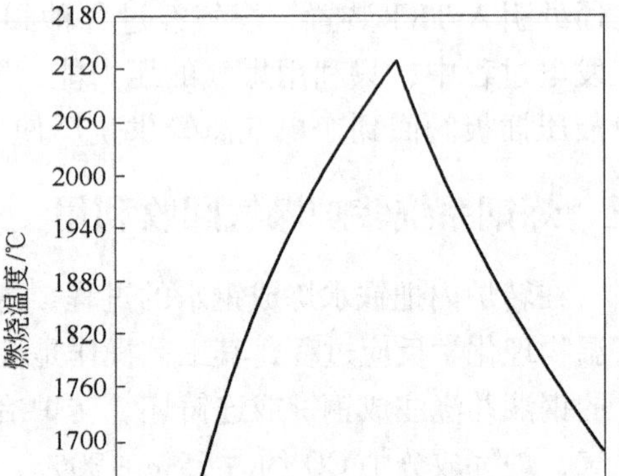

图4.2.1　空气消耗系数与燃烧温度的关系

其次，过多的空气量使烟气带走的物理热大大增加，从而造成燃料消耗量增加。空气消耗系数与烟气带走的热损失之间的关系，如图4.2.2的右侧部分所示。应该指出，过小的空气消耗系数不但对节能不利，而且还因逸出大量CO造成对环境的污染。

（2）利用烟气预热炉料、空气或煤气，降低烟气离炉温度。烟气离炉温度越低，烟气带走的物理热损失越少，其他条件相同时，消耗的燃料也越少。

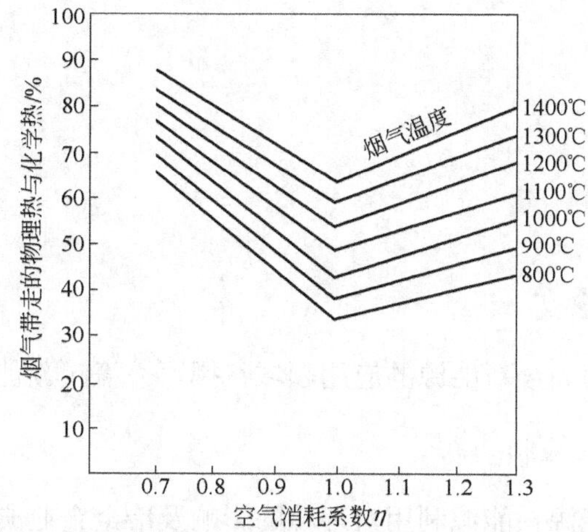

图 4.2.2　空气消耗系数与烟气带走的物理热及化学热的关系

1）预热炉料。将室状炉改为连续炉延长连续炉的预热段，可以大大降低烟气离炉温度。

2）预热空气及煤气。预热空气或煤气，相当于向炉内多提供一些热量，而这部分热量是从烟气中回收而得到的，这对降低成本、节约能源是十分有利的。空气及煤气预热后还能提高燃烧温度，增加产量，甚至可以在高温炉上应用低发热量燃料。

（3）采用新型材料减少炉墙散热及蓄热损失。从热平衡中看出，通过炉墙要向外散失热量造成热损失。若采用轻质耐火材料、绝热材料、耐火纤维等，可以大大降低此项热损失。对于间歇操作的炉子，这项措施的节能意义更大，因为它不仅减少了散热，而且大大降低了蓄热量，炉子升温快，节能显著。

（4）适当降低加热工件的出炉温度和充分利用工件余热。在不影响加热工件的加工性能及加热质量的条件下，适当降低加热工件的出炉温度，可以不费力地、明显地节约燃料。

对于需要二次加热或即刻进行热处理的工件，充分利用余热可以节约大量能源。例如装热钢料的均热炉、连铸坯的再热炉、管坯再热炉、锻件余热淬火、钢丝余热处理等，提高入炉时工件温度都能收到很好的节能效果。

（5）尽可能地减少炉内水冷件，对水冷件进行绝热包扎。按理，炉内是不应设置水冷件的，但是由于耐火材料不能满足使用要求，使局部地方及构件不得不采用水冷件以解决强度、耐磨性、抗渣性及耐急冷争热性等问题。

为了减少炉内的热量损失，应该尽可能地减少炉内水冷件，特别是与加热工件直接接触的水冷件必须坚决设法除掉，因为它不仅造成对工件加热不均、裂纹等质量缺陷，而且这些水冷件吸收的热量是经过加热工件传给的，是经过热效率折扣过的，其热量更加宝贵。

以上所提到的问题，都是加热炉节能行之有效的措施。值得提出的是，加强管理、改进操作必须引起足够的重视，才能收到节能的效果。我国冶金热能赴美考察组，对美国轧钢加热炉进行了考察，他们的节能工作主要是操作上的改进：进行水冷滑道的绝热包扎；设置无加热的预热段；进行钢料表面温度控制等，这里面有技术问题，也有管理和操作方面的问题。

任务实施

新能源利用

一、实训场所

冶金工矿企业。

二、收集资料、撰写论文

通过到企业学习了解当今新能源的应用领域，撰写一篇《新能源的应用》论文。

任务总结

本章主要介绍了新能源、能源利用对环境的影响及冶金企业典型节能技术。新能源主要包括太阳能、氢能、核能、化学能、生物质能、风能、地热能和海洋能等，新能源的开发和利用是解决能源危机和环境保护问题的有效途径。能源的利用对环境造成的影响主要有大气污染、酸雨、温室效应和放射性污染等。

冶金企业典型节能技术有干熄焦节能技术、高炉煤气余压发电技术和转炉煤气回收利用技术，这些节能技术为冶金企业带来了显著的经济效益。

任务评价

<table>
<tr><td colspan="4">学习领域名称</td><td colspan="3">新能源利用</td></tr>
<tr><td rowspan="2">开始时间</td><td rowspan="2"></td><td rowspan="2">结束时间</td><td rowspan="2"></td><td>学生签字</td><td colspan="2"></td></tr>
<tr><td>教师签字</td><td colspan="2"></td></tr>
<tr><td colspan="2">项　目</td><td colspan="3">技　术　要　求</td><td>分值</td><td>得分</td></tr>
<tr><td colspan="2">新能源利用方式</td><td colspan="3">（1）方法得当
（2）操作规范
（3）正确使用工具与设备
（4）团队合作</td><td></td><td></td></tr>
<tr><td colspan="2">任务实施报告单</td><td colspan="3">（1）书写规范整齐，内容翔实具体
（2）实训结果和数据记录准确、全面，并能正确分析
（3）回答问题正确、完整
（4）团队精神考核</td><td></td><td></td></tr>
</table>

思考与练习题

1. 何谓干熄焦节能技术，其节能效果和前景如何？
2. 何谓高炉煤气余压发电技术，其节能效果和前景如何？
3. 转炉煤气回收利用技术有哪些，如何实现转炉负能炼钢？
4. 加热炉的节能措施有哪些？

附　　录

附表 1　常用耐火材料的导热系数和 b 值

材料名称	λ/W·(m·℃)$^{-1}$	b	材料名称	λ/W·(m·℃)$^{-1}$	b
镁砖	6.16	−0.00267	铬镁砖	1.98	0
硅砖	0.81	+0.000756	炭砖	2.34	+0.0349
黏土砖	0.70	+0.00064	石棉	0.157	+0.000186
红砖	0.47	+0.00512	矿渣棉	0.052	0
泡沫黏土砖（轻质砖）	0.23	+0.000233	粉煤灰泡沫砖	0.099	+0.000198
硅藻土砖	0.12	+0.000186	水泥泡沫砖	0.100	+0.000198
高铝砖	1.52	−0.000161			

附表 2　某些液体的导热系数

名　称	温度/℃	λ/W·(m·℃)$^{-1}$	名　称		温度/℃	λ/W·(m·℃)$^{-1}$
水	0	0.551	水		300	0.540
	20	0.559	重油		22	0.1185
	50	0.648			100	0.1105
	100	0.683	焦油	重	30	0.174
	150	0.684		轻	30	0.116
	200	0.663	煤油		0	0.121
	250	0.618			200	0.090

附表 3　常用气体的导热系数

名称	在下列温度时导热系数 λ 值（$\times10^2$）/W·(m·℃)$^{-1}$												
	0	100	200	300	400	500	600	700	800	900	1000	1100	1200
空气	2.43	3.14	3.83	4.45	5.16	5.70	6.21	6.68	7.06	7.41	7.70	8.02	8.43
氧气	2.46	3.28	4.06	4.80	5.49	6.15	6.73	7.27	7.77	8.18	8.57	9.36	9.82
烟气	2.28	3.13	4.01	4.84	5.70	6.56	7.42	8.27	9.15	10.0	10.9	11.7	12.6
蒸汽		2.30	3.34	4.41	5.58	6.83	8.16	9.54	11.0	14.05	14.05		

附表 4　气体的平均比热容　（kJ/(m^3·℃)）

温度/℃	O_2	N_2	CO	H_2	CO_2	H_2O	SO_2	CH_4	C_2H_4	空气	烟气
0	1.3063	1.2937	1.2979	1.2770	1.5994	1.4947	1.7233	1.5491	1.8255	1.2979	1.4235
100	1.3188	1.2979	1.3021	1.2895	1.7082	1.5073	1.8129	1.6412	2.0641	1.3021	

续附表 4

温度/℃	O_2	N_2	CO	H_2	CO_2	H_2O	SO_2	CH_4	C_2H_4	空气	烟气
200	1.3365	1.3021	1.3063	1.2979	1.7878	1.5240	1.8883	1.7585	2.2818	1.3063	1.4235
300	1.3565	1.3063	1.3147	1.3000	1.8631	1.5407	1.9552	1.8883	2.4953	1.3147	
400	1.3775	1.3147	1.3272	1.3021	1.9301	1.5659	2.0180	2.0139	2.6879	1.3272	1.4570
500	1.3984	1.3272	1.3440	1.3063	1.9887	1.5901	2.0683	2.1395	2.8638	1.3440	
600	1.4151	1.3398	1.3565	1.3105	2.0432	1.6161	2.1143	2.2609	3.0271	1.3565	1.4905
700	1.4361	1.3523	1.3733	1.3147	2.0850	1.6412	2.1520	2.3781	3.1694	1.3691	
800	1.4486	1.3649	1.3858	1.3188	2.1311	1.6664	2.1813	2.4953	3.3076	1.3816	1.5198
900	1.4654	1.3775	1.3984	1.3230	2.1688	1.6957	2.2148	2.6000	3.4322	1.3984	
1000	1.4779	1.3900	1.4151	1.3314	2.2023	1.7250	2.2358	2.7005	3.5462	1.4110	1.5449
1100	1.4905	1.4026	1.4235	1.3356	2.2358	1.7502	2.2609	2.7884	3.6551	1.4235	
1200	1.5031	1.4151	1.4361	1.3440	2.2651	1.7752	2.2776	2.8638	3.7514	1.4319	1.5659
1300	1.5114	1.4235	1.4486	1.3523	2.2902	1.8045	2.2986	2.8889	3.7514	1.4445	
1400	1.5198	1.4361	1.4570	1.3606	2.3143	1.8296	2.3195	2.9601		1.4528	1.5910
1500	1.5282	1.4445	1.4654	1.3691	2.3362	1.8548	2.3404	3.0312		1.4696	
1600	1.5336	1.4528	1.4738	1.3733	2.3572	1.8784	2.3614			1.4779	1.6161
1700	1.5449	1.4612	1.4831	1.3186	2.3739	1.9008	2.3823			1.4863	
1800	1.5533	1.4696	1.4905	1.3900	2.3907	1.9217				1.4947	1.6412
1900	1.5617	1.4738	1.4989	1.3984	2.4074	1.9427				1.4989	
2000	1.5701	1.4831	1.5031	1.4068	2.4242	1.9636				1.5073	1.6663

附表 5　物理量换算

<table>
<tr><th rowspan="2">物理量名称</th><th rowspan="2">符号</th><th colspan="2">换算关系</th></tr>
<tr><th>国际单位制</th><th>工程单位制</th></tr>
<tr><td rowspan="2">压力</td><td rowspan="2">p</td><td>Pa（N/m^2）</td><td>物理大气压
工程大气压（kg/mm^2）
毫米水柱
毫米汞柱</td></tr>
<tr><td colspan="2">1 物理大气压 = 760mmHg = 10332mmH_2O = 101326Pa
1 工程大气压 = 98066.5Pa = 0.968 物理大气压
1mmH_2O = 9.81Pa
1mmHg = 133.32Pa</td></tr>
<tr><td rowspan="2">热量</td><td rowspan="2">Q</td><td>kJ</td><td>kcal</td></tr>
<tr><td colspan="2">1kcal = 4.1868kJ</td></tr>
<tr><td rowspan="2">比热容</td><td rowspan="2">c</td><td>kJ/(kg·℃)</td><td>kcal/(kg·℃)</td></tr>
<tr><td colspan="2">1kcal/(kg·℃) = 4.1868kJ/(kg·℃)</td></tr>
<tr><td rowspan="2">热流密度</td><td rowspan="2">q</td><td>W/m^2</td><td>kcal/(m^2·h)</td></tr>
<tr><td colspan="2">1kcal/(m^2·h) = 1.163W/m^2</td></tr>
</table>

续附表 5

物理量名称	符号	换算关系	
		国际单位制	工程单位制
热导率	λ	W/(m·℃)	kcal/(m·h·℃)
		1kcal/(m·h·℃) = 1.163W/(m·℃)	
换热系数	α	W/(m^2·℃)	kcal/(m^2·h·℃)
		1kcal/(m^2·h·℃) = 1.163W/(m^2·℃)	

附表 6　在大气压力为 101.3kPa 下烟气的物理参数

（烟气中组成的分压力 $p_{CO_2}=0.13$；$p_{H_2O}=0.11$；$p_{N_2}=0.76$）

t/℃	ρ/kg·m^{-3}	c_p/kJ·(kg·℃)$^{-1}$	λ/kJ·(m·h·℃)$^{-1}$
0	1.295	1.043	8.206
100	0.950	1.068	11.262
200	0.748	1.097	14.444
300	0.617	1.122	17.417
400	0.525	1.151	20.515
500	0.457	1.185	23.614
600	0.405	1.214	26.712
700	0.363	1.239	29.768
800	0.330	1.264	32.950
900	0.301	1.290	36.048
1000	0.275	1.306	39.230
1100	0.257	1.323	42.287
1200	0.240	1.340	45.427

附表 7　碳素钢的碳含量与温度的关系　(kJ/kg)

温度/℃	碳含量/%										
	0.090	0.234	0.300	0.540	0.610	0.795	0.920	0.994	1.235	1.410	1.575
100	46.48	46.48	46.89	47.31	47.73	48.15	50.24	48.57	49.41	48.57	50.24
200	95.46	95.88	59.88	95.88	96.30	96.72	100.49	99.23	100.06	98.81	100.91
300	148.22	149.89	150.73	151.57	152.83	154.50	155.76	154.50	154.92	154.50	157.01
400	205.16	206.00	206.42	208.93	209.77	210.19	213.54	211.02	213.12	210.61	213.96
500	265.46	266.71	267.54	268.39	269.22	271.32	275.92	272.16	274.25	272.16	276.76
600	339.15	339.98	340.82	343.33	343.75	344.59	349.61	346.26	437.52	345.43	351.29
700	419.12	419.54	420.79	422.89	423.72	424.56	427.29	422.89	427.91	425.40	431.27
800	531.75	542.64	550.59	547.66	542.22	550.17	550.17	544.31	548.50	544.31	553.94
900	629.31	631.40	628.05	620.09	616.75	610.88	602.93	605.02	602.93	605.86	613.81
1000	704.67	701.74	698.81	689.18	686.67	679.13	653.59	670.76	661.13	673.27	669.92
1100	780.86	772.50	768.31	760.78	757.43	749.47	724.77	741.10	732.31	744.87	720.16
1200	850.40	844.52	841.59	831.54	829.03	821.07	791.34	804.32	795.53	813.12	782.97
1250	885.55	877.60	877.60	868.80	866.29	856.24	824.84	841.59	833.21	849.54	817.72

附表 8　干空气的热物理量

温度/℃	ρ/kg·m^{-3}	c_p/kJ·(kg·℃)$^{-1}$	$\lambda\times10^2$/W·(m·℃)$^{-1}$	Q/kcal·(m·h·℃)$^{-1}$
0	1.293	1.005	2.44	8.792
20	1.205	1.005	2.59	9.337
40	1.128	1.005	2.76	9.923
60	1.060	1.005	2.90	10.425
80	1.000	1.009	3.05	10.969
100	0.946	1.009	3.21	11.556
120	0.989	1.009	3.34	12.016
140	0.854	1.013	3.49	12.560
160	0.815	1.017	3.64	13.105
180	0.779	1.022	3.78	13.607
200	0.674	1.026	3.93	14.151
250	0.746	1.038	4.27	15.366
300	0.615	1.047	4.60	16.580
350	0.566	1.059	4.91	17.668
400	0.524	1.068	5.21	18.757
500	0.456	1.093	5.74	20.683
600	0.404	1.114	6.22	22.399
700	0.362	1.135	6.71	24.158
800	0.329	1.156	7.18	25.833
900	0.301	1.172	7.63	27.465
1000	0.277	1.185	8.07	29.056
1100	0.257	1.197	8.50	30.606
1200	0.239	1.210	9.15	32.950

附表 9　简单可燃气体的燃烧特性

气体名称	分子式	燃烧反应式	发热量/kJ·m^{-3}		理论空气需要量/m^3·m^{-3}	理论燃烧产物生成量/m^3·m^{-3}	理论燃烧温度/℃
			Q_{GW}^y	Q_{DW}^y			
氢	H_2	$H_2+\frac{1}{2}O_2=H_2O$	12749	10786	2.381	2.881	2230
一氧化碳	CO	$CO+\frac{1}{2}O_2=CO_2$	12628	12628	2.381	2.881	2370
甲烷	CH_4	$CH_4+2O_2=CO_2+2H_2O$	38554	35820	9.524	10.524	2030
乙烷	C_2H_6	$C_2H_6+3\frac{1}{2}O_2=2CO_2+3H_2O$	69663	63751	163667	18.167	2090
丙烷	C_3H_8	$C_3H_8+5O_2=3CO_2+4H_2O$	99161	91256	23.810	25.810	2105

续附表 9

气体名称	分子式	燃烧反应式	发热量/kJ·m^{-3}		理论空气需要量/m^3·m^{-3}	理论燃烧产物生成量/m^3·m^{-3}	理论燃烧温度/℃
			Q^y_{GW}	Q^y_{DW}			
丁烷	C_4H_{10}	$C_4H_{10}+6\frac{1}{2}O_2=4CO_2+5H_2O$	128516	118651	30.953	33.453	2115
戊烷	C_5H_{12}	$C_5H_{12}+8O_2=5CO_2+6H_2O$	157913	14084	38.096	41.096	2212
乙烯	C_2H_4	$C_2H_4+3O_2=2CO_2+2H_2O$	63002	59066	14.286	15.286	2290
丙烯	C_3H_6	$C_3H_6+4\frac{1}{2}O_2=3CO_2+3H_2O$	19129	86005	21.429	22.929	2220
丁烯	C_4H_8	$C_4H_8+6O_2=4CO_2+4H_2O$	121398	113514	28.572	30.572	2195
苯	C_6H_6	$C_6H_6+7\frac{1}{2}O_2=6CO_2+3H_2O$	146302	140382	35.715	37.215	2230
乙炔	C_2H_2	$C_2H_2+2\frac{1}{2}O_2=2CO_2+H_2O$	58011	56043	11.905	12.405	2620
硫化氢	H_2S	$H_2S+1\frac{1}{2}O_2=SO_2+H_2O$	25407	23384	7.143	7.643	1850

附表 10　常用钢材的导热系数（W/(m·K)；kcal/(m·h·℃)）

材料名称	在以下温度时						
	100℃	200℃	300℃	400℃	500℃	600℃	900℃
15 号钢	77.46(66.6)	66.4(57.3)	—	47.33(40.7)	—	41.05(35.3)	—
20 号钢	50.59(43.5)	48.61(41.8)	46.05(39.6)	42.33(36.4)	38.96(33.5)	35.59(30.6)	—
25 号钢	51.06(43.9)	48.96(42.1)	46.05(39.6)	42.80(36.8)	39.31(33.8)	35.59(30.6)	26.4(22.7)
35 号钢	75.36(64.8)	64.43(55.4)	—	43.96(37.8)	—	37.68(32.4)	—
60 号钢	50.24(43.2)	—	41.87(36.0)	—	—	33.49(28.8)	29.3(25.2)
16Mn	50.94(43.8)	47.57(40.9)	43.96(37.8)	39.54(34.0)	36.05(31.0)	—	—
铸钢 2G20	50.7(43.6)	48.50(41.7)	—	42.33(36.4)	—	35.59(30.6)	—
1Cr18Ni9Ti	16.28(14.0)	17.56(15.1)	18.84(16.2)	20.93(18.0)	23.83(19.8)	24.66(21.2)	—

附表 11　常用材料的 ρ，t，λ，c_p，α

材料名称	ρ/kg·m^{-3}	t/℃	λ/kJ·(m^2·h)$^{-1}$	c_p/kJ·(kg·℃)$^{-1}$	$\alpha\times10^3$/m^2·h^{-1}
铝箔	20	50	0.1675		
石棉板	770	30	0.4187	0.8164	0.712
石棉	470	50	0.3977	0.9164	1.04
沥青	2110	20	2.512	2.093	0.57
混凝土	2300	20	4.605	1.13	1.77
耐火生黏土	1845	450	3.726	1.008	1.055
干土	1500		0.4982		
湿土	1700		2.366	2.1	0.693
煤	1400	20	0.67	1.306	0.37

续附表 11

材料名称	ρ/kg·m^{-3}	t/℃	λ/kJ·(m^2·h)$^{-1}$	c_p/kJ·(kg·℃)$^{-1}$	$\alpha\times10^3$/m^2·h^{-1}
绝热砖	500	100	0.5042		
建筑用砖	800~1500	20			
硅砖	1000			0.6783	6
焦炭粉	449	100		1.214	0.126
锅炉水锈（水垢）		65			
干砂	1500	20		0.7955	9.85
湿砂	1650	20		2.093	1.77
波特兰水泥	1900	30		1.13	0.506
云母	290			0.8792	82
玻璃	2500	20		0.67	1.6
矿渣混凝土块	2150		3.349	0.8792	1.78
矿渣棉	250	100	0.2512		
铝	2670	0	733	0.9211	328
青铜	8000	20	230	0.381	75
黄铜	8600	0	308	0.3768	95
铜	8800	0	1382	0.381	412
镍	9000	20	209	0.4605	50.5
锡	7230	0	230	0.2216	141
汞（水银）	13600	0	31.4	0.1382	16.7
铅	11400	0	126	0.1298	85
银	10500	0	1650	0.2345	670
钢	7900	20	163	0.4605	45
锌	7000	20	419	0.3936	152
生铁	7220	20	226	0.5024	62.5

附表 12 各种物体在室温（高温）的黑度（ε）

材料名称		黑度
金属	磨光的金属	0.04~0.06
	旧的白铁皮	0.28
钢板	无光镀镍钢板	0.11
	新压延的钢板	0.24
	镀锌钢板	0.28
	生锈的钢板	0.69
其他材料	石棉水泥板	0.96
	油毛毡	0.93

材料名称		黑度
其他材料	光面玻璃	0.94
	硬橡皮	0.95
	刨光的木材	0.8~0.9
	纸	0.8~0.9
	耐火黏土砖	0.85
	水、雪	0.96
	湿的金属表面	0.98
	烟灰	0.95
	抹灰砖砌体	0.94
	没抹灰的砖	0.88
	各种颜色的漆	0.8~0.9

附表 13　各种物质在室温（高温）的黑度（ε）

材料名称		温度/℃	黑度
金属	表面磨光的铝	300 ~ 600	0.04 ~ 0.57
	表面光滑的铁	400 ~ 1000	0.14 ~ 0.38
	氧化铁	500 ~ 1200	0.85 ~ 0.95
	氧化铁	100	0.75 ~ 0.80
	液体铸铁	1300	0.28
	氧化铜	800 ~ 1100	0.54 ~ 0.66
	氧化后的铅	200	0.63
	液化铜	1200	0.15
	钢	300	0.64
	精密磨光的金	600	0.035
	磨光的纯银	600	0.032
其他材料	耐火砖	800 ~ 1000	0.8 ~ 0.9
	石棉纸	400	0.95
	烟灰	250	0.95

附表 14　碳钢和合金钢在 20℃时的重度

钢号	重度/kgf·m^{-3}	钢号	重度/kgf·m^{-3}	钢号	重度/kgf·m^{-3}
纯铁	7880	40CrSi	7753	Cr14Ni14W	8000
10	7830	50SiMn	7769	W18Cr4V	8690
20	7823	30Ni	7869	40Mn ~ 65Mn	7810
30	7817	30CrNi3	7830	30Cr ~ 50Cr	7820
40	7815	18CrNiW	7940	40CrV	7810
50	7812	GCr15	7812	35 ~ 40CrSi	7140
60	7810	60Si2	7680	25 ~ 35Mn	7800
70	7810	Mn12	7975	12CrNi2	7880
T10	7810	1Cr13	7750	12CrNi3	7880
T12	7790	Cr17	7720	20CrNi3	7880
15Cr	7827	Cr25	7650	5CrNiW	7900
40Cr	7817	Cr18Ni	7960		

附表 15　湿空气的饱和水蒸气分压力、含湿量（大气压 $p=1.01\times10^5$Pa）

温度/℃	饱和水蒸气分压/Pa	每 1m^3 含水汽量/g	温度/℃	饱和水蒸气分压/Pa	每 1m^3 含水汽量/g
20	2232	19.0	28	3772	31.1
21	2520	20.2	29	4000	33.1
22	2639	21.5	30	4239	35.1
23	2813	22.9	31	4492	37.3
24	2986	24.4	32	4759	39.6
25	3173	26.0	33	5025	42.0
26	3359	27.6	34	4319	44.5
27	3559	29.3	35	5625	47.3

续附表 15

温度/℃	饱和水蒸气分压/Pa	每 $1m^3$ 含水汽量/g	温度/℃	饱和水蒸气分压/Pa	每 $1m^3$ 含水汽量/g
36	5945	50.1	54	14996	140
37	5978	53.1	56	16503	156
38	6625	56.2	57	17302	166
39	6985	59.6	58	18142	175
40	7371	63.1	60	19915	197
42	8198	70.8	62	21835	221
44	9104	79.3	64	13900	248
46	10064	88.8	66	26140	280
48	11157	99.5	68	28553	315
50	12330	111	70	31152	357
52	3610	125	72	33938	405

附表 16　WZB 型铂电阻分度表 B_{A1}

温度/℃	0	10	20	30	40	50	60	70	80	90
	电阻值/Ω									
-200	7.95	—	—	—	—	—	—	—	—	—
-100	27.44	25.54	23.63	21.72	19.19	17.85	15.90	13.93	11.95	9.96
-0	46.00	44.17	42.34	40.50	38.65	36.80	34.94	33.08	31.21	29.33
0	46.00	47.82	49.64	51.45	53.26	55.06	56.86	58.65	60.43	62.21
100	63.99	65.76	67.52	69.28	71.03	72.78	74.52	76.26	77.99	79.71
200	81.43	83.15	84.86	86.56	88.26	89.96	91.64	93.38	95.00	96.68
300	98.34	100.01	101.66	103.31	104.96	106.60	108.23	109.86	111.84	113.10
400	114.72	116.32	117.93	119.52	121.11	122.70	124.28	125.86	127.43	128.99
500	130.55	132.10	133.65	135.20	136.73	138.27	139.79	141.32	142.83	144.34
600	145.85	147.35	148.84	150.33	151.81	153.30	—	—	—	—

附表 17　WZB 型铂电阻分度表 B_{A2}

温度/℃	0	10	20	30	40	50	60	70	80	90
	电阻值/Ω									
-200	17.26	—	—	—	—	—	—	—	—	—
-100	59.65	55.53	51.38	47.21	43.02	38.80	34.56	30.29	25.98	21.65
-0	100.00	96.03	92.04	88.04	84.03	80.00	75.96	71.91	67.84	63.75
0	100.00	103.96	107.91	111.85	115.78	119.70	123.60	127.49	131.37	135.24
100	139.10	142.95	146.36	150.60	154.41	158.21	162.00	165.78	169.54	173.29
200	177.03	180.76	184.48	188.18	191.88	195.56	199.23	202.89	206.53	240.17
300	213.79	217.40	221.00	224.59	228.17	231.73	235.29	238.83	242.36	245.88
400	249.38	252.88	256.36	259.84	263.29	266.74	270.18	273.60	277.01	280.41
500	283.80	287.18	290.55	293.91	297.25	300.58	303.90	307.21	310.50	313.79
600	317.06	320.32	323.57	326.80	330.03	333.25	—	—	—	—